住房和城乡建设行业专业人员知识丛书

# 机械员专业知识

《住房和城乡建设行业专业人员知识丛书》编委会　编

中国环境出版集团・北京

图书在版编目（CIP）数据

机械员专业知识/《住房和城乡建设行业专业人员知识丛书》编委会编. —北京：中国环境出版集团，2019.4（2019.12 重印）
（住房和城乡建设行业专业人员知识丛书）
ISBN 978-7-5111-4026-5

Ⅰ.①机… Ⅱ.①住… Ⅲ.①建筑机械－基本知识 Ⅳ.①TU6

中国版本图书馆 CIP 数据核字（2019）第 132165 号

出 版 人 武德凯
责任编辑 易 萌
责任校对 任 丽
封面设计 彭 杉

---

出版发行 中国环境出版集团
（100062 北京市东城区广渠门内大街 16 号）
网　　址：http://www.cesp.com.cn
电子邮箱：bjgl@cesp.com.cn
联系电话：010-67112765（编辑管理部）
010-67112739（第三分社）
发行热线：010-67125803，010-67113405（传真）
印　　刷 北京中科印刷有限公司
经　　销 各地新华书店
版　　次 2019 年 4 月第 1 版
印　　次 2019 年 4 月第 1 次印刷
开　　本 787×1092 1/16
印　　张 20.25
字　　数 506 千字
定　　价 62.00 元

---

# 《住房和城乡建设行业专业人员知识丛书》
## 编 委 会



## 《机械员专业知识》编写组

主　　编：宋井洪

副 主 编：曾　伟　张　力　詹敏利

主　　审：唐小林

参加编写：魏　峙　夏　豪　吴　强　梁盼盼　吴九元　蒋廷浩

冯　颖

# 前　　言

为了深入推进房屋建筑与市政基础设施工程现场施工专业人员（以下简称专业人员）队伍建设，更好地指导、服务于专业人员培训及人才评价工作，重庆市建设岗位培训中心组织编写了本套“住房和城乡建设行业专业人员知识丛书”，丛书紧扣现场施工专业人员职业能力标准，结合建设行业改革发展的新形势和新要求，坚持与施工现场专业人员的定位相结合、与现行的国家标准和行业标准相结合、与建设类“双证制”院校的专业设置相融合，力求体现科学性、针对性、实用性。

本书作为“住房和城乡建设行业专业人员知识丛书”中的一本，坚持以“职业素质”为基础、以“职业能力”为本位、以“实用易懂”为导向的编写思路，围绕与机械员岗位能力要求相关的现行国家、行业及地方标准规范、技术指南等，重点对机械员的知识点和能力点进行介绍，帮助读者学习基本的机械员专业知识与技能，使其能够胜任协助现场施工机械管理的基本工作。

本书共12章，内容包括：机械员岗位职责、与建筑机械管理相关的法律法规和标准、常用建筑机械基础知识、常见建筑机械类型及技术性能、建筑机械维修、建筑起重机械关键零部件、常用油料基本知识、建筑机械计划管理、建筑机械进场前管理、建筑机械使用安全管理、建筑机械成本管理、建筑机械资料管理。本书与《通用知识》一书配套使用。

本书编写具体分工是：主编由中冶建工集团高级工程师宋井洪担任，副主编由中冶建工集团高级工程师曾伟、中冶建工集团高级工程师张力担任。中冶建工集团魏峙、夏豪、吴强、梁盼盼、吴九元，重庆市建设岗位培训中心蒋廷浩、冯颖参加编写。第一章由魏峙编写；第二章由宋井洪、蒋廷浩、冯颖编写；第三章、第七章、第十二章由张力编写；第四章、第五章由夏豪、曾伟、吴强、梁盼盼编写；第六章由吴九元、宋井洪编写；第八章由曾伟、吴强编写；第九章由吴九元、宋井洪编写；第十章由夏豪、宋井洪编写；第十一章由梁盼盼、宋井洪编写。

本书由唐小林任主审。

本书可作为施工现场专业人员岗位培训教材，“双证制”院校教学的参考用书，以及建筑类工程技术人员工作参考书。

限于编写时间之仓促，囿于编者之水平，书中难免有不足之处，恳请广大同仁和读者批评指正。

# 目　　录

# 第一章　机械员岗位职责

## 第一节　机械管理计划职责

### 一、参与制定建筑机械需求总计划和期间需求计划

建筑机械需求总计划应结合工程项目施工组织设计中对建筑机械配置的专项内容进行编制。

期间需求计划应根据施工机械需求总计划，结合工程项目实际施工进度与周边作业环境条件的变化进行编制。

机械管理计划为工程项目建筑机械选型、配置提供可靠专业的技术支撑。

### 二、负责制定建筑机械维护保养计划

建筑机械维护保养计划应按照其使用说明书和维修手册的要求，同时结合工程项目机械设备实际使用技术性能状况进行编制。对工程项目使用机械设备实行计划性强制维护保养，做好“五落实”，即落实维护保养种类、落实维护保养项目、落实维护保养资金、落实维护保养责任人员和落实维护保养质量检验，以确保建筑机械技术性能状况良好。

### 三、参与制定建筑机械管理制度

在国家、地方有关建筑机械管理的法律法规、规范标准以及本企业有关建筑机械管理制度的框架下，结合工程项目机械使用实际，制定管理制度。

### 四、负责制定建筑施工机械操作规程

根据工程项目使用建筑机械实际情况，按照其使用说明书、《建筑机械使用安全技术规程》（JGJ 33—2012）等国家相关现行技术规范标准，制定工程项目在用建筑机械安全技术操作规程，并在建筑机械正式投入使用前，悬挂在相应位置，以利于正确指导机械操作人员合规操作。

# 第二节 机械前期准备职责

机械员应参与项目部根据工程项目特点、周边作业环境、施工方法、工期要求以及建筑工程施工机械技术性能等各方面因素综合考虑合理选择、布置施工机械，以满足工程项目对施工安全、质量、进度目标的管控要求。

机械员负责按照工程项目施工机械需求计划确定的“设备名称、类型、规格型号、需求数量、供应方式以及进场日期”要求，根据本企业对施工机械采购和租赁做出的有关管理规定，组织工程项目所需施工机械的采购和租赁。前期准备职责如下：

## 一、调研了解建筑机械资源，提供施工决策依据

机械员应掌握和了解施工现场所在区域市场建筑机械采购和租赁供应情况，了解供应商家、供货价格、供货周期、供货量，当地租赁市场服务情况，采购市场供货来源等，方便项目部结合具体建筑机械使用情况，作出合理的判断和决策。

## 二、参与审核相关单位资质和安全事故应急救援预案、专项施工方案

机械员参与对建筑起重机械安装、拆卸单位的安拆资质、安全生产许可证和特种作业人员资格证书的真实性和有效性审核。

机械员参与对建筑机械安全事故应急救援预案的科学性和适应性进行审核。

机械员参与对建筑起重机械安装、拆卸工程和起重吊装工程等专项施工方案进行审核。

## 三、参与建筑起重机械安装、附着顶升、拆卸的安全管理和监督

针对塔式起重机、施工升降机、架桥机、门式起重机等建筑起重机械在安装、附着顶升和拆卸易中发生生产安全事故的关键过程，项目机械员应对安拆单位的作业过程实施有效的旁站监管，制止违章行为。

建筑起重机械安装、附着顶升工作完成后，机械员负责严格按照规定，组织出租单位、安装单位、使用单位、监理单位进行联合验收并形成验收记录，督促委托具有相应资质的检验检测机构进行安装检测，建筑起重机械经验收合格后方可投入使用，否则不能使用。

## 四、组织进场施工机械的检查验收、安全技术交底及使用许可登记证的办理

### 1. 进场机械设备验收原则

为确保进入项目施工现场的主要施工机械设备技术性能状况良好，防止和杜绝带病设备进入施工现场，减少环境污染，预防机械设备事故发生，为工程项目顺利实施，安全生产提供可靠的机械设备保障，对进入项目施工现场的所有主要施工机械设备，都要从设备外观是

否整洁、各部件是否完整、各安全保护装置是否齐全且灵敏可靠、各运转机构润滑是否良好，是否存在漏水、漏电、漏油、漏气，以及调试试运行等情况进行逐台全面检查验收并形成记录，验收合格后方可投入使用。

**2. 机械设备使用安全技术交底原则**

根据建筑机械使用说明书、安全技术规程并结合周边作业环境对设备操作人员进行使用前安全技术交底并留档备查。

**3. 安装、拆卸告知和使用许可登记**

依据国家有关法律法规、规范标准的管理规定，协助安装单位在建筑起重机械特种设备安装（拆卸）前，严格履行特种设备安装（拆卸）告知手续。

安装完成后，项目机械员负责及时向直辖市或者设区的市主管部门办理使用登记，登记标志应当置于或者附着于该设备的显著位置。

## 第三节　机械安全使用职责

### 一、组织施工机械操作人员的安全教育培训和资格证书查验

加强对施工机械操作人员的安全教育培训，把好施工机械设备操作人员的现场准入关，对进入工程项目施工现场的机械操作人员，机械员应对其进行上岗前分专业、分工种的安全教育培训、考核。

机械员应负责对施工机械操作人员资格证书的有效性进行查验，无操作证书或操作证书失效的严禁操作施工机械。

### 二、负责监督建筑机械的使用和维保，检查使用安全状况，收集维保记录

机械员负责按照国家有关法律法规、规范标准的管理规定，对工程项目现场使用的主要施工机械进行日常巡查和定期检查，制止和纠正违章指挥、强令冒险作业、违反操作规程的行为；对存在故障和隐患的建筑机械及时下达停用指令，督促及时整改排除机械故障和隐患，并对机械故障和隐患整改完成情况进行验收确认；同时应形成机械日常巡查、周检、维修保养及隐患整改回复记录等资料。

### 三、负责落实施工机械设备安全防护和环境保护措施

机械员负责严格按照有关管理规定和要求，积极落实工程项目现场施工机械的安全防护管理工作，确保规范设置施工机械安全防护装置、安全警告标识。

负责严格按照国家、地方及本企业有关环境保护的法律法规、政策、规定，积极落实工程项目现场施工机械设备所涉及的粉尘、噪声、水污染和土壤污染等有关环境保护问题的管理措施。

### 四、参与施工机械设备事故调查、分析和处理

当工程项目现场发生施工机械设备事故时，应严格按照国家、地方有关法律法规，以及本企业有关管理制度规定，及时上报。

当发生机械设备事故时，机械员应按规定协助，妥善保护事故现场以及相关证据，及时收集、整理有关资料，为事故调查做好准备；必要时，应当对设备、场地、资料进行封存，由专人看管；同时应配合行政主管部门的调查和处理工作。

### 五、负责组织建筑机械定期检查

机械员负责履行国家法律法规对建筑起重机械做出的使用管理规定，对工程项目现场使用的建筑起重机械组织定期月检，对检查结果进行签字确认，形成检查记录并存档。

### 六、参与施工现场标准化管理、智慧工地建设

机械员负责严格按照有关管理规定和要求，积极参与落实工程项目现场施工机械的标准化管理工作。

按重庆市城乡建设委员会对智慧工地建设的管控要求，积极参与落实工程项目现场对塔式起重机、施工升降机等建筑起重机械的智能监控与智能识别管理工作。

## 第四节　机械成本核算职责

### 一、参与施工机械成本预算的编制

应积极参与施工机械成本预算的编制，配合相关部门完成对施工机械成本预算的编制。

### 二、负责建立施工机械动态管理台账

施工机械动态管理台账是企业为了加强对建筑机械的管理，更加详细地了解建筑机械方面信息而设置的一种辅助账本。机械员负责对进入工程项目现场的主要施工机械实施动态管理，建立完善“施工机械设备动态管理台账”，并根据台账完善和落实相关管理的要求。

### 三、负责施工机械常规维护保养支出的统计、核算、报批

为保障项目施工机械正常运转，确保工程项目顺利实施，机械员必须督促对施工机械按规定进行日常维护保养。

机械员负责对维护保养所消耗的工时、配件、辅料、油燃料等费用进行统计、核算、报批。

### 四、参与施工机械租赁结算审核

机械员参与施工机械租赁结算审核，协助相关部门按租赁合同约定，与租赁单位及时、准确地办理施工机械租赁结算业务。

结算后的租金结算资料机械员应将其留存，并填写建筑施工机械租赁统计台账，作为项目成本分析的资料依据。

## 第五节　机械资料管理职责

### 一、负责编制施工机械安全、技术管理资料，建立建筑起重机械安全技术档案

**1. 编制施工机械安全、技术管理资料**

机械员负责按照国家、地方及企业对施工机械安全使用管理的规定收集资料，应至少包括：

（1）收集产品合格证、使用维护保养说明等原始资料；

（2）形成进场验收、监测、检查、维修记录等资料；

（3）形成设备管理制度、购置和租赁合同及安全协议、安全技术操作规程等资料；

（4）形成作业人员的安全技术交底记录、安全教育培训记录等安全管理资料。

**2. 建立建筑起重机械安全技术档案**

机械员负责按照相关法律法规、标准规范的规定，建立建筑起重机械安全技术档案，档案内容至少应包括：

（1）制造许可证、产品合格证、安装及使用维护保养说明、监督检验证书、型式试验证书等；

（2）备案证、定期检验报告、使用登记证和定期自行检查记录；

（3）安全附件和安全保护装置校验、检修、更换记录和有关报告；

（4）安装和修理方案、材料质量证明书和施工质量证明文件、安装和修理监督检验报告、验收报告等技术资料；

（5）机械日常使用状况记录；

（6）设备及其附属仪器仪表维护保养记录；

（7）设备运行故障和事故记录及事故处理报告。

### 二、负责汇总、整理、移交施工机械资料

机械员负责按照国家、地方及本企业对建筑施工机械资料的管理规定，及时汇总、整理并向有关单位或部门移交建筑施工机械资料。

# 第二章　与建筑机械管理相关的法律法规和标准

## 第一节　建筑机械安全监督管理有关法规基本知识

施工现场的建筑施工机械设备管理必须符合国家相关法律法规的要求，现场包括起重机械、压力容器（含气瓶）、压力管道、场（厂）内专用机动车辆、电梯等特种设备，必须遵守国家相关的法律法规规定。

### 一、特种设备安全法

随着我国经济的快速发展，特种设备数量迅猛增长，安全保障压力不断增大，现有的行政法规已不能适应新时期特种设备安全工作的需要。为应对严峻的特种设备安全形势，深化企业主体责任，提升安全技术规范的法律地位，规范相关民事关系尤其是因发生特种设备事故造成损害赔偿的民事责任，加强对违法行为的处罚力度，2013 年 6 月 29 日，国家通过并公布了《中华人民共和国特种设备安全法》（以下简称《特种设备安全法》）。本节按照设备管理阶段介绍《特种设备安全法》的有关具体条款规定，对部分条款参照全国人大法工委《特种设备安全法释义》予以阐释。

**1. 总要求**

（1）适用范围。

特种设备的生产（包括设计、制造、安装、改造、修理）、经营、使用、检验、检测和特种设备安全的监督管理，适用本法。

房屋建筑工地、市政工程工地用起重机械和场（厂）内专用机动车辆的安装、使用的监督管理，由有关部门依照本法和其他有关法律的规定实施。法律规定，国家对特种设备实行目录管理，特种设备目录由国务院负责特种设备安全监督管理的部门制定，报国务院批准后执行。2014 年 10 月 30 日，经国务院批准，质监总局发布了修订《特种设备目录》（2014 年第 114 号）的公告，明确了特种设备范围。

（2）特种设备安全工作原则。

特种设备安全工作应当坚持安全第一、预防为主、节能环保、综合治理的原则。

特种设备安全如同生产安全一样，所有的工作都是将安全放在第一位，其中人的生命是重中之重，这也是社会进步的表现。特种设备安全工作包括事前预防和事后处理两个方面，防止事故的发生是最根本的要求，事前预防是防止事故发生的有效措施，事后处理是将事故造成的损失降低到最小程度。

要做好特种设备安全工作，涉及生产、经营、使用单位和检验检测机构的责任、诚信、服务意识，涉及检验机构的技术水平和能力、政府监督管理和执法能力，涉及全社会的安全意识，需要各方协同，通过教育、道德以及经济、行政和法律手段来达到保障安全的目的，就是我们常说的综合治理。综合治理要贯穿在整个安全工作中，有些也需要针对普遍存在的问题、典型事故，有针对性地集中开展治理工作。

（3）特种设备安全技术规范及相关标准。

特种设备生产、经营、使用、检验、检测应当遵守有关特种设备安全技术规范及相关标准。特种设备安全技术规范由国务院负责特种设备安全监督管理的部门制定。

安全技术规范是政府部门履行职责的依据之一，是直接指导特种设备安全工作具有强制性约束力的规范。安全技术规范作为政府规定的强制性要求，违反其规定要承担相应的法律责任。

（4）安全责任主体及配备人员要求。

特种设备生产、经营、使用单位及其主要负责人对其生产、经营、使用的特种设备安全负责。

特种设备生产、经营、使用单位应当按照国家有关规定配备特种设备安全管理人员、检测人员和作业人员，并对其进行必要的安全教育和技能培训。

（5）人员持证上岗与工作要求。

特种设备安全管理人员、检测人员和作业人员应当按照国家有关规定取得相应资格，方可从事相关工作。特种设备安全管理人员、检测人员和作业人员应当严格执行安全技术规范和管理制度，保证特种设备安全。

《特种设备安全法》从法律层面要求特种设备安全管理人员、检验检测人员和作业人员必须取得相应资格即持证上岗。特种设备安全管理人员，包括生产单位的生产安全管理人员，经营、使用单位的安全管理人员。检验检测人员包括生产、经营、使用单位从事自行检验、检测、检查的人员。作业人员包括焊接人员，各类设备的安装、改造、修理、维护保养和操作人员。相关人员必须经过考试，取得相应资格后，方可从事相应的工作。《特种设备安全法》要求从业人员除应严格遵守有关特种设备的法律、法规、安全技术规范外，还应当遵守生产、经营和使用单位的安全管理制度，这是从业人员在特种设备安全方面的一项法定义务。

（6）企业履行自行检查、维护保养和申报接受检验的义务规定。

特种设备生产、经营、使用单位对其生产、经营、使用的特种设备应当进行自行检测和维护保养，对国家规定实行检验的特种设备应当及时申报并接受检验。

（7）安全责任保险。

国家鼓励投保特种设备安全责任保险。

**2. 特种设备的生产**

《特种设备安全法》及有关法律规定了特种设备生产许可制度，生产单位对生产的特种设备的安全性能负责，实施设计文件监督和型式试验，电梯安装、改造、修理由制造单位负责，施工备案告知和施工资料的交付，制造和安装、改造、修理过程的监督检验，缺陷召回等，通过本节的学习，有利于现场设备管理员对进场设备进行入场验收和监督。

（1）生产许可。

国家按照分类监督管理的原则对特种设备生产实行许可制度。

（2）生产单位的一般义务。

特种设备生产单位应当保证特种设备生产符合安全技术规范及相关标准的要求，对其生产的特种设备的安全性能负责。不得生产不符合安全性能要求和能效指标的特种设备以及国家明令淘汰的特种设备。

（3）设计文件鉴定、型式试验。

特种设备产品、部件或者试制的特种设备新产品、新部件以及特种设备采用的新材料，按照安全技术规范的要求需要通过型式试验进行安全性验证的，应当经负责特种设备安全监督管理的部门核准的检验机构进行型式试验。

（4）出厂随附技术资料和文件。

特种设备出厂时，应当随附安全技术规范要求的设计文件、产品质量合格证明、安装及使用维护保养说明、监督检验证明等相关技术资料和文件，并在特种设备显著位置设置产品铭牌、安全警示标志及其说明。

《特种设备安全法》中出厂资料名称的含义：

1）设计文件是指设计图纸和计算书。

2）产品合格证明是指含有材料、部件质量和产品重要性能指标的证明文件、检验数据文件以及产品竣工图纸，产品质量合格证明文件应由制造企业的质量负责人签署。

3）安装及使用维修说明是指导安装、维修和使用单位在安装、使用、维修特种设备时应注意的事项，避免造成安装、维修不当导致特种设备质量下降，或使用不当导致事故，这些问题在设计、制造时应予以考虑。

4）特种设备产品铭牌是指产品投放市场后，固定在产品上向用户、检验机构等提供生产企业信息、产品基本技术参数、产品制造信息等的铭牌。图 2-1 为固定安装在驾驶室左侧的某履带式起重机铭牌标示图。

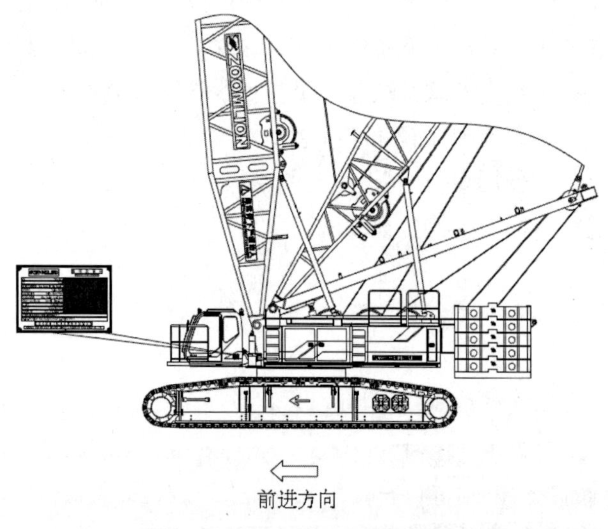


**图 2-1　履带式起重机铭牌标示**

5）安全警示标识是传递安全信息的载体，一般设置在特种设备的表面或邻近处，以起到提醒人们注意安全，预防危险，维护工作环境安全等目的。

（5）安装、改造、修理情况的书面告知。

特种设备安装、改造、修理的施工单位应当在施工前将拟进行的特种设备安装、改造、修理情况书面告知直辖市或者设区的市级人民政府负责特种设备安全监督管理的部门。

法律规定了施工告知的目的是便于安全监督管理部门审查从事活动有关企业的资格是否符合所从事活动的要求，审查安装的设备是否为合法生产、合法改造，同时也能够及时掌握新安装设备和在用设备的改动情况，便于安排现场监察和检验工作，便于动态监管有别于行政许可的性质和功能。

（6）安装后资料的移交。

特种设备安装、改造、修理竣工后，安装、改造、修理的施工单位应当在验收后30日内将相关技术资料和文件移交特种设备使用单位。特种设备使用单位应当将其存入该特种设备的安全技术档案。

**3. 特种设备经营规定**

特种设备经营包括销售、出租和进口，特种设备经营规定及对经营环节提出的要求，是特种设备安全中的全新规定。经营环节的增加，使特种设备的全过程安全工作链条完整，更有利于落实“预防为主”的安全工作原则。

（1）销售单位义务。

特种设备销售单位销售的特种设备，应当符合安全技术规范及相关标准的要求，其设计文件、产品质量合格证明、安装及使用维护保养说明、监督检验证明等相关技术资料和文件应当齐全。

特种设备销售单位应当建立特种设备检查验收和销售记录制度。

禁止销售未取得许可生产的特种设备，未经检验和检验不合格的特种设备，或者国家明令淘汰和已经报废的特种设备。

（2）出租单位义务。

出租单位不得出租未取得许可生产的特种设备或者国家明令淘汰和已经报废的特种设备，以及未按照安全技术规范的要求进行维护保养和未经检验或者检验不合格的特种设备。

特种设备在出租期间的使用管理和维护保养义务由特种设备出租人承担，法律另有规定或者当事人另有约定的除外。

（3）进口特种设备规定。

进口的特种设备应当符合我国安全技术规范的要求，并经检验合格。需要取得我国特种设备生产许可的，应当取得许可。进口特种设备随附的技术资料和文件应当符合《特种设备安全法》第二十一条的规定，其安装及使用维护保养说明、产品铭牌、安全警示标志及其说明应当采用中文。

进口特种设备的单位和个人应向进口地特种设备安全监督管理部门履行提前告知义务。

**4. 使用管理规定**

（1）使用单位的义务。

特种设备使用单位应当在特种设备投入使用前或者投入使用后30日内，向负责特种设备安全监督管理的部门办理使用登记，取得使用登记证书。登记标志应当置于该特种设备的显著位置。

特种设备使用单位应当建立岗位责任、隐患治理、应急救援等安全管理制度，制定操作规程，保证特种设备安全运行。

特种设备使用单位应当建立特种设备安全技术档案。安全技术档案内容应符合规定。

特种设备使用单位应当对其使用的特种设备进行经常性维护保养和定期自行检查，并作出记录。特种设备使用单位应当对其使用的特种设备的安全附件、安全保护装置进行定期校验、检修，并作出记录。

（2）使用的人员设置和岗位要求。

特种设备使用单位，应当根据情况设置特种设备安全管理机构或者配备专职、兼职的特种设备安全管理人员。

特种设备安全管理人员应当对特种设备使用状况进行经常性检查，发现问题应当立即处理；情况紧急时，可以决定停止使用特种设备并及时报告本单位有关负责人。

特种设备作业人员在作业过程中发现事故隐患或者其他不安全因素，应当立即向特种设备安全管理人员和单位有关负责人报告；特种设备运行不正常时，特种设备作业人员应当按照操作规程采取有效措施保证安全。

（3）使用设备的管理要求。

特种设备使用单位应当使用取得许可生产并经检验合格的特种设备。禁止使用国家明令淘汰和已经报废的特种设备。

特种设备的使用应当具有规定的安全距离、安全防护措施。

与特种设备安全相关的建筑物、附属设施，应当符合有关法律、行政法规的规定。

特种设备出现故障或者发生异常情况，特种设备使用单位应当对其进行全面检查，消除事故隐患，方可继续使用。

特种设备进行改造、修理，按照规定需要变更使用登记的，应当办理变更登记，方可继续使用。

特种设备存在严重事故隐患，无改造、修理价值，或者达到安全技术规范规定的其他报废条件的，特种设备使用单位应当依法履行报废义务，采取必要措施消除该特种设备的使用功能，并向原登记的负责特种设备安全监督管理的部门办理使用登记证书注销手续。《特种设备安全法》其他条款规定报废条件以外的特种设备，达到设计使用年限可以继续使用的，应当按照安全技术规范的要求进行检验或者安全评估，并办理使用登记证书变更，方可继续使用。允许继续使用的特种设备，应当采取加强检验、检测和维护保养等措施，确保使用安全。

**5. 检验、检测**

（1）监督检验和定期检验。

《特种设备安全法》第二十五条规定，锅炉、压力容器、压力管道元件等特种设备的制造过程和锅炉、压力容器、压力管道、电梯、起重机械、客运索道、大型游乐设施的安装、改造、重大修理过程，应当经特种设备检验机构按照安全技术规范的要求进行监督检验；未经监督检验或者监督检验不合格的，不得出厂或者交付使用。

《特种设备安全法》第四十条规定，特种设备使用单位应当按照安全技术规范的要求，在检验合格有效期届满前一个月向特种设备检验机构提出定期检验要求。

特种设备使用单位应当将定期检验标志置于该特种设备的显著位置。未经定期检验或者检验不合格的特种设备，不得继续使用。

（2）相关单位配合检验检测义务。

《特种设备安全法》第五十四条规定，特种设备生产、经营、使用单位应当按照安全技术规范的要求向特种设备检验、检测机构及其检验、检测人员提供特种设备相关资料和必要的检验、检测条件，并对资料的真实性负责。

**6. 监督管理**

（1）监督部门行政权。

1）负责特种设备安全监督管理的部门在依法履行监督检查职责时，可以行使下列职权：

①进入现场进行检查，向特种设备生产、经营、使用单位和检验、检测机构的主要负责人和其他有关人员调查、了解有关情况；

②根据举报或者取得的涉嫌违法证据，查阅、复制特种设备生产、经营、使用单位和检验、检测机构的有关合同、发票、账簿以及其他有关资料；

③对有证据表明不符合安全技术规范要求或者存在严重事故隐患的特种设备实施查封、扣押；

④对流入市场的达到报废条件或者已经报废的特种设备实施查封、扣押；

⑤对违反《特种设备安全法》规定的行为作出行政处罚决定。

2）负责特种设备安全监督管理的部门在依法履行职责过程中，发现违反《特种设备安全法》规定和安全技术规范要求的行为或者特种设备存在事故隐患时，应当以书面形式发出特种设备安全监察指令，责令有关单位及时采取措施予以改正或者消除事故隐患。紧急情况下要求有关单位采取紧急处置措施的，应当随后补发特种设备安全监察指令。

3）负责特种设备安全监督管理的部门在依法履行职责过程中，发现重大违法行为或者特种设备存在严重事故隐患时，应当责令有关单位立即停止违法行为、采取措施消除事故隐患，并及时向上级负责特种设备安全监督管理的部门报告。接到报告的负责特种设备安全监督管理的部门应当采取必要措施，及时予以处理。对违法行为、严重事故隐患的处理需要当地人民政府和有关部门的支持、配合时，负责特种设备安全监督管理的部门应当报告当地人民政府，并通知其他有关部门。当地人民政府和其他有关部门应当采取必要措施，及时予以处理。

（2）监督要求。

负责特种设备安全监督管理的部门对特种设备生产、经营、使用单位和检验、检测机构进行监督检查，应当对每次监督检查的内容、发现的问题及处理情况作出记录，并由参加监督检查的特种设备安全监察人员和被检查单位的有关负责人签字后归档。被检查单位的有关负责人拒绝签字的，特种设备安全监察人员应当将情况记录在案。

**7. 事故应急救援与调查处理**

（1）应急救援。

国务院负责特种设备安全监督管理的部门应当依法组织制定特种设备重特大事故应急预案，报国务院批准后纳入国家突发事件应急预案体系。

县级以上地方各级人民政府及其负责特种设备安全监督管理的部门应当依法组织制定本行政区域内特种设备事故应急预案，建立或者纳入相应的应急处置与救援体系。特种设备使用单位应当制定特种设备事故应急专项预案，并定期进行应急演练。

（2）事故报告。

特种设备发生事故后，事故发生单位应当按照应急预案采取措施，组织抢救，防止事故扩大，减少人员伤亡和财产损失，保护事故现场和有关证据，并及时向事故发生地县级以上人民政府负责特种设备安全监督管理的部门和有关部门报告。

县级以上人民政府负责特种设备安全监督管理的部门接到事故报告，应当尽快核实情况，立即向本级人民政府报告，并按照规定逐级上报。必要时，负责特种设备安全监督管理的部门可以越级上报事故情况。对特别重大事故、重大事故，国务院负责特种设备安全监督管理的部门应当立即报告国务院并通报国务院安全生产监督管理部门等有关部门。

与事故相关的单位和人员不得迟报、谎报或者瞒报事故情况，不得隐匿、毁灭有关证据或者故意破坏事故现场。

（3）事故调查。

1）特种设备发生特别重大事故，由国务院或者国务院授权有关部门组织事故调查组进行调查。发生重大事故，由国务院负责特种设备安全监督管理的部门会同有关部门组织事故调查组进行调查。

发生较大事故，由省、自治区、直辖市人民政府负责特种设备安全监督管理的部门会同有关部门组织事故调查组进行调查。

发生一般事故，由设区的市级人民政府负责特种设备安全监督管理的部门会同有关部门组织事故调查组进行调查。

事故调查组应当依法、独立、公正开展调查，提出事故调查报告。

2）组织事故调查的部门应当将事故调查报告报本级人民政府，并报上一级人民政府负责特种设备安全监督管理的部门备案。有关部门和单位应当依照法律、行政法规的规定，追究事故责任单位和人员的责任。

事故责任单位应当依法落实整改措施，预防同类事故发生。事故造成损害的，事故责任单位应当依法承担赔偿责任。

**8. 有关的法律责任**

（1）法律责任。

1）特种设备安装、改造、修理的施工单位在施工前未书面告知负责特种设备安全监督管理的部门即行施工的，或者在验收后30日内未将相关技术资料和文件移交特种设备使用单位的，责令限期改正；逾期未改正的，处 1 万元以上 10 万元以下罚款。

2）特种设备经营单位有下列行为之一的，责令停止经营，没收违法经营的特种设备，处 3 万元以上 30 万元以下罚款；有违法所得的，没收违法所得：

销售、出租未取得许可生产，未经检验或者检验不合格的特种设备的；

销售、出租国家明令淘汰、已经报废的特种设备，或者未按照安全技术规范的要求进行维护保养的特种设备的。

3）特种设备销售单位未建立检查、验收和销售记录制度，或者进口特种设备未履行提前告知义务的，责令改正，处 1 万元以上 10 万元以下罚款。

4）特种设备生产单位销售、交付未经检验或者检验不合格的特种设备的，依照 1）处罚；情节严重的，吊销生产许可证。

5）特种设备使用单位有下列行为之一的，责令限期改正；逾期未改正的，责令停止使用有关特种设备，处 1 万元以上 10 万元以下罚款：

使用特种设备未按照规定办理使用登记的；

未建立特种设备安全技术档案或者安全技术档案不符合规定要求，或者未依法设置使用登记标志、定期检验标志的；

未对其使用的特种设备进行经常性维护保养和定期自行检查，或者未对其使用的特种设备的安全附件、安全保护装置进行定期校验、检修，并作出记录的；

未按照安全技术规范的要求及时申报并接受检验的；

未按照安全技术规范的要求进行锅炉水（介）质处理的；

未制定特种设备事故应急专项预案的。

6）特种设备使用单位有下列行为之一的，责令停止使用有关特种设备，处 3 万元以上 30 万元以下罚款：

使用未取得许可生产，未经检验或者检验不合格的特种设备，或者国家明令淘汰、已经报废的特种设备的；

特种设备出现故障或者发生异常情况，未对其进行全面检查、消除事故隐患，继续使用的；

特种设备存在严重事故隐患，无改造、修理价值，或者达到安全技术规范规定的其他报废条件，未依法履行报废义务，并办理使用登记证书注销手续的。

7）特种设备生产、经营、使用单位有下列情形之一的，责令限期改正；逾期未改正的，责令停止使用有关特种设备或者停产停业整顿，处 1 万元以上 5 万元以下罚款：

未配备具有相应资格的特种设备安全管理人员、检测人员和作业人员的；

使用未取得相应资格的人员从事特种设备安全管理、检测和作业的；

未对特种设备安全管理人员、检测人员和作业人员进行安全教育和技能培训的。

8）特种设备生产、经营、使用单位或者检验、检测机构拒不接受负责特种设备安全监督管理的部门依法实施的监督检查的，责令限期改正；逾期未改正的，责令停产停业整顿，处 2 万元以上 20 万元以下罚款。特种设备生产、经营、使用单位擅自动用、调换、转移、损毁被查封、扣押的特种设备或者其主要部件的，责令改正，处5万元以上20万元以下罚款；情节严重的，吊销生产许可证，注销特种设备使用登记证书。

（2）特种设备事故的法律责任。

1）发生特种设备事故，有下列情形之一的，对单位处5万元以上20万元以下罚款；对主要负责人处1万元以上5万元以下罚款；主要负责人属于国家工作人员的，并依法给予处分：

发生特种设备事故时，不立即组织抢救或者在事故调查处理期间擅离职守或者逃匿的；

对特种设备事故迟报、谎报或者瞒报的。

2）发生事故，对负有责任的单位除要求其依法承担相应的赔偿等责任外，还应依照下列规定处以罚款：

发生一般事故，处10万元以上20万元以下罚款；

发生较大事故，处20万元以上50万元以下罚款；

发生重大事故，处50万元以上200万元以下罚款。

3）对事故发生负有责任的单位的主要负责人未依法履行职责或者负有领导责任的，依照下列规定处以罚款；属于国家工作人员的，并依法给予处分：

发生一般事故，处上一年年收入30%的罚款；

发生较大事故，处上一年年收入40%的罚款；

发生重大事故，处上一年年收入60%的罚款。

4）特种设备安全管理人员、检测人员和作业人员不履行岗位职责，违反操作规程和有关安全规章制度，造成事故的，吊销相关人员的资格。

5）违反本法规定，造成人身、财产损害的，依法承担民事责任。

违反本法规定，应当承担民事赔偿责任和缴纳罚款、罚金，其财产不足以同时支付时，先承担民事赔偿责任。

## 二、特种设备安全监察条例管理规定

《特种设备安全监察条例》（以下简称《条例》）是根据2009年1月24日《国务院关于修改〈特种设备安全监察条例〉的决定》修订，其中部分成熟的条款规定已经于2013年上升为国家法律范畴，本节部分介绍《特种设备安全监察条例》的具体规定。

**1. 电梯安装施工中的要求**

电梯的安装、改造、维修必须由电梯制造单位或其通过合同委托、同意的依照本条例取得许可的单位进行。电梯制造单位对电梯质量以及安全运行涉及的质量问题负责。

电梯井道的土建工程必须符合建筑工程质量要求。电梯安装施工过程中，电梯安装单位应当遵守施工现场的安全生产要求，落实现场安全防护措施。电梯安装施工过程中，施工现场的安全生产监督，由有关部门依照有关法律、行政法规的规定执行。电梯安装施工过程中，电梯安装单位应当服从建筑施工总承包单位对施工现场的安全生产管理，并订立合同，明确各自的安全责任。

**2. 特种设备事故的分级**

本书介绍与建筑施工现场可能相关的特种设备事故分级，下列描述中所称的“以上”包括本数，所称的“以下”不包括本数。

（1）《条例》第六十一条规定，有下列情形之一的，为特别重大事故：

1）特种设备事故造成 30 人以上死亡，或者 100 人以上重伤（包括急性工业中毒，下同），或者 1 亿元以上直接经济损失的；

2）600 兆瓦以上锅炉爆炸的；

3）压力容器、压力管道有毒介质泄漏，造成 15 万人以上转移的。

（2）《条例》第六十二条规定，有下列情形之一的，为重大事故：

1）特种设备事故造成 10 人以上 30 人以下死亡，或者 50 人以上 100 人以下重伤，或者 5 000 万元以上 1 亿元以下直接经济损失的；

2）600 兆瓦以上锅炉因安全故障中断运行 240 小时以上的；

3）压力容器、压力管道有毒介质泄漏，造成 5 万人以上 15 万人以下转移的。

（3）《条例》第六十三条规定，有下列情形之一的，为较大事故：

1）特种设备事故造成 3 人以上 10 人以下死亡，或者 10 人以上 50 人以下重伤，或者 1 000 万元以上 5 000 万元以下直接经济损失的；

2）锅炉、压力容器、压力管道爆炸的；

3）压力容器、压力管道有毒介质泄漏，造成 1 万人以上 5 万人以下转移的；

4）起重机械整体倾覆的。

（4）《条例》第六十四条规定，有下列情形之一的，为一般事故：

1）特种设备事故造成 3 人以下死亡，或者 10 人以下重伤，或者 1 万元以上 1 000 万元以下直接经济损失的；

2）压力容器、压力管道有毒介质泄漏，造成 500 人以上 1 万人以下转移的；

3）电梯轿厢滞留人员 2 小时以上的；

4）起重机械主要受力结构件折断或者起升机构坠落的。

除前款外，国务院特种设备管理部门可以对一般事故的其他情形做出补充规定。

**3. 作业人员作业规定**

特种设备作业人员违反特种设备的操作规程和有关安全规章制度操作，或者在作业过程中发现事故隐患或者其他不安全因素，未立即向现场安全管理人员和单位有关负责人报告的，由特种设备使用单位给予批评教育、处分；情节严重的，撤销特种设备作业人员资格；触犯刑律的，依照刑法关于重大责任事故罪或者其他罪的规定，依法追究刑事责任。

**4. 特种设备用语的含义**

（1）锅炉，是指利用各种燃料、电或者其他能源，将所盛装的液体加热到一定的参数，并对外输出热能的设备，其容积范围规定为容积大于或者等于 30 L 的承压蒸汽锅炉；出口水压大于或者等于 0.1 MPa（表压），且额定功率大于或者等于 0.1 MW 的承压热水锅炉；有机热载体锅炉。

（2）压力容器，是指盛装气体或者液体，承载一定压力的密闭设备，其压力范围规定为最高工作压力大于或者等于 0.1 MPa（表压），且压力与容积的乘积大于或者等于 2.5 MPa·L 的气体、液化气体和最高工作温度高于或者等于标准沸点的液体的固定式容器和移动式容器；盛装公称工作压力大于或者等于 0.2 MPa（表压），且压力与容积的乘积大于或者等于 1.0 MPa·L 的气体、液化气体和标准沸点等于或者低于 60℃液体的气瓶；氧舱等。

（3）压力管道，是指利用一定的压力，用于输送气体或者液体的管状设备，其压力范围规定为最高工作压力大于或者等于 0.1 MPa（表压）的气体、液化气体、蒸汽介质或者可燃、易爆、有毒、有腐蚀性、最高工作温度高于或者等于标准沸点的液体介质，且公称直径大于 25 mm 的管道。

（4）电梯，是指动力驱动，利用沿刚性导轨运行的箱体或者沿固定线路运行的梯级（踏步），进行升降或者平行运送人、货物的机电设备，包括载人（货）电梯、自动扶梯、自动人行道等。

（5）起重机械，是指用于垂直升降或者垂直升降并水平移动重物的机电设备，其范围规定为额定起重量大于或者等于 0.5 t 的升降机；额定起重量大于或者等于 1 t，且提升高度大于或者等于 2 m 的起重机和承重形式固定的电动葫芦等。

（6）场（厂）内专用机动车辆，是指除道路交通、农用车辆以外仅在工厂厂区、旅游景区、游乐场所等特定区域使用的专用机动车辆。

特种设备包括其所用的材料、附属的安全附件、安全保护装置和与安全保护装置相关的设施。

## 三、建筑起重机械安全监督管理规定

2008 年公布的《建筑起重机械安全监督管理规定》（建设部令　第 166 号）（以下简称《监督规定》），是规范房屋建筑工程和市政工程工地租赁、安装、拆卸、使用的起重机械管理的规定，施工现场机械设备管理人员应该掌握。

**1. 建筑起重机械租赁**

（1）设备备案。

出租单位在建筑起重机械首次出租前，自购建筑起重机械的使用单位在建筑起重机械首次安装前，应当持建筑起重机械特种设备制造许可证、产品合格证到本单位工商注册所在地县级以上地方人民政府建设主管部门办理备案。

（2）租赁合同及需具备的设备资料。

出租单位应当在签订的建筑起重机械租赁合同中，明确租赁双方的安全责任，并出具建筑起重机械特种设备制造许可证、产品合格证、备案证明和自检合格证明，提交安装使用说明书。

（3）禁止的出租设备。

有下列情形之一的建筑起重机械，不得出租、使用：

1）属国家明令淘汰或者禁止使用的；

2）超过安全技术标准或者制造厂家规定的使用年限的；

3）经检验达不到安全技术标准规定的；

4）没有完整安全技术档案的；

5）没有齐全有效的安全保护装置的。

（4）建筑起重机械报废。

建筑起重机械有上列第1）、第2）、第3）项情形之一的，出租单位或者自购建筑起重机械的使用单位应当予以报废，并向原备案机关办理注销手续。

（5）设备安全技术档案。

出租单位、自购建筑起重机械的使用单位，应当建立建筑起重机械安全技术档案。

建筑起重机械安全技术档案应当包括以下资料：

1）购销合同、制造许可证、产品合格证、安装使用说明书、备案证明等原始资料；

2）定期检验报告、定期自行检查记录、定期维护保养记录、维修和技术改造记录、运行故障和生产安全事故记录、累计运转记录等运行资料；

3）历次安装验收资料。

**2. 各单位安全职责**

（1）安装单位应当履行下列安全职责：

1）按照安全技术标准及建筑起重机械性能要求，编制建筑起重机械安装、拆卸工程专项施工方案，并由本单位技术负责人签字；

2）按照安全技术标准及安装使用说明书等检查建筑起重机械及现场施工条件；

3）组织安全施工技术交底并签字确认；

4）制定建筑起重机械安装、拆卸工程生产安全事故应急救援预案；

5）将建筑起重机械安装、拆卸工程专项施工方案，安装、拆卸人员名单，安装、拆卸时间等材料报施工总承包单位和监理单位审核后，告知工程所在地县级以上地方人民政府建设主管部门。

（2）使用单位应当履行下列安全职责：

1）根据不同施工阶段、周围环境以及季节、气候的变化，对建筑起重机械采取相应的安全防护措施；

2）制定建筑起重机械生产安全事故应急救援预案；

3）在建筑起重机械活动范围内设置明显的安全警示标志，对集中作业区做好安全防护；

4）设置相应的设备管理机构或者配备专职的设备管理人员；

5）指定专职设备管理人员、专职安全生产管理人员进行现场监督检查；

6）建筑起重机械出现故障或者发生异常情况的，立即停止使用，消除故障和事故隐患后，方可重新投入使用。

（3）施工总承包单位应当履行下列安全职责：

1）向安装单位提供拟安装设备位置的基础施工资料，确保建筑起重机械进场安装、拆卸所需的施工条件；

2）审核建筑起重机械的特种设备制造许可证、产品合格证、制造监督检验证明、备案证明等文件；

3）审核安装单位、使用单位的资质证书、安全生产许可证和特种作业人员的特种作业操作资格证书；

4）审核安装单位制定的建筑起重机械安装、拆卸工程专项施工方案和生产安全事故应急救援预案；

5）审核使用单位制定的建筑起重机械生产安全事故应急救援预案；

6）指定专职安全生产管理人员监督检查建筑起重机械安装、拆卸、使用情况；

7）施工现场有多台塔式起重机作业时，应当组织制定并实施防止塔式起重机相互碰撞的安全措施。

（4）监理单位应当履行下列安全职责：

1）审核建筑起重机械特种设备制造许可证、产品合格证、备案证明等文件；

2）审核建筑起重机械安装单位、使用单位的资质证书、安全生产许可证和特种作业人员的特种作业操作资格证书；

3）审核建筑起重机械安装、拆卸工程专项施工方案；

4）监督安装单位执行建筑起重机械安装、拆卸工程专项施工方案情况；

5）监督检查建筑起重机械的使用情况；

6）发现存在生产安全事故隐患的，应当要求安装单位、使用单位限期整改，对安装单位、使用单位拒不整改的，及时向建设单位报告。

（5）建设单位安全职责：

依法发包给两个及两个以上施工单位的工程，不同施工单位在同一施工现场使用多台塔式起重机作业时，建设单位应当协调组织制定防止塔式起重机相互碰撞的安全措施。

安装单位、使用单位拒不整改生产安全事故隐患的，建设单位接到监理单位报告后，应当责令安装单位、使用单位立即停工整改。

**3. 建筑起重机械安装和拆卸**

（1）建筑起重机械安装单位资质要求。

从事建筑起重机械安装、拆卸活动的单位（以下简称安装单位）应当依法取得建设主管部门颁发的相应资质和建筑施工企业安全生产许可证，并在其资质许可范围内承揽建筑起重机械安装、拆卸工程。

（2）安拆合同和安全协议。

建筑起重机械使用单位和安装单位应当在签订的建筑起重机械安装、拆卸合同中明确双方的安全生产责任。

实行施工总承包的，施工总承包单位应当与安装单位签订建筑起重机械安装、拆卸工程安全协议书。

（3）安拆过程管理。

安装单位应当按照建筑起重机械安装、拆卸工程专项施工方案及安全操作规程组织安装、拆卸作业。安装单位的专业技术人员、专职安全生产管理人员应当进行现场监督，技术负责人应当定期巡查。

（4）安装单位义务。

建筑起重机械安装完毕后，安装单位应当按照安全技术标准及安装使用说明书的有关要求对建筑起重机械进行自检、调试和试运转。自检合格的，应当出具自检合格证明，并向使用单位进行安全使用说明。

（5）安装单位档案管理。

安装单位应当建立建筑起重机械安装、拆卸工程档案。

（6）附着安装。

建筑起重机械在使用过程中需要附着的，使用单位应当委托原安装单位或者具有相应资质的安装单位按照专项施工方案实施，并按照《监督规定》组织验收。验收合格后方可投入使用。

建筑起重机械在使用过程中需要顶升的，使用单位委托原安装单位或者具有相应资质的安装单位按照专项施工方案实施后，即可投入使用。

禁止擅自在建筑起重机械上安装非原制造厂制造的标准节和附着装置。

（7）安装验收。

建筑起重机械安装完毕后，使用单位应当组织出租、安装、监理等有关单位进行验收，或者委托具有相应资质的检验检测机构进行验收。建筑起重机械经验收合格后方可投入使用，未经验收或者验收不合格的不得使用。

实行施工总承包的，由施工总承包单位组织验收。

建筑起重机械在验收前应当经有相应资质的检验检测机构监督检验合格。

检验检测机构和检验检测人员对检验检测结果、鉴定结论依法承担法律责任。

**4. 建筑起重机械使用**

（1）使用登记。

使用单位应当自建筑起重机械安装验收合格之日起 30 日内，将安装验收资料、建筑起重机械安全管理制度、特种作业人员名单等，向工程所在地县级以上地方人民政府建设主管部门办理建筑起重机械使用登记。登记标志置于或者附着于该设备的显著位置。

（2）使用管理。

使用单位应当对在用的建筑起重机械及其安全保护装置、吊具、索具等进行经常性和定期的检查、维护和保养，并做好记录。

使用单位在建筑起重机械租期结束后，应当将定期检查、维护和保养记录移交出租单位。

建筑起重机械租赁合同对建筑起重机械的检查、维护、保养另有约定的，从其约定。

**5. 人员要求**

（1）持证上岗。

建筑起重机械安装拆卸工、起重信号工、起重司机、司索工等特种作业人员应当经建设主管部门考核合格，并取得特种作业操作资格证书后，方可上岗作业。

省、自治区、直辖市人民政府建设主管部门负责组织实施建筑施工企业特种作业人员的考核。

特种作业人员的特种作业操作资格证书由国务院建设主管部门规定统一的样式。

（2）作业要求。

建筑起重机械特种作业人员应当遵守建筑起重机械安全操作规程和安全管理制度，在作业中有权拒绝违章指挥和强令冒险作业，有权在发生危及人身安全的紧急情况时立即停止作业或者采取必要的应急措施后撤离危险区域。

**6. 监督管理**

建设主管部门履行安全监督检查职责时，有权采取下列措施：

（1）要求被检查的单位提供有关建筑起重机械的文件和资料；

（2）进入被检查单位和被检查单位的施工现场进行检查；

（3）对检查中发现的建筑起重机械生产安全事故隐患，责令立即排除；重大生产安全事故隐患排除前或者排除过程中无法保证安全的，责令从危险区域撤出作业人员或者暂时停止施工。

**7. 行政处罚**

（1）出租或自购使用单位。

出租单位、自购建筑起重机械的使用单位，有下列行为之一的，由县级以上地方人民政府建设主管部门责令限期改正，予以警告，并处以 5 000 元以上 1 万元以下罚款：

1）未按照规定办理备案的；

2）未按照规定办理注销手续的；

3）未按照规定建立建筑起重机械安全技术档案的。

（2）安装单位。

安装单位有下列行为之一的，由县级以上地方人民政府建设主管部门责令限期改正，予以警告，并处以 5 000 元以上 3 万元以下罚款：

1）未履行安全职责的；

2）未按照规定建立建筑起重机械安装、拆卸工程档案的；

3）未按照建筑起重机械安装、拆卸工程专项施工方案及安全操作规程组织安装、拆卸作业的。

（3）使用单位。

使用单位有下列行为之一的，由县级以上地方人民政府建设主管部门责令限期改正，予以警告，并处以 5 000 元以上 3 万元以下罚款：

1）未按本规定要求履行安全职责的；

2）未指定专职设备管理人员进行现场监督检查的；

3）擅自在建筑起重机械上安装非原制造厂制造的标准节和附着装置的。

（4）施工总承包单位。

施工总承包单位未履行安全职责的，由县级以上地方人民政府建设主管部门责令限期改正，予以警告，并处以 5 000 元以上 3 万元以下罚款。

（5）监理单位。

监理单位未按本规定要求履行安全职责的，由县级以上地方人民政府建设主管部门责令限期改正，予以警告，并处以 5 000 元以上 3 万元以下罚款。

（6）建设单位。

建设单位有下列行为之一的，由县级以上地方人民政府建设主管部门责令限期改正，予以警告，并处以 5 000 元以上 3 万元以下罚款；逾期未改的，责令停止施工：

1）未按照规定协调组织制定防止多台塔式起重机相互碰撞的安全措施的；

2）接到监理单位报告后，未责令安装单位、使用单位立即停工整改的。

## 四、建筑机械设备特种作业人员管理规定

建筑起重机械作业属于专业性较强，且高危的作业，因此其相关的作业人员必须经过相关专业培训，考试合格，按照规定持有有效作业资格证书才能从事有关认可范围的作业，《建筑施工特种作业人员管理规定》（建质〔2008〕75 号）（以下简称《管理规定》）针对相应岗位的考核、发证、从业和监督管理做出了明确规定。

**1. 机械设备特种作业人员范围**

属于建筑施工特种作业人员的机械设备类专业人员包括：

（1）电工；

（2）起重信号司索工；

（3）起重机械司机；

（4）起重机械安装拆卸工；

（5）高处作业吊篮安装拆卸工；

（6）经省级以上人民政府建设主管部门认定的其他特种作业。

建筑施工特种作业人员必须经建设主管部门考核合格，取得建筑施工特种作业人员操作资格证书，方可上岗从事相应作业。

**2. 考核**

（1）组织机构。

建筑施工特种作业人员的考核发证工作，由省、自治区、直辖市人民政府建设主管部门或其委托的考核发证机构负责组织实施。

（2）人员条件。

申请从事建筑施工特种作业的人员，应当具备下列基本条件：

1）年满 18 周岁且符合相关工种规定的年龄要求；

2）经医院体检合格且无妨碍从事相应特种作业的疾病和生理缺陷；

3）初中及以上学历；

4）符合相应特种作业需要的其他条件。

（3）考核申请。

向本人户籍所在地或者从业所在地考核发证机关提出申请，并提交相关证明材料。

（4）考核发证。

建筑施工特种作业人员的考核内容应当包括安全技术理论和实际操作。考核大纲由国务院建设主管部门制定。

考核发证机关对于考核合格的人员，应当自考核结果公布之日起 10 个工作日内颁发资格证书；对于考核不合格的，应当通知申请人并说明理由。

资格证书应当采用国务院建设主管部门规定的统一样式，由考核发证机关编号后签发。资格证书在全国通用。

**3. 从业**

持有资格证书的人员，应当受聘于建筑施工企业或者建筑起重机械出租单位，方可从事相应的特种作业。

（1）实习及作业。

首次取得资格证书的人员，用人单位应在其正式上岗前安排不少于 3 个月的实习操作。

建筑施工特种作业人员应当严格按照安全技术标准、规范和规程进行作业，正确佩戴和使用安全防护用品，并按规定对作业工具和设备进行维护保养。

在施工中发生危及人身安全的紧急情况时，建筑施工特种作业人员有权立即停止作业或者撤离危险区域，并向施工现场专职安全生产管理人员和项目负责人报告。

（2）用人单位应当履行下列职责：

1）与持有效资格证书的特种作业人员订立劳动合同；

2）制定并落实本单位特种作业安全操作规程和有关安全管理制度；

3）书面告知特种作业人员违章操作的危害；

4）向特种作业人员提供齐全、合格的安全防护用品和安全的作业条件；

5）按规定组织特种作业人员参加年度安全教育培训或者继续教育，培训时间不少于 24 小时；

6）建立本单位特种作业人员管理档案；

7）查处特种作业人员违章行为并记录在档；

8）法律法规及有关规定明确的其他职责。

**4. 延期复核**

资格证书有效期为 2 年，有效期满需要延期的，特种作业人员应于期满前 3 个月内向原考核发证机关申请办理延期复核手续。延期复核合格的，资格证书有效期延期 2 年。

## 第二节　建筑机械安全技术标准基本知识

技术标准、规范和技术规程分为国家标准、行业标准、地方标准及企业标准。

根据《实施工程建设强制性标准监督规定》（建设部令　第 81 号）的规定，在中华人民共和国境内从事新建、扩建、改建等工程建设活动，必须执行工程建设强制性标准。强制性标准对建筑施工机械设备中的强制性条文，主要涉及在施工中的生产安全，在标准中以黑体字标注，在施工中必须认真、严格执行。

本节就几部主要国家和行业标准中，有关房屋建筑和市政工程施工现场安全管理所需，要求机械员掌握的条文予以重点介绍。

## 一、塔式起重机安全规程

《塔式起重机安全规程》（GB 5144—2006）规定了塔式起重机（以下简称塔机）在设计、制造、安装、使用、维修、检验等方面应遵守的安全技术要求，适用于各种建筑用塔机，其他用途的塔机也可参照执行。

本标准是国家标准，是塔式起重机安全管理类标准、规范的源头，对于塔机设计、制造过程的部分要求，施工现场机械员应该了解，便于对设备进行进场验收。本节介绍其部分主要内容，介绍的部分都属于标准中的强制性条文，在管理中必须遵守。

**1. 整机要求**

（1）塔机应保证在工作和非工作状态时，平衡重及压重在其规定位置上不位移、不脱落，平衡重块之间不得互相撞击。当使用散粒物料作平衡重时应使用平衡重箱，平衡重箱应防水，保证重量准确、稳定。

（2）司机室。

司机室门窗玻璃应使用钢化玻璃或夹层玻璃。司机室正面玻璃应设有雨刷器；可移动的司机室应设有安全锁止装置；司机室内应配备符合消防要求的灭火器。对于安置在塔机下部的操作台，在其上方应设有顶棚，顶棚承压试验应满足现行标准的规定。

司机室应通风、保暖和防雨；内壁应采用防火材料，地板应铺设绝缘层。当司机室内温度低于 5℃时，应装设非明火取暖装置；当司机室内温度高于 35℃时，应装设防暑通风装置。

（3）结构件的报废及工作年限。

1）塔机主要承载结构件由于腐蚀或磨损而使结构的计算应力提高，当超过原计算应力的15%时应予报废。对无计算条件的当腐蚀深度达原厚度的 10%时应予报废。

2）塔机主要承载结构件如塔身、起重臂等，失去整体稳定性时应报废。如局部有损坏并可修复的，则修复后不能低于原结构的承载能力。

3）塔机的结构件及焊缝出现裂纹时，应根据受力和裂纹情况采取加强或重新施焊等措施，并在使用中定期观察其发展。对无法消除裂纹影响的应予以报废。

**2. 机构及零部件**

（1）一般要求。

在正常工作或维修时，机构及零部件的运动对人体可能造成危险的，应设有防护装置。应采取有效措施，防止塔机上的零件掉落造成危险。可拆卸的零部件如盖、箱体及外壳等应与支座牢固连接，防止掉落。钢丝绳的安装、维护、保养、检验及报废应符合《起重机 钢丝绳 保养、维护、检验和报废》（GB/T 5972—2016）的有关规定。

（2）吊钩禁止补焊，且应符合相关规定。

（3）卷筒和滑轮。

钢丝绳在卷筒上的固定应安全可靠，且符合有关规范标准的要求；钢丝绳在放出最大工作长度后，卷筒上的钢丝绳至少应保留 3 圈；卷筒和滑轮应符合规定。

（4）塔机的起升、回转、变幅、行走机构都应配备制动器；制动器零件有下列情况之一的应予以报废：

1）可见裂纹；

2）制动块摩擦衬垫磨损量达原厚度的 50%；

3）制动轮表面磨损量达 1.5～2 mm；

4）弹簧出现塑性变形；

5）电磁铁杠杆系统空行程超过其额定行程的 10%。

（5）车轮有下列情况之一的应予以报废：

1）可见裂纹；

2）车轮踏面厚度磨损量达原厚度的 15%；

3）车轮轮缘厚度磨损量达原厚度的 50%。

**3. 安全装置**

（1）起重量限制器。

塔机应安装起重量限制器。如设有起重量显示装置，则其数值误差不应大于实际值的±5%；当起重量大于相应挡位的额定值并小于该额定值的 110%时，应切断上升方向的电源，但机构可作下降方向的运动。

（2）起重力矩限制器。

塔机应安装起重力矩限制器。如设有起重力矩显示装置，则其数值误差不应大于实际值的±5%。当起重力矩大于相应工况下的额定值并小于该额定值的 110%时，应切断上升和幅度增大方向的电源，但机构可做下降和减小幅度方向的运动。

力矩限制器控制定码变幅的触点或控制定幅变码的触点应分别设置，且能分别调整。对小车变幅的塔机，其最大变幅速度超过 40 m/min，在小车向外运行，且起重力矩达到额定值的 80%时，变幅速度应自动转换为不大于 40 m/min 的速度运行。

（3）行程限位装置。

1）行走限位装置。轨道式塔机行走机构应在每个运行方向设置行程限位开关。在轨道上应安装限位开关碰铁，其安装位置应充分考虑塔机的制动行程，保证塔机在与止挡装置或与同一轨道上其他塔机相距大于 1 m 处能完全停住，此时电缆还应有足够的富余长度。

2）幅度限位装置。小车变幅的塔机，应设置小车行程限位开关。动臂变幅的塔机应设置臂架低位置和臂架高位置的幅度限位开关，以及防止臂架反弹后翻的装置。

3）起升高度限位器。塔机应安装吊钩上极限位置的起升高度限位器。

4）回转限位器。回转部分不设集电器的塔机，应安装回转限位器。塔机回转部分在非工作状态下应能自由旋转；对有自锁作用的回转机构，应安装安全极限力矩联轴器。

（4）小车断绳保护装置。

小车变幅的塔机，变幅的双向均应设置断绳保护装置。

（5）小车断轴保护装置。

小车变幅的塔机，应设置变幅小车断轴保护装置，即使轮轴断裂，小车也不会掉落。

（6）钢丝绳防脱装置。

滑轮、起升卷筒及动臂变幅卷筒均应设有钢丝绳防脱装置，该装置与滑轮或卷筒侧板最外缘的间隙不应超过钢丝绳直径的 20%。吊钩应设有防钢丝绳脱钩的装置。

（7）风速仪。

起重臂根部铰点高度大于 50 m 的塔机，应配备风速仪。当风速大于工作极限风速时，应能发出停止作业的警报。风速仪应设在塔机顶部的不挡风处。

（8）夹轨器。

轨道式塔机应安装夹轨器，使塔机在非工作状态下不能在轨道上移动。

（9）缓冲器、止挡装置。

塔机行走和小车变幅的轨道行程末端均需设置止挡装置。缓冲器安装在止挡装置或塔机（变幅小车）上，当塔机（变幅小车）与止挡装置撞击时，缓冲器应使塔机（变幅小车）较平稳地停车而不产生猛烈的冲击。缓冲器的设计应符合现行标准的规定。

（10）清轨板。

轨道式塔机的台车架上应安装排障清轨板，清轨板与轨道之间的间隙不应大于 5 mm。

（11）顶升横梁防脱功能。

自升式塔机应具有防止塔身在正常加节、降节作业时，顶升横梁从塔身支承中自行脱出的功能。

**4. 电气系统**

（1）一般规定。

塔机金属结构、轨道、所有电气设备的金属外壳、金属线管、安全照明的变压器低压侧等均应可靠接地，接地电阻不大于 4 Ω。重复接地电阻不大于 10 Ω。接地装置的选择和安装应符合电气安全的有关要求。

电气设备安装应牢固。需要防震的电器应有防震措施；电气连接应接触良好，防止松脱；导线、线束应用卡子固定，以防摆动。电气柜　（配电箱）应有门锁；门内应有原理图或布线图、操作指示等，门外应有警示标志。

主电路和控制电路的对地绝缘电阻不应小于 0.5 MΩ；零线和接地线必须分开，接地线严禁作载流回路。

（2）电气控制与操纵。

操纵系统中应设有能对工作场地起警报作用的声响信号。

（3）电气保护。

各限位开关应能可靠地停止机构的运动，但机构可做相反方向的运动。

（4）照明、信号。

塔机应有良好的照明。照明的供电不受停机影响。固定式照明装置的电源电压不应超过 220 V，严禁用金属结构作为照明线路的回路。可携式照明装置的电源电压不应超过 48 V，交流供电的严禁使用自耦变压器。

司机室内照明照度不应低于 30 lx；电气室及机务专用电梯的照明照度不应低于 5 lx。

塔顶高度大于 30 m 且高于周围建筑物的塔机，应在塔顶和臂架端部安装红色障碍指示灯，该指示灯的供电不应受停机的影响。快装式塔机在拖行时应装有直流 24 V 的示宽灯、高度指示灯、长度指示灯、转向指示灯及刹车灯。

**5. 安装、拆卸与试验**

（1）塔机安装、拆卸及塔身加节或降节作业时，应按使用说明书中有关规定及注意事项进行。架设前应对塔机自身的架设机构进行检查，保证机构处于正常状态；塔机在安装、增加塔身标准节之前应对结构件和高强度螺栓进行检查，若发现下列问题应修复或更换后方可进行安装：

1）目视可见的结构件裂纹及焊缝裂纹；

2）连接件的轴、孔严重磨损；

3）结构件母材严重锈蚀；

4）结构件整体或局部塑性变形，销孔塑性变形。

小车变幅的塔机在起重臂组装完毕准备吊装之前，应检查起重臂的连接销轴、安装定位板等是否连接牢固、可靠。当起重臂的连接销轴轴端采用焊接挡板时，则在锤击安装销轴后，应检查轴端挡板的焊缝是否正常。

（2）安装、拆卸、加节或降节作业时，塔机的最大安装高度处的风速不应大于 13 m/s，当有特殊要求时，按用户和制造厂的协议执行。

（3）塔机的尾部与周围建筑物及其外围施工设施之间的安全距离不小于 0.6 m。

（4）有架空输电线的场合，塔机的任何部位与输电线的安全距离，应符合表 2-1 的规定。如因条件限制不能保证表 2-1 中的安全距离，应与有关部门协商，并采取安全防护措施后方可架设。

**表 2-1　塔式起重机与输电线路的最小安全距离**　　单位：m

| 安全距离 | 输电线路电压/kV | | | | | |
|---|---|---|---|---|---|---|
| | ＜1 | 1～15 | 20～40 | 60～110 | 220 | 330 |
| 沿垂直方向 | 1.5 | 3.0 | 4.0 | 5.0 | 6.0 | 7.0 |
| 沿水平方向 | 1.0 | 1.5 | 2.0 | 4.0 | 6.0 | 7.0 |

（5）两台塔机之间的最小架设距离应保证处于低位塔机的起重臂端部与另一台塔机的塔身之间至少有 2 m 的距离；高位塔机处于最低位置的部件（吊钩升至最高点或平衡重的最低部位）与低位塔机中处于最高位置部件之间的垂直距离不应小于 2 m。

（6）使用单位应根据塔机原制造商提供的载荷参数设计制造混凝土基础。

若采用塔机原制造商推荐的混凝土基础，固定支腿、预埋节和地脚螺栓应按原制造商规定的方法使用。

**6. 使用**

每台作业的塔机司机室内应备有一份有关操作维修内容的使用说明书；在正常工作情况下，应按指挥信号进行操作；但对特殊情况的紧急停车信号，不论何人发出，都应立即执行。

## 二、建筑施工塔式起重机安装、使用、拆卸安全技术规程

《建筑施工塔式起重机安装、使用、拆卸安全技术规程》（JGJ 196—2010）是建筑领域的行业标准，规定了建筑塔式起重机（以下简称塔机）的安装、使用、拆卸的技术要求，适用于房屋建筑和市政工程的塔式起重机现场管理。

本节介绍其部分重点内容，与《塔式起重机安全规程》（GB 5144—2006）的要求重合的部分内容，尽可能不再赘述。规程中的黑体部分为强制性条文，实际工作中必须遵守。

**1. 基本规定**

（1）塔机安装、拆卸单位必须具有从事安装、拆卸业务的资质。

（2）塔机安装、拆卸作业应配备下列人员：

持有安全生产考核合格证书的项目负责人和安全负责人、机械管理人员；具有建筑施工特种作业操作资格证书的建筑起重机械安装拆卸工、起重司机、起重信号工、司索工等特种作业操作人员。

（3）塔机应建立技术档案，技术档案应包括下列内容：

1）购销合同、制造许可证、产品合格证、使用说明书、备案证明等原始资料；

2）定期检验报告、定期自行检查记录、定期维护保养记录、维修和技术改造记录、运行故障和生产安全事故记录、累计运转记录等运行资料；

3）历次安装验收资料。

（4）塔机安装、拆卸前，应编制专项施工方案，指导作业人员实施安装、拆卸作业。专项施工方案应根据塔式起重机使用说明书和作业场地的实际情况编制，并应符合国家现行相关标准的规定。专项施工方案应由本单位技术、安全、设备等部门审核、技术负责人审批后，经监理单位批准实施。

塔机安装、拆卸专项施工方案编制的内容应符合要求；专项施工方案审批应符合要求。

（5）当多台塔机在同一施工现场交叉作业时，应编制专项方案，并采取防碰撞的安全措施。任意两台塔机之间的最小架设距离应符合规定。

（6）发现下列情况的塔机，不得使用：

1）结构件上有可见裂纹和严重锈蚀的；

2）主要受力构件存在塑性变形的；

3）连接件存在严重磨损和塑性变形的；

4）钢丝绳达到报废标准的；

5）安全装置不齐全或失效的。

钢丝绳的报废参照《起重机　钢丝绳　保养、维护、检验和报废》（GB/T 5972—2016）及其他有关标准执行。

**2. 安装**

（1）安装条件。

塔机安装前，必须经维修保养，并应进行全面的检查，确认合格后方可安装；塔机的基础及其地基承载力应符合使用说明书和设计图纸的要求。安装前应对基础进行验收，合格后方可安装。基础周围应有排水设施。

行走式塔机的轨道及基础应按照使用说明书的要求进行设置，且应符合《塔式起重机安全规程》及《塔式起重机》（GB/T 5031—2008）的规定。

内爬式塔机的基础、锚固、爬升支承结构等应根据使用说明书提供的荷载进行设计计算，并应对内爬式塔机的建筑承载结构进行验算。

（2）附着要求。

当塔机附着使用时，附着装置的设置和自由端高度等应符合使用说明书的规定；当附着水平距离、附着间距等不满足使用说明书要求时，应进行设计计算、绘制制作图和编写相关说明。附着装置的构件和预埋件应由具有相应能力的企业制作。

应对支撑处的建筑主体结构验算。

（3）安装与验收要求。

1）安装作业，应根据专项施工方案要求实施，安装作业人员应分工明确，安装前应对安装作业人员进行安全技术交底。

安装辅助设备就位后，应对其机械和安全性能进行检验，合格后方可作业；安装所使用的钢丝绳、卡环、吊钩和辅助支架等起重机具应符合规定，并经检查合格后方可使用。

塔机独立高度、悬臂高度应符合使用说明书的要求。

雨雪、浓雾天气严禁进行安装作业；安装时塔机最大高度处的风速应符合使用说明书的要求，且不得超过 12 m/s；塔机不宜在夜间进行安装作业，当需要在夜间进行安装和拆卸作业时，应保证提供足够的照明；当遇特殊情况安装作业不能连续进行时，必须将已安装部分固定牢靠并达到安全状态，经检查确认无隐患后，方可停止作业。

塔机的安全装置必须齐全，并应按程序进行调试合格；连接件及其防松脱件严禁用其他代用品代用；连接件及其防松防脱件应使用力矩扳手或专用工具紧固连接螺栓。

安装单位应对安装质量进行自检，并按本规程填写自检报告书；安装单位自检合格后，应委托有相应资质的检验检测机构进行检测，检验检测机构应出具检测报告书。

安装质量的自检报告书和检测报告书应存入设备档案。

经自检、检测合格后，总承包单位应组织出租、安装、使用、监理等单位验收，并填写验收表，合格后方可使用。塔机停用 6 个月以上的，在复工前应重新验收，合格后方可使用。

2）塔身轴心线的侧向垂直度要求、检验与计算方法。

规范要求，最高附着点下塔身轴线对支承面垂直度不得大于相应高度的 2/1 000；独立状态或附着状态下最高附着点以上塔身轴线对支承面垂直度不得大于 4/1 000，且附着点以上塔式起重机悬臂高度不得大于规定要求。塔身和塔身附着安装过程中，必要时应进行轴心线垂直度监测，安装结束后，应由测量人员对塔身垂直度进行检测。塔身轴心线的侧向垂直度检验方法如下：

侧向垂直度在最大独立式高度、空载无风状态、臂架相对塔身 0°和 90°时分别沿臂架方向测量（如图 2-2 所示），标尺贴靠在塔身结构中心的最低处和最高处用经纬仪读出两处的值。

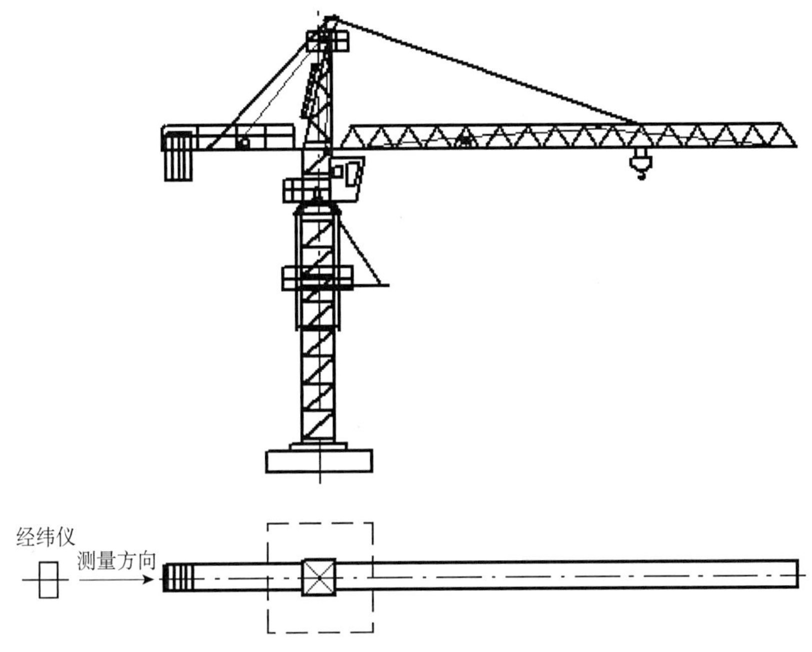


图 2-2　塔式起重机塔身轴心线侧向垂直度测量

塔身轴线侧向垂直度误差按式（2-1）计算：

$$\Delta L=\frac{|L_1-L_2|}{\Delta H}\leqslant 4/1\,000 \tag{2-1}$$

式中，$L_1$——上部测量点标尺读数，mm；

$L_2$——下部测量点标尺读数，mm；

$\Delta H$——两个测量点间的高度差，mm。

（4）使用。

塔机起重司机、起重信号工、司索工等操作人员应取得特种作业人员资格证书，严禁无证上岗。使用前，应对作业人员进行安全技术交底。

塔机的力矩限制器、重量限制器、变幅限位器、行走限位器、高度限位器等安全保护装置不得随意调整和拆除，严禁用限位装置代替操纵机构。

作业中遇突发故障，应采取措施将吊物降落到安全地点，严禁吊物长时间悬挂在空中。遇有风速 20 m/s 及以上的大风或大雨、大雪、大雾等恶劣天气，应停止作业。雨雪过后，应试吊确认制动器灵敏可靠后方可作业。夜间施工应有足够照明。

当塔机使用高度超过 30 m 时，应配置障碍灯，起重臂根部铰点高度超过 50 m 时应安装风速仪。严禁在塔身上附加广告牌或其他标语牌。

塔机的主要部件和安全装置应进行经常性检查，每月不得少于一次，并有记录；发现安全隐患时，应及时进行整改。当塔机使用周期超过一年时，应进行一次全面检查（定检），合格后方可继续使用。

塔机发生故障时，应及时维修，维修期间应停止作业。

（5）拆卸。

拆卸前应检查主要结构件、连接件、电气系统、起升机构、回转机构、变幅机构、顶升机构等项目，发现隐患应及时消除后方可进行拆卸作业。

塔机拆卸应先降节、后拆除附着装置。

自升式塔机每次降节前，应检查顶升系统和附着装置的连接等，确认完好后方可进行作业。拆卸作业是安装的逆过程，应符合安装作业的相关规定。

（6）吊索具。

吊索具在每次使用前应进行检查，确定符合要求后，方可继续使用，发现缺陷时，应停止使用。钢丝绳作吊索时，安全系数不得小于 6 倍；吊索必须由整根钢丝绳制成，中间不得有接头，环形吊索应只允许有一处接头。

当钢丝绳的端部采用编结固结时，编结部分的长度不得小于钢丝绳直径的 20 倍，并不应小于 300 mm，插接绳股应拉紧，凸出部分应光滑平整，且应在插接末尾流出适当长度，用金属丝扎牢，钢丝绳插接方法宜《起重机械吊具与索具安全规程》（LD 48—1993）的要求。用其他方法插接的，应保证其插接连接强度不小于该绳最小破断拉力的 75%。

当钢丝绳采用绳夹固结时，绳夹最少数量应满足表 2-2 的要求。

**表 2-2　钢丝绳吊索绳夹的最少数量**

| 绳夹规格（钢丝绳公称直径）/mm | 钢丝绳夹的最少数量/组 |
|---|---|
| ≤18 | 3 |
| 18～26 | 4 |
| 26～36 | 5 |
| 36～44 | 6 |
| 44～60 | 7 |

钢丝绳夹压板应在钢丝绳受力绳侧，绳夹间距 $A$（如图 2-3 所示）不应小于钢丝绳直径的 6 倍。

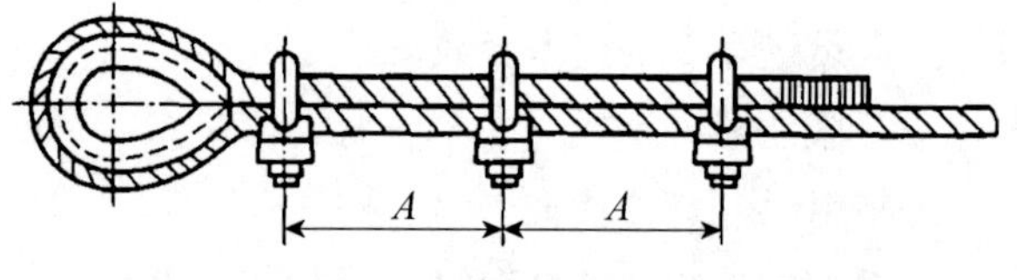


**图 2-3　钢丝绳夹压板**

滑轮、卷筒均应设有钢丝绳防脱装置；吊钩应设有钢丝绳防脱钩装置。

## 三、建筑施工升降机安装、使用、拆卸安全技术规程

《建筑施工升降机安装、使用、拆卸安全技术规程》（JGJ 215—2010）是建筑领域的行业标准，适用于房屋建筑和市政工程施工升降机的安装、使用和拆卸，本节介绍其部分内容，

在标准中黑体部分为强制性条文，工作中必须遵守。

**1. 基本规定**

（1）安装单位应具备建设行政主管部门颁发的起重设备安装工程专业承包资质和建筑施工企业安全生产许可证。

安装、拆卸项目应配备与承担项目相适应的专业安装作业人员和专业安装技术人员。安装拆卸工、电工、司机等应具有建筑施工特种作业操作资格证书。

（2）使用单位应与安装单位签订施工升降机安装、拆卸合同，明确双方的安全生产责任。施工总承包单位应与安装单位签订施工升降机安装、拆卸工程安全协议书。

（3）施工升降机应具有特种设备制造许可证、产品合格证、使用说明书、备案登记证。

（4）安装拆卸作业前，安装单位应编制施工升降机安装、拆卸工程专项施工方案，由安装单位技术负责人批准后，报送施工总承包单位或使用单位、监理单位审核，并告知工程所在地县级以上建设行政主管部门。

专项施工方案应根据使用说明书的要求、作业场地及周边环境的实际情况、施工升降机的使用要求等编制。施工中如专项方案发生变更，应按程序重新审批，未经审批不得继续进行安装、拆卸作业。

当利用辅助起重设备安装、拆卸施工升降机时，应对辅助设备进行设计和验算。

安装作业前，应对辅助起重设备和其他安装辅助用具的机械性能和安全性能进行检查，合格后方能投入作业。

**2. 安装**

（1）安装条件。

1）安装前，施工升降机应维护保养。

施工升降机地基、基础应满足使用说明书的要求，对基础设置在地下室顶板、楼面或其他下部悬空结构上的施工升降机，应对基础支撑结构进行承载力验算。施工升降机安装前应对基础进行验收，合格后方能安装。

2）作业前，安装技术人员应根据施工升降机安装、拆卸工程专项施工方案和使用说明书的要求，对安装作业人员进行安全技术交底，交底双方在交底书上签字，留存备查。

3）安装使用的施工升降机必须符合规定。

4）防坠安全器使用期限为防坠安全器出厂之日起5年，使用中每年应返厂或委托有资质的检测单位进行一次参数标定，否则不得投入使用。

5）施工升降机的附墙架形式、附着高度、垂直间距、附着点水平距离，附墙架与水平面夹角、导轨架自由端高度与主体结构件的水平距离等应符合使用说明书的要求。

当附墙架不能满足施工现场要求时，应对附墙架另行设计计算。附墙架设计应满足构件刚度、强度、稳定性等要求，制作应满足设计要求。

在施工升降机使用期间，非标准构件设计计算书、图纸，专项施工方案及相关资料应在工地存档。

（2）安装作业。

1）安装单位的专业技术人员、专职安全生产管理人员应进行现场监督。

2）施工升降机的安装作业范围应设置警戒线及明显的警示标志。非作业人员不得进入警戒范围。任何人不得在悬吊物下方行走和停留。

3）进入现场的安装作业人员应佩戴安全防护用品，高处作业应系好、挂好安全带，作业人员严禁酒后作业。

4）当遇大雨、大雪、大雾或风速大于 13 m/s 等恶劣天气时，应停止安装作业。

5）安装拆卸作业时，应确保施工升降机运行通道内无障碍物；吊笼的运行速度应不大于 0.7 m/s，非检修状态的安全装置应起到保护作用；作业人员必须按高空作业操作规程防护与操作。

6）拆装作业应在笼顶使用“拆装操作控制盒”操作，此时笼内应留有人员监控；当导轨架或附墙架上有人员作业时，严禁开动施工升降机；当“拆装操作控制盒”操作失误时，笼内人员应立即操作“紧急停机”按钮强行停机；或者立即拉下极限开关，切断吊笼电源而实现强行停机。

7）导轨架安装时，应对施工升降机导轨架垂直度进行测量校准。施工升降机导轨架安装垂直度偏差应符合使用说明书和表 2-3 规定。

**表 2-3　施工升降机安装垂直度偏差**

| 导轨架架设高度 $h$/m | $h$≤70 | 70＜$h$≤100 | 100＜$h$≤150 | 150＜$h$≤200 | $h$＞200 |
|---|---|---|---|---|---|
| 垂直度偏差/mm | 不大于（1/1 000）$h$ | ≤70 | ≤90 | ≤110 | ≤130 |
| | 对钢丝绳式施工升降机，垂直度偏差不大于（1.5/1 000）$h$ | | | | |

8）施工升降机最外侧边缘与外面架空输电线路的边线之间，应保持安全操作距离，最小安全操作距离应符合现行标准《施工现场临时用电安全技术规范》（JGJ 46—2012）的规定。

9）当发现故障或危及安全的情况时，应立即停止安装作业，采取必要的安全防护措施，应设置警示标志并报告技术负责人。在故障或危险情况未排除之前，不得继续安装作业。

当遇意外情况不能继续安装作业时，应使已安装的部件达到稳定状态并固定牢靠，经确认合格后方能停止作业。作业人员下班离岗时，应采取必要的防护措施，并应设置明显的警示标志。

10）施工升降机安装完毕且经调试合格后，安装单位应对安装质量进行自检，并向使用单位进行安全使用说明。

11）安装单位自检合格后，应经有相应资质的检验检测机构监督检验。检验合格后，使用单位应组织租赁单位、安装单位和监理单位等进行验收。实行施工总承包的，应由总承包单位组织验收。

12）使用单位应自施工升降机安装验收合格之日起 30 日内，将施工升降机安装验收资料、安全管理制度、特种作业人员名单等，向工程所在地县级以上建设行政主管部门办理使用登记备案。

安装自检表、检测报告和验收记录等纳入设备档案。

**3. 使用**

（1）使用前准备。

施工升降机司机应持有建筑施工特种作业操作资格证书，不得无证操作。使用单位应对施工升降机司机进行书面安全技术交底，交底资料应留存备查。

（2）操作使用。

1）严禁施工升降机使用超过有效标定期的防坠安全器，不得使用有故障的施工升降机；不得擅自改动或代用受力构件和连接件。

2）应在升降机作业范围内设置明显的安全警示标志，应在集中作业区做好安全防护。

当建筑物超过 2 层时，施工升降机地面通道上方应搭设防护棚，当建筑物高度超过 24 m 时，应设双层防护棚。

使用单位应根据不同的施工阶段、周围环境、季节和气候，对施工升降机采取相应的安全防护措施。

3）使用单位应在现场设置相应的设备管理机构或配备专职的设备管理人员，并指定专职设备管理人员、专职安全生产管理人员进行监督检查。

4）严禁用行程限位开关作为停止运行的控制开关；严禁擅自拆除或短接安全装置及限位开关，安全装置不完整或不可靠时严禁继续使用。

当遇大雨、大雪、大雾、施工升降机顶部风速大于 20 m/s 或导轨架、电缆表面结有冰层时，不得使用施工升降机。

减速器使用温度应＜100℃；润滑油不足时应及时补充；当施工升降机运行中发现异常情况时，应立即停机，直到排除故障后方能机械运行。

5）施工升降机在建筑物内部井道中时，应在运行通道四周搭设封闭屏障。

6）运载融化沥青、强酸、强碱、溶液、易燃易爆物品或其他特殊物料时，应由相关技术部门做好风险评估并采取安全措施，且应向施工升降机司机、相关作业人员书面交底后方能载运。

7）实行多班作业的施工升降机，应执行交接班制度，交班司机应填写交接班记录表。接班司机应进行班前检查，确认无误后，方能开机作业。

（3）使用结束。

作业结束后应将施工升降机吊笼返回最底层停放，将各控制开关拨到零位，切断电源，锁好开关箱、吊笼门和地面防护围栏门。

**4. 检查、保养和维修**

在每天开工前和每次换班前，施工升降机应按使用说明书及规程要求进行检查；对检查结果应进行记录，发现问题应向使用单位报告。在使用期间，使用单位应每月组织专业技术人员按规程要求对施工升降机进行检查，并对检查结果进行记录。

当遇到可能影响施工升降机安全技术性能的自然灾害、发生设备事故或停工 6 个月以上时，应对施工升降机重新组织检查验收。

使用单位应在施工升降机使用期间安排足够的设备保养、维修时间；对施工升降机进行检修时应切断电源，并设置醒目的警示标志；当需要通电检修时，应做好防护措施；不得使用未排除安全隐患的施工升降机。

严禁在施工升降机运行中进行保养维修作业。开展吊笼内任何零部件的检查、维护修理与更换操作，必须将吊笼降至最低位置（距基础架＜0.5 m）后进行。以防止零件拆卸后因安全装置不完整而发生事故。带对重的升降机吊笼维修时，零部件搬出吊笼前，应在吊笼内先加入大于将搬出零件重量的载荷，防止因吊笼重量小于对重重量而发生事故。应将各种与施工升降机检查、保养和维修相关记录纳入安全技术档案，并在施工升降机使用期间在工地存档。

## 四、施工现场机械设备检查技术规范

《施工现场机械设备检查技术规范》（JGJ 160—2016）是建筑领域的行业标准，适用于新建、扩建和改建的工业与民用建筑及市政工程施工现场机械设备的检查。该规范介绍了 11 类近八十种机械设备，本节介绍其部分内容，在标准中黑体字为强制性条文，在日常设备管理中必须遵守。

**1. 基本规定**

检查人员应定期对机械设备进行检查，发现隐患应及时排除，严禁机械设备带病运转；机械设备主要工作性能应达到使用说明书中各项技术参数指标。

机械设备的检查、维修、保养、故障记录，应及时、准确、完整、字迹清晰；外观应清洁，润滑应良好，不应漏水、漏电、漏油、漏气；各安全装置齐全有效；用电应符合《施工现场临时用电安全技术规范》（JGJ 46—2012）的有关规定。

机械设备的噪声应控制在《建筑施工场界环境噪声排放标准》（GB 12523—2011）范围内，其粉尘、尾气、污水、固体废物排放应符合国家现行环保排放标准的规定。露天固定使用的中小型机械应设置作业棚，作业棚应具有防雨、防晒、防物体打击功能。

（1）油料与水应符合下列规定：

1）起重机使用的各类油料与水应符合使用说明书要求；

2）使用柴油时不应掺入汽油；

3）润滑系统的各润滑管路应畅通，各润滑部位润滑应良好，润滑剂厂牌型号、黏度等级（SAE）、质量等级（API）及油量应符合使用说明书的规定；

4）不得使用硬水或不洁水；

5）冬期未使用防冻液的，每日工作完毕后应将缸体、油冷却器和水箱的水全部放净；

6）施工现场使用的各类油料应集中存放，并应配备相应的灭火器材。

（2）液压系统应符合下列规定：

1）液压系统中应设置过滤和防止污染的装置，液压泵内外不应有泄漏，元件应完好，不得有振动及异响；

2）液压仪表应齐全，工作应可靠，指示数据应准确；

3）液压油箱应清洁，应定期更换滤芯，更换时间应按使用说明书要求执行。

（3）电气系统应符合如下规定：

电气管线排列应整齐，卡固应牢靠，不应有损伤和老化；电控装置反应应灵敏；熔断器配置应合理、正确；各电器仪表指示数据应准确，绝缘应良好；启动装置反应应灵敏，与发动机飞轮啮合应良好；

电瓶应清洁，固定应牢靠；液面应高于电极板 10～15 mm；免维护电瓶标志应符合现行国家有关标准的规定；

照明装置应齐全，亮度应符合使用要求；线路应整齐，不应损伤和老化，包扎和卡固应可靠；绝缘应良好，电缆电线不应有老化、裸露；

电器元件性能应良好，动作应灵敏可靠，集电环集电性能应良好；仪表指示数据应正确；

电机运行不应有异响；温升应正常。电动机碳刷与滑环接触应良好，接线端子连接应可靠，转动中不应有异响、漏电等现象，绝缘性能应符合使用说明书规定，其绝缘电阻值不应小于 0.5 MΩ；

在运转中电动机轴承允许最高温度取值：滑动轴承 80℃，滚动轴承 95℃；正常温度取值应为滑动轴承 40℃，滚动轴承 55℃。

**2. 动力设备**

（1）柴油发电机组。

柴油发电机组应高出室内地面 0.25～0.30 m。移动式柴油发电机组应处于水平状态，放置稳固，其拖车应可靠接地，前后轮固定。室外使用的柴油发电机组应搭设防护棚。

柴油发电机组及其控制、配电、修理室等的设置应满足电气安全距离和防火要求；排烟管道应伸出室外，且严禁在室内存放储油桶。

柴油发电机组的安装环境应选择靠近负荷中心、进出线方便、周边道路畅通的地方并避开污染源的下风侧和易积水的地方。柴油发电机组的额定电压必须与外电线路电源电压等级相符。

柴油发电机组严禁与外电线路并列运行，且应采取电气隔离措施与外电线路互锁。当两台及以上发电机组并列运行时，必须装设同步装置，且应在机组同步后再向负载供电。

1）柴油发电机组整机应符合下列规定：

①柴油机及发电机的主要参数应达到使用说明书规定指标，输出功率不得低于额定功率的 85%；

②机组外表应整洁，不应有明显的锈蚀；

③机组运行不应有异响、剧烈振动、超温；

④机组附着设施配备应合理，运行应达到要求；

⑤各种仪表应齐全和灵敏可靠，数据指示应准确。

柴油发电机组的柴油机、电气系统、冷却系统应符合规定，紧急保险装置应配置齐全，工作可靠。

2）柴油机应符合下列规定：

①柴油机启动、加速性能应良好，怠速应平稳；

②运转不应有异响，水温、仪表指示数据应准确，并应符合使用说明书的规定；

③柴油机曲轴箱内机油量宜在机油尺上下刻度中间稍上位置；

④空气、机油、柴油滤清器应保持清洁；更换滤芯的时间应按使用说明书要求执行；

⑤水箱应定期清洗，水箱内外应清洁；

⑥当水温超过规定值时，节温装置应能自动打开；

⑦风扇皮带松紧适度；

⑧电气线路和油管管路应排列整齐，卡固牢靠；

⑨柴油机地脚螺栓不应松动和缺损；

⑩柴油机负荷调节器配备应合理。

（2）空气压缩机及附属设备。

固定式空气压缩机应安装在室内符合规定的基础上，并应高出地面 0.25～0.30 m。移动式空气压缩机应处于水平状态，放置应稳固，其拖车应可靠接零，工作前应将前后轮固定，不应有窜动。

1）空气压缩机整机应符合下列规定：

①排气量、工作压力参数均应达到额定指标；

②整机不得有油污和明显锈蚀，管路辐射应合理、固定可靠；

③零部件及附属机具应齐全；

④进排气阀不应漏气，不得有严重积碳和积灰；

⑤电气和电控装置应齐全、可靠，电气系统绝缘应良好，接零装置敷设、接地体（线）连接正确，接地电阻应符合《施工现场临时用电安全技术规范》（JGJ 46—2005）的有关规定；

⑥储气罐焊缝不得有开焊和裂纹，罐体不得有变形，并应有出厂合格证；罐体内不得有油污和冷凝水；承受压力的储气罐罐体应在检定期内使用。

2）空气压缩机的安全装置应符合下列规定：

①各安全阀动作应灵敏可靠；

②自动调节器调节功能应良好；

③压力表应灵敏可靠，计量应正确，且应在检定期内。

**3. 土方及筑路机械一般规定**

（1）土方机械整机应符合下列规定：

1）各总成、零部件、附件及附属装置应齐全完整，安装应牢固；

2）驾驶室门窗开关应自如，雨刮器、门锁应完好，玻璃不应有破损；

3）各部操纵杆、制动踏板的行程应符合使用说明书规定，动作应灵活、可靠；

4）金属构件不得有弯曲、变形、开焊、裂纹；销轴安装应可靠，各螺栓连接应紧固；

5）黄油嘴应齐全无缺，润滑油路应畅通、润滑部位应润滑良好；

6）上下车扶手及踏板应完好，不应有开焊、腐蚀；

7）各种仪表指示数据应准确。

（2）行走机构应符合下列规定：

1）行走架不应有开裂、变形；

2）驱动轮、引导轮、支重轮、托链轮应齐全完好，不应有漏油、啃轨、偏磨；

3）履带松紧度应符合使用说明书规定，履带张紧装置应有效；

4）履带板螺栓应齐全，不应有松动；链轨磨损不应超限，销套不得有断裂；

5）履带行驶跑偏量不应大于测量距离的5%。

（3）传动系统应符合下列规定：

1）液力变矩器工作时不应有过热，传递动力应平稳有效；滤清器清洁；各连接部分应密封良好，不应漏油；

2）变速器挡位应准确、定位可靠，工作时不应有异响；

3）变速箱不应有渗漏；润滑油油面应达到油位检查孔标线；

4）转向盘的自由行程应符合使用说明书规定，转动及回位应灵活、准确；

5）各部传到齿轮啮合应良好、运转平稳，不应有异响。

（4）制动机安全装置应符合下列规定：

1）制动踏板行程应符合说明书的规定；

2）制动液型号、规格应符合使用说明书的规定；制动液液面应在标志位置；

3）制动总泵、分泵及连接管路不应有漏气、漏油；

4）空气压缩机应运转正常，气压调节阀工作正常；当系统压力超过规定值时，安全阀应能自动打开；

5）制动蹄片与制动毂间隙应调整适宜，制动毂不应过热，制动应可靠有效；

6）驻车制动摩擦片不应有油污、烧伤，驻车制动应可靠有效；

7）制动块、制动盘应清洁，不应有油污，制动应可靠有效。

**4. 桩工机械一般规定**

（1）整机应符合下列规定：

1）打桩机结构件、附属部件应齐全，主要受力构件不应有失稳及明显变形；

2）金属结构件焊缝不应有开焊和焊接缺陷；

3）金属结构件锈蚀（或腐蚀）的深度不应超过原厚度的10%；

4）金属结构杆件螺栓连接或铆接不应松动，不应有缺损；关键部件连接螺栓应配有防松、防脱落装置，使用高强度螺栓时应有足够的预紧力矩；

5）钢丝绳的使用应符合规范规定。

（2）传动系统应符合下列规定：

1）离合器接合应平稳，传递和切断动力应有效，不应有异响及打滑；

2）传动机构的齿轮、链轮、链条等部件应能有效传递动力，齿轮啮合应平稳，不应有异响、干磨、过热；

3）联轴器不应缺损，连接应牢固，橡胶圈不应老化，运转时不应有剧烈撞击声；

4）传动机构的防护罩、盖板、防护栏杆应齐全，不应有变形、破损。

（3）制动系统应符合下列规定：

1）在额定载荷下，桩机常闭式制动器应能有效地制动；

2）制动器的零部件不应有裂纹、过度磨损、塑性变形、开焊、缺件等缺陷；

3）制动轮与制动摩擦片之间应接触均匀，不应有污垢，制动片磨损不应超过原厚度的50%，且不应露出铆钉，制动轮的凹凸不平度不应大于 1.5 mm；

4）制动踏板行程调整应适宜，制动应平稳可靠。

**5. 起重机械一般规定**

起重机械作业报警装置应完整有效，起重机械危险部位的安全标志应清晰、醒目、无脱落；司机室内应配备灭火器，各总成件、零部件、附件及附属装置应齐全完整，各操纵杆动作应灵活，回位应正确；起重机内外应整洁，不应有锈蚀、漏水、漏油、漏气、漏电等；整机主要工作性能应能达到额定指标。起重机械的任何部位与架空输电线之间的最小距离不得小于规定；漏电保护器参数应匹配，安装应正确，动作应灵敏可靠。

（1）滑轮应符合下列规定：

1）滑轮槽应光洁平滑，不应有损伤钢丝绳的缺陷；

2）防止钢丝绳跳出轮槽的装置应完好有效；

3）当滑轮出现下列情况之一时，应予报废：

①出现裂纹或铆接管松动；

②轮缘破损，滑轮槽不均匀磨损达 3 mm；

③滑轮绳槽壁厚磨损量达到原壁厚的 20%；

④滑轮槽底的磨损量超过相应钢丝绳直径的 25%；

⑤其他能损害钢丝绳的缺陷。

（2）用于轨道式安装的车轮出现下列情况之一时，应予报废：

1）可见裂纹；

2）车轮踏面厚度磨损量达原厚度的 15%；

3）轮缘厚度磨损量达原厚度的 50%；轮缘厚度弯曲变形达原厚度的 20%。

（3）传动系统应符合下列规定：

1）离合器接合应平稳、传递动力应有效、分离应彻底；

2）各传动部件运转不应有冲击、振动、发热和漏油；

3）齿轮箱内齿轮啮合应完好，优良应适当；

4）工作时，齿轮箱不应有异响、振动、发热和漏油；

5）变速箱挡位应正确，换挡应轻便；

6）联轴器零件不应有缺损；连接不应松动，运转时不得有剧烈撞击声；

7）卷筒上的钢丝绳排列应整齐；

8）齿轮箱地脚螺栓、壳体连接螺栓不应有松动和缺损；

9）减速齿轮箱运转不得有异响，温升应符合使用说明书的规定。

（4）起升高度大于 50 m 的起重机，在臂架头部应安装风速仪；当风速大于工作极限风速时，应能发出停止作业的警报。

（5）地基承载力不得小于工作状态最大支腿压力，在基坑边、暗沟等地下设施上作业时，应采取地基加固措施。

（6）动臂式和尚未附着的自升式塔机，塔身不得悬挂标语牌。

**6. 高空作业设备一般规定**

各总成件、零部件、附件及附属装置应齐全完整，安装应牢固。各行程限位开关和安全保护装置应完好齐全，灵敏可靠，不得随意调整或拆除。

**7. 混凝土机械一般规定**

混凝土机械应安放在平坦坚实的地坪上，地基承载力应能承受工作载荷和振动载荷，场地周边应有良好的排水、供水、供电条件，道路应畅通。

混凝土机械在生产过程中产生的噪声应控制在《建筑施工场界环境噪声排放标准》（GB 12523—2011）范围内，其粉尘、尾气、污水、固体废物排放应符合《预拌混凝土绿色生产及管理技术规程》（JGJ/T 328—2014）的有关规定及国家现行环保排放标准的规定。

**8. 焊接机械一般规定**

各类电焊机的整机应符合规定：焊机内外应整洁，不应有明显锈蚀；各部件连接螺栓应紧固牢靠，不应有缺损；机架、机壳、盖罩不应有变形、开焊和开裂；行走轮及牵引件应完整，行走轮润滑应良好；焊接机械的零部件应完整，不应有缺损。

**9. 钢筋加工机械一般规定**

（1）整机应符合下列规定：

1）机械的安装应坚实稳固，应采用防止设备意外移位的措施；

2）机身不应有破损、断裂及变形；

3）金属结构不应有开焊、裂纹；

4）各部位连接应牢固；

5）零部件应完整，随机附件应齐全；

6）外观应清洁，不应有油垢和锈蚀；

7）操作系统应灵敏可靠，各仪表指示数据应准确；

8）传动系统运转应平稳，不应有异常冲击、振动、爬行、窜动、噪声、超温、超压。

（2）安全防护应符合下列规定：

1）安全防护装置应齐全可靠，防护罩或防护板安装应牢固，不应破损；机械齿轮、皮带轮等高速运转部分，必须安装防护罩或防护板。

2）接零应符合用电规定；漏电保护器参数应匹配，安装应正确，动作应灵敏可靠；电气保护装置应齐全有效。

**10. 木工机械一般规定**

（1）整机应符合下列规定：

1）机械安装应坚实稳固，保持水平位置；

2）金属结构不应有开焊、裂纹、变形；

3）机构应完整，零部件应齐全，连接应可靠；

4）机械应保持清洁，安全防护装置应齐全可靠，工作台上不得放置杂物；

5）传动系统运转应平稳；

6）操作系统应灵敏可靠，配置操作按钮、手轮、手柄应齐全，反应应灵敏；各仪表指示数据应准确；

7）刃具安装应牢固，定位应准确有效。

（2）安全防护装置应符合下列规定：

1）接零保护设置应正确，接地电阻应符合用电规定；

2）短路保护、过载保护、失压保护装置动作应灵敏有效；

3）漏电保护器参数应匹配，安装应正确，动作应灵敏可靠；

4）外露传动部分防护罩壳应齐全完整，安装应牢靠；

5）防护压板、护罩等安全防护装置应齐全、可靠、有效，指示标志应醒目。

（3）不得使用同一台电机驱动多种刃具、钻具的多功能木工机具。

**11. 砂浆机械一般规定**

（1）砂浆机械应有良好的设备基础，移动式砂浆机械应安放在平坦坚实的地坪上。

（2）砂浆机械在生产过程中产生的噪声应控制在《建筑施工场界环境噪声排放标准》（GB 12523—2011）规定的范围内，其粉尘和固体废物排放应符合国家现行相关标准的规定。

（3）在任何供料形式的工作状态下，距干混砂浆生产线主机的粉尘源头下风口 50 m、高 1.7 m 的粉尘浓度不得大于 10 $mg/m^3$。

（4）整机应符合下列规定：

1）主要工作性能应达到使用说明书规定的额定指标；

2）金属结构不应有开焊、裂纹、变形和严重锈蚀，各连接螺栓应紧固；

3）工作装置性能应可靠，附件应齐全完整。

**12. 非开挖机械一般规定**

（1）非开挖机械应按使用说明书规定的技术性能和使用条件合理使用，严禁任意扩大使用范围。

（2）非开挖机械的选用应与周围岩土条件相适应。

（3）隧道施工应选用特殊构造的加强型电器或高等级绝缘电器；在隧道施工中，电器防爆等级应与作业环境相适应。高海拔地区应选用高原电器。

（4）整机应符合下列规定：

1）外观应清洁，警示标志应明显：所有指示灯应正常；

2）各总成、零部件及附属装置应齐全、完整，试运转时不得有漏油、异响和过热现象；

3）钢结构不应有明显变形，主要受力构件焊缝不应有开焊裂纹，螺栓、销连接应牢靠；

4）主要工作性能应达到额定指标。

附表：

**风力等级表**

| 风级和符号 | 名称 | 风速/（m/s） | 陆地物象 | 海面波浪 | 浪高/m |
|---|---|---|---|---|---|
| 0 | 无风 | 0.0～0.2 | 烟直上 | 平静 | 0.0 |
| 1 | 软风 | 0.3～1.5 | 烟示风向 | 微波峰无飞沫 | 0.1 |
| 2 | 轻风 | 1.6～3.3 | 感觉有风 | 小波峰未破碎 | 0.2 |
| 3 | 微风 | 3.4～5.4 | 旌旗展开 | 小波峰顶破裂 | 0.6 |
| 4 | 和风 | 5.5～7.9 | 吹起尘土 | 小浪白沫波峰 | 1.0 |
| 5 | 劲风 | 8.0～10.7 | 小树摇摆 | 中浪折沫峰群 | 2.0 |
| 6 | 强风 | 10.8～13.8 | 电线有声 | 大浪到个飞沫 | 3.0 |
| 7 | 疾风 | 13.9～17.1 | 步行困难 | 破峰白沫成条 | 4.0 |
| 8 | 大风 | 17.2～20.7 | 折毁树枝 | 浪长高有浪花 | 5.5 |
| 9 | 烈风 | 20.8～24.4 | 小损房屋 | 浪峰倒卷 | 7.0 |
| 10 | 狂风 | 24.5～28.4 | 拔起树木 | 海浪翻滚咆哮 | 9.0 |
| 11 | 暴风 | 28.5～32.6 | 损毁普遍 | 波峰全呈飞沫 | 11.5 |
| 12 | 飓风 | 32.7～36.9 | 摧毁巨大 | 海浪滔天 | 14.0 |
| …… |  | …… |  |  | …… |

# 第三章　常用建筑机械基础知识

## 第一节　工程机械内燃机及底盘

### 一、工程机械内燃机

**1. 内燃机的分类及型号标示**

内燃机按照所用的燃料分为汽油机、柴油机，在建筑施工机械上使用的大多是柴油机。柴油机的主要性能指标有功率、机械效率、热效率、燃油消耗率、有效转矩和平均有效压力等；柴油机的特性包括速度特性、负荷特性和调速特性等。

内燃机的型号编制有国家通用编制方法和内燃机制造企业自行编制方法两种，通用编制方法反映了内燃机的主要结构及性能，它包括气缸数、机型系列、变型符号和用途及结构特点 4 项内容，如图 3-1 所示。例如，6135 柴油机，表示 6 缸、四冲程、缸径 135mm、水冷式柴油机。

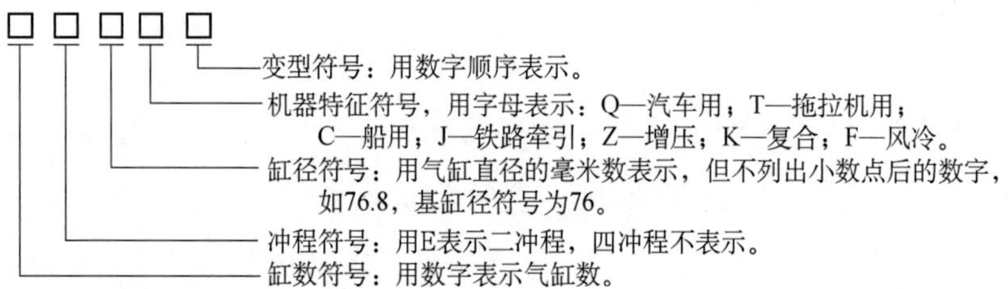


图 3-1　内燃机型号

**2. 柴油机的构造**

柴油机由机体、曲柄连杆机构、配气机构、燃油供给系统、润滑系统、冷却系统和启动装置等组成。机体主要包括气缸盖、气缸体和曲轴箱，机体是各机构、各系统的装配基体。

（1）曲柄连杆机构。

曲柄连杆机构是实现工作循环，完成能量转换的主要机构，由活塞组、连杆组和曲轴飞轮组组成。

1）活塞组与连杆组：活塞组包括活塞、活塞环、活塞销和挡圈等零件；连杆组包括连杆、连杆螺栓和连杆轴瓦等零件。

2）曲轴飞轮组：主要由曲轴和飞轮及其他零件和附件组成，零件和附件的种类与数量取决于内燃机的结构和性能要求。图 3-2 为发动机曲轴飞轮组构造。

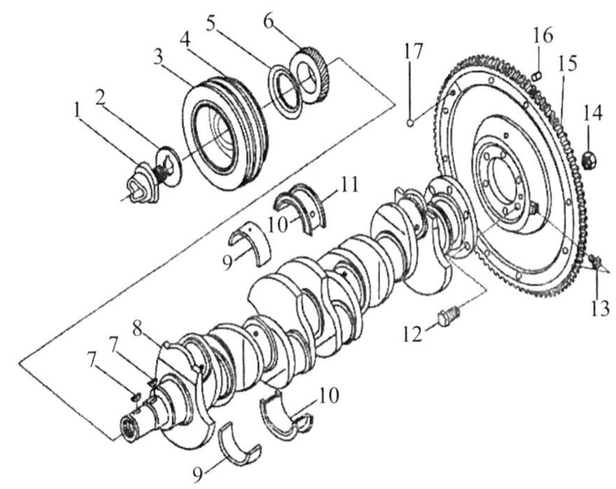


图 3-2　发动机曲轴飞轮组构造

1. 启动爪；2. 锁紧垫；3. 扭转减振器总成；4. 皮带轮；5. 挡油片；6. 正时齿轮；7. 半圆键；8. 曲轴；9、10. 主轴瓦；11. 止推片；12. 飞轮螺栓；13. 油脂嘴；14. 螺母；15. 飞轮与齿圈；16. 离合器盖定位销

（2）配气机构。

配气机构由气门组和气门传动组组成，如图 3-3 所示。其作用是使新鲜空气或可燃混合气按一定要求在一定时刻进入气缸，并使燃烧后的废气及时排出气缸，保证内燃机换气过程顺利进行，并保证压缩和做功行程中封闭气缸。

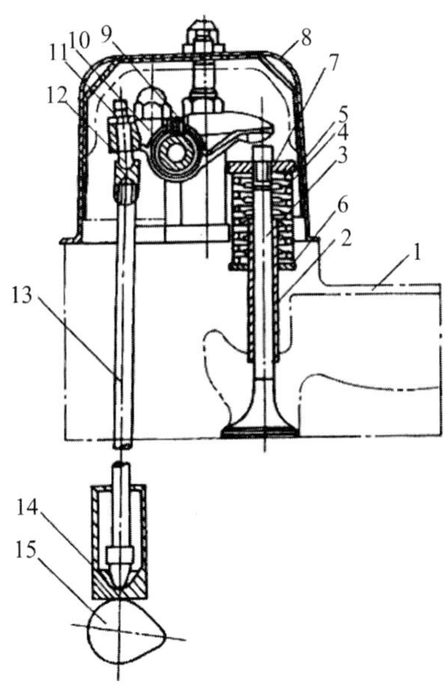


图 3-3　柴油机配气机构构造

1. 气缸盖；2. 气门导管；3. 气门；4. 气门主弹簧；5. 气门副弹簧；6. 气门弹簧座；7. 锁片；8. 气门室罩；9. 摇臂轴；10. 摇臂；11. 锁紧螺母；12. 调整螺钉；13. 推杆；14. 挺杆；15. 凸轮

（3）燃油供给系统。

燃油供给系统主要由燃油箱、滤清器、输油泵、喷油泵、喷油器、油管及燃烧室等组成，按照燃烧室结构要求的供油规律将柴油以高压、雾化的方式喷入燃烧室。为完成这些任务，柴油机燃油供给系统还必须设置自动调节供油量的装置，即调速器。图 3-4 为柴油机燃油供给系统原理示意图。

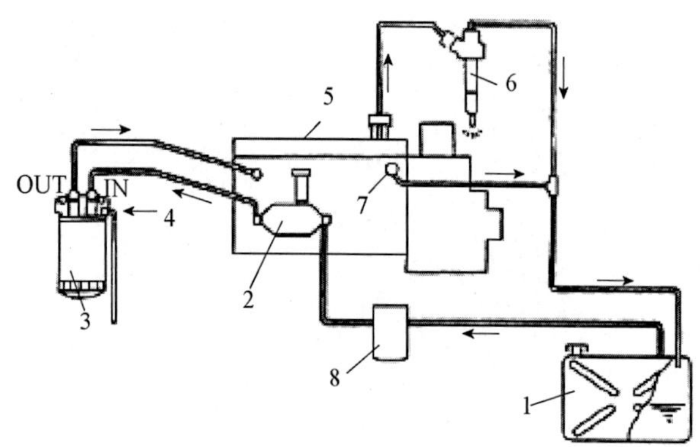


**图 3-4　发动机供油系统原理**

1. 燃油箱；2. 输油泵；3. 燃油滤清器；4. 放气螺塞；5. 高压油泵；6. 喷油器；7. 单向阀；8. 粗滤器

（4）润滑系统。

润滑系统是将机油不断供给各零件的摩擦表面，减少摩擦阻力和功率损失；冲洗和冷却摩擦副表面，带走金属屑，减轻零件磨损；还起到防锈和密封作用。

润滑方法一般都采用综合润滑法。工作负荷大、运动速度高的摩擦面，如曲轴、连杆、凸轮轴等轴承部位，采用强制供油的压力润滑法；露在外面的一般摩擦面，如气缸壁、气门挺杆、配气凸轮等部位，采用飞溅润滑法；其他辅助零件，如风扇、水泵、发电机等转动部位，采用定期加注润滑脂的方法。图 3-5 为 6135 型柴油机润滑系统。

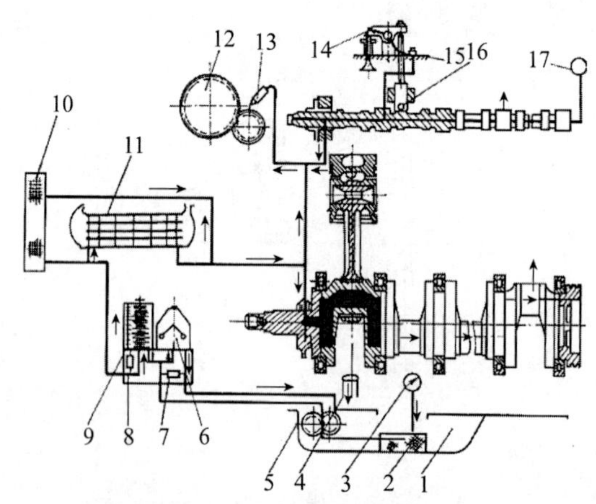


**图 3-5　6135 型柴油机润滑系统**

1. 机油底壳；2. 吸油盘滤网；3. 温度表；4. 加油口；5. 机油泵；6. 离心式机油滤清器；7. 调压阀；8. 旁通阀；9. 刮片式机油粗滤器；10. 风冷式机油散热器；11. 水冷式机油散热器；12. 齿轮系；13. 齿轮润滑的喷嘴；14. 摇臂；15. 气缸盖；16. 挺杆；17. 机油压力表

（5）冷却系统。

冷却系统的作用是保证内燃机正常的工作温度，既不过热也不过冷；冷却方式有水冷和风冷两种。风冷式柴油机使用方便，启动时间短，故障少，冬天没有冻缸的危险。但驱动风扇所消耗的功率大，工作时噪声大，而且还有散热能力对气温变化不敏感等缺点，所以风冷式内燃机的应用没有水冷式内燃机普遍。强制循环水冷系统由水泵、散热器、冷却水套和风扇等组成。图 3-6 为柴油机冷却系统原理示意图。

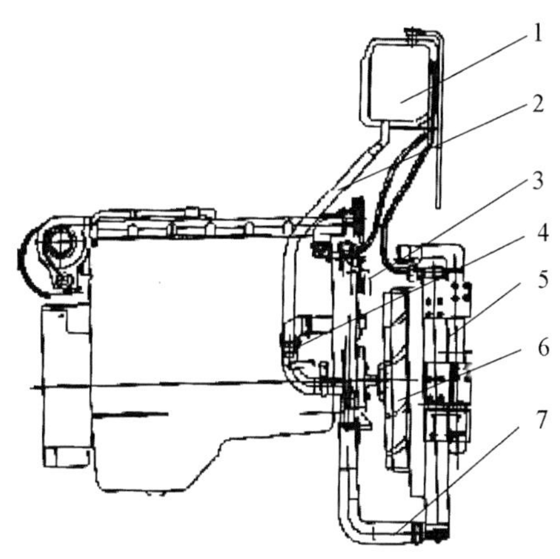


**图 3-6　柴油机冷却系统原理**

1. 膨胀水箱；2. 加水管；3. 上水管；4. 水泵；5. 散热器；6. 风扇；7. 下水管

（6）电气系统。

电气设备由电源和用电设备两大部分组成，电源包括蓄电池和发电机；用电设备包括发动机的起动机和其他用电装置。

## 二、工程机械底盘

工程机械底盘是由传动系统、行走系统、转向系统和制动系统四部分组成，工程机械底盘是整机的支承，其上安装发动机及各部件、总成，传递发动机动力，保证整机以作业所需要的速度和牵引力沿规定方向正常行驶。

**1. 传动系统**

传动系统的形式、作用及组成。

传动系统是动力装置和行走机构之间的传动部件和操纵机构的总称，其作用是将动力装置的动力按需要适当降低转速、增加扭矩后传到驱动轮，并改变动力装置的功率输出特性，满足工程机械作业行驶要求。图 3-7 为 ZL50 型装载机传动系统。

传动系按动力传递形式分为机械式、液力机械式、全液压式和电传动式四种类型。

机械式传动系统的特点是传动可靠、传动效率高、结构简单，但牵引性能不如其他传动方式。

液力机械式传动系统的特点是使机器随作业阻力的变化，自动调整牵引力和速度，显著改善牵引性能，提高发动机功率的利用率，改善发动机的工况，提高作业效率，并能防止发动机过载，操纵也较为简便，铲土运输机械中多数为液力机械式传动系统。

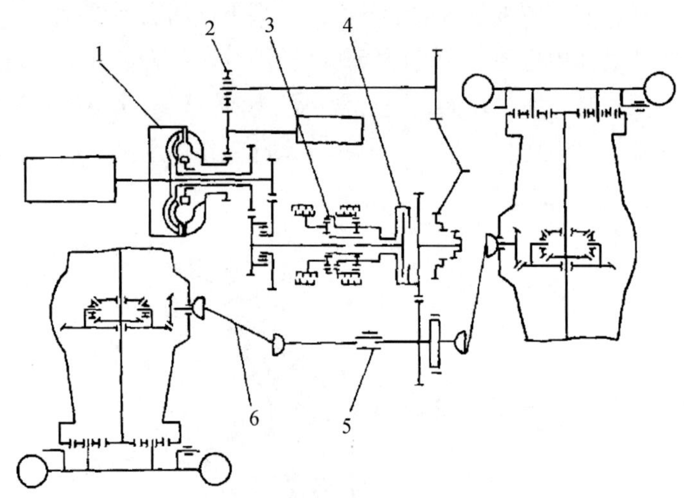


图 3-7　ZL50 型装载机传动系统

1. 液力变矩器；2. 单向离合器；3. 行星变速器；4. 换挡离合器；5. 脱桥机构；6. 传动轴

液力机械式传动系统与机械式传动系统相比，主要有以下几个优点：

1）改善工程机械的牵引性能，使机械能随着外荷载的变化，在一定范围内无级地变更输出轴转矩与转速。当阻力增加时，则自动降低转速，增加转矩，从而改变车辆的牵引力和速度。

2）提高机械的使用寿命，因液力变矩器是油液传递动力，不是刚性连接，能吸收并消除外部的冲击和振动，有利于提高车辆零部件的使用寿命。

3）因液力变矩器具有无级调速的特点，故变速器的挡位数可以减少，由于变速器采用动力换挡，减小了驾驶员的劳动强度，简化了机械的操纵。

全液压传动式是采用发动机驱动油泵，再由液压马达驱动行走机构。该传动方式取消了传动部件，使工作装置的操纵和整机驱动方式统一，可减轻机重，结构紧凑，总体布置简便，原地转向性能好，可实现牵引力和速度的无级调整，大大提高了牵引性能，单斗液压挖掘机和振动压路机多采用全液压式传动系统。

**2. 车架结构**

典型车架结构。

车架是整个机械的基础，机械的大部分部件和总成都通过它来固定位置，因此车架的构造必须满足整机布置和整机性能的要求。此外，机械的各种受力以及行驶和作业中的冲击，最后都传到车架。为保证整机的正常工作，车架还必须具有足够的强度和刚度，且质量要小。车架的构造根据机种、要求的不同，其形式也不相同。轮式工程机械的车架，一般分为整体式和铰接式两大类。

1）整体式车架由两根纵梁和若干根横梁采用铆接或焊接的方法连接成坚固的框架。纵梁由钢板冲压而成，断面一般为槽形。对于重型机械的车架，为了提高车架的抗扭强度，纵梁断面可采用箱形结构。横梁不仅用来保证车架的扭转刚度和承受纵向荷载，而且还用来支承机械的各个部件。

因此，横梁在车架上的位置、形状及其数量，应由车架的受力情况及机械的总体布置要求来决定。图 3-8 为 TLl60 型轮胎推土机整体式车架示意图。

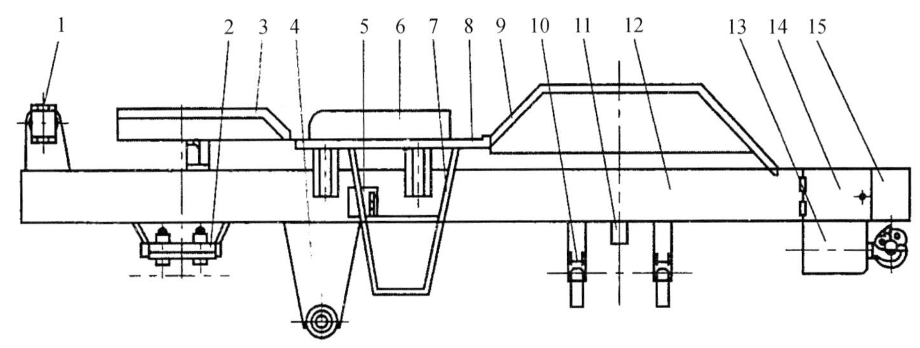


图 3-8　TL160 型轮胎推土机整体式车架

1. 油缸支架；2. 前桥支架；3. 前挡泥板；4. 推架支承；5. 转向助力缸支架；6. 活动盖；7. 车梯；8. 驾驶室底板；9. 后挡泥板；10. 后桥支架；11. 限位块；12. 车架主梁；13. 牵引钩；14. 蓄电池箱；15. 保险杠

2）装载机铰接式车架如图 3-9 所示，铰接式车架一般由前、后车架通过车架之间销轴铰接而成，并通过转向机构使前车架相对后车架转动，铰接式车架具有较小的转弯半径，铰接式车架的铰点一般采用销套式、球铰式和滚锥轴承式等形式。

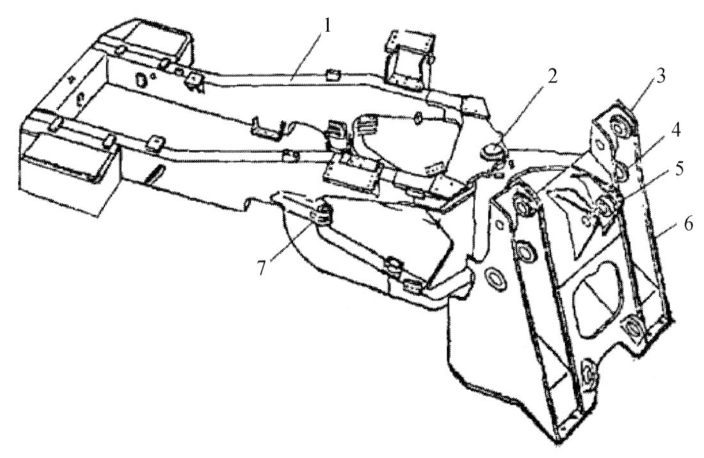


图 3-9　装载机铰接式车架

1. 后车架；2. 铰销；3. 动臂销座；4. 动臂油缸销座；5. 转斗油缸销座；6. 前车架；7. 转向油缸销座

销套式具有结构简单、工作可靠等优点，但上、下铰点销孔的同心度要求高，上、下铰点间距离不宜过大。一般适用于中、小型工程机械上；球铰式可改善铰销的受力情况，增加上、下铰销之间的距离，一般适用于大型装载机上；滚锥轴承式能使前后车架偏转更为灵活，但结构较为复杂，成本较高。

### 3. 履带式行走系统

履带式行走系统的功用是支持机体，并将传动系传到驱动链轮上的转矩变成所需的牵引力使机械进行作业和行驶。图 3-10 为履带式拖拉机行走系统。

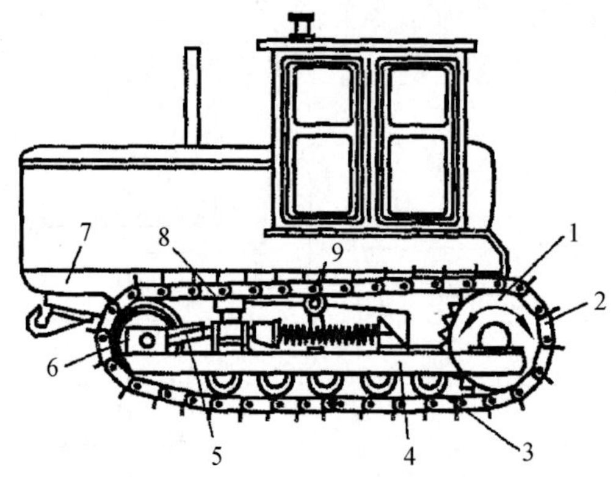


图 3-10 履带式拖拉机行走系统

1. 驱动轮；2. 履带；3. 支重轮；4. 台车架；5. 张紧装置；6. 引导轮；7. 车架；8. 悬架弹簧；9. 托轮

与轮式行走系统相比，履带式行走系统的支撑面积大，接地比压力小(一般小于 0.1 MPa)，适合在松软或泥泞的场地进行作业，通过性能较好。

履带支承面上有履齿，不易打滑，牵引附着性能好。但是，履带式行走系统结构复杂，质量大，减振功能差，“四轮一带”磨损严重，因此驶速度低，机动性较差。

### 4. 轮式行走系统

轮式机械行走系统是用来支持整机的重量和荷载，并保证机械的正常行驶和进行各种作业；其通常由车架、车桥、悬架和车轮等组成，如图 3-11 所示。车架通过悬架连接着车桥，而车轮则安装在车桥的两端。

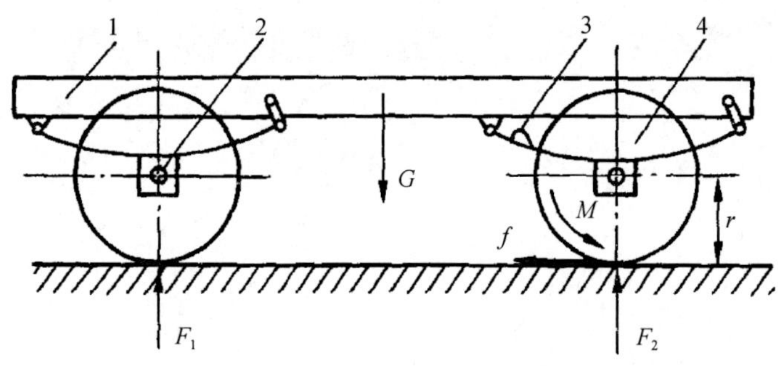


图 3-11 轮式行走系统

1. 车架；2. 车桥；3. 悬架；4. 车轮

对于行驶速度较低的轮式工程机械，为保持其作业时的稳定性，一般不装悬架，而将车桥直接与车架连接，仅依靠低压的橡胶轮胎缓冲减振。对于行驶速度高于 40～50 km 的工程机械，则必须装有弹性悬架装置；悬架装置有用弹簧钢板制作的，也有用气-油为弹性介质制作的，后者的缓冲性能较好，但制造技术要求高。

# 第二节　电动机及空压机

电动机分为直流电动机和交流电动机两大类，直流电动机调速性能好、过载能力强，但体积大、价格贵，结构复杂、维修不便，且需要直流电源；交流电动机根据转子转速和定子磁场转速关系又分为异步电动机和同步电动机，因三相异步电动机结构简单、成本低、工作可靠，在建筑机械中使用很多，而三相同步电动机使用很少。

## 一、三相异步电动机

三相异步电动机由两个基本部分组成：定子和转子。建筑机械中的三相异步电动机常用Y系列（笼型转子）和YZR系列（起重、冶金用绕线型转子），图3-12为笼式异步电动机的内部结构。

三相异步电动机的技术参数主要有：额定功率（kW）、额定电压（V）、额定转速（r/min）、额定电流（A）、功率因数、效率、负载持续率和最大转矩等。

**1. 定子**

定子在空间静止不动，主要由定子铁心、定子绕组、机座、端盖等部分组成。

（1）定子铁心。

定子铁心呈圆筒状，装入机座内，它是电机主磁通磁路的一部分。为了减小铁心损耗，它是由厚度为0.5 mm，片间用绝缘漆绝缘的硅钢片叠装压紧而成的。硅钢片的形状为定铁心圆周内表面沿轴向有均匀分布的直槽，用以嵌放定子绕组。为了增加散热面积，当定子铁心比较长时，沿轴线方向上每隔一定距离有一条通风沟。

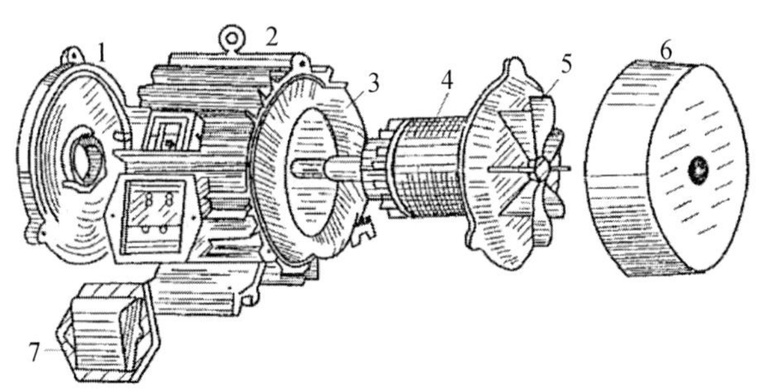


图3-12　笼式异步电动机内部构造

1. 端盖；2. 定子；3. 定子绕组；4. 转子；5. 风扇；6. 风扇罩；7. 接线盒盖

（2）定子绕组。

定子绕组由在空间相差120°角度、对称排列结构完全相等的三相绕组组成。为了产生多对磁极的旋转磁场，每相绕组可以由多个线圈串联组成。每相绕组的各个导体按照一定的规律分散嵌放在定子铁心槽内。

（3）机座。

机座通常由铸铁或铸钢制成，是整个电机的支撑部分。为了加强散热能力，其外表面有散热筋。

**2. 转子**

转子是电动机的旋转部分，转子由转子铁心和转子绕组组成。

（1）转子铁心。

转子铁心是电动机主磁通磁路的一部分，转子铁心固定在转轴上，可绕轴转动。与定子铁心一样，转子铁心也是由 0.5 mm 厚的硅钢片冲压而成。如图 3-13 所示。转子外表面分布有冲槽，槽内安放转子绕组。

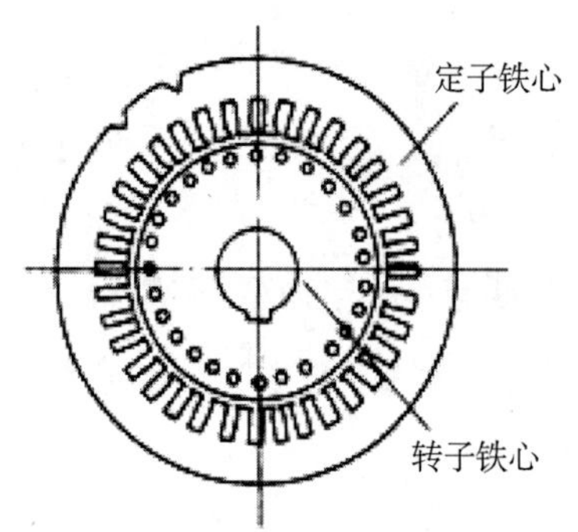


图 3-13　定子和转子铁心冲片

（2）转子绕组。

转子绕组是自成闭路的短路线圈。转子绕组不需外接电源供电，其电流是由电磁感应作用产生的。它有两种结构形式：笼型转子和绕线型转子。

1）笼型转子是在铁心槽内放置铜条，铜条两端用铜制短路环焊接起来。如图 3-14（a）所示。如果将定子铁心去掉，转子绕组的形状如图 3-14（b）所示，其形如鼠笼，故称之为笼型转子。现在，中、小型笼型电动机的转子一般都采用铸铝转子，采用压力浇铸或离心浇铸的方法将转子槽中的导体、短路环以及端部的风扇铸造在一起，与转子铁心形成一个整体，如图 3-14（c）所示。

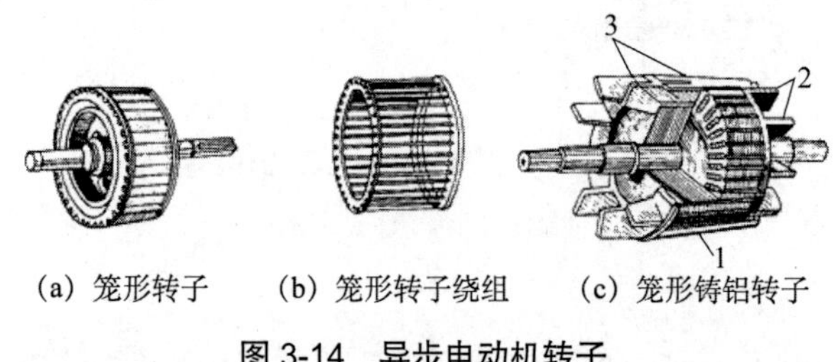


（a）笼形转子　（b）笼形转子绕组　（c）笼形铸铝转子

图 3-14　异步电动机转子

1. 转子铁心；2. 风叶；3. 铸铝条

笼型转子的优点是构造简单、价格便宜、运行安全可靠、使用方便，成为使用最广泛的一种电动机。

2）绕线式转子的绕组与定子绕组一样，也是三相对称绕组，按一定规律嵌放在转子表面的冲槽内，如图 3-15 所示。转子绕组通常接成星形，其三个末端连在一起，埋设在转子内，而三个首端则连接到装在转轴一端的三个铜制滑环上。三个滑环之间，以及它们与转轴之间都是彼此绝缘的。滑环与固定在端盖上的电刷架内电刷滑动接触。三相绕组的首端就通过这种电刷、滑环结构与外部变阻器相连接。转动可变电阻器的手柄，可调节串入每相绕组的电阻值，并可使之短路。

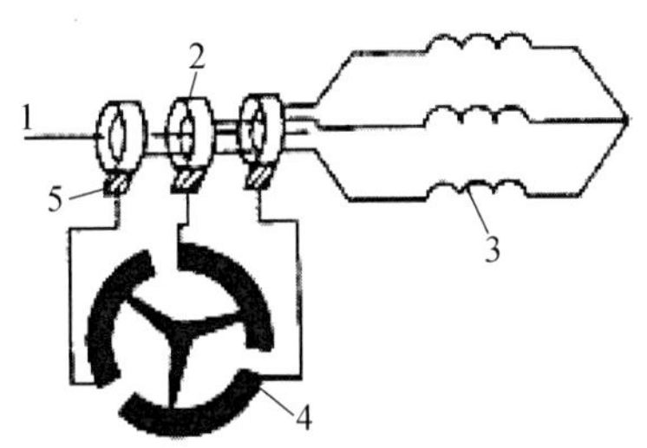


**图 3-15　绕线式转子**

1. 转轴；2. 集电环；3. 转子绕组；4. 变阻器；5. 电刷

绕线型转子的结构比较复杂，价格也比较贵。但是由于它的转子绕组内可以串入电阻或某种电子控制电路，使之具有较好的起动和调速特性。一般用于对起动特性要求较高的场合，如大型机床和某些起重设备上。

笼型转子与绕线式转子只是在结构上有所不同，它们的工作原理是一样的。

为了保证转子能够自由旋转，在定子与转子之间必须留有一定的空气隙。中小型电动机的空气隙在 0.2～1.5 mm。气隙的大小对异步电动机的运行有很大影响。气隙越小，则磁路中磁阻越小，定子与转子之间的相互感应作用就越好，可以降低电机的励磁电流，提高电机的功率因数。但是气隙过小，会对电机的装配带来困难，对定转子的同心度要求也会很高，并导致运行不可靠。

## 二、空压机

空压机是气源装置中的主体，它是将原动机（通常是电动机）的机械能转换成气体压力能的装置，是利用空气压缩原理制成高压空气的机械。空压机主要用来驱动各种以气体动能为能源的气动机具，如风镐、气刨、风钻、喷锚设备等。

空压机的主要技术参数包括排气量（$m^3$/min）、工作压力（MPa）、转速（r/min）、原动机功率（kW）和转速等。

### 1. 空压机的分类

依据现行标准《压缩机　分类》（GB/T 4976—2017），总分类如图 3-16 所示。

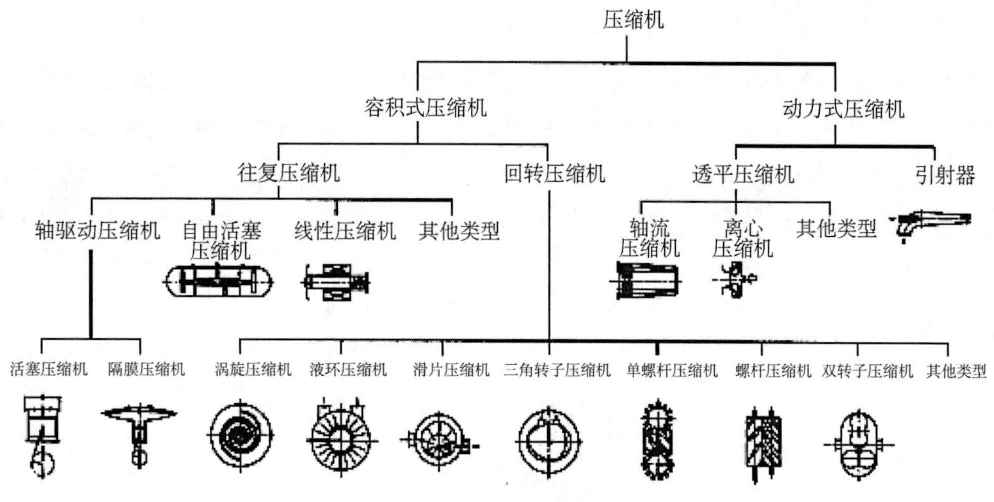


图 3-16　压缩机分类

**2. 常用空压机工作原理**

（1）活塞式空压机的原理。

驱动机启动后，经三角胶带，带动压缩机曲轴旋转，通过曲柄杆机构转化为活塞在气缸内作往复运动。当活塞由盖侧向轴运动时，气缸容积增大，缸内压力低于大气压力，外界空气经滤清器，吸气阀进入气缸；到达下止点后，活塞由轴侧向盖侧运动，吸气阀关闭，气缸容积逐渐变小，缸内空气被压缩，压力升高，当压力达到一定值时，排气阀被顶开，压缩空气经管路进入储气罐内，如此压缩机周而复始地工作，不断地向储气罐内输送压缩空气，使罐内压力逐渐增大，从而获得所需的压缩空气。

（2）单螺杆压缩空压机工作原理。

单螺杆压缩空压机是由一对相互平行啮合的阴阳转子（或称螺杆）在气缸内转动，使转子齿槽之间的空气不断地产生周期性的容积变化，空气则沿着转子轴线由吸入侧输送至输出侧，实现螺杆式空压机的吸气、压缩和排气的全过程。空压机的进气口和出气口分别位于壳体的两端，阴转子的槽与阳转子的齿被主电机驱动而旋转。由电动机直接驱动压缩机，使曲轴产生旋转运动，带动连杆使活塞产生往复运动，引起气缸容积变化。由于气缸内压力的变化，通过进气阀使空气经过空气滤清器（消声器）进入气缸，在压缩行程中，由于气缸容积的缩小，压缩空气经过排气阀的作用，经排气管，单向阀（止回阀）进入储气罐，当排气压力达到额定压力时由压力开关控制而自动停机。

（3）滑片压缩机工作原理。

滑片压缩机采用传统的技术，以较低的速度直接进行驱动。转子是连续运行的部件，上面有若干个沿长度方向切割的槽，其中插有可在油膜上滑动的滑片。转子在气缸的定子中旋转，在旋转期间，离心力将滑片从槽中甩出，形成一个个单独的压缩室，旋转使压缩室的体积不断减小，空气压力不断增大，通过注入加压油来控制压缩产生的热量，进而就完成了对空气的压缩。

因为所采用的方式比较落后，所以气体中会含有大量的机油，此时需要的就是油气分离器，将其过滤干净才能够投入到生产中使用，此种设备不适合于用气精度要求很高的行业，其次也存在噪声较大、主机维修成本过高的问题。

（4）离心压缩机的工作原理。

离心压缩机是气体进入离心式压缩机的叶轮后，在叶轮叶片的作用下，一边跟着叶轮做高速旋转，一边在旋转离心力的作用下向叶轮出口流动，并受到叶轮的扩压作用，其压力能和动能均得到提高。当空气进入到机器后，其中的叶轮会快速的转动，气体会随之进入扩压器，逐步的完成压缩。它的最显著的优点就是节能、排气量大、故障率低、运行成本低、无油的压缩空气，是用气量在100立方米以上的用户首选产品。

**3. 空压机的主要结构**

（1）压缩机构部分：由气缸、活塞、进排气阀等部件。

（2）传动机构部分：由皮带轮、曲轴、连杆、十字头等部分组成，通过传动机构将电动机传来的旋转运动变成往复直线运动。

（3）密封部分：一、二级气缸密封各用一组填料组成，借助拉伸弹簧的预紧力和气体压力将密封圈和活塞杆抱合密封。

（4）润滑系统部分：传动机构润滑系统包括油泵、过滤器、滤油器、压力表。

（5）冷却部分：由冷却水管、中间冷却器、后冷却器组成。冷却水由进水总管进入中间冷却器冷却，排出后冷却水分别进入一、二级气缸水腔内。

（6）减荷阀和压力控制系统：减荷阀和压力控制系统控制压缩机排气压力在预先规定的范围内运转。当储气罐中压力超过规定值时，压缩机就停止进气，使压缩机进入无负荷运转，以减少功率的消耗。减荷阀为平衡式，借阀的启闭控制进气或停止进气，下部有一小活塞，小活塞腔与电磁阀、过滤减压阀连通，小活塞腔内为常压，当储气罐压力超过额定值时，压力控制系统动作（电磁阀进气接通），气体进入小活塞腔，推动活塞上升压缩阀上之弹簧，将阀关闭，进气停止，当气压降低后压力控制系统动作（电磁阀进气断开），减荷阀自动打开，压缩机进入正常运转。

（7）安全保护部分：由安全阀和电器保护组成。安全阀是当排气压力超过规定值时自动打开将气体排出。安全阀分一、二级安全阀，一级安全阀开启压力为0.24～0.3 MPa。

# 第三节 液压基础

## 一、液压系统的组成

能源装置：指液压泵。其作用是将原动机（电动机或内燃机）的机械能转换成液体的压力能。

控制调节装置：各类液压阀，主要有方向控制阀、压力控制阀和流量控制阀，其功能是对液压系统中油液的流动方向、压力、流量进行调节和控制。

执行装置：包括做直线运动的液压缸和作旋转运动的液压马达，其作用是将液体的液压能转换为工作装置需要的机械能，实现预定的工作目的。

辅助装置：包括油箱、蓄能器、密封圈、滤油器、管道、管接头、压力表等，其作用是保证液压系统持久、稳定、可靠地工作。

工作介质：指液压油，目前液压系统采用的液压油主要是矿物油，其他还有高水基液压油和合成型液压油等。

一个液压系统，是以液体作为工作介质，通过动力元件液压泵，将原动机的机械能转换成液体的压力能，然后通过管道、控制元件，借助执行元件将液体的液压能转换为机械能，驱动负载实现直线或回转运动。

## 二、液压元件

**1. 液压泵**

（1）齿轮泵。

齿轮的流量和压力脉动较大、噪声高，并且只能作定量泵。故应用范围受到了一定的限制。齿轮泵按啮合方式分为外啮合式和内啮合式两种，其中外啮合式应用较广。图 3-17 为外啮合齿轮泵的结构原理图。当主动轮按图 3-17 所示顺时针方向旋转时，从动轮则作逆时针方向旋转，右侧吸油腔内油液不断被轮齿带走使吸油腔压力降低，形成部分真空。油箱中的油液在大气压的作用下，经吸油管路流入吸油腔充入到齿槽的油液随着齿轮的旋转被强制送到左侧压油腔，并从排油口挤出输往液压系统。

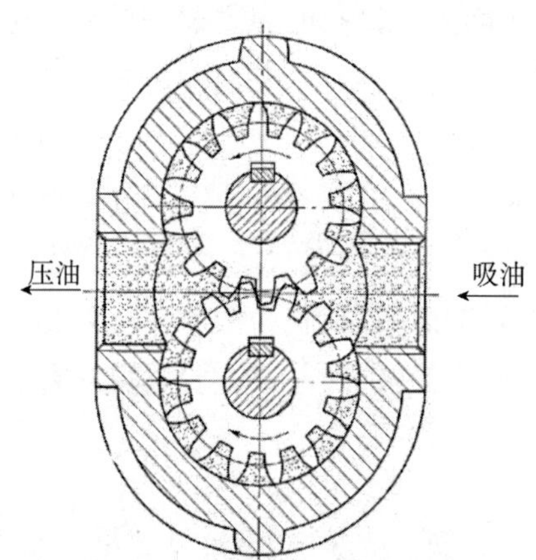


图 3-17　外啮合齿轮泵结构原理

（2）叶片泵。

叶片泵具有结构紧凑、转动平稳、噪声小、输出流量均匀性好等优点，但也存在着转速范围小、对油液的污染较敏感等缺点。根据转子每转一圈完成的吸油或压油次数，可将泵分为单作用式（每转吸、压油各一次）及双作用式（每转吸、压油两次）。工程机械上应用较多的是双作用叶片泵。图 3-18 为双作用叶片泵的工作原理图。定子和转子同心安装，叶片可在转子的叶片槽内滑动，定子的内表面形似椭圆的曲线。在定子的两端各装有一块配流盘，配流盘上对应于定子 4 段过渡曲线的位置，开有 4 个腰形配油窗口（图中虚线所示）。其中两个窗口与泵体的吸油口连通，另两个窗口与泵体的排油口连通。

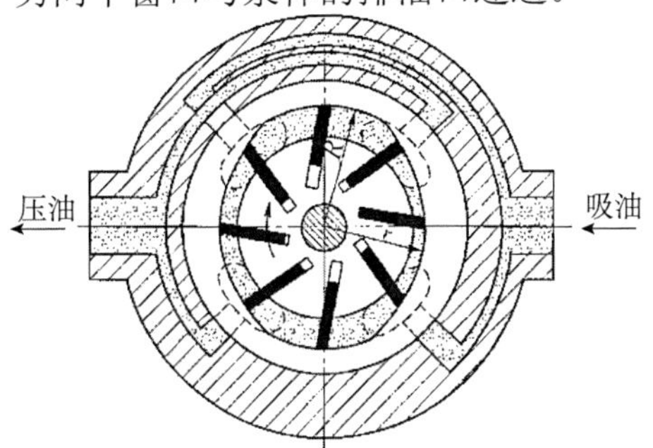


图 3-18　双作用叶片泵工作原理

当转子由输入轴带动旋转时，叶片在离心力和根部压力油的作用下紧顶定子内表面，并随定子内表面曲线的变化而被迫在转子槽内往复滑动。叶片由短半径 $r$ 向长半径 $R$ 移动时两叶片间的工作容积由小变大，形成局部真空而吸入油液；叶片由长半径 $R$ 向短半径 $r$ 移动时工作容积由大变小，油液受挤压，经配油盘的压油窗口排出。为保证吸、排油腔互不相通，大、小圆弧的圆心角必须略大于两叶片间的夹角，转子每转一周，叶片间的每个油腔完成吸、压油各两次，因此称为双作用叶片泵。又因其吸、排油口对称分布，压力油作用在转子上的径向力平衡，故又称为平衡式叶片泵。

（3）柱塞泵。

柱塞泵是利用柱塞在柱塞孔内做往复运动，使密封工作容积发生变化而实现吸油和压油的。由于其主要构件是圆形的柱塞和柱塞孔，加工方便，容易达到较高的配合精度，因此具有密封性能好、效率高、工作压力大（可达 45 MPa）的特点，适用于高压、大流量、大功率的液压系统中。缺点是结构复杂，对油液的清洁度要求高，价格较贵。

按柱塞在缸体内的排列方式不同，柱塞泵可分为轴向柱塞泵和径向柱塞泵。下面仅介绍工程机械中常用的斜盘式轴向柱塞泵。

图 3-19 是斜盘式轴向柱塞泵的工作原理图。泵由斜盘、柱塞、缸体、配流盘、驱动轴等组成，其中斜盘与缸体轴线有交角 $\gamma$。而柱塞靠机械装置或液压力的作用，保持头部和斜盘紧密接触。当传动轴按图示方向旋转时，柱塞在其沿斜盘自下而上回转的半周内逐渐向缸体外伸出，使缸体孔内的密封工作容积不断增大，产生局部真空，从而将油箱中的油液经配流盘上的吸油窗口吸入；柱塞在其沿斜盘自上而下回转的半周内又逐渐向里缩回，使密封工作容积不断减小，将油液从压油窗口向外排出，缸体每转一圈，每个柱塞往复运动一次，完成吸、压油各一次。改变斜盘倾角 $\gamma$ 的大小，就能改变柱塞的行程长度，也就改变密封工作容积的有效变化量，实现泵的变量。如果改变斜盘倾角的方向，就能改变吸、压油的方向，成为双向变量轴向柱塞泵。

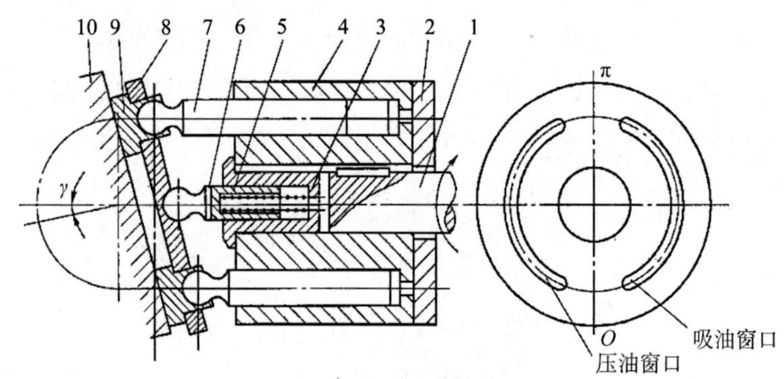


图 3-19 斜盘式轴向柱塞泵工作原理

1. 驱动轴；2. 配流盘；3. 外滑套；4. 缸体；5. 弹簧；6. 内滑套；7. 柱塞；8. 压板；9. 滑履；10. 斜盘

**2. 液压马达和液压缸**

液压马达和液压缸都是液压系统的执行元件，前者实现连续的旋转运动，后者实现直线往复运动，或小于360°的回转摆动。

（1）液压马达。

液压马达是液压系统的执行元件，是将压力能转换成机械能的转换装置。与液压缸不同的是液压马达是以转动的形式输出机械能。

液压马达和液压泵从原理上讲，它们是可逆的。当电动机带动其转动时由其输出压力能（压力和流量），即为液压泵；反之，当压力油输入其中，由其输出机械能（转矩和转速），即是液压马达。液压马达有齿轮式、叶片式和柱塞式之分。

（2）液压缸。

液压缸是液压传动系统中应用最多的执行元件，在工程机械中也得到了广泛的应用。如推土机铲刀的提升和转动，挖掘机动臂、斗柄和铲斗的各种动作，起重机动臂伸缩、变幅等都是采用液压缸。液压缸的种类繁多，按其作用方式的不同分为单作用式和双作用式两种。单作用液压缸的压力油只通向液压缸的一腔，液压力只能使液压缸单向运动，反向运动必须依靠外力（如重力、弹簧力等）来实现，工程机械常用它作为液压制动器和离合器的执行元件；双作用液压缸的两腔都可通压力油，如图 3-20 所示，因此正、反两方向的运动都由压力油推动来实现。

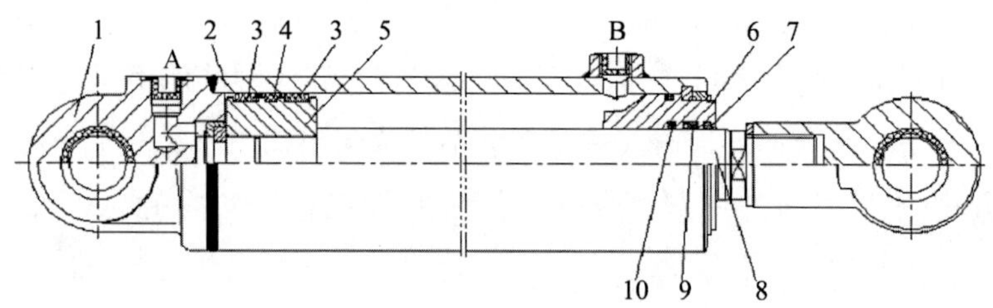


图 3-20 单杆双作用活塞缸工作原理

1. 端盖；2. 缸筒；3. 支撑环；4、9、10. 密封圈；5. 活塞；6. 导向套；7. 防尘圈；8. 活塞杆

**3. 液压阀**

液压阀用于控制和调节液压系统中液体的流动方向、液体流量和压力，从而控制执行元

件的运动方向、运动速度、作用力和动作顺序等，满足各类执行元件不同的动作要求。液压阀种类很多，按用途可分为方向控制阀、压力控制阀和流量控制阀，它们分别简称为方向阀、压力阀和流量阀。

（1）方向阀。

方向阀主要用来控制液流的通断或切换油液流动的方向，以满足执行元件的启停和运动方向的要求。方向阀分为单向阀和换向阀两类。

换向阀是利用阀芯与阀体之间的相对运动来改变阀体上各油口的连通情况，从而改变油液的流动方向和油路的通断，实现运动换向、启停及速度换接等，图 3-21 为三位四通手动换向阀的结构示意图。

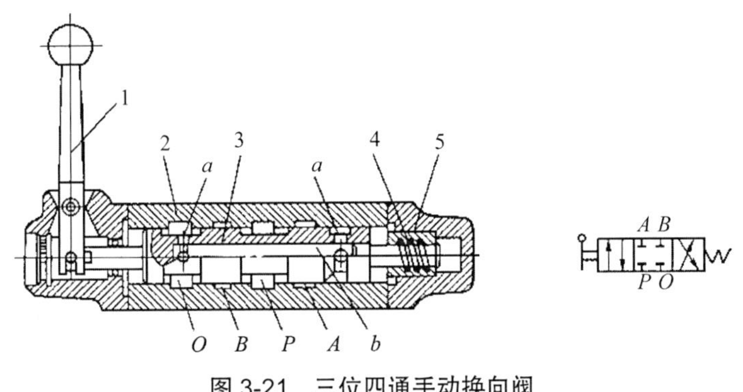


**图 3-21 三位四通手动换向阀**

1. 操纵手柄；2. 阀体；3. 阀芯；4. 弹簧；5. 定位腔

（2）压力阀。

在液压传动中，用来控制和调节液压系统的压力，或利用压力的变化作为信号来控制其他元件动作的阀，称为压力阀。压力阀包括溢流阀、减压阀和顺序阀等。它们都是利用压油对阀芯的推力与弹簧力相平衡的原理来进行工作的。

1）溢流阀。在液压系统中，溢流阀的作用主要有两方面：一是用来限制系统的最高工作压力，起安全保护作用；二是用于维持系统压力近似恒定，起稳压作用。

根据结构的不同，溢流阀可分为直动式和先导式两种，前者用于低压系统，后者用于中高压系统。

①直动式溢流阀。直动式溢流阀（如图 3-22 所示）主要由阀芯、阀体、弹簧和调压螺钉组成，调压螺钉可调节弹簧的预紧力，从而调节溢流阀的溢流压力（即系统压力）。

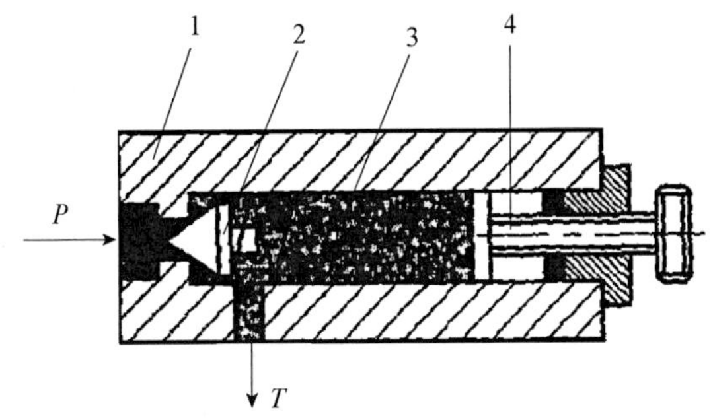


**图 3-22 直动式溢流阀**

1. 阀芯；2. 阀体；3. 弹簧；4. 调压螺钉

②先导式溢流阀。先导式溢流阀由主阀和先导阀两部分组成（见图 3-23），先导阀是一个小流量的直动式溢流阀，用来控制压力；主阀用来控制溢流流量。

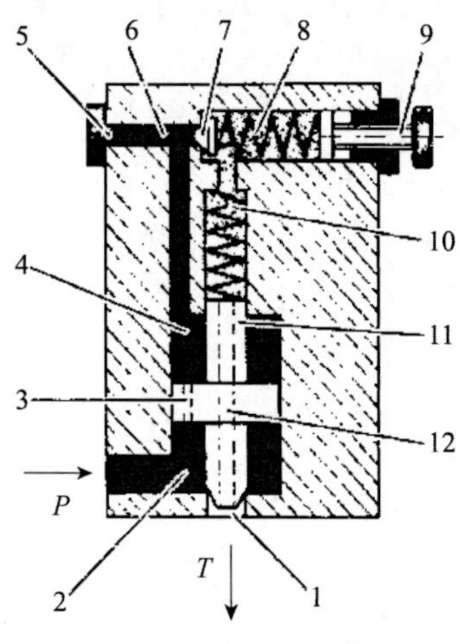


图 3-23　先导式溢流阀

1. 主阀口；2、4、6. 油腔；3. 阻尼孔；5. 外控口堵头；7. 先导阀芯；8. 先导弹簧；9. 调压螺钉；10. 主阀弹簧；11. 主阀芯；12. 回油孔

2）减压阀。减压阀是利用油液流过缝隙时产生压降的原理，使系统某一支油路获得比系统压力低而平稳的压力油。减压阀也有直动式和先导式之分，一般采用先导式。

3）顺序阀。顺序阀是利用油路中压力的变化控制阀口启闭，以实现执行元件顺序动作的压力阀。其结构与溢流阀类同，也分为直动式和先导式。先导式一般用于压力较高的场合。

（3）流量阀。

流量阀是靠改变阀口通流面积的大小来调节通过阀口的流量，从而控制执行元件运动运度的液压阀。常用的流量阀有节流阀、调速阀、溢流节流阀、分流阀等。

**4. 其他辅助元件**

液压系统中的辅助元件有滤油器、密封件、油箱、油管与管接头等，这些元件从液压传动的工作原理来看，是起辅助作用的，但它们对保证液压系统可靠和稳定地工作，具有非常重要的作用。

# 第四章　常见建筑机械类型及技术性能

## 第一节　常见建筑起重机械类型和技术要求

根据《起重机械分类》（GB/T 20776—2006），起重机械有轻小型起重设备、起重机、升降机、工作平台，其中起重机又分为桥架型起重机、缆索型起重机、臂架型起重机三大类。

桥架型起重机包括梁式起重机、桥式起重机、门式起重机、半门式起重机等；缆索型起重机类别包括缆索起重机和门式缆索起重机；臂架型起重机包括固定式起重机、门座起重机、半门座起重机、塔式起重机、流动式起重机、铁路起重机、桅杆起重机、悬臂起重机、台架式起重机、浮式起重机、甲板起重机共 11 个类别，本节介绍建筑常用起重机械。

### 一、塔式起重机

塔式起重机简称塔机，亦称塔吊，是动臂装在垂直塔身上部的旋转起重机，主要用于房屋建筑施工中物料的垂直和水平输送及建筑构件的安装，由金属结构、工作机构和电气系统三部分组成。金属结构包括塔身、动臂和底座等；工作机构包括起升、变幅、回转和行走 4 部分；电气系统包括电动机、控制器、配电柜、连接线路、信号及照明装置等。

**1. 塔式起重机的分类及型号**

按塔机分类标准的规定，分为两大类，即快速安装式和非快速安装式。快速安装式是指可以整体拖运，自身架设，起重力矩和起升高度都不大；非快速安装式，虽无整体拖运、自身架设的优点，但起重力矩、起升高度、臂架长度却可以设计得比较大。

如果按使用方式区分，则又有轨行、固定、附着、内爬四种形式。一般来说，快速安装式主要有轨行和固定两种形式；而非快速安装式的四种形式均有大量使用；非快速安装式均可设计成自升式塔机。

（1）塔机分类。

1）按结构型式分为固定式、移动式、自升式三类。

2）按回转形式分为上回转塔式起重机和下回转塔式起重机两类。

3）按架设方法分为非自行架设和自行架设两类。

4）按变幅方式分为动臂变幅塔式起重机［如图 4-1（a）所示］；小车变幅式塔式起重机

［如图 4-1（b）所示］，以及折臂式塔机三类。

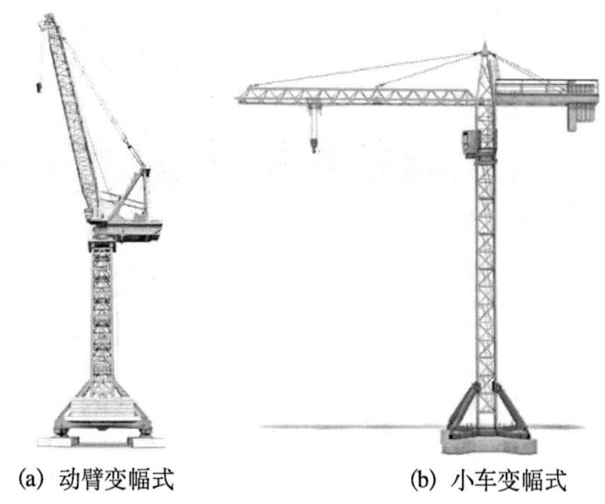
(a) 动臂变幅式　　(b) 小车变幅式

图 4-1　塔式起重机变幅方式

5）按臂架支承形式分为平头式塔式起重机和非平头式塔式起重机，如图 4-2 和图 4-3 所示。

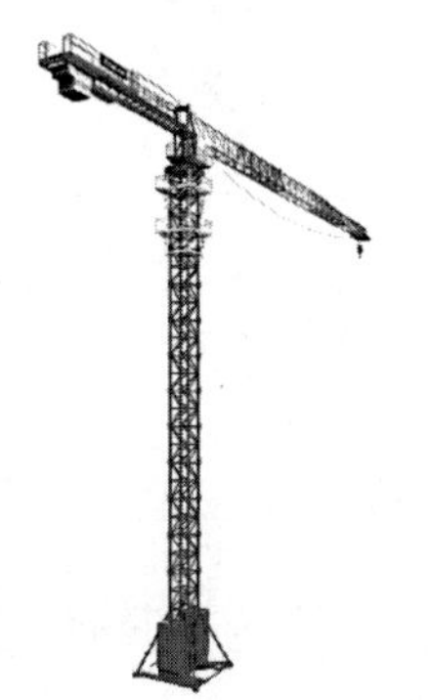
图 4-2　平头式塔式起重机

图 4-3　非平头式塔式起重机

（2）塔式起重机型号代号。

目前，我国塔机一般参照《建筑机械与设备产品分类及型号》（JG/T 5093—1997）进行机械分类，塔式起重机的型号组成规定如图 4-4 所示。

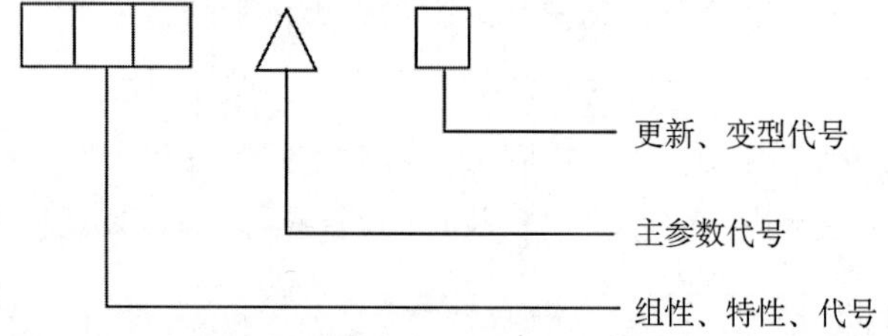

图 4-4　塔式起重机型号组成

其中，更新、变型代号用汉语拼音字母（大写）表示；主参数代号用阿拉伯数字表示，一种表示方法是塔机额定起重力矩（单位为 kN・m）除以 10，即通常意义的 t・m；另一种表示方法由最大幅度和最大幅度起重量两个参数代号表示。

表 4-1　塔式起重机型号分类及代号

| 类 | 组 | | 型 | | 特性 | 产品 | | 主参数代号 | | |
|---|---|---|---|---|---|---|---|---|---|---|
| 名称 | 名称 | 代号 | 名称 | 代号 | 代号 | 名称 | 代号 | 名称 | 单位 | 表示法 |
| 起重机械 | 塔式 | QT（起塔） | 轨道式（固定式） | — | — | 上回转塔式起重机 | QT | 额定起重力矩 | kN・m | 主参数除以 10 |
| | | | | | Z（自） | 上回转自升塔式起重机 | QTZ | | | |
| | | | | | A（下） | 下回转塔式起重机 | QTA | | | |
| | | | | | K（快） | 快装塔式起重机 | QTK | | | |
| | | | 汽车式 | Q（汽） | — | 汽车塔式起重机 | QTQ | | | |
| | | | 轮胎式 | L（轮） | — | 轮胎塔式起重机 | QTL | | | |
| | | | 履带式 | U（履） | — | 履带塔式起重机 | QTU | | | |
| | | | 组合式 | H（合） | — | 组合塔式起重机 | QTH | | | |

例如：QTZ80A，表示其为最大力矩为 800 kN・m（通常称为 80 吨力・米）的上回转自升塔式起重机，A 为其厂家更新、变型代号。

例如：QTZ6520B，表示其为最大工作幅度为 65 m，在最大工作幅度处的额定起重量 20 kN（2.0 t）的上回转自升塔式起重机，B 为厂家更新、变型代号。

**2. 塔式起重机的构造**

塔机由钢结构件、工作机构、电气系统和安全保护装置以及与外部支撑的附加设施等组成。

（1）钢结构件。

如图 4-5 所示，常用建筑施工的自升塔机结构包括底架、塔身标准节、回转支座、回转过渡节、塔顶、臂架、平衡臂、通道和平台、司机室、附着装置等，大部分是承受各种工作载荷、自重载荷、自然载荷、试验载荷的立体构件，主要材料采用机械性能高、工艺性好的轧制钢材，焊接是其主要的连接方法，销轴和螺栓连接则用于方便运输和安装的可拆部位。

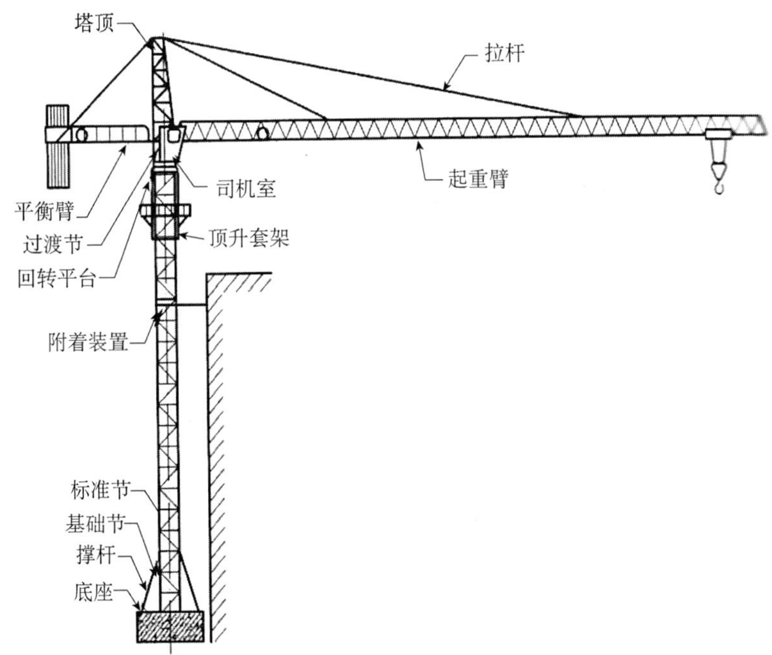


图 4-5　自升式塔式起重机各结构件名称位置

1）底架。底架是塔式起重机中承受全部载荷的最底部结构件，它可以安装在行走台车上或固定支腿上，也可以安装在地面基础上。

2）塔身。大多数塔式起重机的塔身都是空间桁架结构，也有采用圆筒形和多边形的箱形结构的塔身。对上回转的塔机，塔身是不回转的；对下回转的塔机，塔身则是与臂架同时回转的。无论上、下回转，塔身均承受较大的压、弯、扭转、剪切载荷作用，其强度、刚度、稳定及抗疲劳能力的校核都十分重要。

对可接高的塔身，可分为带有套架、侧面顶升及内外伸缩塔身，中心顶升的塔身两种形式。后一种形式的塔身节必须是片式可拆的，前一种形式的塔身则整体与片式均可，仅考虑运输和贮存的要求而定，还应设有顶升用的踏步。塔身标准节的连接主要有高强度螺栓、抗剪螺栓、横向销轴、瓦套连接等。

3）回转支座。一般由回转平台、回转支承、固定支座组成。其中回转支承为具有较大滚道直径、座圈断面相对较小、回转速度较低，可以承受较大的倾翻力矩和轴向力、径向力的大型带齿的滚动轴承。回转平台、固定支座大都采用由钢板和型钢组焊成牢固的箱形结构，如图 4-6 所示。

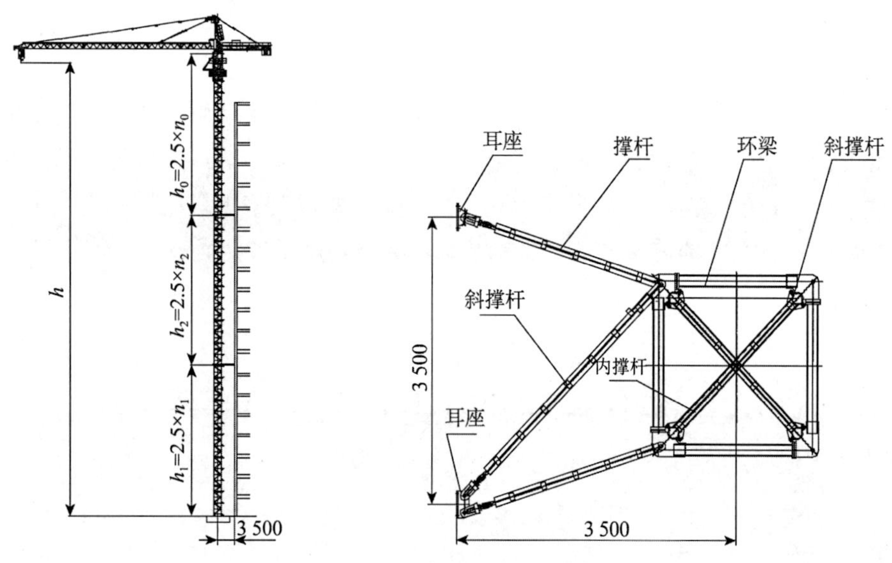


图 4-6　塔式起重机附着装置结构

4）塔顶。塔顶的形式一般可分为刚性的和可摆动的两种，主要作用是支撑吊臂，对上回转的塔机，刚性塔顶还起支承平衡臂的作用。在塔顶上，往往安装有钢丝绳导向滑轮、起重力矩限制器、吊臂拉杆的安装滑轮组等。

5）平衡臂。平衡臂主要作用为放置配重，产生后倾力矩以便在工作状态减少由吊重引起的前倾力矩，在非工作状态减少强风引起的前倾力矩，保证其抗倾翻稳定性。在采用可摆动塔顶撑杆时，平衡臂还要对塔顶撑杆起支持作用，在采用固定塔顶时，平衡臂则是靠塔顶来支撑。平衡臂上放置起升或变幅机构，可安装风帆标牌，调节逆风面积，保证非工作状态时尾吹风。

6）臂架。动臂变幅式臂架多为压杆，中间部分为等边的空间桁架，在起升平面内向两端收缩。小车变幅式桁架，截面大部分为三角形，极少数采用矩形截面，且多采用正三角形截面，用方管或槽钢制成的下弦作运动小车的轨道，上弦杆用钢管或圆钢制成。对动臂变幅式吊臂，在臂头上除起升绳导向与固定装置外，还设有变幅拉杆的固定装置及起重量传感器、倍率变换装置。对小车变幅式吊臂，其上除装置变幅牵引机构、起升绳固定和变幅绳导向滑轮、小车终端止挡、倍率变换挡块外，吊臂较长的还应设幅度指示标牌及起升绳拖绳装置。

7）附着装置。随着建筑施工技术的发展，高层建筑增多，施工现场使用的塔式起重机普遍安装为附着工作状态，附着装置是塔式起重机的重要结构件，起到抵抗外力，提高塔身刚度、强度，保持塔式起重机稳定的重要作用。由附着框（环梁和斜撑杆组成）、附着撑杆，附墙座（耳座）三部分组成，附着框、附墙座可以多次重复使用，附着杆常用有三杆式或四杆式，需因地制宜，根据建筑物外形、塔机与建筑物安装距离、附着杆受力大小设计制作，如图 4-6 所示为塔式起重机附着装置结构。

塔机附着杆系结构必须是稳定的几何不变体系。即在不考虑弹性变形的条件下，体系的几何形状和位置是不可改变的。因此附着杆系必须是由含有三角形刚片单元组成的体系，图 4-7 为正确的附着基本布置形式，图 4-8 为错误的附着非稳定布置形式。

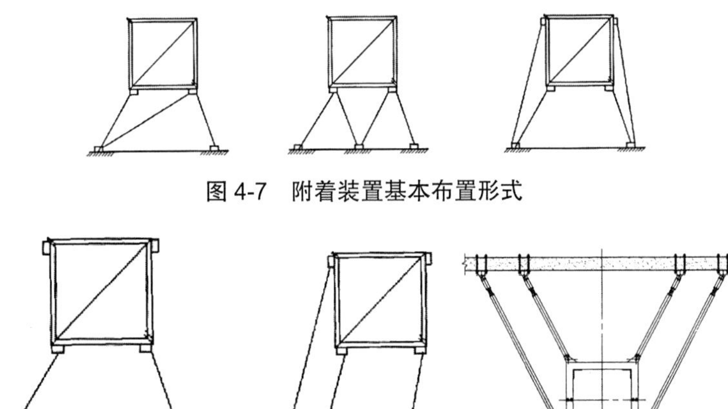

**图 4-7　附着装置基本布置形式**

**图 4-8　附着装置错误的布置形式**

附墙座可采用预埋和螺杆固定的方式，预埋方式应由技术人员按照《混凝土结构设计规范》（GB 50010—2010）（2015 版）预埋件及使用说明书参数，进行设计并取得建筑设计人员同意；如采用螺杆固定的方式，每一个附墙座的固定螺杆不得少于四根。

（2）工作机构。

工作机构包括起升机构、变幅机构、回转机构、运行机构、液压顶升机构等。

1）起升机构。起升卷扬机如图 4-9 所示，是起升机构的驱动装置，由电动机、制动器、变速箱、联轴器、卷筒等组成。

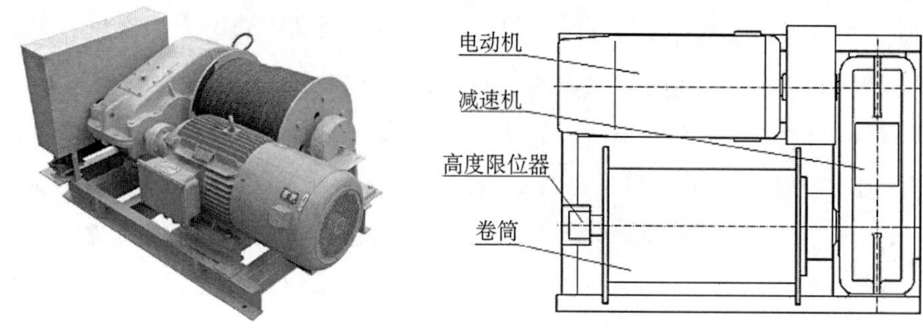


图 4-9 起升卷扬机结构

其工作原理是电机通电后通过联轴器带动变速箱进而带动卷筒转动，电机正转时，卷筒放出钢丝绳；电机反转时，卷筒收回钢丝绳，通过滑轮组及吊钩把重物提升或下降。

2）变幅机构（如图 4-10 所示）。塔式起重机变幅机构由电动机、减速机、卷筒、制动器、限位开关和底架组成。

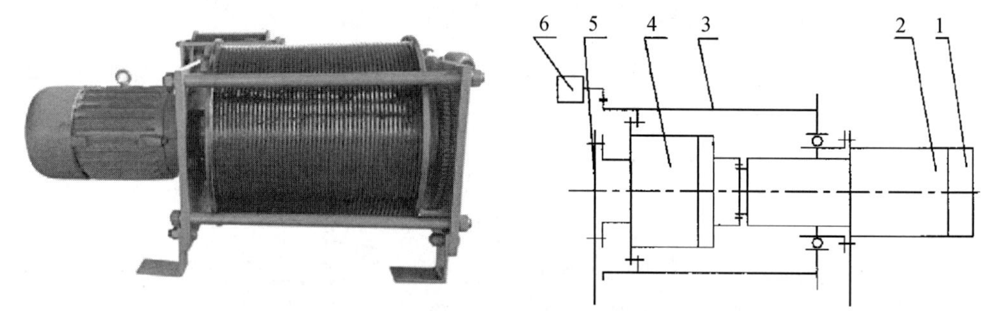


图 4-10 塔机小车变幅机构结构

1. 电磁盘式制动器；2. 电动机；3. 变幅限位器；4. 卷筒；5. 减速机；6. 支架

塔式起重机变幅机构按其构造和不同的变幅方式，可以分为运行小车式和吊臂俯仰摆动式两种。

运行小车变幅式起重臂为水平形式，载重小车沿起重臂上的轨道移动而改变幅度，工作时吊臂安装在水平位置处，小车由变幅牵引机构驱动，沿着吊臂上的轨道移动。这种变幅的优点是变幅时重物水平移动，给安装工作带来了方便，速度快、功率省，幅度有效利用率大。缺点是吊臂承受压、弯载荷共同作用，受力状态不好，结构自重较大。

吊臂俯仰摆动式又称为动臂式变幅，其驱动机构多数与普通卷扬机的结构差不多，由电动机、制动器、联轴器减速器和卷筒等组成。由于整个动臂结构及载荷都是由变幅绳支持，故要特别注意变幅机构的安全可靠。为了增加机构的安全可靠性，防止变幅过程中的超速现象，在变幅机构中有时还装设特殊的安全装置。相关标准规定对能带载变幅的塔式起重机变幅机构应设有可靠的防止吊臂坠落的安全装置，如超速停止器等，当起重臂下降速度超过正常工作速度时，能立即制停。

3）回转装置示意图如图 4-11 所示。塔式起重机回转机构由电动机、变速箱和回转小齿轮三部分组成，由于臂长、吊重、风载荷变动大，启动和制动惯性较大，工作与非工作状态要求不同，因此其性能至关重要。

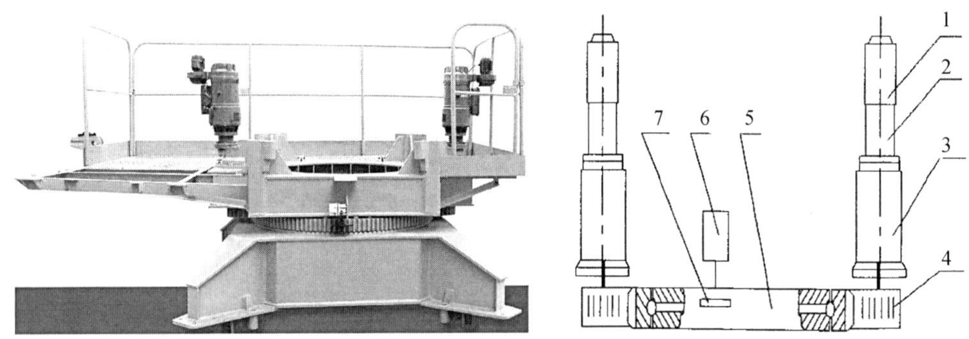


图 4-11　回转支座装置及回转机构

1. 电动机；2. 制动器；3. 减速器；4. 回转小齿轮；5. 回转支承；6. 回转限位器；7. 限位小齿轮

回转机构的传动方式一般有两种：一种是电动机带动蜗轮蜗杆变速箱，其运动输出轴再带动小齿轮围绕大齿轮转动，使塔式起重机的转台及上部分围绕其回转中心转动；另一种是电动机通过少齿差、行星齿轮减速箱或摆线针轮减速箱来带动小齿轮围绕大齿圈转动，驱动塔式起重机做回转运动。

4）运行机构。运行机构仅用于轨道行走式，由电机、减速器、台车、车轮、夹轨器、终点限位开关、缓冲器等组成，其作用是驱动塔式起重机沿轨道行驶，配合其他机构完成垂直运输工作。

5）液压顶升机构。液压顶升机构可作为自升式顶升加塔身节和在建筑物内部爬升用。

如图 4-12（a）所示，液压顶升机构一般由顶升横梁、液压站、顶升液压缸及套架组成。液压站由液压泵、液压缸、操纵阀、液压锁、油箱、滤油器、高低压管道等元件组成，液压原理图如图 4-12（b）所示。

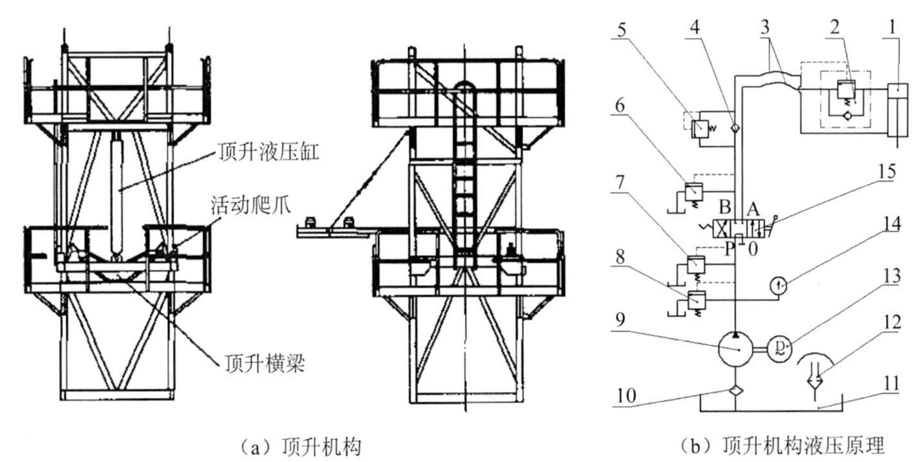


（a）顶升机构　　（b）顶升机构液压原理

图 4-12　塔式起重机顶升机构

1. 顶升油缸；2. 平衡阀；3. 高压软管；4. 单向阀；5. 背压阀；6. 下降调压阀；7. 顶升调压阀；8. 安全阀；9. 油泵；10. 过滤器；11. 油箱；12. 空气滤清器；13. 电动机；14. 防震压力表；15. 手动换向阀

（3）安全装置。

安全装置如图4-13所示，主要包括起升高度限位器、回转限位器、变幅限位器、行走限位器、力矩限制器、载荷（起重量）限制器、小车断绳保护装置以及小车防坠落装置、抗风防滑装置、钢丝绳防脱放装置、报警装置、风速仪、工作空间限制器等。

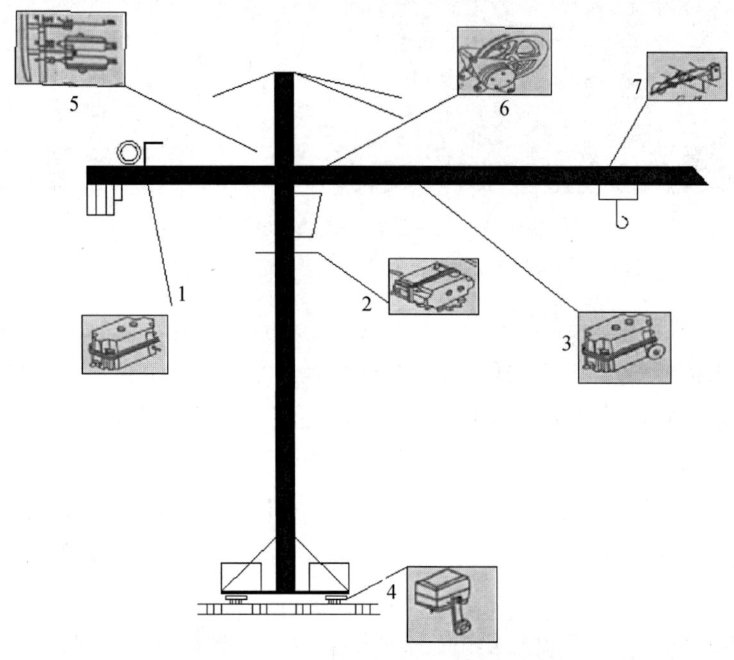


**图4-13　塔式起重机安全装置安装位置**

1. 起升高度限位器；2. 回转限位器；3. 变幅限位器；4. 行走限位器；5. 力矩限制器；6. 载荷限制器；7. 断绳保护装置

（4）电气系统。

由驱动、控制等电气装置组成。电气系统主要重复短期工作，起制动频繁，有正反向运行，要有较好的调速性能。

**3. 塔式起重机的主要性能参数**

（1）起重量。

起重量是指塔机在正常工作条件下，允许吊起的起重量，起重量参数通常以额定起重量表示，塔式起重机的起重量随着幅度的增加而相应递减。塔机的起重特性曲线和起重性能表是日常使用重要的参数依据。

（2）幅度。

幅度是指塔式起重机回转中心至吊钩中心的水平距离，通常称回转半径或工作半径。

动臂变幅式塔机的幅度与起重臂的仰角有关，幅度随仰角增大而减小。小车变幅式的起重臂始终是水平的，变幅的范围较大，因此小车变幅的起重机在工作幅度上占优，动臂式的塔机在工作高度上占优。

（3）起升高度。

起升高度也称吊钩有效高度，是从塔机基础基准表面（或行走轨道顶面）到吊钩中心的垂直距离，常用额定起升高度表示。对于动臂变幅塔机，起升高度分为最大幅度时起升高度和最小幅度时起升高度。

（4）起重力矩。

工作幅度与该幅度下起重量的乘积称为起重力矩，单位为 kN·m。

塔机最大起重力矩是最大额定起重量与其在设计确定的各种臂长组合中所能达到的最大工作幅度的乘积，是塔机工作能力的最重要参数，它是塔式起重机工作时保持塔式起重机稳定性的控制值。

（5）工作速度。

工作速度主要包括起升、变幅、回转、行走以及顶升的速度，单位为 m/min。对起重机来说，工作速度高，生产效率也高。但如速度增高，惯性力也会增大，起动、制动的载荷增加，导致起重机工作稳定性变差，致使各机构驱动功率增加，结构稳定性和强度需要增加。一般来说，大部分塔式起重机，当起重量超过额定最大起重量的一半时，通常就没有最高一挡的起升速度。

（6）常见塔式起重机的型号及主要技术性能参数见表 4-2。

**表 4-2 常见塔式起重机的型号及主要技术性能参数**

<table>
<tr><th colspan="2">型　号<br>性能参数</th><th>QTZ63</th><th>QTZ80A</th><th>QTZ100</th><th>QTZ160<br>（6520）</th><th>QTZ250<br>（7035B-16）</th></tr>
<tr><td colspan="2">起重力矩/（kN·m）</td><td>630</td><td>1 000</td><td>1 000</td><td>1 600</td><td>3 840</td></tr>
<tr><td colspan="2">最大幅度（m）/起升载荷/kN</td><td>48/11.9</td><td>50/15</td><td>60/12</td><td>65/20</td><td>70/35</td></tr>
<tr><td colspan="2">最大起升载荷的最大幅度（m）/起升载荷/kN</td><td>12.76/60</td><td>12.5/80</td><td>15/80</td><td>20/100</td><td>24/160</td></tr>
<tr><td rowspan="4">起升高度/m</td><td>附着式</td><td>101</td><td>120</td><td>180</td><td>200</td><td>241.5</td></tr>
<tr><td>轨道式</td><td>—</td><td>45.5</td><td>—</td><td>—</td><td>62.5</td></tr>
<tr><td>固定式</td><td>41</td><td>45.5</td><td>50</td><td>50</td><td>61.5</td></tr>
<tr><td>内爬升式</td><td>—</td><td>140</td><td>—</td><td>—</td><td>—</td></tr>
<tr><td rowspan="3">工作速度/（m/min）</td><td>起升<br>（2 倍率）<br>（4 倍率）</td><td>12～80<br>6～40</td><td>29.5～100<br>14.5～50</td><td>10～100<br>5～50</td><td>5～100<br>2.5～50</td><td>37.5/75<br>18.8/37.5</td></tr>
<tr><td>变幅</td><td>22～44</td><td>22.5</td><td>34～52</td><td>9/30/60</td><td>0～100</td></tr>
<tr><td>行走</td><td>—</td><td>18</td><td>—</td><td>—</td><td>—</td></tr>
<tr><td rowspan="4">电机功率/kW</td><td>变幅<br>（小车）</td><td>4.5</td><td>3.5</td><td>5.5</td><td>12</td><td>11</td></tr>
<tr><td>回转</td><td>5.5</td><td>3.7×2</td><td>4×2</td><td>3.7×2</td><td>14.5×2</td></tr>
<tr><td>行走</td><td>—</td><td>7.5×2</td><td>—</td><td>—</td><td>—</td></tr>
<tr><td>顶升</td><td>4</td><td>7.5</td><td>7.5</td><td>7.5</td><td>7.5</td></tr>
<tr><td rowspan="4">质量/t</td><td>平衡质量</td><td>4～7</td><td>10.4</td><td>7.4～11</td><td>18.1～22</td><td>12～22</td></tr>
<tr><td>压重</td><td>14</td><td>56</td><td>26</td><td>22</td><td>22</td></tr>
<tr><td>自身质量</td><td>31～32</td><td>49.5</td><td>48～50</td><td>—</td><td>—</td></tr>
<tr><td>总质量</td><td>—</td><td>116</td><td>—</td><td>—</td><td>—</td></tr>
<tr><td colspan="2">起重臂长/m</td><td>48</td><td>50</td><td>60</td><td>60</td><td>40～70</td></tr>
<tr><td colspan="2">平衡臂长/m</td><td>14</td><td>11.9</td><td>17.01</td><td>14.5</td><td>21</td></tr>
<tr><td colspan="2">轴距×轨距/（m×m）</td><td>—</td><td>5×5</td><td>—</td><td>—</td><td>—</td></tr>
</table>

## 二、施工升降机

### 1. 施工升降机的分类及型号

施工升降机是临时安装的，带有导向的平台、吊笼或其他运载装置，并可在建设施工工地各层站停靠服务的升降机械。主要应用于高层和超高层建筑施工，也用于码头、高塔、桥梁等固定设施的垂直运输，施工升降机可以分为人货两用施工升降机（图 4-14）和货用施工升降机（图 4-15）两种类型；按其轿厢驱动方式又分为钢丝绳式和齿轮齿条式两种。

图 4-14　齿轮齿条式人货两用施工升降机

图 4-15　货用施工升降机

（1）主要参数。

施工升降机的参数，是表明升降机工作性能的指标，是设计的依据，在施工作业中，这些参数又是选用各类升降机的依据。施工升降机的主要技术参数有：

1）起重量或额定载重量 $Q$，是指单独一个吊笼允许装载的最大质量（kg）。

2）最大提升高度 $H_{max}$，是指吊笼运行至上限位置时，吊笼内地面与底座底平面间的垂直距离（m）。

3）额定运行速度，是指吊笼装载额定载重量，在额定功率下稳定上升的设计速度（m/min）。

4）施工升降机参数还包括电机数量和功率、吊笼数量和尺寸、导轨架标准节重量等。

（2）型号标示。

施工升降机的型号由组、型、特性、主参数及变型代号等组成，具体如图 4-16 所示。

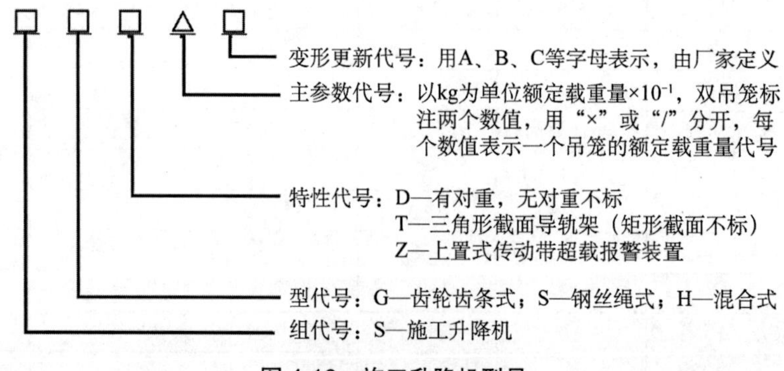


图 4-16　施工升降机型号

（3）常用施工升降机主要性能参数表（见表 4-3）。

**表 4-3　常用施工升降机型号及主要性能参数**

| 性能参数＼型号 | SC200/200TD | SCD200/200GZ | SCD200/200TD | SS150/150 |
|---|---|---|---|---|
| 最大提升高度/m | 250 | 250 | 250 | 80 |
| 提升速度/（m/min） | 36 | 0～63 | 36 | 22 |
| 额定载重量/kg | 2×2 000 | 2×2 000 | 2×2 000 | 2×1 500 |
| 吊杆额定载重量/kg | 180 | 180 | 180 | — |
| 电机功率/kW | 2×3×11 | 2×3×15 | 2×3×11 | 2×7.5 |
| 电机数量/（组×台） | 2×3 | 2×2 | 2×3 | 2 |
| 防护等级 | IP55 | IP55 | IP55 | IP55 |
| 额定电流/A | 2×3×23.5 | 2×3×32.0 | 2×3×23.5 | — |
| 供电电压/V | 380 | 380 | 380 | 380 |
| 限速器 | SAJ40-1.2 | SAJ40-1.2 | SAJ30-1.2 | — |
| 吊笼尺寸/m | 2.5×1.3×2.5 | 3.0×1.5×2.5 | 3.2×1.5×2.5 | 2.8×1.5×1.9 |
| 吊笼重量/kg | 2×1 200 | 2×1 200 | 2×1 200 | — |
| 标准节重量/kg | 150 | 180 | 170 | 170 |
| 标准节长度/mm | 1 508 | 1 508 | 1 508 | 1 508 |
| 对重重量/kg | — | 2×2 000 | 2×1 000 | — |

**2. 施工升降机结构组成**

（1）齿轮齿条式施工升降机。

施工升降机一般由钢结构件、传动机构、安全装置和控制系统四部分结构组成。

1）钢结构件。施工升降机的钢结构件主要有底架、导轨架、吊笼、防护围栏、附墙架和楼层门等。

①底架。用来支承和安装施工升降机其他所有组成部分的升降机最下部构架。

②导轨架是升降机承载人员和货物承载系统和上、下运行的主体结构和轨道，如图 4-17（a）所示，导轨架由标准节通过高强度螺栓连接组成，并通过附着装置与建筑物连接。

③吊笼是用型钢、钢板和钢板网等焊接而成，专门运送人员和物料。前后进出设有单开门和双开门，一侧装有驾驶室，主要操作开关均设置在驾驶室内，吊笼上安装了导向滚轮沿导轨架运行，如图 4-17（b）所示。

④地面防护围栏由型钢、钢板和钢板网等焊接而成，将升降机的主机部分包围起来形成一个封闭区域，防止升降机在运行时人和物的进入，如图 4-17（c）所示。

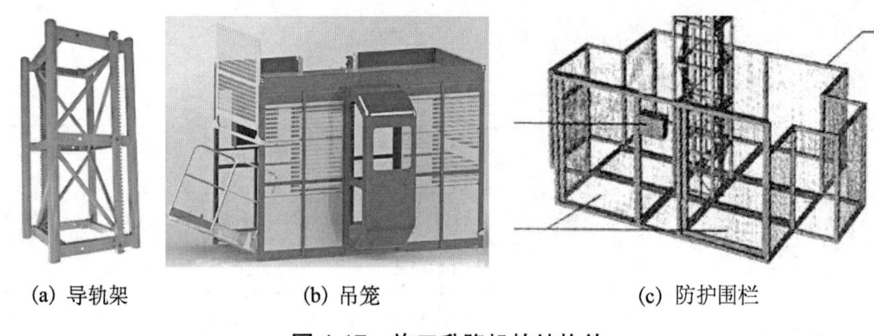

(a) 导轨架　　(b) 吊笼　　(c) 防护围栏

**图 4-17　施工升降机的结构件**

⑤附墙架是导轨架与建筑物之间的连接部件，用以保持升降机的导轨架及整体结构的稳定，由前、后支杆，支架，支撑底座，预埋装置等组成，如图 4-18 所示。

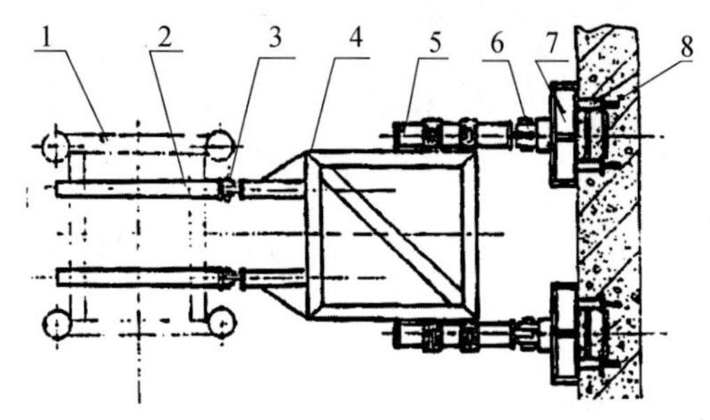


**图 4-18　附墙架结构**

1. 导轨架（标准节）；2. 前支杆；3. 销轴；4. 支架；5. 后支杆；6. 销轴；7. 支撑底座；8. 预埋件

2）传动机构。齿轮齿条式施工升降机传动机构如图 4-19 所示，导轨架上固定的齿条和吊笼上的齿轮啮合在一起，电动机通过减速器使齿轮转动，带动吊笼做上升、下降运动。齿轮齿条式施工升降机的传动机构一般有外挂式和内置式两种，按传动机构的配置数有二传动和三传动之分，如图 4-20 所示。

**图 4-19　齿轮齿条式传动**

**图 4-20　传动机构的配置形式**

为保证传动方式的安全有效，首先应保证传动齿轮和齿条的啮合。因此在齿条的背面设置两套背轮，通过调节背轮使传动齿轮和齿条的啮合间隙符合要求。另外在齿条的背面还设置了两个限位挡块，确保在紧急情况下传动齿轮不会脱离齿条。

3）安全装置。施工升降机的安全装置由防坠安全器及各安全限位开关等组成，如图 4-21 所示，以保证吊笼的安全正常运行。

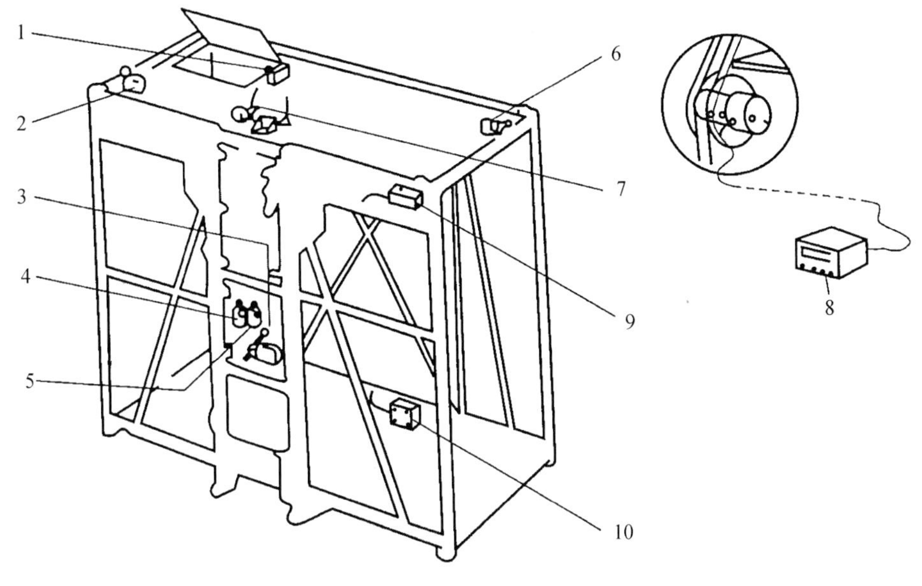


图 4-21　安全装置位置

1. 活板门开关；2. 单开吊笼门开关；3. 极限开关；4. 上限位开关；5. 下限位开关；
6. 双开吊笼门开关；7. 断绳保护开关；8. 超载装置；9. 信号接收头；10. 呼叫主机

①防坠安全器又称限速器，它由齿轮轴、外毂、制动锥鼓、拉力弹簧、离心块、离心块座、碟形弹簧、铜螺母、微动开关等组成。图 4-22 为常用防坠安全器结构图，是施工升降机最重要的安全装置，其作用是限制吊笼超速运行，防止吊笼坠落，保证人员设备安全。

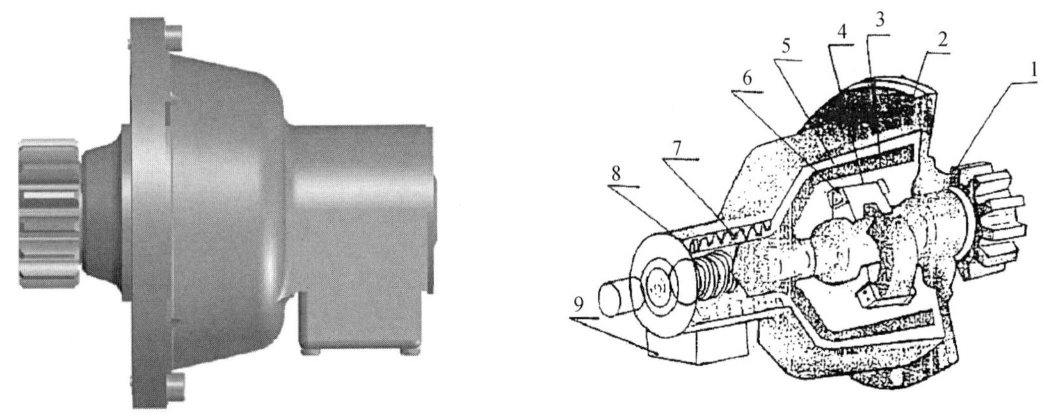


图 4-22　SAJ 型防坠安全器

1. 齿轮轴；2. 外毂；3. 制动锥鼓；4. 拉力弹簧；5. 离心块；6. 离心块座；7. 蝶形弹簧；8. 铜螺母；9. 机电联锁开关

②上下限位开关，由安装在导轨架上的上下碰铁板来触发安装在吊笼内的上下行程开关，而使吊笼停止运行。用于控制吊笼行程。

当额定提升速度小于 0.8 m/s 时，上行程开关触发后导轨架还有 1.8 m 的安全距离；当额定提升速度小于 1.8 m/s 时，上行程开关触发后导轨架还有 $L$=1.8 m+0.1 $V$ 的安全距离。

下限位开关的安装位置应保证吊笼以额定重量下降时，触发碰铁使吊笼制停，此时触板离下极限开关还有一定行程。

③上下极限开关，由安装在导轨架上的上下碰铁挡板来触发安装在吊笼内的极限开关，而使吊笼停止运行，是防止上下限位开关失效后的又一道安全保护开关。

正常工作状态下，上极限开关的安装位置应将保证上极限开关与上限位开关之间的越程为 0.15 m，而下极限开关的安装位置应保证吊笼碰到地面缓冲器前，下极限开关首先动作。

④吊笼门联锁开关，吊笼的单行门、双行门、顶门均安装有安全限位开关，与各门机电联锁，只有当各个门关闭后，吊笼方可运行。

⑤地面围栏门联锁开关，在围栏门上安装有安全限位开关，与围栏门机电联锁，只有围栏门关闭后，吊笼方可上下运行。

⑥防松绳开关，对于带对重的施工升降机，安装在吊笼上部对重钢丝绳一端的张力均衡装置上，是非自动复位型的防松绳开关，当钢丝绳出现的相对伸长超过允许值或断绳时，该开关将切断控制电路，吊笼停止运行。

⑦安全钩，安装在吊笼两个主立柱槽钢外侧面上，导轨架防止吊笼倾翻钢坠落。

⑧超载保护装置，是防止施工升降机超载的保护装置，无论是笼内载荷还是笼顶部载荷，吊笼超载时将切断电源不能运行。

⑨缓冲器，应在吊笼和对重通道的最下方安装缓冲器；装有额定载重量的吊笼以大于额定速度 0.2 m/s 的速度作用在缓冲器上时，吊笼的平均减速度应不大于 1 g（g 为重力加速度，约为 9.8 $m/s^2$），减速度峰值大于 2.5 g 的时间不大于 0.04 s。

（2）钢丝绳式施工升降机。

钢丝绳式施工升降机驱动机构一般采用卷扬机或曳引机，主要是货用施工升降机。工作原理是由提升钢丝绳通过导轨架顶上的导向滑轮，用设置在地面上（或导轨架下部）的卷扬机（或曳引机）使吊笼沿导轨架做上下运动。

该机型采用施工升降机标准节组成的导轨架，使用附墙杆的附着方式，安装、使用比高层井架提升机更安全可靠，其性价比比高层井架提升机更趋合理，特别适合 50 m 上下施工高度的物料垂直运输，是适合小高层施工，替代高层井架提升机的理想产品。

## 三、流动式起重机

流动式起重机是指可以配置立柱（塔柱），能在带载或不带载情况下沿无轨路面行驶，且依靠自重保持稳定的臂架型起机。

流动式起重机分类方式多种，按底盘型式分为履带起重机、汽车起重机、轮胎起重机、全地面起重机、随车起重机等，后四种又常统称为轮式起重机；按回转方式分为回转流动式起重机和非回转流动式起重机；按臂架型式分为桁架臂流动式起重机、箱形臂流动式起重机、铰接臂流动式起重机、伸缩臂流动式起重机；按使用场合分为通用流动式起重机、越野流动式起重机、专用流动式起重机等。

### 1. 履带起重机

履带起重机是在行走的履带底盘上的起重机械，是自行式、全回转的起重机。履带起重机的履带与地面接触面积大，平均接地比压小，故可在松软、泥泞的路面上行走，适用于地面情况恶劣的场所进行装卸和安装作业，其起重能力大，可按规定带载行驶。

履带起重机按传动方式不同可分为机械式、液压式和电动式三种。电动式不适用于需要经常转移作业的建筑施工，常用为液压式。

履带起重机的吊臂一般是桁架臂，其转移作业场地时可通过铁路平车或公路平板拖车装运，图 4-23（a）为不带超起的履带起重机结构图，图 4-23（b）为带超起结构图。

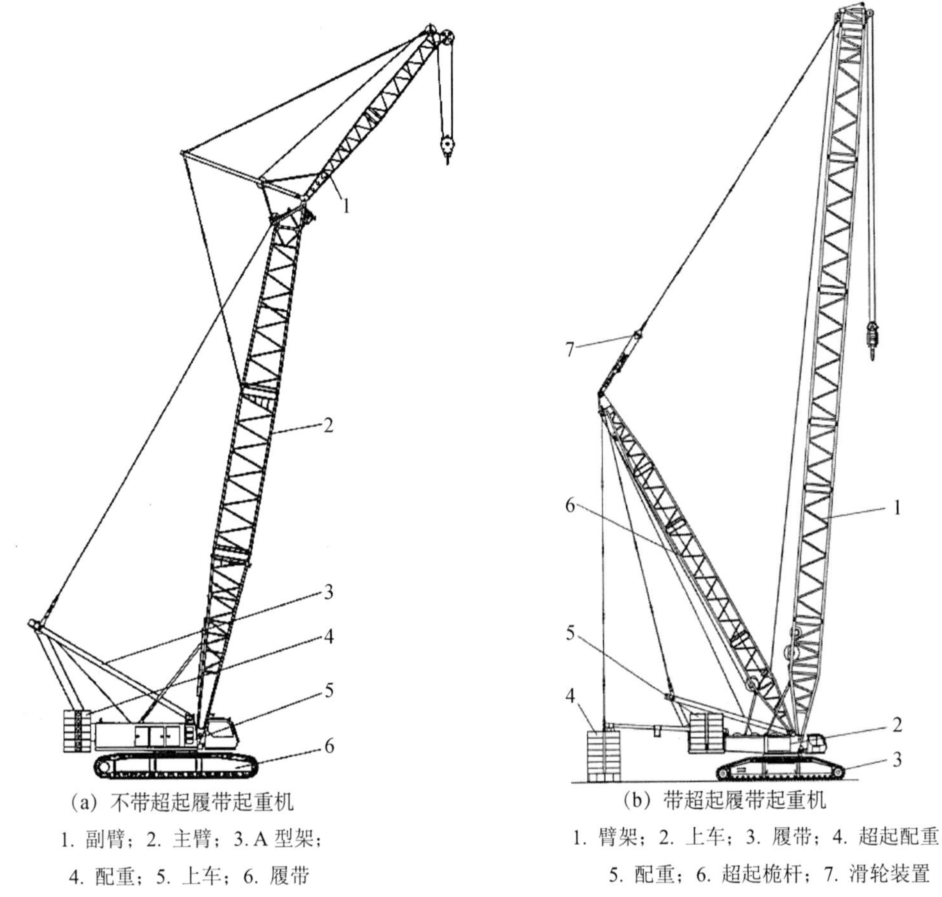


(a) 不带超起履带起重机

1. 副臂；2. 主臂；3. A 型架；4. 配重；5. 上车；6. 履带

(b) 带超起履带起重机

1. 臂架；2. 上车；3. 履带；4. 超起配重；5. 配重；6. 超起桅杆；7. 滑轮装置

**图 4-23　履带起重机组成结构**

（1）履带起重机的构造。

履带起重机由起重臂、上平台（或转盘）、回转支承装置、底盘以及起升、回转、变幅、行走等机构和电气附属设备（或液压机构）等机构组成。除行走机构外，其余各机构等都安装在回转平台上。

1）起重臂。起重臂为多节组装桁架结构臂，调整节数后可改变长度，其下端铰装于转台前部，顶端用变幅钢丝绳滑轮组悬挂支承，可改变其倾角。大型履带式起重机的起重臂可以在主臂顶端加装副臂，主臂与副臂组合形成一定夹角，满足更高吊装施工的需求。

2）上车（上平台）。上车（上平台）通过回转支承安装在履带底盘上，回转支承由上、下滚道和其间的滚动件（滚球、滚柱）组成，可将上平台上的全部重量传递给底盘，并保证转台的自由转动。上平台安装有动力装置、传动系统、卷扬机、操纵机构、平衡重和操作室等。

3）底盘。底盘包括履带架、履带和行走机构。行走装置由履带架、驱动轮、导向轮、支重轮、托链轮和履带轮组成。动力装置通过垂直轴、水平轴和齿轮传动使驱动轮旋转，带动到导向轮和支重轮，使整机沿履带滚动而走。履带起重机的动力为柴油机，传动形式有机械传动、电力-机械传动和液压传动。提升机构有主、副两套卷扬系统，主卷扬系统用于主臂吊重，副卷扬系统用于副臂吊重。图 4-24 为 QUY350 履带式起重机图。

图 4-24　QUY350 履带式起重机

（2）主要特点。

履带起重机的主要特点有车身能 360°回转，操作灵活，使用方便；可在一般平整坚实的路面上作业与行驶；起重量大；对地面承压要求较低，并且可以载荷行驶，越野性能好；它的稳定性和机动性较差，行驶速度慢，自重大，对道路破坏较大；在施工现场长距离转移时，要用平板拖车来搬运或用火车运输；起重臂拆接繁琐，工人劳动强度高。

（3）履带起重机的常用参数术语。

1）起重量：履带起重机能吊起的重量，其中包括吊钩、吊索吊具或容器及吊物的重量。履带起重机的起重量因其中工作幅度的改变而改变，因此各机型都有其本身的起重量与其中工作幅度对应表，亦称起重特性表；通常采用起重特性表或起重性能曲线图来指导吊装作业。

2）工作幅度：是指履带起重机回转中心至吊钩垂直中心的水平距离，亦称回转半径或工作半径。

3）起升高度：亦称吊钩有效高度，是从履带起重机履带所站基准面到吊钩支撑面的最大垂直距离。

4）臂长：起升高度和工作幅度的变化、调整来自于臂长的变化。

5）工作速度：履带起重机的工作速度包括主（副）起升速度、变幅速度、回转速度、行走速度等。

（4）常见履带起重机技术参数（见表 4-4）。

**表 4-4　常见履带式起重机主要技术参数**

| 型号 \ 性能参数 | | QUY80B | QUY150 | QUY350 |
|---|---|---|---|---|
| 最大额定起重量/t | | 80 | 150 | 350 |
| 最大起重力矩/（kN · m） | | 3 200 | 9 000 | — |
| 主臂长度/m | | 13～58 | 15～80 | 18～84 |
| 主臂变幅角度/（°） | | 30～80 | 30～80 | 30～85 |
| 固定副臂长度/m | | 9～18 | 13.0～31.0 | 12 |
| 起升机构速度/（m/min） | | 高速 70/低速 35 | 142/117 | 0～135 |
| 主臂变幅单绳速度/（m/min） | | 54 | 30 | 2×50 |
| 最大回转速度/（r/min） | | 高速 3/低速 1.8 | 2.3 | 0～1.0 |
| 最高行驶速度/（km/h） | | 1.3 | 1.23 | 1.2 |
| 接地比压/kPa | | 86 | 92 | 115 |
| 最大爬坡能力/（°） | | 30 | 30 | 20 |
| 发动机 | 生产厂商 | 康明斯 | 康明斯 | 康明斯 |
| | 型号 | QSL-9 | QSL-300 | QSM11 |
| | 额定功率/kW | 209 | 325 | 298 |
| | 额定转速/rpm | 2 000 | 1 850 | 2 100 |
| 外形尺寸（长×宽×高）/mm | | 6 358×5 060×3 460 | 9 750×6 380×3 580 | 14 900×8 200×3 700 |
| 整机质量（不含配重）/t | | 83 | 165 | 280 |

**2. 轮式起重机**

轮式起重机通常分为汽车起重机、轮胎起重机、越野轮胎起重机、全地面起重机四种。轮式起重机的性能参数包括起重量、起重力矩、起升高度、工作幅度、臂长、工作速度（包括各起升、伸缩臂、回转等）、行驶速度、爬坡能力等，起重性能表和起重性能曲线是吊装作业经常使用的重要参考。

（1）汽车起重机。

汽车起重机，装在通用或专用汽车底盘上，有专用的上车操作室，多节伸缩臂，起重量 5～300 t。一般来说，额定起重量 $Q\leqslant 12$ t 的，用通用汽车底盘；$Q>12$ t 的，用专用汽车底盘。汽车起重机具有载重汽车的特点，行驶速度高，机动灵活性较好，转移迅速。其在支腿作用下才能作业，作业性能高，结构较简单；作业辅助时间少，作业高度和幅度可随时变换。

汽车起重机主要由底盘、主起重臂、副起重臂、转台、支腿、回转机构、起升机构、变幅机构、液压系统、电器系统等组成。

（2）轮胎起重机。

轮胎起重机是利用轮胎式底盘行走的动臂旋转起重机，它是把起重机构安装在加重型轮胎和轮轴组成的特制底盘上的一种全回转式起重机。其行驶速度一般比汽车起重机低，可不用支腿进行起重作业，并可在平坦的路面上有限制地吊重行驶。

轮胎起重机由上车和下车两部分组成。上车为起重作业部分，设有动臂、起升机构、变幅机构、平衡重和转台等；下车为支承和行走部分。上、下车之间用回转支承连接。为了保证作业时机身的稳定性，起重机设有四个可伸缩的支腿。其特点：采用特制底盘，行驶作业共用一个驾驶室，可全轮驱动和转向，可越野行驶，行驶速度较慢，机动灵活性好，整机尺寸小，通过性好；作业性能高，结构较复杂，价格比汽车起重机稍贵；作业辅助时间少，作业高度和幅度可随时变换。

与汽车式起重机相比其优点有轮胎起重机轮距较宽、稳定性好、车身短、转弯半径小，可在360°范围内工作。但其行驶时对路面要求较高，行驶速度较汽车式慢，不适于在松软泥泞的地面上工作。

（3）全地面起重机。

全地面起重机是由汽车起重机吸收了轮胎起重机的特点，全面提高了汽车底盘越野性能而成。底盘采用了全轮转向、多桥驱动和油气悬挂等新技术；上车采用了电子信息化控制和多节臂伸缩系统等新技术。

## 四、桥、门式起重机

桥、门式起重机是在固定的厂房跨间或地面轨道上用于装卸和搬运物料的机械设备，广泛用于一般工业企业和冶金企业的车间、仓库、货场、水电站等。

**1. 桥、门式起重机分类**

桥式起重机分类，按其取物装置分为吊钩、抓斗、电磁、两用、三用桥式起重机；按操纵方式分为司机室操纵、地面有线操纵、无线遥控操纵、多点操纵；吊钩桥式起重机按照小车数量分为单小车吊钩、双小车吊钩、多小车吊钩桥式起重机。桥式起重机多用于固定厂房车间，架设在厂房轨道梁上，如图4-25所示。

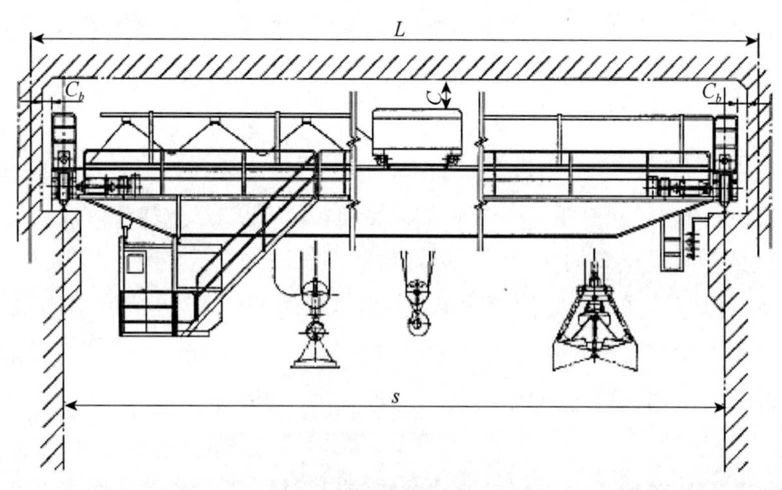


图4-25　桥式起重机

门式起重机多用于如建筑现场钢结构制作场等露天场地，其按主梁分为单主梁门式起重机（如图 4-26 所示）和双主梁门式起重机（如图 4-27 所示）。

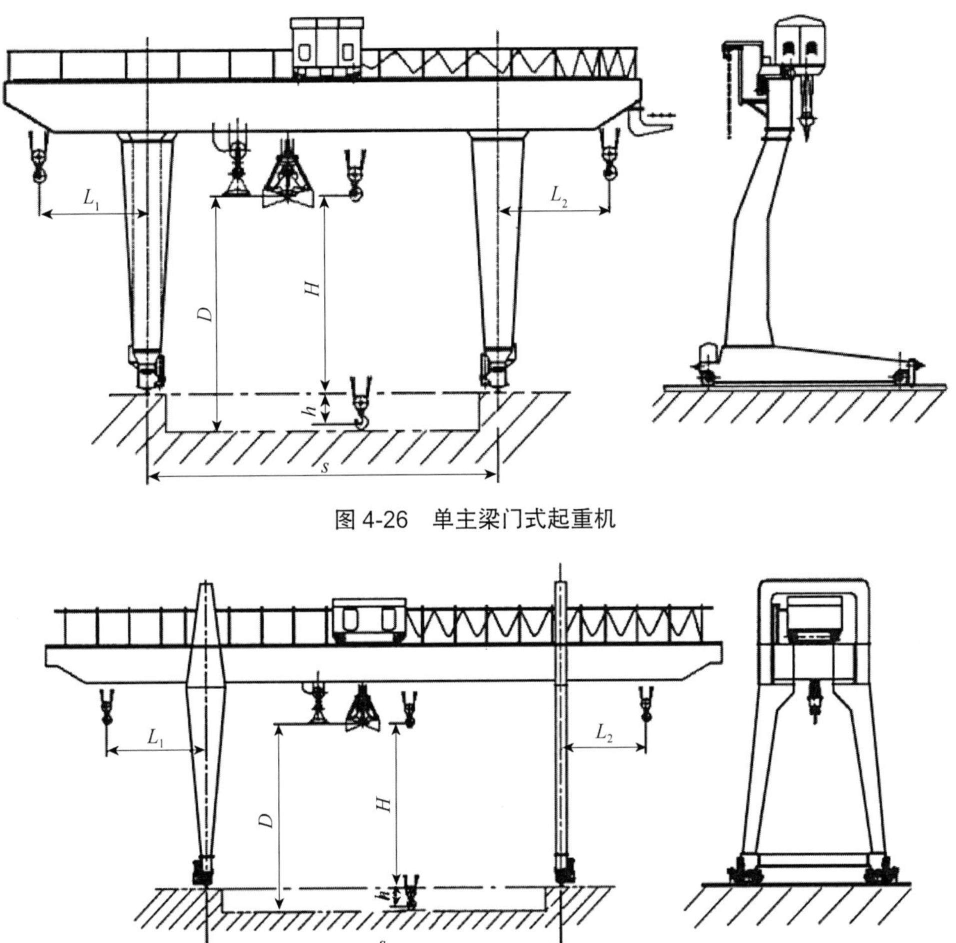


图 4-26　单主梁门式起重机

图 4-27　双主梁门式起重机

门式起重机除按主梁分类外，还可按悬臂分为双悬臂、单悬臂、无悬臂门式起重机；按取物装置分为吊钩、抓斗、电磁、二用、三用门式起重机；按操纵方式分为司机室操纵、地面有线操纵、无线遥控操纵、多点操纵；吊钩门式起重机按小车数量分为单小车、双小车、多小车吊钩门式起重机。

**2. 桥、门式起重机构造及特点**

桥、门式起重机一般由主梁（桥架）、端梁、支腿和下横梁等结构件构成结构主体，主梁上的小车轨道上装有起升机构和小车运行机构的小车架，端梁和下横梁装有大车运行机构台车架，主梁、端梁、支腿上布置栏杆、走台和爬梯，主梁下方吊挂司机室。在主梁内或上方及司机室内布置起重机的电控系统，通过主梁上的集电器将电源引入起重机，主梁上装有小车导电装置，起重机总电源导电装置等。

主梁结构形式有箱形、偏轨箱形、四桁架等结构形式，走台在主梁的外侧，用于安装及检修大车运行机构和放置某些电气设备，以及放置小车导电滑线等。为了便于桥架的装运，通常将端梁制成两段，每段与一根主梁焊接成为半个桥架，安装时，只要用精制螺栓在两段端梁接头处连接起来即可。

（1）主梁。

箱形梁式桥架可采用整体钢板焊接，便于使用自动焊和半自动焊接，具有设计简单、制造工艺性好、适于成批生产等优点，是应用最为普遍的一种结构形式。箱形梁式桥架的主梁由上下盖板和两块垂直腹板组成，为封闭的箱形截面结构。为了减轻重量，做成等强度梁，则腹板的下边和下盖板应做成抛物线形。为制造方便，通常腹板中部为矩形、两端做成梯形，同时使下盖板两端向上倾斜。

（2）端梁。

端梁是起重机桥架组成部分之一。端梁通常采用两种截面形式，即箱形截面和槽形法兰板截面。端梁与主梁的连接又可分为焊接接头和法兰板接头两种形式。主梁和端梁分为四根梁，故称四梁结构。桥式起重机的端梁同时又是走行梁，按车轮安装形式，可分为角型轴承箱式端梁和车轮嵌入式等种类端梁。

（3）小车轨道铺设。

1）轨道采用压板固定时，压板固定处必须正对横向加筋肋，且沿轨道长度成对布设在横向加筋肋的上方，不允许交错布设。压板的固定方式可为焊接或螺栓连接，若为螺栓连接，每块压板不得少于两个（压板设计为防转的例外）。

2）轨道在接头处的高低差不大于 1 mm，间隙不大于 2 mm。横向错位差不大于 1 mm，尽可能采用接头为焊接的轨道。

（4）金属结构的连接。

金属结构的连接有焊接和螺栓连接两种方式，但在同一接头处，不得采用两种以上的连接方式。

**3. 桥、门式起重机的主要性能参数**

桥、门式起重机的主要性能参数包括额定起重量、跨度、起升高度、有悬臂时悬臂长度、工作速度（包括起升、变幅、大车行走等）等。

**4. 桥、门式起重机机构及运行轨道**

起重机主梁上的小车轨道上装有起升机构和小车运行结构的小车架，端梁和下横梁装有大车运行机构台车架，主梁、端梁、支腿上布置栏杆、走台和爬梯，主梁下方吊挂司机室。在主梁内或上方及司机室内布置起重机的电控系统，通过主梁上的集电器将电源引入起重机，主梁上装有小车导电装置，起重机总电源导电装置等。

（1）桥、门式起重机的机构。

起升机构用来实现货物的升降，是起重机上最重要和最基本的结构，如图 4-28 所示。

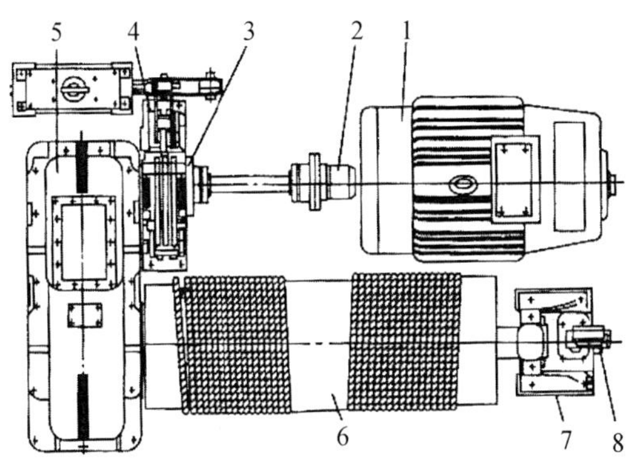


图 4-28　小车起升机构

1. 电动机；2. 联轴器；3. 制动器联轴器；4. 制动器；5. 减速器；6. 卷筒；7. 轴承；8. 过卷扬限制器

起升机构的电动机通过联轴器与减速器的高速轴相连，当机构工作时，减速器的低速轴带动卷筒，将钢丝绳卷上或放出，经过滑轮组系统，使吊钩实现上升或下降。机构停止工作时，制动器使吊钩连同货物悬停在空中。吊钩的升降靠电动机改变转向来实现。起重机常设主、副两套起升机构。主起升机构起重量大，起升速度缓慢；副起升机构起重量小，但起升速度较快，用以起吊较轻的货物或辅助性工作，以提高工作效率。

制动器在起重机上是非常重要的部件，制动器通常安装在高速轴上，以减小尺寸；制动轮是利用联轴器的一个半体，带制动轮的联轴器半体安装在减速器轴上，即使联轴器损坏，制动器仍能起保险作用。

桥、门式起重机起升机构的安全装置主要有超载限制器、上升高度限制器和小车运行限位器等。

（2）桥、门式起重机大车运行机构。

桥、门式起重机的大车运行机构是由电动机、减速器、传动轴、联轴器和车轮等组成。按驱动方式，大车运行机构分为分别驱动和集中驱动两种形式。分别驱动是在起重机上装设两套相同的、但又互不联系的驱动装置，每套装置都包括电动机、减速器、传动轴、联轴器和车轮等。其优点是机构自重轻、分组性好、安装和维护保养都很方便。集中驱动是指只用一台电动机，通过传动装置同时驱动两侧主动轮的传动方式。按传动轴的布置方式，集中驱动又分为低速集中驱动、中速集中驱动和高速集中驱动三种。

（3）大车运行轨道。

起重机轨道大多采用铁路钢轨，轨顶凸起；重型起重机的大小车轨道，承受轮压较大时，通常采用起重机专用钢轨，轨顶也凸起的，但曲率半径比铁路钢轨大，也有用方钢或扁钢作起重机轨道的，这种轨道轨顶平、底面窄，只宜支承在钢结构上，不能铺在混凝土基础上。

起重机的大车车轮，有双轮缘、单轮缘和无轮缘车轮之分。为防止脱轨，起重机一般都采用双轮缘车轮；单轮缘车轮只在轨距较小的起重设备上采用；如果有导向装置（如水平导向轮），也可采用无轮缘车轮。

## 第二节　常见小型起重机具的类型和技术性能

### 一、物料提升机

物料提升机是一种固定装置的机械运输装置机器，具有运行平稳、安装简便等特点，主要适用于粉末、颗粒状及小块物料的连续垂直运输作业。

**1. 类型**

物料提升机常见的有井架式和龙门架式，如图 4-29 所示。

(a)井架式　　(b)龙门架式

图 4-29　物料提升机

物料提升机按动力形式分为卷扬机式和曳引机式；按吊笼运行位置分为内吊笼式、外吊笼式；按吊笼数目分为单笼、双笼；按架体高度分为低架（提升高度≤30 m）、高架（提升高度＞30 m）。

**2. 物料提升机的组成**

以龙门式卷扬机驱动的物料提升机为例，其主要结构有架体、吊笼、自升平台、卷扬机及安全装置等。

（1）架体。

架体包括基础底架、标准节等构件。底架由槽钢拼焊而成，标准节与其相连，是整个设备的支承基础，由地脚螺栓固定在混凝土基础上。架体制作材料选用型钢或钢管，焊成格构式标准节，其断面有三角形、方形等形式。

（2）吊笼。

吊笼是装载物料沿提升机导轨做上下运动的部件，由型钢及连接板焊成吊笼框架，吊笼的两侧应设置安全挡板或挡网，吊笼前后应设进料门和卸料门，防止物料从吊篮中洒落。两侧装有导靴，吊笼横梁上安装有停靠装置，防坠安全器安装在吊笼两侧导靴上部。

（3）自升平台。

自升平台是架体安装加高和拆卸的工作机构，有提升天梁的作用。由自升操作卷筒、导向滑轮、棘轮装置以及手摇小吊杆等组成，平台的活动爬爪可手动或自动复位。天梁与自升平台为一体，由型钢焊制而成，其上设有吊笼提升钢丝绳导向滑轮，并要求安装渐进式防坠安全器。

（4）卷扬机。

卷扬机是提升吊笼的动力装置，选用应满足额定牵引力、提升高度、提升速度等参数的要求，选用可逆式卷扬机，不得选用摩擦式卷扬机，卷扬机钢丝绳的第一个导向轮（地轮）与卷扬机卷筒中心的距离不应小于卷筒宽度的15～20倍。钢丝绳在卷筒上应整齐排列，端部应与卷筒压紧装置连接牢固；当吊笼处于最低位置时，卷筒上的钢丝绳不应少于3 圈。

（5）电气控制系统。

总电源中设置短路保护及漏电保护装置，电动机的主回路设置失压及过电流保护装置。携带式控制开关控制线路电压不大于 36 V，其引线长度不宜大于 5 m，严禁采用倒顺开关作为动力设备的控制开关。现场安装应符合《施工现场临时用电安全技术规范》（JGJ 46—2005）的规定。

（6）安全装置与防护设施。

安全装置主要包括起重量限制器、防坠安全器、安全停层装置、上限位开关、下限位开关、紧急断电开关、缓冲器及信号通信装置等。

防护设施主要包括防护围栏、停层平台及平台门、进料口防护棚、卷扬机操作棚等。

## 二、卷扬机

建筑卷扬机又称电动卷扬机，是由电动机作为动力，通过驱动装置和绳索来完成牵引工作的装置。电动卷扬机在施工作业中广泛应用，具有起重牵引能力大、体积较小、速度快、速度变换容易、操作方面和安全等优点，适用于建筑安装工程。

**1. 电动卷扬机的类型**

卷扬机分为卷绕式卷扬机（包括单卷筒、双卷筒、多卷筒卷扬机）和摩擦式卷扬机。

（1）建筑卷扬机按速度和是否有溜放功能分为高速、快速、快速溜放、慢速、慢速溜放、调速六类。

高速卷扬机（JG 型）：额定速度大于 50 m/min 的卷扬机。

快速卷扬机（JK 型）：钢丝绳牵引速度为 20～50 m/min，通过驱动装置使卷筒回转的起重工具。电动机可以通过变频器来控制速度，如配以井架、龙门架，滑车等可用于垂直、水平运输和打桩作业等用。

慢速卷扬机（JM 型）：多为单筒式，钢丝绳额定速度小于 20 m/min，通过驱动装置使卷筒回转的起重工具，电动机可以通过变频器来控制速度，如配以拔杆、人字架、滑车组等可作为大型构件安装使用。

（2）按卷筒数划分：可分为单筒卷扬机、双筒卷扬机和多筒卷扬机。

（3）按传动方式划分：可分为可逆齿轮箱式卷扬机和摩擦式卷扬机。其中常用的有JK/JM0.5～50 t 电动卷扬机。

**2. 卷扬机型号、参数和组成**

（1）建筑卷扬机型号标示，如图 4-30 所示。

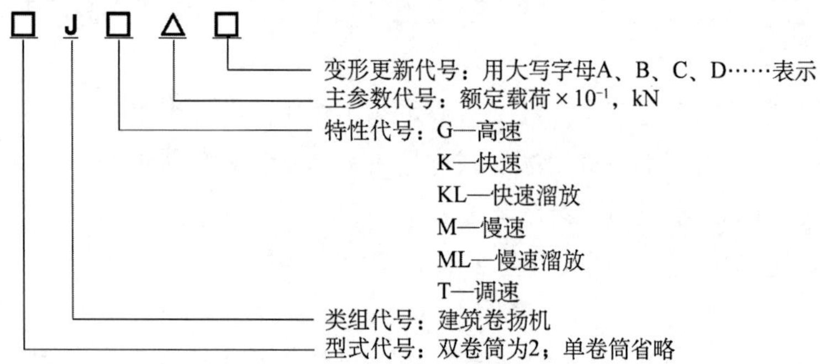


图 4-30　建筑卷扬机型号

例如：JM5 表示 50 kN（或 5 t）的单筒慢速卷扬机。

（2）主参数系列（见表 4-5）。

表 4-5　卷扬机主参数系列

| 主参数名称 | 数值/kN |
|---|---|
| 额定载荷 | 5；7.5；10；12.5；16；20；25；32；40；50；63；80；100；125；160；200；250；320；400；500 |

注：高速和快速卷扬机的额定载荷应不大于 200 kN，溜放卷扬机的额定载荷应不大于 100 kN。

（3）额定工作速度：卷筒卷入钢丝绳的速度。

（4）容绳量：卷扬机的卷筒允许容纳的钢丝绳工作长度的最大值。每台卷扬机的铭牌上都标有对某种直径钢丝绳的容绳量，选择时必须注意，如果实际使用的钢丝绳的直径与铭牌上标明的直径不同，还必须进行容绳量校核。

（5）卷扬机结构组成如图 4-31 所示。卷扬机由电机、制动器、减速机、卷筒等组成。

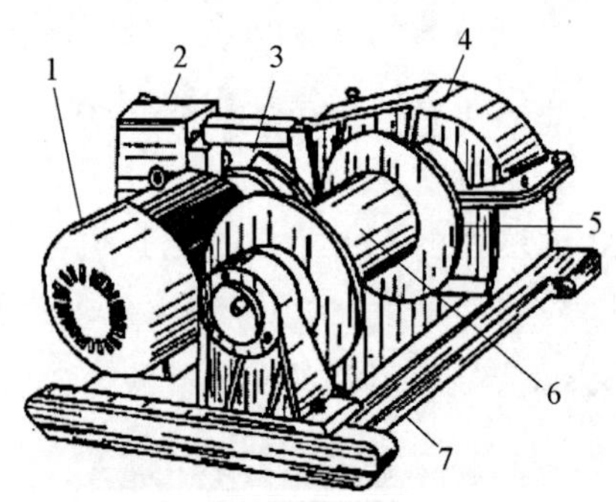


图 4-31　卷扬机组成结构

1. 电动机；2. 制动器；3. 弹性联轴器；4. 减速器；5. 十字联轴器；6. 光面卷筒；7. 机座

**3. 电动卷扬机的固定**

卷扬机必须予以固定，以防工作时产生滑动或倾覆。通常根据受力大小选择方法，常用的固定方法有：

（1）螺栓锚固法：将卷扬机安放在混凝土基础上，再用地脚螺钉将卷扬机底座固定，如图 4-32（a）所示。

（2）水平锚固法：将木杆横在地锚中，用绳索拉住卷扬机以防滑动，如图 4-32（b）所示。

（3）压重锚固法：将卷扬机固定在木筏上，前面埋设木桩以防滑动，后加压重 $Q$，以防倾覆，如图 4-32（c）所示。

（4）立柱（桩）锚固法：即用地锚固定卷扬机并通过地锚把力传给基础，此法在工地上用得较普遍，如图 4-32（d）所示。

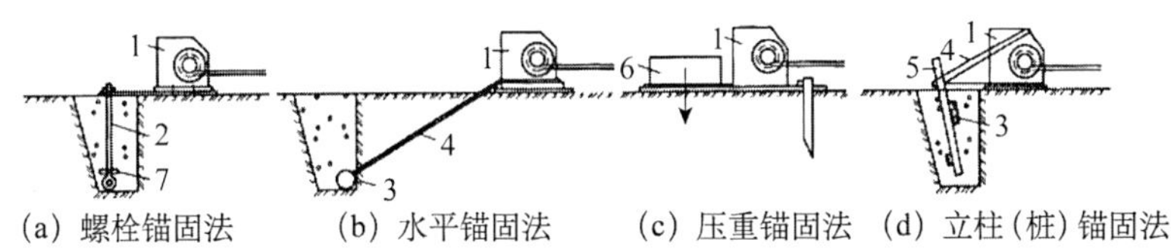


**图 4-32　卷扬机的固定方法**

1. 卷扬机；2. 地脚螺栓；3. 横木；4. 拉索；5. 木桩；6. 压重；7. 压板

## 三、高处作业吊篮

高处作业吊篮（以下简称吊篮）定义为悬挂装置架设于建筑物或构筑物上，起升机构通过钢丝绳驱动悬吊平台沿立面上下运行的一种非常设悬挂接近设备。吊篮按驱动方式分为手动、气动和电动，常用电动形式吊篮。

**1. 吊篮主参数及型号**

（1）吊篮规定的主参数系列见表 4-6。

**表 4-6　吊篮主参数系列**

| 主参数 | 主参数系列/kg |
|---|---|
| 额定载重量 | 120，150，200，250，300，400，500，630，800，1 000，1 250，1 500，2 000，3 000 |

（2）型号标示。

吊篮型号由类、组、型代号、特性代号、主参数代号、悬吊平台结构层数和更新变形代号组成，如图 4-33 所示。

例如，额定载重量 500 kg 电动、单层爬升式高处作业吊篮标记为：高处作业吊篮 ZLP500；额定载重量 300 kg 电动、夹钳式高处作业吊篮，标记为：高处作业吊篮 ZLK300。

**2. 吊篮结构**

一般使用的吊篮主要由悬挂机构、悬吊平台、电气控制系统、提升机、安全保护装置、工作钢丝绳和安全钢丝绳等组成，如图 4-34 所示。

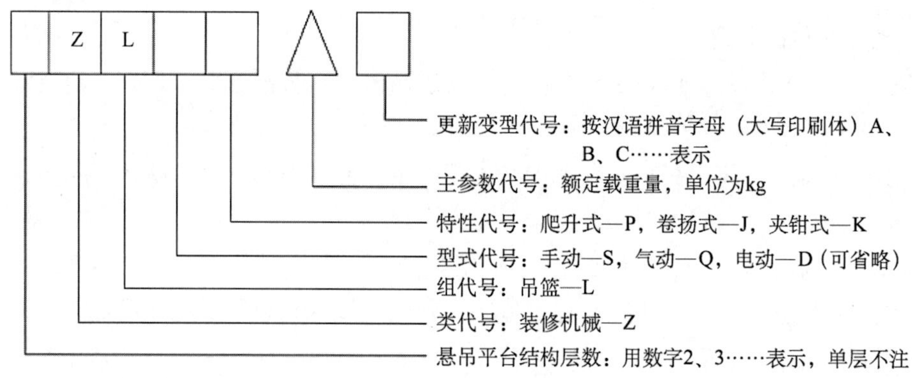


图 4-33 吊篮型号组成

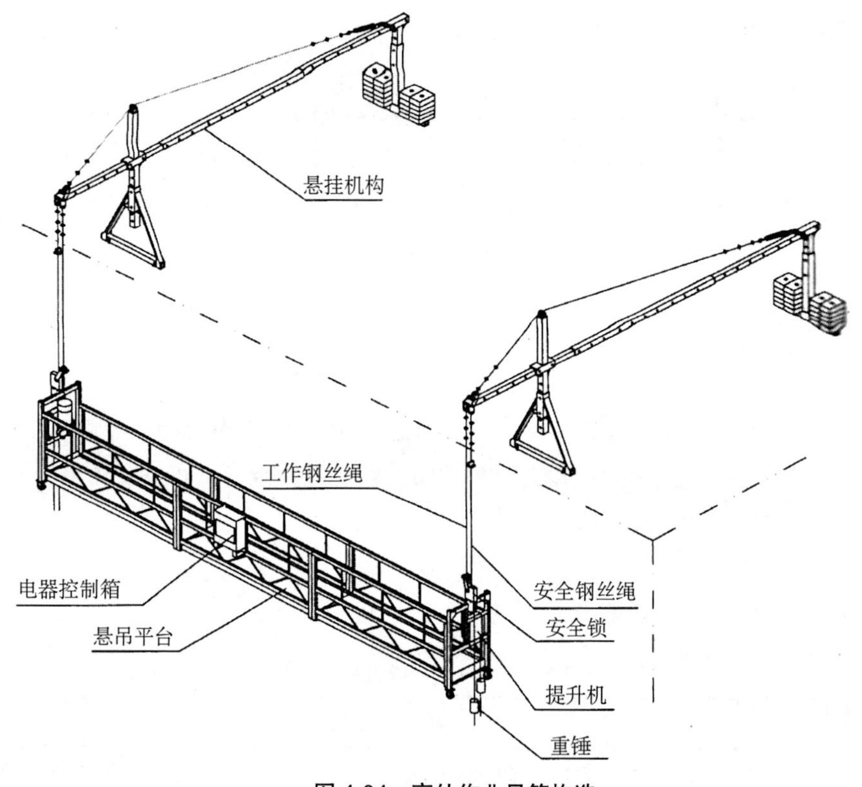


图 4-34 高处作业吊篮构造

（1）悬挂机构。

悬挂机构是吊篮的基础结构件，其作用是通过悬挂在其端部的钢丝绳承受悬吊平台升空作业时的全部自重、工作载荷和风载荷等所有悬吊载荷。

按力矩平衡方式不同，吊篮悬挂机构大致分为附着式和杠杆式两大类型。

1）附着式悬挂机构。附着式悬挂机构的特点是悬挂机构附着在建筑物或构筑物的女儿墙、檐口或某些承重的结构上。悬吊所产生的倾翻力矩，全部或部分靠被附着的建筑结构所平衡。其优点是结构简单，零件数量少，不需大量配重块，机动性好。但其适用范围较窄，使用的限制条件较多，例如，必须对被附着的结构的强度充分了解；被附着的结构要求比较规则。图 4-35 为两种较常见的附着式悬挂机构。

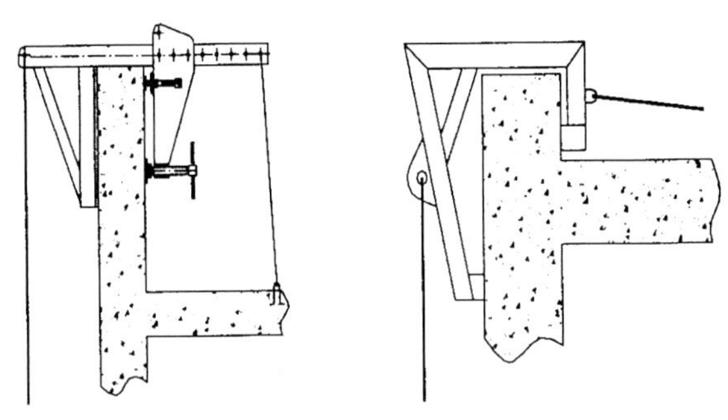

图 4-35　附着式悬挂机构

2）杠杆式悬挂机构。杠杆式悬挂机构的倾翻力矩全部靠本身结构进行平衡，其优点是适用范围宽，对安装现场无特殊要求，目前在吊篮上应用最为广泛。图 4-36 为最典型的杠杆式悬挂机构。

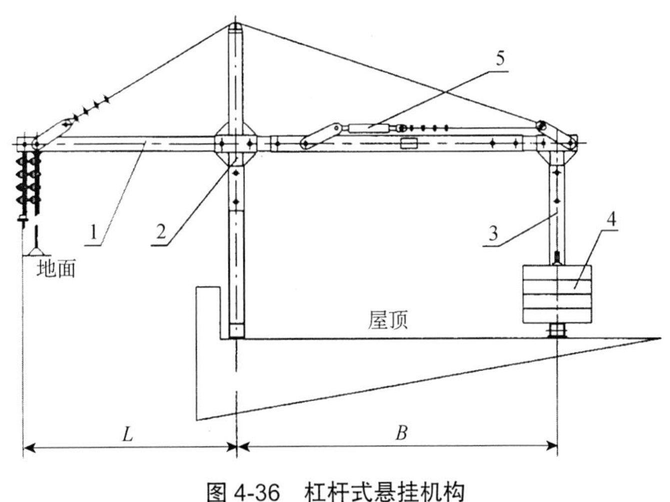


图 4-36　杠杆式悬挂机构

1. 横梁；2. 前支架；3. 后支架；4. 配重；5. 加强张紧机构

横梁由前梁、中梁和后梁组合而成。三段梁均采用薄壁矩形管材套接成整体，前、后梁均可伸缩，以便组成不同的外伸长度 $L$ 和不同的支承距离 $B$，来适应建筑物的不同需求。

前支架、后支架都分为上下两段。一般也采用薄壁矩形管材套接成整体，并且可以伸缩，改变支架高度，以适应不同高度的女儿墙。支架上端与横梁采用销轴或螺栓连接。有的在支架下端横撑上设置脚轮，便于悬挂机构整体平移。有的还设置可调支腿，使支架落地平稳可靠。

后支架的横撑上焊有数根立管，用于固定配重。

配重安装在后支架横撑上，其作用就是平衡作用在悬挂机构上的倾翻力矩，其材料一般采用铸铁、特制高强混凝土或外包铁皮混凝土，每块配重的重量为 20 kg 或 25 kg，便于搬运和装卸。

加强钢丝绳张紧机构由加强绳、立柱和索具螺旋扣（俗称花篮螺栓）组成，其作用是增强横梁承载能力，改善横梁受力状况，减小横梁截面尺寸和自重。

悬挂机构应定位准确，悬挂吊篮的支架支撑点各工况的荷载最大值不应大于建筑结构的承载能力；配重块数量应符合使用说明书的规定，码放应整齐，并应有防挪移措施。

（2）典型悬吊平台。

悬吊平台是用于搭载作业人员、工具和材料进行高处作业的悬挂装置最常见的悬吊平台，底板呈长方形，四周设置围栏。

1）图 4-37 为双吊点平台结构图。

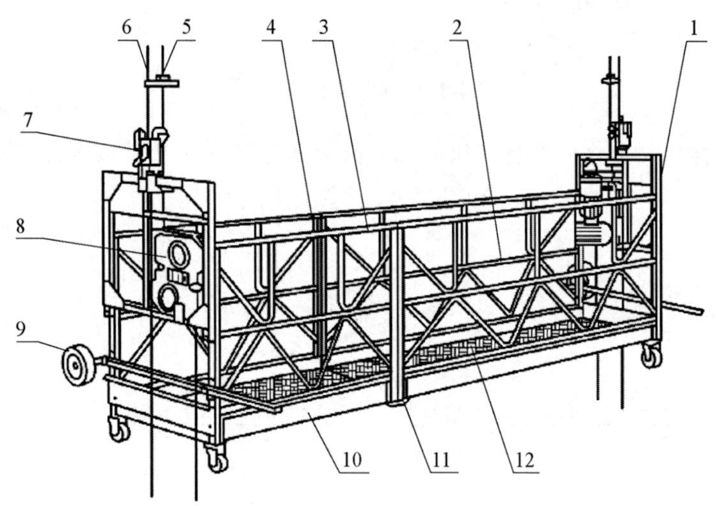


**图 4-37　双吊点平台**

1. 安装架；2. 护栏横梁；3. 前部护栏；4. 后部护栏；5. 工作钢丝绳；6. 安全钢丝绳；7. 防坠落装置；8. 爬升式起升机构；9. 靠墙轮；10. 踢脚板；11. 垂直构件；12. 底板

2）典型的单吊点平台结构如图 4-38 所示。

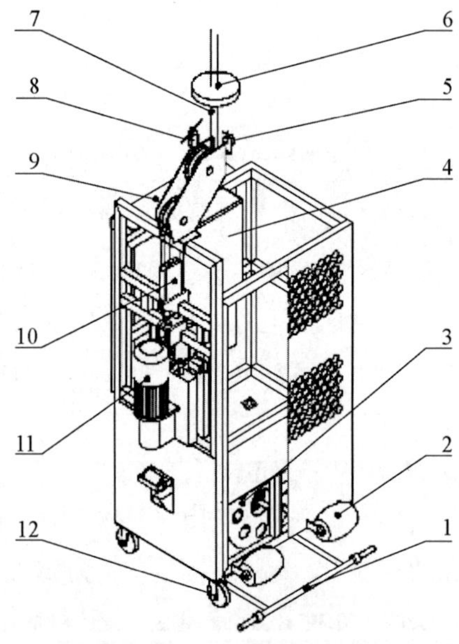


**图 4-38　单吊点平台**

1. 防撞杆；2. 靠墙轮；3. 收绳器；4. 电气控制系统；5. 终端极限限位开关；6. 安全钢丝绳；7. 工作钢丝绳；8. 顶部限位开关；9. 电缆箱；10. 防坠落装置；11. 爬升式起升机构；12. 脚轮

3）悬吊平台按材质可分为铝合金和钢结构。根据作业功能、作业部位等可制成多种不同的形式。悬吊平台一般由1～3个基本节及两端的提升机安装架拼装而成。基本节由前后护栏及底板组成，如图4-39所示。

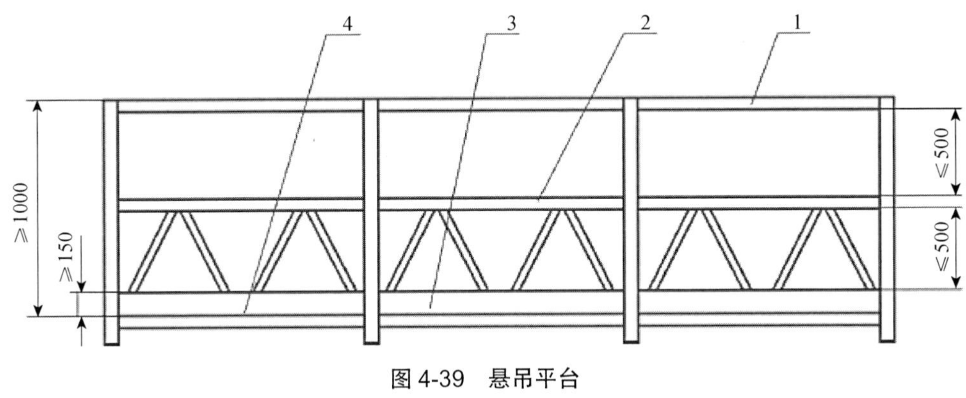


**图4-39　悬吊平台**

1. 护栏；2. 中间护栏；3. 踢脚板；4. 平台底板

4）悬吊平台应符合规定：悬吊平台应有足够的强度和刚度，不应出现焊缝、裂纹和严重锈蚀，螺钉、铆钉不应松动，结构不应破损；使用长度应符合使用说明书规定；安全护栏应齐全完好并设有腹杆；其高度在建筑物一侧不应小于0.8 m，其余三个面不应小于1.1 m，护栏应能承受1 kN水平移动的集中荷载；底板应完好，并应有防滑措施；应有排水孔，且不应堵塞；悬吊平台四周应装有高度不低于150 mm的挡板，且挡板与底板的间隙不应大于5 mm；在靠建筑物的一面应设有靠墙轮、导向轮和缓冲装置；工作中的平台纵向倾斜角度不应大于8°，且不同机型还应符合使用说明书规定；吊篮应急手动滑降装置应可靠有效，下降速度不应大于1.5倍的额定速度；悬吊平台上应注明额定载重量及注意事项。

（3）提升机。

提升机是吊篮的动力装置，其作用是为悬吊平台上下运行提供动力，并且使悬吊平台能够停止在作用范围的任意高度位置上；一般由驱动绳轮、钢丝绳、滑轮或导向轮和安全部件组成。提升机的机械传动应采用齿轮、齿条、螺杆、链条等型式，禁止采用摩擦传动型式。

（4）电气控制系统。

电气控制系统由电器控制箱、电磁制动电机、上限位开关和手握开关等组成。在电气控制箱上设有上、下操作按钮、转换开关和急停按钮，并设有操作手柄。操作电压一般为24～36 V。

（5）安全保护装置。

吊篮的安全装置有安全锁、限位装置、防坠安全器（限速器）和超载保护装置等。

安全装置技术要求：安全锁或具有相同作用的独立安全装置，在锁绳状态下不应自动复位，且安全锁应在有效标定期内；安全钢丝绳应独立于工作钢丝绳另行悬挂；行程限位装置应灵敏可靠；钢丝绳安全系数不应小于9，并应符合使用说明书规定；应设置紧急状态下能切断主电源控制回路的急停按钮。

钢丝绳是承受悬吊平台全部载荷的主要受力构件，吊篮悬吊平台两端各设置一组工作钢丝绳和安全钢丝绳。工作钢丝绳的作用是牵引悬吊平台升降，承受悬吊平台悬空作业的全部载荷；安全钢丝绳的作用是与安全锁配套，对吊篮起安全保护作用。

**3. 吊篮检查和维护**

吊篮应符合标准的有关规定，使用期间应加强检查。

（1）吊篮应经专业人员安装调试，并进行空载运行试验。操作系统、上限位装置、提升机、手动滑降装置、安全锁动作等均应灵活、安全可靠方可使用。

（2）吊篮投入运行后，应按照说明书要求全面定期检查、测试和维护保养，并做好记录。

（3）随行电缆损坏或有明显擦伤时，应立即维护和更换；控制线路和各种电器元件，动力线路的接触器应保持干燥、无灰尘污染。

（4）钢丝绳不得折弯，不得沾有砂浆杂物等。

（5）定期检查安全锁，提升机若发生异常温升和声响，应立即停止使用。

（6）除非测试、检查和维修需要，任何人不得使安全装置或电器保护装置失效，在完成测试、检查和维修后，应立即将这些装置恢复到正常状态。

## 四、其他小型起重机具介绍

**1. 起重葫芦**

起重葫芦分为电动葫芦、手葫芦、气动葫芦、液动葫芦等，建筑施工常用电动葫芦、手葫芦。

（1）电动起重葫芦。

1）电动葫芦分类。电动葫芦分为钢丝绳电动葫芦、环链电动葫芦、板链电动葫芦、防爆电动葫芦、防腐电动葫芦，建筑工地在附着式升降脚手架施工中常用环链电动葫芦作为提升机构，小型钢结构加工场也常用环链葫芦。本节主要介绍环链电动葫芦。

根据环链葫芦有无运行机构分为固定式环链电动葫芦和运行式环链电动葫芦；固定式按照安装方式的不同，分为悬挂式和支承式两种型式，典型结构如图 4-40 所示。

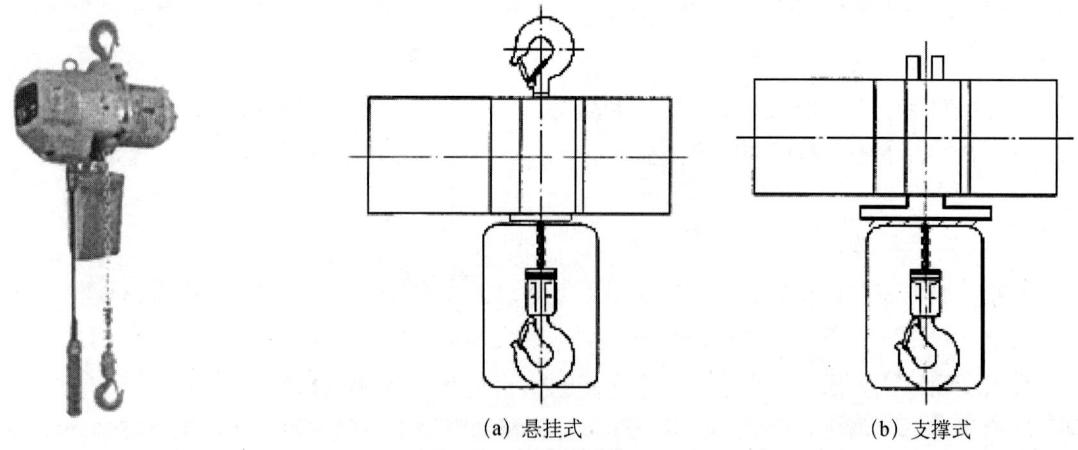

（a）悬挂式　　（b）支撑式

图 4-40　固定式环链电动葫芦

运行式环链电动葫芦典型结构如图 4-41 所示。

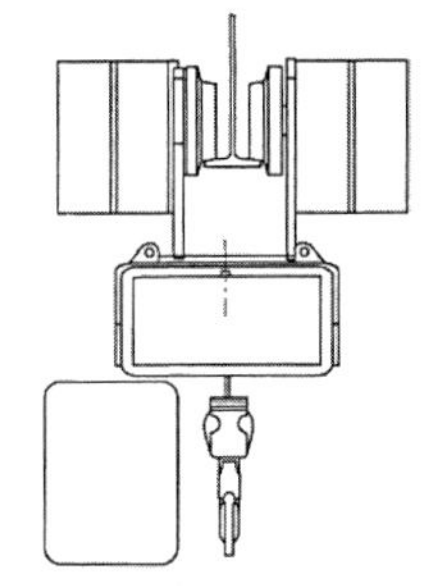

图 4-41　运行式环链电动葫芦

2）环链葫芦的参数规定。环链葫芦的额定起重量通常采用表 4-7 规定的数值。

表 4-7　环链葫芦额定起重量系列　单位：t

| 0.1 | 0.125 | 0.16 | 0.2 | 0.25 | 0.32 | 0.4 | 0.5 | 0.63 | 0.8 |
|---|---|---|---|---|---|---|---|---|---|
| 1 | 1.25 | 1.6 | 2 | 2.5 | 3.2 | 4 | 5 | 6.3 | 8 |
| 10 | 12.5 | 16 | 20 | 25 | 32 | 40 | 50 | 63 | 80 |
| 100 | — | — | — | — | — | — | — | — | — |

环链葫芦的起升高度通常采用表 4-8 规定的数值。

表 4-8　环链葫芦的起升高度系列　单位：m

| — | — | — | 3.2 | 4 | 5 | 6.3 | 8 | 10 | 12.5 |
|---|---|---|---|---|---|---|---|---|---|
| 16 | 20 | 25 | 32 | 40 | 50 | 63 | 80 | 100 | 125 |
| 160 | — | — | — | — | — | — | — | — | — |

环链葫芦起升速度应采用表 4-9 规定的数值，双速环链葫芦中慢速推荐为正常工作速度的 1/6～1/2，其他调速方式的调速范围可与厂家协商。

表 4-9　环链葫芦起升速度系列　单位：m/min

| — | — | — | 0.25 | 0.32 | 0.4 | 0.5 | 0.63 | 0.8 | 1 |
|---|---|---|---|---|---|---|---|---|---|
| 1.25 | 1.6 | 2 | 2.5 | 3.2 | 4 | 5 | 6.3 | 8 | 10 |
| 12.5 | 16 | 20 | 25 | 32 | — | — | — | — | — |

环链葫芦运行速度应采用表 4-10 规定的数值，双速环链葫芦中慢速推荐为正常工作速度的 1/6～1/2，其他调速方式的调速范围可与厂家协商。

表 4-10　环链葫芦运行速度系列　单位：m/min

| 3.2 | 4 | 5 | 6.3 | 8 | 10 |
|---|---|---|---|---|---|
| 12.5 | 16 | 20 | 25 | 32 | 40 |

3）环链电动葫芦技术要求

①环链葫芦各零部件应制造良好，不应有影响外观和使用的裂纹、伤痕、毛刺等缺陷；环链葫芦不应出现油、脂渗漏现象。新购置的环链葫芦至少应包括产品使用维护说明书、产品合格证、装箱单。

每台环链葫芦应有标牌，标牌上至少应包括制造商名称，产品名称，产品型号，出厂日期，出厂编号，额定起重量，机构工作级别，起升高度，起升速度，运行速度，电动机的功率、负载持续率或短时工作制电动机的工作持续时间，产品执行标准编号。

②使用电源根据出厂要求可为单相或三相交流电源，电源电压波动范围应不超过额定电压的±10%。

③环链葫芦的机体、吊钩承重件应能支持住 4 倍额定起重量的静拉伸载荷；起重吊钩应转动灵活，在水平面内能转动 360°。环链葫芦绝缘电阻不应小于 1 MΩ；环链葫芦接地电阻值不应大于 0.1 Ω，接地线颜色应为黄绿相间，接地螺钉应拧紧，并有防松措施，接地点应有接地标志。

环链葫芦做静载试验时，应能承受 125%额定起重量的试验载荷，试验后各受力件应无裂纹、永久变形和油漆剥落，各连接处应无松动现象。环链葫芦做动载试验时，应能承受 110%额定起重量的试验载荷，试验过程中应工作正常，制动可靠。

④运行机构应运行平稳、顺畅，无异常噪声；起重链条与起重链轮、游轮的啮合应平稳，无异常噪声；起重链条不应有卡链、爬链和其他异常情况。起重链条应装设导向装置，对链条与起重链轮和游轮的正确啮合起辅助作用。起重链条不受力的一端应设有防止起重链条过卷脱离起重链轮的限制措施。

⑤在额定电压、额定频率和额定起重量下，起升机构制动下滑量不应大于 $v/100$（$v$ 为额定载荷下 1 min 内稳定起升的距离），且不大于 200 mm。环链葫芦应具有行程限位功能，可采用机械或电气的方法。当起重吊钩上升或下降至极限位置或设定的位置时，行程限位功能应自动停止起重吊钩在原方向上的运动，但并不影响起重吊钩向相反方向的运动。

⑥在吊钩组醒目处应标示额定起重量，起重吊钩应设置钩口闭锁装置。额定起重量小于 0.5 t 的环链葫芦，起升机构宜装设安全离合器或起重量限制器；额定起重量大于或等于 0.5 t 的环链葫芦，起升机构应装设安全离合器或起重量限制器。装设安全离合器的环链葫芦，其限载值应在 130%～160%额定起重量。装设起重量限制器的环链葫芦，当实际起重量超过 95%额定起重量时，起重量限制器宜发出报警信号（自动停止型除外）；当实际起重量在 100%～110%的额定起重量时，起重量限制器起作用，此时应自动切断起升动力电源，但应允许机构做下降运动。从环链葫芦超载起升至起重量限制器动作停止起升，此时载荷所起升的高度，不应超过 1s 内稳定起升的距离。

⑦环链葫芦应设置常闭式工作制动器，制动器应动作灵敏、制动可靠。操作控制装置应设有紧急停止开关，紧急停止开关应为自锁型，当有紧急情况时，应能切断动力电源。

⑧使用多种操作方式或多点操作的环链葫芦，应有联锁保护，以保证在同一时间只能有一种操作方式或一点操作有效。

⑨按钮装置防护等级不应低于《外壳防护等级》（GB 4208—2008）规定的 IP55，按钮动作应稳定可靠，触头接触良好，整体结构应无缺陷，按钮装置应采用安全电压（≤50 V）；电气线路控制电动机正反转的开关（接触器或按钮装置）应采用机械或电气联锁。电器元件带有 50 V 以上电压的金属外露部分，宜用绝缘材料做适当的防护或遮挡。

⑩环链葫芦的贮存，应注意通风、防锈、防潮和防止变形。

（2）手葫芦。

1）手葫芦的分类：手葫芦分为手拉葫芦和手扳葫芦，如图 4-42 所示。

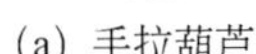

(a) 手拉葫芦

(b) 手扳葫芦

图 4-42　手葫芦

手拉葫芦又称“倒链”，如图 4-42（a）所示，是一种使用简易，携带方便的手动起重机械，它适用于小型设备和重物的短距离吊装。也可用来起吊轻型构件、拉紧缆风绳、起吊重物时平衡构件、运输中拉紧捆绑绳索等。其特点是使用安全可靠，维护简便；机械效率高，手链拉力小；体积小、重量轻；机件强度高、韧性大、经久耐用。

2）手拉葫芦技术性能：手拉葫芦按其使用工况分为 Z 级和 Q 级两级，Z 级为重载、频繁使用，Q 级为轻载、不经常使用；手拉葫芦整机必须能支持 4 倍额定起重量的静拉伸载荷。起升高度 $H$ 是指吊钩下极限工作位置与上级限工作位置之间的距离，$H=H_{max}-H_{min}$。

3）常用手拉葫芦参数见示意图 4-43，常见数值要求见表 4-11。

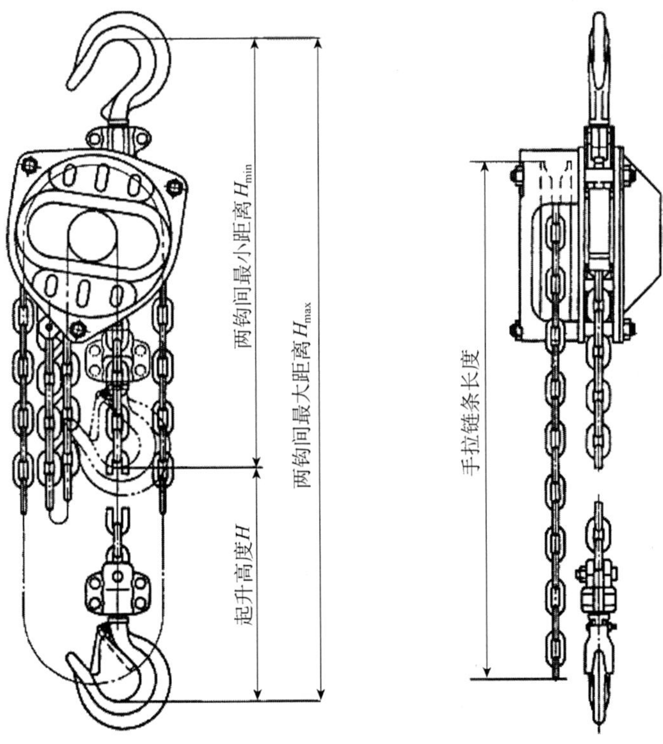


图 4-43　手拉链条距离

两钩间最小距离 $H_{min}$ 是指下吊钩上升至上极限工作位置时，上、下吊钩钩腔内缘的距离。

两钩间最大距离 $H_{max}$ 是指下吊钩下降到下级限工作位置时，上、下吊钩钩腔内缘的距离。手拉链条长度是指手链轮外圆上顶点到手拉链条下垂点的距离。

**表 4-11　常用手拉葫芦基本参数**

<table>
<tr><th rowspan="2">额定起重量/t</th><th rowspan="2">工作级别</th><th rowspan="2">标准起升高度/m</th><th colspan="2">两钩间最小距离 $H_{min}$（不大于）/mm</th><th rowspan="2">标准手链长度/m</th><th colspan="2">自重（不大于）/kg</th></tr>
<tr><th>Z 级</th><th>Q 级</th><th>Z 级</th><th>Q 级</th></tr>
<tr><td>1.0</td><td rowspan="7">Z 级<br>Q 级</td><td rowspan="2">2.5</td><td>360</td><td>400</td><td rowspan="2">2.5</td><td>14</td><td>17</td></tr>
<tr><td>2.0</td><td>500</td><td>530</td><td>25</td><td>30</td></tr>
<tr><td>3.2</td><td rowspan="6">3.0</td><td>580</td><td>700</td><td rowspan="6">3.0</td><td>38</td><td>45</td></tr>
<tr><td>5.0</td><td>700</td><td>850</td><td>50</td><td>70</td></tr>
<tr><td>8.0</td><td>850</td><td>1 000</td><td>70</td><td>90</td></tr>
<tr><td>10.0</td><td>950</td><td>1 200</td><td>95</td><td>130</td></tr>
<tr><td>16.0</td><td>1 200</td><td>—</td><td>150</td><td>—</td></tr>
<tr><td>20.0</td><td>Z 级</td><td>1 350</td><td>—</td><td>250</td><td>—</td></tr>
</table>

4）手拉葫芦使用应符合下列规定：

①使用前应进行检查，手拉葫芦的吊钩、链条、轮轴、链盘等应无锈蚀、裂纹、损伤，传动部分应灵活正常。

②起吊构件至起重链条受力后，应仔细检查，确保齿轮啮合良好，自锁装置有效后，方可继续作业。

③应均匀和缓地拉动链条，并应与轮盘方向一致，不得斜向拽动。

④手拉葫芦起重量或起吊构件的重量不明时，只可一人拉动链条，一人拉不动应查明原因，此时严禁两人或多人齐拉。

⑤齿轮部分应经常加油润滑，棘爪、棘爪弹簧和棘轮应经常检查，防止制动失灵。

⑥使用完毕后应拆卸清洗干净，上好润滑油，装好后套上塑料罩挂好。

5）手扳葫芦。手扳葫芦有钢丝绳手扳葫芦和链式手扳葫芦，图 4-42（b）为链式手扳葫芦。手扳葫芦在结构吊装作业中，常作为收紧缆风绳和升降吊篮之用，也是作为校正屋架、天窗架的工具之一。其具有安全可靠，经久耐用；性能好，维修简便；结构紧凑、外形体积小，重量轻，携带方便；手扳力小，效率高等特点。在任意角度的牵引和场地狭小、露天作业和五电源的情况下，有较高的优越性。

6）手扳葫芦使用应符合下列规定：

①只可用于吊装中收紧缆风绳和升降吊篮使用。

②使用前，应仔细检查确认自锁夹钳装置夹紧钢丝绳后能往复做直线运动，不满足要求，严禁使用。使用时，待其受力后应检查确认运转自如，无问题后，方可继续作业。

③用于吊篮时，应在每根钢丝绳处拴一根保险绳，并将保险绳的另一端固定在可靠的结构上。

④使用完毕后，应拆卸、清洗、上油、安装复原，妥善保管。

**2. 千斤顶**

千斤顶是一种起重高度较小（小于 1 m）的最简单的起重设备，用钢性顶举件作为工作装置，用较小的力就能把重物升高、降低或移动的机具。千斤顶的顶升距不高，常用于短距离位移和升高。它的承载能力可从 1 t 到数千吨。每次顶升高度一般为 300 mm，顶升速度可达 10～35 mm/min，其结构轻巧坚固，灵活可靠，一人即可携带和操作，是在修造安装工作中常用的一种起重或顶压工具。

千斤顶可分为机械千斤顶、油压千斤顶两类，机械千斤顶有齿条式和螺旋式两种；油压千斤顶又常称为液压千斤顶，可分为通用和专用两类。

通用油压千斤顶按其结构、用途又分为立式螺纹连接结构的油压千斤顶，其代号为 QYL，其外形及结构如图 4-44 所示；立卧两用油压千斤顶，代号为 QW。

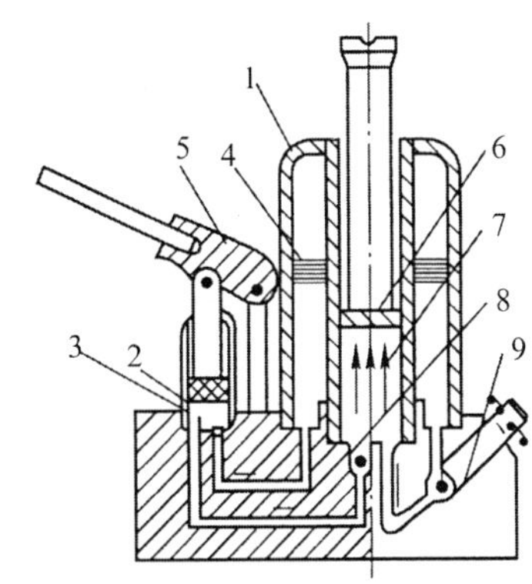


图 4-44　液压千斤顶

1. 外壳；2. 油泵；3. 油泵进油门；4. 储油腔；5. 摇把；6. 皮碗；7. 油室；8. 油室进油门；9. 回油阀

专用液压千斤顶主要是专用的张拉机具，在预应力混凝土构件施工中，对预应力钢筋施加张力；专用液压千斤顶多为双作用式，常用的有穿心式和锥锚式两种。

（1）常用液压千斤顶的技术参数。

液压传动所基于的最基本原理是帕斯卡原理，即液体各处的压强是一致的，因此在平衡的系统中，比较小的活塞上面施加的压力比较小，而大的活塞上施加的压力也比较大，通过液体压强相等的传递，可以得到不同端面上不同的压力，我们所常见到的液压千斤顶就是利用了这个原理来达到力的传递。液压千斤顶的参数有额定起重量、顶升及调整高度、活塞直径、公称压力、净重等，常用液压千斤顶参数见表 4-12。

表 4-12　常用液压千斤顶主要技术参数

| 型号 | 额定起重量/t | 最低高度 $H$/mm | 起升高度 $H_1$≥/mm | 调整高度 $H_2$≥/mm | 活塞直径/mm | 泵芯直径/mm | 泵十次活塞上升≥/mm | 手柄长度/mm | 公称压力/MPa | 净重/kg |
|---|---|---|---|---|---|---|---|---|---|---|
| QYL5G | 5 | 232 | 160 | 80 | 36 | 12 | 22.0 | 620 | 48.25 | 5.0 |
| QYL10 | 10 | 240 | 160 | 80 | 45 | 12 | 14.0 | 730 | 61.68 | 7.3 |
| QYL20 | 20 | 280 | 180 | — | 60 | 12 | 9.5 | 1 000 | 69.33 | 15.0 |
| QYL50 | 50 | 300 | 180 | — | 90 | 12 | 4.0 | 1 000 | 77.08 | 33.5 |
| QYL100 | 100 | 360 | 200 | — | 140 | 18 | 4.5 | 950 | 63.74 | 120.0 |
| QW200 | 200 | 400 | 200 | — | 190 | 18 | 2.5 | 950 | 69.23 | 250.0 |

（2）液压千斤顶的使用要点。

1）使用前后应拆洗干净，损坏和不符合要求的零件应更换，安装好后应检查各部位配件运转的灵活性，应检查阀门、活塞、皮碗的完好程度，油液干净程度和稠度应符合要求，若在负温情况下使用，油液应不变稠、不结冻。

2）千斤顶的选择，应符合下列规定：

①千斤顶的额定起重量应大于起重构件的重量，起升高度应满足要求，其最小高度应与安装净空相适应。

②采用多台千斤顶联合顶升时，应选用同型号的千斤顶，并应保持同步，每台的额定起重量不得小于所分担重量的 1.2 倍。

3）千斤顶应放在平整坚实的地面上，底座下应垫以枕木或钢板。与被顶升构件的光滑面接触时，应加垫硬木板防滑。

4）设顶处应传力可靠，载荷的传力中心应与千斤顶轴线一致，严禁载荷偏斜。

5）顶升时，应先轻微顶起后停住，检查千斤顶承力、地基、垫木、枕木垛有无异常或千斤顶歪斜，出现异常，应及时处理后方可继续工作。

6）顶升过程中，不得随意加长千斤顶手柄或强力硬压，每次顶升高度不得超过活塞上的标志，且顶升高度不得超过螺丝杆或活塞高度的 3/4。

7）构件顶起后，应随起随搭枕木垛和加设临时短木块，短木块与构件间的距离应随时保持在 50 mm 以内。

## 第三节　土石方机械的类型和技术性能

土石方机械是指在各类工程建设中，对土方、石方或其他材料进行切削、挖掘、凿岩、铲运、回填、平整及压实等施工作业的机械，主要分为挖掘机械、装载机械、推土机械、铲运机械、平地机械、凿岩穿孔机械、破碎机械和压实机械等类型。

### 一、单斗挖掘机

挖掘机是用来进行土方开挖的一种建筑机械，具有挖掘能力强、构造通用性好、效率高、产量大、用途广的特点，在工程施工中承担基础开挖等作业。

挖掘机按作业特点分为间歇重复循环作业式和连续性作业式两种，分为单斗挖掘机和多斗挖掘机。单斗挖掘机每个工作循环包括挖掘、回转、卸料和返回四个过程。在工程施工中多采用单斗挖掘机。

**1. 单斗挖掘机的分类**

（1）按传动形式分类。

挖掘机按传动形式分为机械式、机械液压式和全液压式。机械式挖掘机主要靠机械来传递动力，目前仅应用在矿山开采。机械液压式挖掘机的工作装置、回转机构的动作由液压元件来完成，而行走机构靠机械传动来完成，机械式挖掘机如图 4-45 所示。

图 4-45　机械式挖掘机

全液压式挖掘机的工作装置、回转机构、行走机构的动作都由液压元件来完成。全液压挖掘机具有挖掘力大、动作平稳、作业效率高、结构紧凑、操纵轻便、更换工作装置容易等特点，是目前广泛使用的机型。

（2）按工作装置型式分类。

挖掘机按工作装置型式主要分为反铲、正铲和拉铲。

反铲是中小型液压挖掘机的主要工作装置型式，主要用于基坑开挖等停机面以上的土方工程，也可以挖掘停机面以下的土方工程。工作时后退向下，强制切土，其挖掘力较正铲小，可挖掘Ⅰ～Ⅱ级土。反铲挖掘机如图 4-46（a）所示。

正铲挖掘机主要用于挖掘停机面以上的工作面，由于正铲液压挖掘机的动臂摆幅变化，也能够挖掘停机面以下的土层或矿石。工作时前进向上，强制切土，其挖掘力大，可直接挖掘Ⅰ～Ⅳ级土和松散的岩石、砾石等土层、石料施工作业。正铲挖掘机如图 4-42（b）所示。

(a) 反铲　　(b) 正铲

图 4-46　挖掘机

拉铲挖掘机其铲斗由钢丝绳牵引，靠铲斗自重切土，其挖土半径和挖土深度较大，能开挖停机面以下的Ⅰ～Ⅱ级土，宜用于开挖大而深的基坑或水下挖土。但挖掘力小，灵活性也较差。拉铲只用于机械式挖掘机。

另外，挖掘机的工作装置还可以改装抓斗、破碎锤和吊钩等。抓斗的结构形式主要有梅花抓斗和双颚式抓斗两种，主要用于深井作业和装卸物料。破碎锤一般是在反铲液压挖掘机上进行改装，主要用来完成破拆、打桩、开挖岩层、破坏路面表层、捣实土壤等工作。

（3）按行走方式分类。

挖掘机按行走方式分为履带式、轮胎式和步行式。履带式挖掘机具有良好的通过性能，在建设工程施工中使用最为广泛。轮胎式挖掘机行走时不破坏路面，行走速度快，机动性好，多用于市政工程。步行式挖掘机底盘自由度多，行走更加灵活，具有越障、爬坡、涉水、跨沟等特殊功能，有很强的地形适应能力，一般用于特殊地形的施工和国防工程。

**2. 单斗反铲挖掘机的构造**

图 4-47 为反铲单斗挖掘机的总体构造简图。单斗反铲挖掘机主要由发动机、工作装置、回转装置、行走装置、液压系统、电气系统、辅助系统和驾驶室等组成。

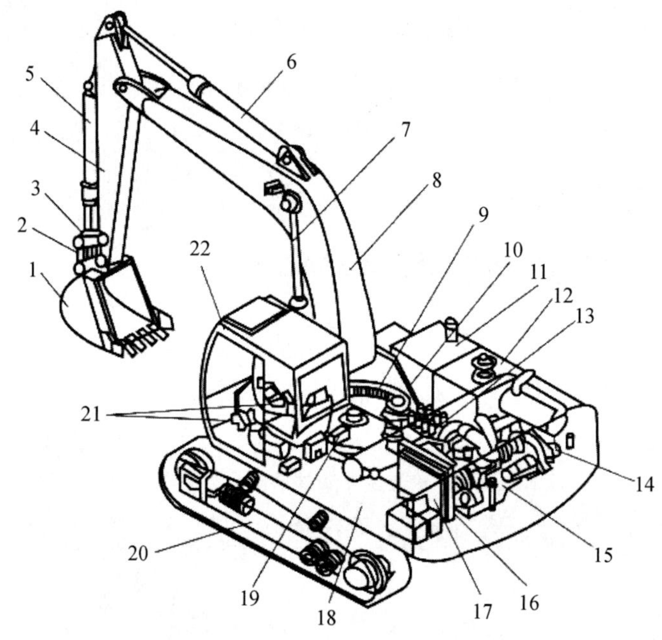


**图 4-47　反铲单斗挖掘机的总体构造**

1. 铲斗；2. 连杆；3. 摇杆；4. 斗杆；5. 铲斗液压缸；6. 斗杆液压缸；7. 动臂液压缸；8. 动臂；9. 回转支承；10. 回转驱动装置；11. 燃油箱；12. 液压油箱；13. 液控多路阀；14. 液压泵；15. 发动机；16. 水箱；17. 液压油冷却器；18. 平台；19. 中央回转接头；20. 行走装置；21. 操作系统；22. 驾驶室

单斗反铲挖掘机主要组成各部分构造：

1）发动机：动力源、多采用柴油机。

2）工作装置：由动臂、斗杆、铲斗组成。动臂是工作装置的主要构件，可分为整体式和组合式两种。整体式动臂有直动臂和弯动臂两种。

3）回转装置：由回转平台和回转机构组成。

4）行走装置：支承全机重量并执行行驶任务，有履带式、轮胎式和汽车式等。履带式由行走支架、支重轮、托链轮、驱动轮、引导轮、链轨和履带板组成。

5）液压系统：由液压泵、液压马达、液压缸、控制阀及各种液压管路等液压元件组成。

6）电气系统：由蓄电池、发电机、起动马达、仪器仪表、电气线路、灯、喇叭和控制开关等组成。

7）操纵系统：操纵工作装置、回转装置和行走装置，有机械式、液压式、气压式及复合式等。

**3. 单斗反铲挖掘机的技术性能参数**

挖掘机的技术性能参数主要有外形尺寸、整机质量、最大挖掘高度、最大挖掘深度、铲斗挖掘力、斗杆挖掘力、工作装置最小回转半径、回转速度、铲斗容量、铲斗宽度、行走速度、发动机额定功率和转速、液压系统额定工作流量和工作压力等。

## 二、装载机

装载机是用机身前端的铲斗进行铲、装、运、卸作业的施工机械。它主要用于铲装土壤、砂石、石灰、煤炭等散状物料，可以进行提升、运输和卸载作业，也可对矿石、硬土等作轻度铲挖作业，换装不同的辅助工作装置还可进行推土、起重和其他物料如木材的装卸作业等。它是一种广泛用于公路、铁路、建筑、水电、港口、矿山等建设工程的土石方施工机械。

**1. 装载机的分类**

（1）按发动机的功率分类。

常用装载机按照发动机的功率大小分为小型、中型、大型和特大型装载机。

（2）按行走方式分类。

1）轮胎式：质量轻、行驶速度快、机动灵活、效率高、不易损坏路面，转移场地方便，被广泛应用，但其接地比压大、通过性差、在潮湿地面作业易打滑，铲取紧密的原状土壤较难，轮胎磨损较快，如图 4-48（a）所示。

2）履带式：接地比压低，通过性好、重心低、稳定性好、附着力强、牵引力大、比切入力大，但其行驶速度慢、灵活性相对差、成本高、行走时易损坏路面，故实际使用较少，如图 4-48（b）所示。

（a）轮胎式装载机

（b）履带式装载机

**图 4-48　装载机**

（3）按机身结构分类。

1）整体式结构：转弯半径大，但行驶速度快。

2）铰接式结构：转弯半径小，可在狭窄地方工作。

（4）按传动方式分类。

1）机械传动：牵引力不能随外载荷变化而自动变化，使用不方便。一般很少采用。

2）液力机械传动：牵引力和车速变化范围大，随着外阻力的增加，车速可自动下降，可减少冲击，减少动载荷，保护机器，延长传动件寿命。操纵方便，车速与外载间可自动调节，一般多在中大型装载机上采用。

3）液压传动：可充分利用发动机功率，降低燃油消耗，可无级调速、操纵简便，提高生产率。但启动性较差，车速变化范围窄，车速偏低，一般仅在小型装载机上采用。

4）电力传动：无级调速、工作可靠、维修简单，但费用较高，一般在大型装载机上采用。

（5）按装卸方式分类。

1）前卸式：结构简单、工作可靠、视野好，适合于各种作业场地，应用较广。

2）回转式：工作装置安装在可回转360°的转台上，侧面卸载不需要调头、作业效率高、但结构复杂、质量大、成本高、侧面稳性较差，适用于较狭小的场地。

3）后卸式：前端装、后端卸、作业效率高、作业的安全性欠好。

目前施工现场使用较多的是轮胎式、机架铰接、液力机械传动、铲斗前卸式的装载机。

**2. 装载机的主要构造**

装载机主要由发动机、传动系统、制动系统、转向系统、液压系统、电气系统、操作系统、前后桥、机架、工作装置及驾驶室组成。

装载机的工作装置由连杆机构组成，常用的连杆机构有正转六连杆机构、正转八连杆机构和反转六连杆机构。装载机的工作装置很多，包括铲斗、V形铲斗、抓具、铲叉、推土板、吊臂等。

**3. 装载机的主要技术性能参数**

装载机的技术性能参数主要有外形尺寸、整机质量、发动机额定功率和转速、行驶速度、回转半径、最大牵引力、爬坡能力、离地间隙、铲斗容量、装载量、卸载高度等。

## 三、推土机

推土机是一种前方装有大型的金属推土铲刀的循环作业机械。它使用时放下推土铲刀，向前铲削并推送泥、沙及石块等，推土铲刀位置和角度可以调整，能单独完成挖土、运土和卸土工作。它具有机动性大、动作灵活，能在较小的工作面上工作的特点，是土石方工程的主要建筑机械。推土机主要适用于Ⅰ～Ⅲ类土的浅挖短运，广泛用于基坑开挖、管沟的回填、工地的现场清除、场地平整等作业施工中，是短距离自行式铲土运输机械，主要用于50～100 m的短距离施工作业。

**1. 推土机的分类**

（1）按行走机构分类。

1）履带式推土机：附着性能好、牵引力大、接地比压小（0.04～0.15 MPa）且爬坡能力强，能适应恶劣的工作环境。履带式推土机具有优越的作业性能，是推土机重点发展的机种。但行驶速度低。履带式推土机如图4-49（a）所示。

2）轮胎式推土机：行驶速度快，机动性能好、作业循环时间短、转移方便迅速且不损坏路面，特别适合在城市建设和道路维修工程中使用，但牵引力较小。轮胎式推土机如图4-49（b）所示。

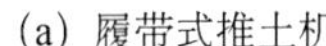

(a) 履带式推土机

(b) 轮胎式推土机

图 4-49　推土机

（2）按传动方式分类。

按推土机的传动方式分为机械传动式、液力机械传动式、全液压传动式和电气传动式等。

1）机械传动式：采用机械式传动的推土机具有工作可靠、制造简单、传动效率高、维修方便等优点。但操作费力，对荷载自适应性差，容易引起发动机熄火，降低作业效率，在大中型推土机上已较少采用机械式传动。

2）液力机械传动式：液力机械式传动是现代推土机采用的主要传动方式。采用液力变矩器和动力换挡变速箱组合传动装置，具有自动适应外负荷变化的能力，发动机不易熄火，且可带负载换挡，减少换挡次数，操作轻便灵活，作业效率高。缺点成本高、维修较困难。

3）全液压传动：全液压传动式推土机的传动装置结构紧凑，操纵轻便，可实现原地转向。能在不同负荷工况下稳定发动机转速，充分利用发动机功率，运行平稳无冲击。缺点是制造精度要求高、制造成本高，且耐用度和可靠性较差，维修困难，故使用不多。

4）电气传动式：采用电动机驱动，结构简单工作可靠，不污染环境，作业效率高。但受到电力电缆的限制，使用范围不大，一般此类推土机用于露天矿山开采或井下作业。

（3）按推土铲刀安装方式分类。

1）固定式：又称为直铲式。铲刀与底盘的纵向轴线构成直角，铲刀切削角可以调整，大型、小型推土机采用较多。

2）回转式：又称为角铲式。铲刀除可调切削角外，还可以在水平方向回转一定角度（±25°），可实现斜铲和侧铲作业，并实现侧向卸土，扩大了推土机的作业范围。现在大中型推土机一般都采用回转式。

**2. 推土机的构造**

推土机主要由发动机、传动系统、底盘、液压系统、电气系统、工作装置、电气系统、辅助系统和驾驶室组成。

推土机主要组成部分构造：

1）发动机：动力源、多采用柴油机。

2）传动系统：由主离合器（或变矩器）、传动轴、变速箱、转向系统和最终传动组成。

3）工作装置：包括推土装置和松土装置两部分。推土装置由推梁、推架、撑杆、提升油缸、倾斜油缸和铲刀组成；松土装置由松土器油缸、连杆机构和松土齿耙组成。

4）底盘：有履带式和轮胎式，履带式由行走支架、支重轮、托链轮、驱动轮、引导轮、链轨和履带板组成。

5）液压系统：由液压泵、液压油缸、控制阀及各种液压管路等液压元件组成。

6）电气系统：由蓄电池、发电机、起动马达、仪器仪表、电气线路、灯、喇叭和控制开关等组成。

7）操纵系统：操纵工作装置、回转装置和行走装置，有机械式、液压式、气压式及复合式等。

**3. 推土机的运用**

1）推土机的作业循环：切土→推土→卸土→倒退（或折返）回空。

2）推土机的作业方式：直铲作业、侧铲作业、斜铲作业、松土作业。

**4. 推土机的主要技术性能参数**

推土机的技术性能参数主要有外形尺寸长、整机质量、推土铲容量、推土铲宽度、推土铲高度、最大牵引力、行走速度、最大爬坡能力、发动机额定功率和转速、液压系统工作压力等。

## 四、铲运机

铲运机是一种利用装在前后轮轴或左右履带之间的铲运斗铲削土壤，并将碎土装入铲斗进行运送的铲土运输机械，可以独立地完成铲土、装土、运土、卸土（包括铺平和碾压）等工序。主要用于开挖土方、填筑路堤、开挖河道、修筑堤坝、挖掘基坑、平整场地、土层剥离等工作，特别适合于有大量土方的场地平整和大面积基坑填挖的工程。但铲运机不适合用于土壤中含有石块、杂物的场合和深挖掘的作业。

铲运机的经济运距与行驶道路、地面条件、坡度有关，故一般适于中等距离运土（拖式铲运机用履带式机械牵引的经济运距为 500 m 以内，自行式轮胎铲运机的经济运距为 800～1 500 m）。

**1. 铲运机的分类**

铲运机按牵引车与铲运斗组装方式、行走方式、卸土方式、铲斗容量大小，可分为以下几种类型：

（1）按牵引车与铲运斗组装方式分类。

1）拖式铲运机。牵引车可以是履带式或轮胎式拖拉机。履带式的工作距离一般为 500 m 以内；轮胎式的工作距离可达 2 000～3 000 m，但牵引力比同等功率的履带式牵引车小。拖式铲运机如图 4-50（a）所示，图 4-50（b）是拖式铲运机结构示意图。

2）自行式铲运机。牵引车与铲运斗组成统一的机体，二者不可分离，绝大多数为轮胎式。其行驶速度高，机动灵活，生产率高。自行式铲运机铲斗容量为 7～9 $m^3$，由铲斗车和低压轮胎单轴牵引车两部分组成，采用液力变矩器、液压换挡行星轮变速箱、液压转向和车轮蹄式内胀式气制动。自行式轮胎铲运机如图 4-50（c）所示。

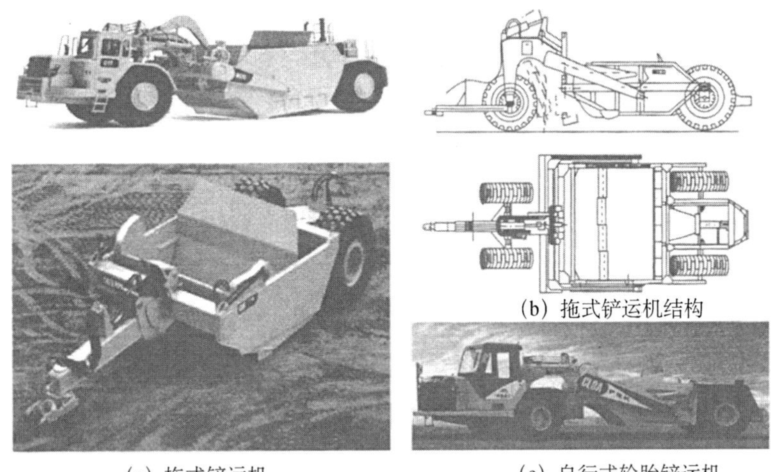

(a) 拖式铲运机　(b) 拖式铲运机结构　(c) 自行式轮胎铲运机

**图 4-50　铲运机**

（2）按牵引车和动力传递方式分类。

铲运机根据牵引车和动力传递方式，又可分为机械传动、液力机械传动、电力传动和静液压传动等，其中以液力机械传动应用较广，机械式传动在老机型上使用的较多，电力传动仅使用在少数大型铲运机上，而静液压传动则使用在少数小型铲运机上。

（3）按铲运机的卸土方式分类。

铲运机按卸土方式分类可分为强制式、半强制式和自由式等。

强制式铲运机是用可移动的铲斗后壁将斗内土强行推出，卸土效果好，适用于大部分施工场所。

半强制式铲运机是铲斗后壁与斗底成一整体，能绕前边铰接点向前旋转，将土倒出，适用于一般施工场合。

自由式铲运机卸土时将铲斗倾斜，土靠自重倒出，适用于小型铲运机。

（4）按铲斗容积大小分类。

铲斗少于 6 $m^3$ 为小型，6～15 $m^3$ 为中型，15 $m^3$ 以上为大型。斗容量是按堆装几何体积计量的，尖装时可多装约 1/3 以上。

**2. 铲运机的施工选择**

（1）根据土的性质。

1）Ⅰ、Ⅱ类土时，各型铲运机都能使用；Ⅲ类土时，应选择大功率的液压铲运机；Ⅳ类土时，应预先进行翻松。

2）当土的含水率在 25%以下时，最适宜用铲运机施工；当土的湿度较大时，应选择强制式或半强制式卸土的铲运机。

（2）根据运土距离。

1）运距小于 70 m 时，使用铲运机不经济，应采用推土机施工；

2）运距在 70～300 m 时，可采用斗容在 4 $m^3$ 以下的拖式铲运机施工；

3）运距在 800 m 以内时，可采用 6～9 $m^3$ 拖式铲运机施工；

4）运距大于 800 m 时，应采用自行式铲运机。

**3. 铲运机的主要技术性能参数**

铲运机的技术性能参数主要有铲斗容量、切土宽度、最大切土深度、最小转弯半径、最小离地间隙、液压系统压力、发动机功率、外形尺寸、整机重量等。

## 五、平地机

平地机是用铲刀（刮土板）对土壤进行刮削、平整和摊铺的土方作业机械。铲刀装在机械前后轮轴之间，能升降、倾斜、回转和外伸，动作灵活准确，操纵方便，平整场地有较高的精度，是一种功能多、效率高的工程机械。适用于公路、铁路、机场、港口等大面积的场地平整作业，还可以进行轻度铲掘、松土、路基成型、边坡修整、浅沟开挖及铺路材料的推平成形作业。平地机具有高效能、高清晰度的平面刮削、平整作业能力，是土方施工中重要的工程机械。

**1. 平地机分类**

平地机是连续作业的轮式机械，分为拖式和自行式两种类型。

拖式平地机由拖拉机牵引，用人力操纵其工作装置；自行式平地机则在其机架上装有发动机以供给动力，用以驱动机械行驶和工作装置进行工作。拖式平地机因机动性差，操纵费力，已被淘汰。目前常用的是液压操纵的自行式平地机。

自行式平地机根据轮胎数目，可分为四轮、六轮两种；根据车轮转向情况可分为前轮转向、后轮转向和全轮转向。根据车轮驱动情况可分为后轮驱动和全轮驱动。自行式平地机如图 4-51 所示。

图 4-51　自行式平地机

平地机按铲刀长度和功率大小又分为轻型、中型和大型。

**2. 平地机的构造**

平地机主要由发动机、传动系统、制动系统、转向系统、液压系统、电气系统、操作系统、前后桥、机架、工作装置及驾驶室等组成。

平地机的工作装置分为刮土装置、松土装置和推土装置等。

**3. 平地机的主要技术性能参数**

平地机的技术性能参数主要有外形尺寸、整机质量、发动机额定功率和转速、最大行驶速度、最小转弯半径、前桥摆动角、前轮转向角、前轮倾斜角、最大牵引力、铲刀宽和高、铲刀提升高度、铲刀倾斜角度、铲刀切土深度等。

## 第四节　桩工机械的类型和技术性能

桩工机械是一种用于完成预制桩的打入、沉入、压入、拔出或灌注桩的成孔等作业的施工机械，广泛用于工业厂房、住宅建筑、公路、铁路、桥梁、市政、港口等工业与民用建筑的基础施工。

桩工机械按动作原理可分为冲击式、振动式、静压式和成孔灌注式等。

基础桩可分为预制桩和灌注桩。预制桩采用锤击的方法将其打入土壤中，灌注桩是先成孔后在孔内灌注成桩，桩工机械按这两种不同的施工方式可分为打桩机械和钻孔机械。

### 一、打桩机械

预制桩施工机械主要包括打桩机、振动沉拔桩机和静力压桩机三大类。它们也可用于沉井基础施工和管柱基础施工等。

打桩机：由桩锤和桩架组成，靠桩锤冲击桩头，使桩在冲击力的作用下贯入土中。根据桩锤驱动方式不同，可分为蒸汽、柴油和液压三种打桩机。打桩机属于冲击式，结构简单、工作可靠、使用方便，能锤击各种规格的桩，但工作时振动大、噪声大。

振动沉拔桩机：由振动桩锤和桩架组成。振动桩锤利用机械振动法使桩沉入或拔出。振动沉拔桩机属于振动式，体积小、质量轻，在没有专用桩架的情况下，也能打桩，但仅适用小型桩。

静力压桩机：采用机械或液压方式产生静压力，使桩在持续静压力作用下压入至所需深度。静力压桩机工作时无振动、无噪声，但机械本身笨重、价格高、移动不方便。

**1. 桩架**

桩架是支持桩身和桩锤，沉桩过程中引导桩的方向，并使桩锤能沿着要求的方向冲击的打桩设备，是打桩机的配套设备，桩架应能承受自重、桩锤重、桩及辅助设备等重量。其主要功能应包括起吊桩锤、吊桩和插桩、导向沉桩。

（1）桩架的组成。

桩架由支架、导向杆、起吊设备、动力设备、移动装置等组成。有时按施工工艺要求附有冲水、钻孔取土、拔管、配重加压等特殊工艺设备。

（2）桩架的分类。

按行走方式不同桩架主要分为轨道式、轮胎式、走管式、履带式和步履式等。

目前通用桩架有两种基本形式：一种是沿轨道行驶的万能桩架，另一种是装在履带底盘上的打桩架。万能桩架因其要在预先铺就的水平轨道上工作，机构庞大，占用施工现场工作面大，组装和搬运麻烦，因而近年来已很少使用；而履带底盘式桩架发展较为迅速，这里主要介绍履带式桩架。履带式桩架按工作时支承形式分为悬挂式履带桩架和三点式履带桩架。

（3）悬挂式履带桩架。

如图 4-52 所示，悬挂式履带打桩架是以履带起重机为底盘，用吊臂悬吊桩架立柱，立柱下面与车体通过支撑叉相连接。由于桩架、桩锤的重量较大，重心高且前移，容易使起重机失稳。所以通常在车体上增加一些配重。立柱在吊臂端部的安装比较简单。为了能方便地调整立柱的垂直度，立柱下端与车体支撑连接一般都是采用丝杠和液压式等伸缩可调的机构。悬挂式打桩架的缺点横向稳定性较差，立柱的悬挂不能很好地保持垂直。这一点限制了悬挂式桩架不能用于打斜桩。

（4）三点式履带桩架。

如图 4-53 所示，三点式履带打桩机也同样是以履带式起重机为底盘，但在使用时必须做较多的改动。首先要拆除吊臂，增加两个斜撑，斜撑下端用球铰支持在液压支腿的横梁上使两个斜撑的下端在横向保持较大的间距，构成稳定的三点支撑结构。三点式桩架在性能上是比较理想的，工作幅度小，具有良好的稳定性，其次还可通过斜撑的伸缩使立柱倾斜，以适应打斜桩的需要。

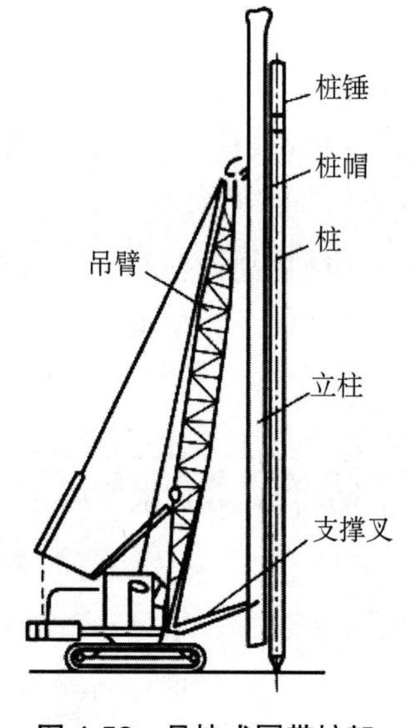


图 4-52　悬挂式履带桩架

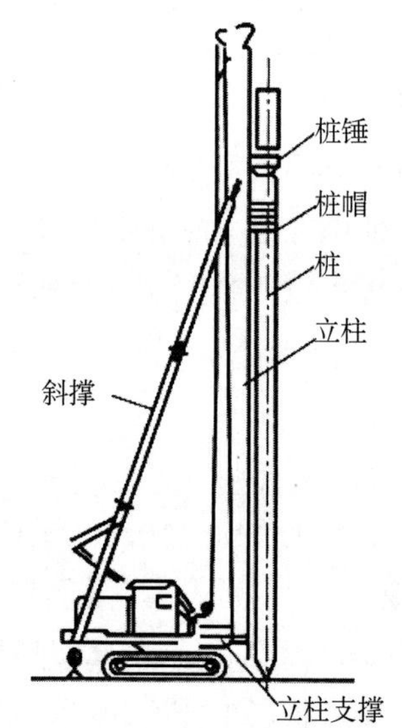


图 4-53　三点式履带桩架

**2. 柴油打桩机**

柴油锤打桩机其工作原理类似单缸二冲程柴油发动机，是目前最常用的打桩设备，又称为柴油打桩机。

（1）柴油打桩机的分类。

1）按柴油桩锤的动作特点可分为导杆式和筒式两种。导杆桩锤冲击体为汽缸，它构造简单，但打桩能量小，如图 4-54 所示。筒式桩锤冲击为活塞，打击能量大，机动性强，施工效率高，是目前使用较广泛的一种打桩设备，如图 4-55 所示。

图 4-54　导杆式柴油打桩机

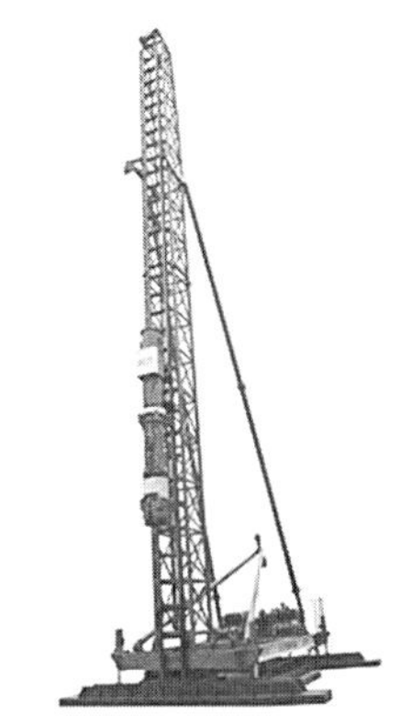
图 4-55　筒式柴油打桩机

2）筒式柴油打桩机按桩锤功能可分为直打型和斜打型；按桩锤的冷却方式可分为水冷式和风冷式；按桩锤的润滑方式可分为飞溅润滑和自动润滑；按桩锤的性质可分为陆上型和水上型。

（2）柴油打桩机的结构。

柴油打桩机主要由柴油桩锤和通用桩架组成。筒式柴油桩锤由锤体、燃油供应系统、润滑系统、冷却系统和起落架组成；导杆式柴油桩锤由活塞、缸锤、导杆、顶横梁、起落架和燃油系统组成。

**3. 振动沉拔桩机**

振动沉拔桩机是一种适合各种基础工程的沉拔桩施工机械。其主要特点：贯入力强，沉桩质量好；既可用于沉桩，又适用于拔桩；使用方便，施工速度快，成本低；结构简单，维修保养方便；与柴油打桩机相比噪声低，不排出有害气体污染环境。

（1）振动沉拔桩机的分类。

1）按动力源可分为电动式和液压式两种。

2）按振动频率可分为低频（300～700 r/min）、中频（700～1 500 r/min）、高频（2 300～2 500 r/min）和超高频（6 000 r/min）四种型式。

3）按振动偏心块的结构可分为固定式偏心块和可调式偏心块两种。

4）按动力装置与振动器连接方式可分为刚性式和柔软性式两种。

（2）振动桩锤的构造组成。

振动桩锤主要由原动机（电动机、液压马达）、激振器、支持器和减振器等组成。振动桩锤一般装在桩架上或由挖掘机工作装置改装，如图 4-56 所示。

图 4-56　挖掘机改装的振动沉拔桩机

（3）振动桩锤的主要技术性能参数。

振动桩锤的技术性能参数主要有电动机功率、静偏心力矩、激振力、振动频率、空载振幅、允许拔桩力等。

**4. 静力压桩机**

依靠持续作用的静压力，将桩压入土层或拔出的桩工机械，称为静力压桩机，如图 4-57 所示。

图 4-57　静力压桩机

（1）静力压桩机的分类。

静力压桩机分为机械式和液压式两种。机械式压桩力由机械方式传递，液压式用液压缸产生的静压力来压桩或拔桩。液压静力压桩机工作时噪声低、振动小、无污染，与冲击式施工方式比较，桩身不受冲击应力，损坏可能性小，施工质量好、效率高，适合于市区内，尤其是医院、学校和办公楼等地方的压桩施工。

（2）静力压桩机的组成。

静力压桩机主要由夹持机构、底盘平台、横向行走及回转机构、纵向行走机构、液压系统和电气系统等部分组成。

## 二、钻孔机械

钻孔机械是用于现场在预定桩位进行钻孔或取土成孔的设备，再在孔内放置钢筋笼，并灌注混凝土，制成钢筋混凝土桩。

目前常用的成孔机械有螺旋钻孔机、潜水钻机、全套管钻机、冲击钻机和旋挖钻机等。

**1. 螺旋钻孔机**

螺旋钻孔机是钻孔灌注桩施工机械的主要机种。其原理与麻花钻相似，钻头的下部有切削刃，切下来的土沿钻杆上的螺旋叶片上升，排至地面上。螺旋钻孔机钻进速度快，振动小，噪声低，造价低，设备简单，施工方便。适用于地下水位以上的填土层、黏性土层、粉土层、砂土层和粒径不大的砾砂层。

（1）螺旋钻孔机的分类。

1）按装载方式划分为履带式螺旋钻孔机和车载式螺旋钻孔机。

2）按钻孔方式划分为单根螺旋钻孔的单轴式和多根螺旋钻孔的多轴式螺旋钻孔机。一般采用单轴式螺旋钻孔机。

3）按钻杆上螺旋叶片多少可分为长螺旋钻孔机和短螺旋钻孔机。

这里主要介绍长螺旋钻孔机与短螺旋钻孔机。

（2）长螺旋钻孔机。

如图 4-58 所示，长螺旋钻孔机通常由钻具和底盘桩架两部分组成。钻具由动力头、钻杆、下部导向器和钻头等组成。钻具的驱动动力可用电动机、内燃机或液压马达。钻杆的全长上都有螺旋叶片，钻孔时，螺旋叶片可以把切削的土自接输送到地面。长螺旋钻孔机钻孔时，钻具的轴采用中空形，可以加注水、膨润土或其他液体进入孔中，可防止提升螺旋钻杆时由于真空作用而塌孔，并防止泥浆附在螺旋上。还可以在钻孔完成后，从钻具的孔中直接从上面灌注混凝土，一边浇灌，一边缓慢提升钻杆，这样可以提高灌注桩的质量。

图 4-58　长螺旋钻孔机

（3）短螺旋钻孔机。

短螺旋钻孔机钻具与长螺旋的钻具相似，但钻杆上只在邻近钻头 2～3 m 内装有一段螺旋叶片，叶片直径要比长螺旋钻孔机大得多。使用加长钻杆，钻孔深度大大增加。工作时，短螺旋不能像长螺旋那样，直接把土输送到地面上来，而是采用断续工作方式，即钻进一段，提出钻具，反向旋转甩土，然后再钻进。短螺旋钻孔机由于一次取土量少，工作效率低，但钻孔的直径和深度大，应用较广泛。

**2. 潜水钻机**

潜水钻机是指钻机主轴连同钻头一起潜入水中，由孔底动力装置直接带动钻头钻进的成孔设备。其动力装置潜在孔底，耗用动力少，钻孔时不需要提钻排渣，钻孔效率高，成孔精度高。适用于填土、淤泥、黏土、粉土、砂土等地层，也可在强风化基岩中使用，尤其适合在地下水位较高的土层中成孔。不宜用于碎石土层和在基岩中钻进。

潜水钻机分类：

1）按冲洗液排渣方式可分为正循环排渣和反循环排渣两种。正、反循环潜水钻机如图4-59所示。

2）按行走装置可分为简易式、轨道式、步履式和车装式四种。

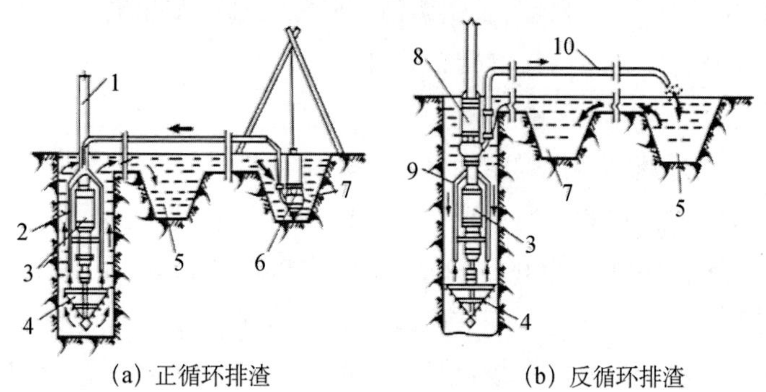


**图4-59 正、反循环潜水钻机**

1. 钻杆；2. 送水管；3. 主机；4. 钻头；5. 沉淀池；6. 潜水泥浆泵；7. 泥浆池；8. 砂石泵；9. 插渣管；10. 排渣胶管

### 3. 全套管钻机

全套管施工法是由法国贝诺特公司在20世纪50年代发明的一种施工方法，也称为贝诺特工法。配合这个施工工艺的机械设备称为全套管设备或全套管钻机，它主要用于在桥梁等大型建筑基础钻孔桩施工时使用，施工时在成孔过程中一面下沉钢质套管，一面在钢管中抓挖黏土或砂石，直至钢管下沉至设计深度，成孔后灌注混凝土，同时逐步将钢管拔出，以便重复使用。

全套管钻机施工中除岩层外，任何土质均可适用。但在孤石、泥岩层或软岩层成孔时，成孔效率将显著降低。当地下水位下有厚细砂层时，由于摇动作业使砂层压密，造成压进或拉拔套管困难，全套管钻机不宜在有厚砂层的土层中使用。

（1）全套管钻机分类。

1）按成孔直径划分为小型（直径在1.2 m以下）、中型（直径在1.2～1.5 m）、大型（直径在1.5 m以上）。

2）按结构形式分为整机式和分体式。

（2）整机式全套管钻机。

整机式全套管钻机是以履带式或步履式底盘为行走系统，同时将动力系统、钻机作业系统等集成于一体。由主机、钻机、套管、锤式抓斗、钻架等组成，如图4-60（a）所示。主机主要由驱动全套管钻机短距离移动的底盘和动力系统，卷扬系统等组成；钻机主要由压拔管、晃管、夹管机构组成，包括压拔管、晃管、夹管机构和液压系统及相应的管路控制系统。套管是一种标准的钢质套管，互相连接采用连接螺栓，要求有严格的互换性；锤式抓斗由单绳控制，靠自由落体冲击落入孔内取土，提上地面卸土；钻架主要是为锤式抓斗取土服务，设置有卸土外摆机构和配合锤式抓斗卸土的开启锤式抓斗机构。

（3）分体式全套管钻机。

分体式全套管钻机是以压拔管机构作为一个独立系统，施工时必须配备其他形式的机架（如履带起重机），才能进行钻孔作业。分体式全套管钻机由起重机、锤式抓斗、锤式抓斗导向口、套管、钻机等组成，如图 4-60（b）所示。起重机为通用起重机，锤式抓斗、导向口、套管均与整机式全套管钻机的相应机构相同；钻机是整套机组中的工作机，它由导向及纠偏机构、晃管装置、压拔管液压缸、摆动臂和底架等组成。

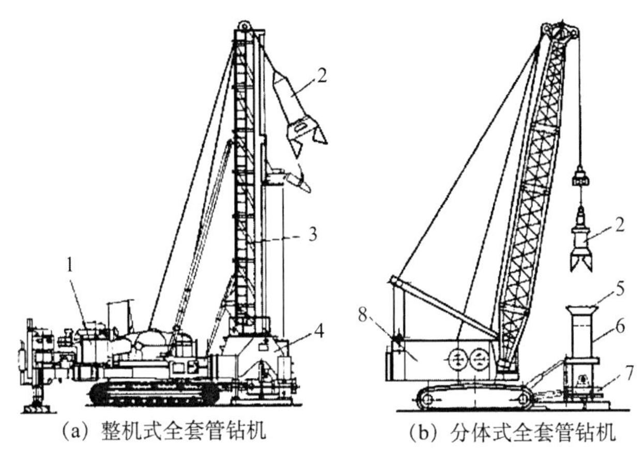


图 4-60　全套管钻机结构图

1. 履带主机；2. 落锤式抓斗；3. 钻架；4. 套管作业装置；5. 导向口；6. 套管；7. 独立摇动式钻机；8. 履带起重机

**4. 冲击钻机**

如图 4-61 所示，冲击式钻机是灌注桩基础施工的一种重要钻孔机械，是利用钻机的曲柄连杆机构，将动力的回转运动改变为往复运动，通过钢丝绳带动冲锤上下运动，通过冲锤下落的冲击作用将卵石或岩石破碎。成孔后，孔壁四周形成一层密实的土层，对稳定孔壁，提高桩基承载能力，均有一定作用。冲击式钻机较之其他型式钻机适应性强，能适用于碎石土、砂土、黏性土及风化岩层等，特别适用在卵石层中钻孔。

图 4-61　冲击钻机

由于冲击式钻机的钻进是将岩石破碎成粉粒状钻渣，功率消耗很大，钻进效率很低。因此，除在卵石层中钻孔时采用外，其他地层中已为其他型式的钻机所取代。

**5. 旋挖钻机**

如图 4-62 所示，旋挖钻机是一种取土成孔灌注桩施工机械，靠钻杆带动钻斗旋转，以钻斗自重并加液压作为钻进压力，使土屑装满钻斗，然后提升钻斗至孔外出土。通过钻斗的旋转、挖土、提升、卸土和泥浆置换护壁，反复循环而成孔。旋挖钻机具有装机功率大、输出扭矩大、轴向压力大、机动灵活，施工效率高及多功能等特点。

（1）旋挖钻机的分类。

1）按动力驱动方式：电动式旋挖钻机和内燃式旋挖钻机。

2）按行走方式：履带式旋挖钻机、轮式旋挖钻机和步履式旋挖钻机。

（2）旋挖钻机的构造。

旋挖钻机主要由发动机、行走装置、回转装置、液压系统、工作装置、电气系统、操作系统、辅助系统和驾驶室组成。旋挖钻机的主要结构如图 4-63 所示。

工作装置由变幅机构、桅杆、随动架、动力头、钻杆、钻具、主卷扬、副卷扬、提引器等组成。

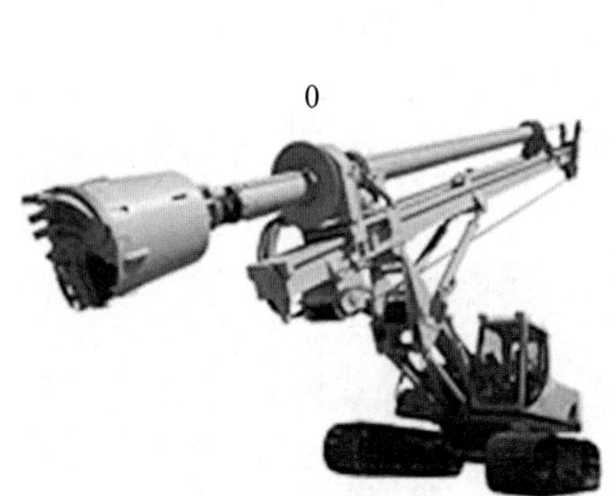


图 4-62　旋挖钻机

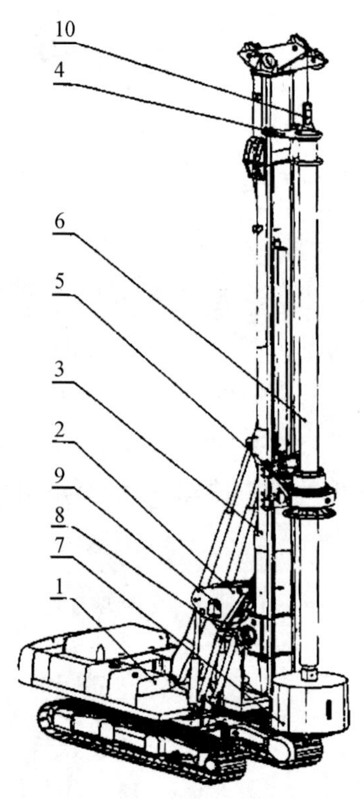


图 4-63　旋挖钻机工作装置结构

1. 回转平台与底盘；2. 变幅机构；3. 桅杆总成；4. 随动架；5. 动力头；6. 钻杆；7. 钻具；8. 主卷扬；9. 副卷扬；10. 提引器

（3）旋挖钻机的主要技术性能参数。

旋挖钻机的技术性能参数主要有外形尺寸、整机质量、发动机额定功率和转速、行驶速度、最大输出转矩、最大钻孔深度、最大钻孔直径、最大加压力、最高工作转速、主卷扬钢丝绳直径、主卷扬最大单绳拉力、副卷扬最大单绳拉力、桅杆可调角度等。

## 第五节　混凝土机械的类型和技术性能

按照混凝土机械的作用可以分为四类：混凝土搅拌机械、混凝土运输机械、混凝土输送机械、混凝土振捣机械。

### 一、混凝土搅拌机

混凝土搅拌机是将砂、石、水泥、水、外加剂和掺合料等物料按照一定比例和投放顺序搅拌均匀制成符合质量要求的混凝土的专用机械。与人工搅拌混凝土相比，使用混凝土搅拌机既能提高生产率，又能减轻工人的劳动强度和提高混凝土的质量。

**1. 混凝土搅拌机的组成及分类**

混凝土搅拌机可以按搅拌方式、工作性质、安装方式和出料方式四个方面进行分类。混凝土机械按搅拌方式的不同可以分为自落式、强制式。自落式混凝土搅拌机是在搅拌筒旋转的过程中，物料由固定在搅拌筒内的叶片带至高处，靠自重下落进行搅拌，周而复始，使其达到均质状态，适用于搅拌塑性或半塑性混凝土。自落式混凝土搅拌机又可分为锥形反转出料式、锥形倾翻出料式，图 4-64 为锥形反转出料搅拌机示意图。强制式混凝土搅拌机是物料由旋转的搅拌叶片实施强制搅拌的搅拌机，搅拌时间短，生产效率高，适用于各种混凝土的搅拌。强制式混凝土搅拌机可分为立轴涡桨式、立轴行星式、单卧轴式、双卧轴式，图 4-65 为双卧轴强制搅拌机。

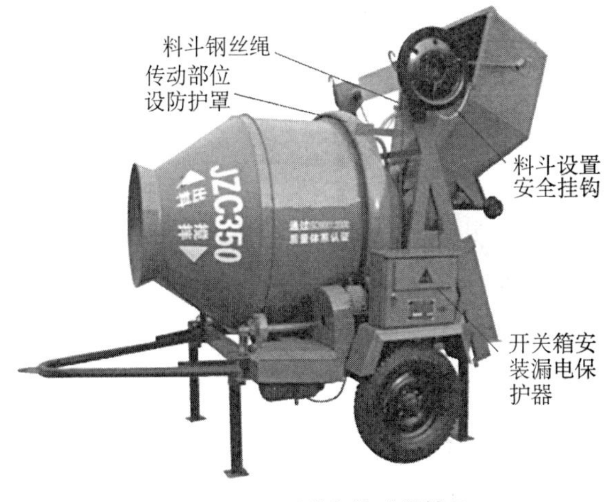


图 4-64　JZC 型自落式搅拌机

图 4-65　卧式强制搅拌机

混凝土机械按安装方式可分为固定式和移动式。固定式混凝土搅拌机通过螺栓与机架或通过地脚螺栓与基础固定，多安装在混凝土搅拌楼或搅拌站上使用。移动式混凝土搅拌机装有行走机构，可随时拖运转移，应用于中小型临时工程。

混凝土搅拌机按出料方式可以分为倾翻式和非倾翻式。倾翻式混凝土搅拌机通过搅拌筒倾翻出料。非倾翻式搅拌机多通过打开搅拌机底部的卸料门出料；在自落式搅拌机中，不少机型采用反转搅拌筒出料。

**2. 混凝土搅拌机的技术性能**

混凝土搅拌机的技术性能参数主要包括额定容量、进料容积、工作循环周期、工作时间、额定生产率、骨料最大粒径、装机功率、外形尺寸等。

工作时间主要包括进料时间、出料时间、搅拌时间三个方面，其中搅拌时间是最主要的参数，它取决于混凝土以及原材料的种类、配合比以及搅拌机的机械构造等。

额定容量是指在标准测试工况下，混凝土搅拌机每一个循环周期生产的混凝土出料后经捣实的体积。

进料容积是指在标准工况下，装进搅拌机内未经搅拌的干料体积。

工作循环周期是指混凝土搅拌机完成供料、配料、投料、搅拌、出料等工作循环所需要的最长时间，即连续两次出料的间隔时间。

额定生产率是指每小时生产匀质性合格的混凝土的方量。

## 二、混凝土搅拌运输车

**1. 混凝土搅拌运输车的组成及分类**

混凝土搅拌运输车也叫斜筒式混凝土搅拌运输车（以下简称搅拌车），由于它的外形，也常被称为田螺车或罐车，主要由汽车底盘和上装（相对独立的搅拌装置）两部分组成，底盘主要由驾驶室、发动机、传动系统、转向系统、制动系统及电气设备等组成；上装由液压传动系统、供水系统、前台及副车架、搅拌筒、防护装置、轮胎罩、后台、操纵机构、进料装置、人梯及出料装置等组成，外形如图 4-66 所示。

图 4-66　混凝土搅拌运输车

根据产品的主要特征，搅拌车可分为以下几类，详见表 4-13。

表 4-13　搅拌车分类

| 序号 | 分类形式 | 类型 | | 简述 |
|---|---|---|---|---|
| 1 | 按装载容量 | 小型搅拌车 | | 装载容量＜5 $m^3$，机动灵活，单次需求量小 |
| | | 中型搅拌车 | | 装载容量为 6～10 $m^3$，适用于大部分工地，应用广泛 |
| | | 大型搅拌车 | | 装载容量＞12 $m^3$，适用于大型工地作业 |
| 2 | 按搅拌装置传动形式 | 机械式搅拌车 | | 早期采用链轮、链条传动方式，结构复杂，可靠性差 |
| | | 液压-机械式搅拌车 | | 通过两者结合的方式进行搅拌筒作业控制，能实现无级调速，操作灵活，效率高，目前普遍采用 |
| | | 全液压式搅拌车 | | 限于成本与技术的因素，目前暂未推广 |
| 3 | 按上装取力形式 | 共用动力搅拌车 | | 车辆行走和上装作业均使用底盘发动机动力，结构简单，成本低，行业普遍采用 |
| | | 独立驱动搅拌车 | | 车辆行走和上装作业动力各自独立，占用空间大，噪声大，常用于二次改装，成本高 |
| 4 | 按底盘结构 | 通用底盘搅拌车 | 普通载重底盘 | 采用普通通用载重底盘，适用于中小容量的搅拌车，维护成本较低，使用极其普遍 |
| | | | 拖挂式底盘 | 采用专用拖挂车底盘，承重能力强，转弯半径大，适用于大容量搅拌车 |
| | | 专用底盘搅拌车 | | 满足特定工况施工要求，结构复杂，成本较高 |
| 5 | 按卸料方式 | 前卸料搅拌车 | | 具备边行走、边搅拌功能，在司机视野范围内位于驾驶室前方卸料，可有效减少人力成本，在美国使用较为普遍 |
| | | 后卸料搅拌车 | | 采用搅拌筒斜置后端卸料方式，行业使用极其普遍 |

**2. 混凝土运输车的技术性能**

混凝土运输车的技术性能参数主要包括整机技术参数、底盘技术参数、搅拌筒技术参数三个方面。

1）整机技术参数主要包括最大设计总质量、最大允许总质量、进料速度、出料速度、出料残余率、外形尺寸。

2）底盘技术参数主要包括底盘型号、发动机功率。

3）搅拌筒技术参数主要包括几何容量、搅动容量、填充率。

## 三、泵送设备

泵送设备可分为混凝土泵送设备和砂浆泵送设备，其中，混凝土泵送设备可分为混凝土泵、车载泵、混凝土泵车。混凝土泵和车载泵是一种通过管道压送混凝土，进行水平和垂直运输的施工机械。混凝土泵和车载泵的分类方法很多，按安装形式可分为固定式、拖式、自行式三种，其中固定式和拖式为混凝土泵。

图 4-67 为常用的混凝土泵工作原理图，通过双缸的往复运行和分配阀的配合摆动，实现混凝土不间断泵送作业。

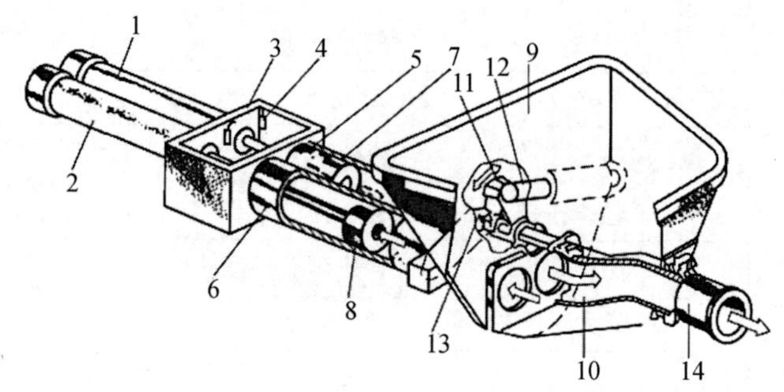


**图 4-67 双缸液压往复式混凝土泵工作原理**

1、2. 主液压油缸；3. 水箱；4. 换向开关；5、6. 混凝土缸；7、8. 混凝土活塞；9. 料斗；10. 分配阀；11. 摆臂；12、13. 摆动液压缸；14. 出料口

### 1. 拖式混凝土泵

（1）拖式混凝土泵的组成及分类。

拖式混凝土泵是安装在可以拖行的机架上的混凝土泵，简称拖泵。广泛应用于现代化城市建设、机场、道路、桥梁、水利、电力、能源等混凝土建筑工程，特别是在超高层泵送与远距离泵送施工中发挥着主要作用。

拖泵只能对混凝土进行泵送，无法独立行走和布料。以电动机泵为例，主要由泵送单元、电控系统、液压系统、动力系统、润滑系统、机架等组成，其中机架一般由结构件组成，对设备起支承作用，在拖运时依靠拖运桥轮胎，前方有牵引支架和拖车相连；而在工作时拖运桥轮胎必须离地，支地轮收起，由四条支腿着地，支腿有机伸缩和液压伸缩两种类型。机架上方有机罩覆盖，用以保护电气、液压元件，机罩一般与油箱相连。

拖泵种类很多，可按用途、泵送方量、主动力类型、分配阀形式、出口压力、功率等进行分类：

1）按用途的不同可分为普通拖泵和特制拖泵，其中特制拖泵主要有三级配拖泵、超高压拖泵和轨道拖泵。

2）按泵送方量可分为超小型、小型、中型、大型、超大型，详见表 4-14。

**表 4-14 按泵送方量分**

| 理论泵送方量/（$m^3/h$） | | | | |
|---|---|---|---|---|
| 超小型 | 小型 | 中型 | 大型 | 超大型 |
| ＜30 | 30～60 | 60～100 | 100～150 | ＞150 |

3）按出口压力可分为低压、中压、高压、超高压，详见表 4-15。

**表 4-15 按出口压力分**

| 出口压力/MPa | | | | 备注 |
|---|---|---|---|---|
| 低压 | 中压 | 高压 | 超高压 | 拖泵最大出口压力为 50MPa |
| ＜10 | 10～18 | 18～21 | ＞21 | |

4）按主动力类型可分为电动机泵和柴油机泵两种。

5）按分配阀分类可分为活塞式和挤压式，其中活塞式又可分为管阀、板阀（即闸板阀）、蝶形阀，管阀可分为 S 管阀、裙阀、C 形阀。

（2）拖式混凝土泵的技术性能。

拖泵的技术性能参数包含整机性能参数、泵送系统参数、液压系统参数及形式三个方面。

整机性能参数包括整机质量、整车外形尺寸。

泵送系统参数包括理论输送量（$m^3$/h）、理论泵送压力（MPa）、输送缸直径×行程（mm×mm）、分配阀形式、料斗容积（L）、上料高度（mm）、输送管直径（mm）。

液压系统参数及形式主要包括压力、液压系统形式、液压油冷却形式、高低压切换形式；其中液压系统形式分为开式和闭式两种，低中压、高压系列拖泵多采用开式，超高压系统采用闭式；液压油冷却通常采用风冷，风机有电动机驱动和液压驱动两种；高低压切换形式主要是手动和自动两种，手动可分为更换胶管和转阀式。

以 HBT90.18.195RSU 拖泵的技术性能参数进行说明，见表 4-16。

**表 4-16 HBT90.18.195RSU 拖泵的技术性能参数**

| 型号 | 性能参数 | 名称 | 功能/参数值 |
|---|---|---|---|
| HBT90.18.195RSU | 整机性能参数 | 整机质量/kg | 7 810 |
| | | 整车外形尺寸（长×宽×高）/（mm×mm×mm） | 7 500×2 200×2 750 |
| | 泵送系统参数 | 理论输送量（低压/高压）/（$m^3$/h） | 93/54 |
| | | 理论泵送压力（高压/低压）/MPa | 18/10 |
| | | 输送缸直径×行程/（mm×mm） | $\phi$200×1 800 |
| | | 分配阀形式 | S 管阀 |
| | | 料斗容积/L | 600 |
| | | 上料高度/mm | 1 450 |
| | 液压系统参数 | 液压系统压力/MPa | 32 |
| | | 液压系统形式 | 开式 |
| | | 液压油冷却形式 | 风冷 |
| | | 高低压切换形式 | 自动 |

**2. 车载混凝土泵**

（1）车载混凝土泵的组成及分类。

车载式混凝土泵是安装在汽车底盘上的混凝土泵，简称车载泵，外形如图 4-68 所示，与拖泵的区别是增加了底盘及其他相关附件，以柴油机车载泵为例，主要由底盘、动力系统、泵送单元、液压系统、润滑系统、电控系统、清洗系统及车架总成组成。车载泵集行驶、泵送功能于一体，具有机动性强，无须运输、装卸，安装固定方便，适用于小批量、多工地、施工工地狭窄和即用即走等工况。

图 4-68　车载式混凝土泵

车载泵可按泵送方量、出口压力、分配阀形式、主动力类型等进行分类，其中车载泵的最大出口压力为 28 MPa，按分配阀形式分类可分为活塞式和挤压式，按主动力类型可分为电动机泵和柴油机泵两种。

（2）车载混凝土泵的技术性能。

车载泵的技术性能参数分类与拖泵基本一致，其功能及参数值因型号不同而不尽相同，车载泵的技术性能参数还应包括底盘参数，以 ZLJ5140THBJE-10018R 车载泵的技术性能参数进行说明，见表 4-17。

表 4-17　ZLJ5140THBJE-10018R 车载泵的技术性能参数

| 型号 | 性能参数 | 名称 | 功能/参数值 |
|---|---|---|---|
| ZLJ5140THBJE-10018R | 整机性能参数 | 整机质量/kg | 13 800 |
| | | 整车外形尺寸（长×宽×高）/（mm×mm×mm） | 9 100×2 450×3 140 |
| | 底盘参数 | 底盘型号 | CA1167PK2L2BE5A80 |
| | | 驱动方式 | 4×2 |
| | | 轴距/mm | 4 900 |
| | | 尾气排放标准 | 国Ⅴ |
| | 泵送系统参数 | 理论输送量（低压/高压）/（$m^3$/h） | 100/55 |
| | | 理论泵送压力（高压/低压）/MPa | 18/10 |
| | | 输送缸直径×行程/（mm×mm） | φ200×1 650 |
| | | 分配阀形式 | S 管阀 |
| | | 料斗容积/L | 600 |
| | | 上料高度/mm | 1 500 |
| | 液压系统参数 | 液压系统压力/MPa | 32 |
| | | 液压系统形式 | 开式回路 |
| | | 液压油冷却形式 | 风冷 |
| | | 高低压切换形式 | 电动 |

### 3. 混凝土泵车

（1）混凝土泵车的组成及分类。

混凝土泵车也称汽车泵、车泵，外形如图 4-69 所示，是在专用底盘或载重二类底盘的基础上加装混凝土泵，配以专用的布料臂，并为保证布料稳定性，带有支腿等附加装置，由此所构成的一种具有泵送混凝土功能的专用机械。混凝土泵车主要由底盘及动力系统、布料系统、泵送单元、液压系统及电气系统等组成。

图 4-69　汽车泵

根据泵车主要机构、系统的特征，主要有以下几种分类方式，可按臂架布料高度、泵送方式、分配阀形式、臂架折叠方式和支腿展开形式等进行分类。

1）混凝土泵车的臂架布料高度是指臂架完全展开竖直后，地面与臂架顶端之间的最大垂直距离。按照目前行业内的习惯，可分为短臂架、中长臂架、长臂架、超长臂架四类，具体分类标准见表 4-18。

表 4-18　泵车按布料高度分类

| 分类 | 短臂架 | 中长臂架 | 长臂架 | 超长臂架 |
|---|---|---|---|---|
| 布料高度/m | ＜34 | 34～50 | 50～60 | 60 以上 |

2）混凝土泵车的主要泵送方式有活塞式和挤压式两种，其中活塞式使用较为广泛，挤压式主要用于小石子混凝土和砂浆。

3）根据分配阀形式的不同可以分为 S 阀、裙阀、闸板阀、挤压阀、C 形阀等。由于 S 阀具有简单可靠性、密封性好、寿命长等优点，它的使用最广，闸板阀主要应用在混凝土比较差的地方。

4）混凝土泵车在行驶时，臂架是处于收拢折叠状态的。受布料范围、布料角度、展臂时间以及整车长度等不同要求的限制，混凝土泵车的臂架具有多种折叠形式，可分为 R 型、Z 型、RZ 型、RT 型。

5）按照目前行业内的习惯，依据支腿展开形式的不同，可以将混凝土泵车分为前后摆动型、前后伸缩型、前伸后摆型这三种类型。

（2）混凝土泵车的技术性能。

混凝土泵车性能参数主要包括混凝土输送、混凝土臂架系统、底盘及整车三部分。

混凝土输送部分：泵送量、混凝土最大理论出口压力、分配机构换向时间、搅拌机构换向、泵送系统额定工作压力、料斗容积、上料高度等。

混凝土臂架系统：垂直布料高度、水平布料半径、布料深度、回转角度、输送管直径、端部软管长度。

底盘及整车部分：底盘型号、驱动形式、轴距、轮距（前/后）、柴油机额定功率及转速、柴油机最大转矩及转速、整车最高行驶速度、整车最小转弯直径、接近角、离去角、前悬、后悬、支腿跨距（前×后×侧）、总质量、整车外形尺寸（长×宽×高）。

**4. 砂浆泵送设备**

（1）砂浆泵送设备的组成及分类。

砂浆泵送设备是将满足可泵送要求的砂浆在压力作用下通过管道输送到喷嘴附近，在喷嘴处加压缩空气使之喷射到施工作业面的施工机械。以 SY0816UB2 A8 砂浆泵为例，其主要由机械系统、冷却系统、润滑系统、泵送系统、液压系统、电气系统、空压机系统七大部分组成。

砂浆泵送设备可以根据输送介质状态、结构原理、驱动类型等进行分类，按输送介质状态可以分为干法施工设备和湿法施工设备，按结构原理可以分为气力输送系统、柱塞式砂浆泵、螺杆式砂浆泵、挤压式砂浆泵四类，按驱动类型可分为液压驱动和机械驱动。

（2）砂浆泵送设备的技术性能。

砂浆泵送设备的主要技术参数包括理论输送量、理论输送压力、理论垂直输送距离、最大粒径、整机外形尺寸、整机质量等。以 SY0816UB2 A8 砂浆泵的技术性能参数进行说明，详见表 4-19。

**表 4-19　SY0816UB2 A8 砂浆泵的技术性能参数**

<table>
<tr><th>型号</th><th colspan="2">名称</th><th>功能/参数值</th></tr>
<tr><td rowspan="16">SY0816UB2 A8 砂浆泵</td><td rowspan="2">整机参数</td><td>整机质量/kg</td><td>3 730</td></tr>
<tr><td>整车外形尺寸（长×宽×高）/（mm×mm×mm）</td><td>5 426×1 804×2 057</td></tr>
<tr><td colspan="2">理论泵送排量/m³</td><td>8</td></tr>
<tr><td colspan="2">额定出口压力/MPa</td><td>6</td></tr>
<tr><td colspan="2">输送缸直径×行程/（mm×mm）</td><td>120×1 400</td></tr>
<tr><td colspan="2">驱动形式</td><td>水平单动双列液压活塞式</td></tr>
<tr><td colspan="2">最大骨料粒径/mm</td><td>8</td></tr>
<tr><td colspan="2">电动机型号</td><td>电机（Y225S-4-H）37-70.4 B35/37kW</td></tr>
<tr><td colspan="2">料斗容积/m³</td><td>0.4</td></tr>
<tr><td colspan="2">上料高度/mm</td><td>1 230</td></tr>
<tr><td colspan="2">液压油箱容积/L</td><td>370</td></tr>
<tr><td rowspan="3">空压机参数</td><td>理论输出压力/bar</td><td>8</td></tr>
<tr><td>理论输送量/（L/min）</td><td>300</td></tr>
<tr><td>额定功率/kW</td><td>3</td></tr>
</table>

## 四、混凝土振动器

混凝土振动器主要用于混凝土现场浇筑构筑物或预制构件时，其通过振动装置将振动传给混凝土，使其得以振动密实的施工机具。混凝土振动器的种类繁多，按传递振动的方式分为内部振动器、外部振动器，按振动器的动力来源分为电动振动器、内燃振动器、气动振动器、液压振动器，按振动器产生的振动原理分为偏心式和行星式，按振动器的振动频率分为低频式、中频式、高频式。

在国内混凝土振动器中，内部振动器起步较早，目前主要类别有电动软轴行星插入式混凝土振动器、电动软轴偏心插入式混凝土振动器、电动机内装插入式混凝土振动器。外部振动器通常分为附着式振动器、平板式振动器、直线附着式振动器和台架附着式振动器，后三种是前一种的进一步应用。

尽管驱动动力源的形式不尽相同，但在机械结构上混凝土振动器的振动来源都是利用不平衡回旋质量来产生振动和传递振动的。按其机械结构可分为三部分：驱动主机、动力传递部分、振动装置。在实际使用中，电动机驱动使用较为广泛，以内部振动器中的电动软轴行星插入式混凝土振动器（图 4-70）为例，其主要由驱动电动机和振动棒两大部分组成。驱动电动机和振动棒通常是分开包装和单独销售。驱动电动机是防护等级为 IP44 的三相异步电动机，机座内装有定子，端盖内装有滚动球轴承，转子通过轴承支承于定子内，手柄和电源开关装在机座上部，机头部分装有和振动棒耦合的连接座，电动机整体安装在可 360°回转的底盘上，便于工作时的方位转动。振动棒由软管组件、软轴组件、棒头组件三部分组成。振动棒通过软管组件上的连接头与驱动电动机连接，驱动电动机输出的动力（转矩）通过软轴组件的软轴传递给工作主体棒头组件。

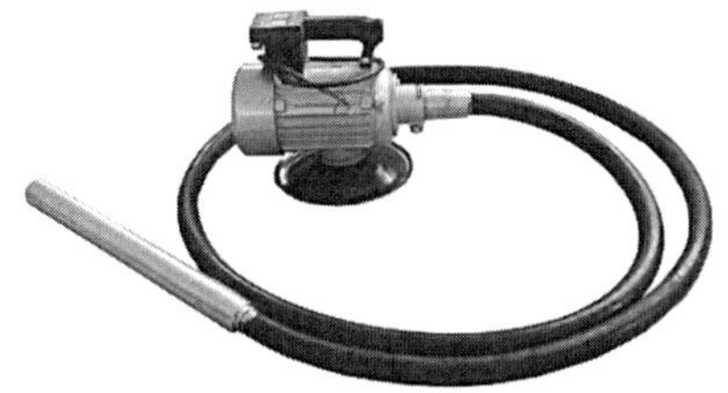

**图 4-70　电动软轴行星插入式混凝土振动器**

## 五、混凝土喷射机械

混凝土喷射机是将速凝混凝土喷向岩石或结构物表面，从而使结构物得到加强或保护，适用于地下构筑物的混凝土支护或喷锚支护。

**1. 混凝土喷射机械的组成及分类**

混凝土喷射机是利用压缩空气或其他动力驱动，将混凝土沿管道连续输送至喷头，并在压缩空气的作用下，高速喷向施工作业面，使其快速凝结硬化，从而形成混凝土支护层的机械。混凝土喷射机主要分为干式喷射机（以下简称干喷机）和湿式喷射机（以下简称湿喷机）两类，前者通过压缩空气将混凝土拌合料输送至喷头，在喷嘴处与压力水混合后喷出，再在压缩空气的作用下喷出至施工作业面；后者由压缩空气或混凝土泵输送混凝土至喷头，在压缩空气的作用下喷出至施工作业面。

按加水形式不同可分为干式、湿式和介于两者之间的半干湿三种。干式混凝土喷射机按结构型式可分为罐式、螺旋式和转子式三种；湿式混凝土喷射机分为泵送型和风送型两类。

喷射机按安装方式可分为固定式、拖式、轮式、履带式、轨道式等。

喷射机按动力来源可分为泵送方式、空气压送方式和泵-空气压送方式三种。

**2. 混凝土喷射机械的技术性能**

混凝土喷射机的技术性能参数主要包括整机性能参数、液压系统参数、泵送系统参数、喷射范围、底盘性能参数、压缩空气系统参数、添加剂系统参数。

（1）性能参数定义。

1）整机性能参数主要包括整机质量、整车尺寸、支腿跨距、上料高度。

2）液压系统参数主要包括液压系统形式、液压系统压力。液压系统形式是指主泵送液压系统的形式，可分为开式和闭式两种；液压系统压力是指主泵送液压系统的最大工作压力。

3）泵送系统参数是指泵送方量、泵送压力。泵送方量是指在单位时间内泵送的混凝土体积；泵送压力是指泵送设备的出口压力。

4）喷射范围是指在喷射作业状态下，喷嘴所能达到的区域再加上有效喷射距离所得的范围。

5）底盘性能参数主要包括最大行驶速度、爬坡度。

6）压缩空气系统参数主要包括排气量、气压。

7）添加剂系统参数主要包括添加剂添加量、添加剂系统压力。

（2）罐式混凝土喷射机性能参数见表 4-20。

**表 4-20　罐式混凝土喷射机性能参数**

| 项目 | | 型号 | | | | |
|---|---|---|---|---|---|---|
| | | HP1-0.8 | WG-25g | HP1-5 | HP1-5A | HP1-4 |
| 喷射量/（$m^3$/h） | | 0.5～0.8 | 4～5 | 4～5 | 4～5 | 4 |
| 最大骨料尺寸/mm | | 8～10 | 25 | 25 | 25 | 25 |
| 骨料过筛尺寸/mm | | — | 20×20 | 20×20 | 20×20 | 20×20 |
| 压缩空气压力/（kg/$m^3$） | | 2.5 | 1～6 | 1.5～6.0 | 1.5～5.5 | 1.5～5.5 |
| 耗气量/（$m^3$/min） | | 3.5 | 6～8 | 9 | 6～8 | 4 |
| 最大水平输送距离/m | | — | 200 | 240 | — | 200 |
| 最大垂直输送距离/m | | — | 40 | — | — | 40 |
| 输送管内径/mm | | — | 50 | 50 | 50 | 50 |
| 给水压力/（kg/$cm^2$） | | 3.2 | — | 2 | — | 3 |
| 电动机 | 功率/kW | 1.1 | 3 | 3 | 2.8 | 2.8 |
| | 转速/（r/min） | 930 | — | 950 | 1 420 | 1 430 |
| 喂料器转速/（r/min） | | — | — | 15.3 | — | — |
| 行走装置形式 | | 铁轮 | 600 或 900 轨距 | 胶轮 | 铁轮 | — |
| 外形尺寸/mm | 长 | 1 420 | 1 500 | 1 849 | 1 650 | 2 240 |
| | 宽 | 885 | 830 | 970 | 1 640 | 1 660 |
| | 高 | 1 670 | 1 470 | 1 660 | 1 250 | 1 050 |
| 总重/kg | | 380 | 1 000 | 1 000 | — | 800 |

（3）转子式混凝土喷射机的性能参数见表 4-21。

表 4-21　转子式混凝土喷射机性能参数表

| 项目 | | 型号 | | | | |
|---|---|---|---|---|---|---|
| | | HPZ2T<br>HPZ2U | HPZ4T<br>HPZ4U | HPZ6T<br>HPZ6U | HPZ9T<br>HPZ9U | HPZ13T<br>HPZ13U |
| 最大生产率/（$m^3/h$） | | 2 | 4 | 6 | 9 | 13 |
| 骨料粒径/mm | 最大 | 20 | 25 | 30 | 30 | |
| | 常用 | ＜14 | ＜16 | | ＜16 | |
| 最大垂直输送高度/m | | 40 | 60 | | 60 | |
| 水平输送距离/m | 最佳 | 20～40 | | | 20～40 | |
| | 最大 | 240 | | | 240 | |
| 配套电动机功率/kW | | 2.2 | 4.0～5.5 | 5.5～7.5 | 10.0 | 15.0 |
| 压缩空气耗量/（$m^3/min$） | | — | 5～8 | 8～10 | 12～14 | 8 |
| 输送软管内径/mm | | 38 | 50 | | 65～85 | |

# 第六节　路面施工机械的类型和技术性能

路面机械是用于道路修筑与维修养护的专用机械设备，主要包括沥青、水泥路面及相应路基的修筑与维修养护所需的机械设备，桥梁专用的维修养护以及道路检测设备等。

## 一、路面路基物料拌合设备

修筑路面路基物料的机械设备主要有稳定土拌合设备、沥青混合料搅拌设备、水泥混凝土搅拌设备等。

**1. 稳定土拌合机**

如图 4-71 所示，稳定土拌合机是一种在行驶过程中，以其工作装置对土壤就地松碎，并与稳定剂（石灰、水泥、沥青、乳化沥青或其他化学剂）均匀拌和，以提高土的稳定性的机械。使用这种方法获得稳定混合料的施工工艺称为路拌法。

图 4-71　稳定土拌合机

（1）稳定土拌合机的分类。

1）按行走部分形式分为履带式、轮胎式和复合式（履带和轮胎结合）。

2）按移动方式分为自行式、半拖式和悬挂式。

3）按动力传动的形式分为机械式、液压式和混合式（机械液压结合）。

4）按工作装置在机器上的位置分为中置式和后置式两种。后置式稳定土拌合机的整机稳定性较差，但容易更换刀具及拌合转子，保养方便；中置式稳定土拌合机由于轴距较大，转弯半径大，机动性受到限制。

5）按拌合转子旋转方向可分为正转和反转两种。正转即拌合转子由上向下切削；反转即拌合转子由下向上切削。正转相对反转拌合阻力小，所消耗功率较小，正转只适用于拌和松散的稳定材料；反转转子对稳定材料反复拌和与破碎，拌和质量比正转好。

稳定土拌合机主要用于公路施工中，完成稳定土基层的现场拌和作业。该机型拌和幅度变化范围大，既适用于高等级公路稳定土基层施工，又适用于中、低级路面或县乡道路路面施工，可以拌和Ⅰ、Ⅱ级土，也可以拌和Ⅲ、Ⅳ级土；附设有热态沥青或乳化沥青再生作业、自动洒水装置，可就地改变稳定土的含水率并完成拌和；通过更换装置，装上铣削滚筒，还可以完成沥青混凝土或水泥混凝土路面铣刨作业。

（2）稳定土拌合机的结构组成。

稳定土拌合机的部件结构与工作装置的构造和安装位置有不同的形式，但均由主机、工作装置、稳定剂喷洒控制系统三大部分组成。在筑路工程上，较常见的是铣刀轮式稳定土拌合机。其主机主要由发动机、传动系统、行走驱动桥、转向桥、操纵机构、电器系统、液压系统、驾驶室和车架等组成。其工作装置又称拌合装置，主要由转子、转子架、转子升降液压缸、罩壳后斗门开启液压缸等组成。

**2. 稳定土厂拌设备**

稳定土厂拌设备是专用于拌制各种以水硬性材料为结合剂的稳定混合料的搅拌机组，如图4-72所示。稳定土厂拌设备的混合料拌制是在固定场地集中进行，具有材料级配准确、拌和均匀、节省材料、便于计算机自动控制统计打印各种数据等优点，广泛用于公路和城市道路的基层、底基层施工，也适用于其他货场、机场等需要稳定材料的工程。使用这种方法获得稳定混合料的施工工艺称为厂拌法。厂拌需配备大量的汽车、装载机来装运土、石方和拌和好的稳定材料，施工现场还需要摊铺设备来摊铺稳定材料，因此厂拌法施工造价较高。

图4-72　稳定土厂拌设备

（1）稳定土厂拌设备分类。

稳定土厂拌设备可根据主要结构、工艺性能、生产率、机动性及拌和方式等进行分类。

1）根据生产率大小可分为小型（生产率小于200 t/h）、中型（生产率200～400 t/h）、大型（生产率 400～600 t/h）和特大型（生产率大于 600 t/h）四种。

2）根据设备拌和工艺可分为非强制跌落式、强制间歇式、强制连续式三种。在强制连续式中又可分为单卧轴强制搅拌式和双卧轴强制搅拌式，双卧轴强制连续式是最常用的搅拌形式。

3）根据设备的布局及机动性可分为移动式、分总成移动式、部分移动式、可搬移式、固定式等结构形式。

移动式厂拌设备是将全部装置安装在一个专用的拖式底盘上，形成一个半挂车，可以及时转移施工地点。这种一般是中、小型生产能力的设备，多用于工程分散、频繁移动的公路施工工程。移动式厂拌设备如图 4-73 所示。

图 4-73　移动式稳定土厂拌设备

分总成移动式厂拌设备是将各主要总成分别安装在几个专用底盘上，形成两个或多个半挂车或全挂车，各挂车分别被拖动到施工场地，并根据实际施工场地的具体条件合理布置各总成。这种形式多在大、中型生产设备中采用，适用于工程量较大的公路施工工程。

部分移动式厂拌设备在转移工地时将主要部件安装在一个或几个特制的底盘上，形成一组或几组挂车，依靠拖动来转移，而小的部件采用可拆装搬运的方式转移。这种形式在大、中型生产设备中采用，适用于城市道路和公路施工工程。

可搬移式厂拌设备是我国采用最多的厂拌设备，是将主要总成分别安装在两个或两个以上的底架上，各自装车运输转移，再吊装组成工作状态。这种形式在大、中、小型生产设备中都有采用，具有造价较低、维护保养方便等特点，适用于各种工程量的城市道路和公路施工工程。

固定式厂拌设备是固定安装在预先选好的场地上，一般不需要搬迁，形成一个稳定的工厂，如图 4-74 所示。一般规模较大，具有大型和特大型生产能力，适用于城市道路或工程量大且集中的施工工程。

图 4-74　固定式稳定土厂拌设备

（2）稳定土厂拌设备的组成。

由于稳定土厂拌设备的规格型号较多，结构布局多样，各种厂拌设备的组成有所不同，主要由矿料（土、碎石、砂砾、粉煤灰等）配料机组、集料皮带输送机、粉料配料机、搅拌机、供水系统、电气控制柜、上料皮带输送机、混合料储仓等部件组成。

**3. 沥青混凝土搅拌设备**

沥青混凝土搅拌设备是将不同粒径的集料和填料按规定的比例掺合在一起，用沥青作为结合料，在规定的温度下拌和成均匀的混合料的机械装置，适用于公路、城市道路、机场、码头、停车场、货场等工程施工。沥青混凝土搅拌设备如图 4-75 所示。

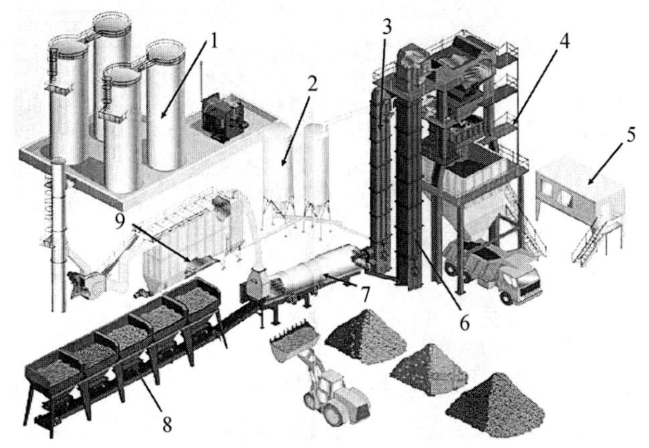


**图 4-75　沥青混凝土搅拌设备组成**

1. 沥青供给系统；2. 粉料仓；3. 粉料提升机；4. 搅拌楼；5. 控制室；6. 热骨料提升机；7. 干燥滚筒；8. 冷料供给系统；9. 除尘器

沥青混凝土搅拌设备由于机型不同，其工艺流程也不尽相同，目前最常用的机型有间歇强制式和连续滚筒式两种。

间歇强制式沥青混凝土搅拌设备拌制出的沥青混合料质量好，可满足各种施工要求，使用较为普遍。其缺点是工艺流程长、设备庞杂、建设投资大、耗能高、搬迁困难、对除尘设备要求高。

连续滚筒式沥青混凝土搅拌设备与间歇强制式相比，工艺流程大为简化，设备也简化，搬迁方便，制造成本低、使用费用和耗能低，也容易达到环保要求。

## 二、路面摊铺设备

**1. 沥青混凝土摊铺机**

沥青混凝土摊铺机是将拌制好的沥青混凝土材料按一定的技术要求（横断面形状和厚度），迅速而均匀地摊铺在已整好的路面路基或底基层上，并对其进行一定程度的预压实和整形，构成沥青混凝土基层或沥青混凝土面层的路面专用施工机械，如图 4-76 所示。摊铺机能够准确保证摊铺层厚度、宽度、路面拱度、平整度、密实度，因而广泛用于公路、城市道路、大型货场、停车场、码头和机场等工程的沥青混凝土摊铺作业。

图 4-76　沥青混凝土摊铺机

（1）沥青混凝土摊铺机的分类。

1）按摊铺宽度可分为小型（最大摊铺宽度小于 3.6 m）、中型（最大摊铺宽度 4～6 m）、大型（最大摊铺宽度 7～9 m）、超大型（最大摊铺宽度 12 m）四种。

2）按行走方式可分为拖式和自行式两种。其中自行式又分为履带式和轮胎式两种。

3）按动力传动方式可分为机械式和液压式两种。

4）按熨平板的延伸方式可分为机械加长式和液压伸缩式两种。

5）按熨平板的加热方式可分为电加热、液化石油气加热和燃油加热三种。

（2）沥青混凝土摊铺机的结构。

沥青混凝土摊铺机是由主机和熨平装置两部分以及连接它们的牵引大臂组成，主机主要包括发动机、传动系统、驾驶控制台、行走机构、螺旋摊铺器、刮板输送器、接收料斗、大臂提升液压缸和调平系统液压缸等。主机用以提供摊铺机所需的动力和支承机架，并接收、储存和输送沥青混合料到摊铺器。熨平装置主要包括振动机构、振捣机构、熨平板、厚度调节器和加热系统。

（3）沥青混凝土摊铺机的性能参数。

沥青混凝土摊铺机的主要性能参数包括外形尺寸、整机质量、料斗容量、摊铺宽度、最大摊铺厚度、工作速度、发动机功率和液压系统工作压力等。

**2. 水泥混凝土摊铺机**

水泥混凝土摊铺机是在给定摊铺宽度（或高度）上，将新拌水泥混凝土混合料进行布料、计量、振动密实和滑动模板成形并抹光，从而形成路面或水平构造物的加工机械，又称为滑模式水泥混凝土摊铺机，如图 4-77 所示。

图 4-77　滑模式水泥混凝土摊铺机

（1）滑模式水泥混凝土摊铺机的分类。

1）按功能和用途可分为路面滑模摊铺机、路缘滑模摊铺机、隔离带滑模摊铺机、沟渠滑模摊铺机。

2）按行走方式和行走装置的形式可分为履带式和轮式。大多数滑模摊铺机采用履带式行走机构。履带式滑模摊铺机按履带数目又分为四履带、三履带和两履带滑模摊铺机，其中三履带滑模摊铺机机动性很强，能够适应于“零隙”或“小隙”摊铺。

3）按主机架形式可分为箱型框架伸缩式滑模摊铺机和桁架型滑模摊铺机。

（2）滑模式水泥混凝土摊铺机的结构。

滑模式水泥混凝土摊铺机的类型较多，其组成部分也是各种各样，但其最基本的组成部分均包括动力系统、传动系统、行走转向装置、摊铺装置、机架浮动支腿、自动转向系统、自动找平系统、操作台和辅助装置等。

（3）滑模式水泥混凝土摊铺机的主要参数。

滑模式水泥混凝土摊铺机的主要参数有摊铺宽度、摊铺厚度（高度）、运行速度、发动机功率和转速、技术生产率、使用生产率、整机质量和外形尺寸等。

## 三、压实机械

压实机械主要用于道路基础、路面、建筑物基础、堤坝、机场跑道等压实作业，提高土石方基础的抗压强度和稳定性，使之具有一定的承载能力，不致因载荷的作用而产生沉陷。

压实机械按其工作原理的不同，可分为静力式、冲击式和振动式三种类型。

### 1. 静力式压实机械

静力式压实机械是利用机械本身自重和机上附加重量，通过碾压轮使被压实的土壤或路面材料产生一定深度的永久变形，而达到压实的目的。静力式压实机械对土壤的加载时间长，有利于土壤的塑形变形，对黏土等压实效果较好，尤其对大面积压实的效率也较高，适用于大型建筑和筑路工程。

（1）静力式压实机械分类。

1）按行驶方式可分为自行式和拖式静力压路机。

2）按结构质量可分为轻型、中型、重型和超重型压路机。

3）按动力传动方式可分为机械传动式、液力机械传动式和全液压传动式压路机。

4）按碾压轮数量可分为单轮、双轮和三轮压路机。

5）按碾压轮的结构特点可分为钢制光轮、凸块轮和轮胎压路机。

（2）光轮压路机。

光轮压路机的工作装置是由几个用钢板卷成或用铸钢铸成的圆柱形中空（内部可装压实材料）的滚轮组成，如图 4-78（a）所示。其单位直线压力较小，压实不均匀，压实深度不大，一般用于分层压实。

光轮压路机的主要技术参数有工作质量、单位线压力、方向轮尺寸、驱动轮尺寸、运行速度、爬坡能力、发动机功率和外形尺寸等。

（3）凸块压路机。

凸块压路机（通称羊脚碾）是在普通光轮压路机的碾轮上装置了若干羊脚或凸块的压实机械，如图 4-78（b）所示。凸块压路机除滚压轮外，与光轮压路机的构造基本相同。

（4）轮胎压路机。

轮胎压路机是通过多个特制的充气轮胎来压实铺层材料，如图 4-78（c）所示。由于橡胶轮胎的弹性所产生的揉压作用，使被压实层的材料颗粒向各个方向产生位移，因此其压实表面均匀而密实。轮胎压路机具有接触面积大，压实均匀性高，压实效率较高，机动性好和一机多用的特点。

(a) 光轮压路机

(b) 凸块压路机

(c) 轮胎压路机

图 4-78 静力作用压路机

**2. 冲击式压实机械**

冲击式压实机械靠机械的冲击力压实土壤，其特点是压实厚度较大。

（1）冲击式压路机。

冲击式压路机由牵引车和压实装置两部分组成，如图 4-79 所示，适用于湿陷性黄土和大面积深填土石方的压实工作，对高填方路段、松砂土原地基的土质压实和石质挤密很有效。

图 4-79 冲击式压路机

（2）冲击夯。

冲击夯有利用二冲程内燃机原理工作的火力夯，利用离心力原理工作的冲击夯和利用连杆机构及弹簧工作的快速冲击夯。冲击夯按动力源不同分为汽油冲击夯和电动冲击夯，如图 4-80 所示。

冲击夯对夯实黏性土壤的效果较佳，适用于建筑、地面、庭院、路基、桥桩、沟槽、野外、狭窄场地等环境的夯实，能胜任大中型机械无法完成的施工任务。

(a) 汽油冲击夯

(b) 电动冲击夯

图 4-80 冲击夯

**3. 振动式压实机械**

振动式压实机械是利用偏心块（或偏心轴）高速旋转时所产生的离心力作用而对材料进行振动压实的。产生这种高频率离心力的装置称为振动装置。

将振动装置装在压路机上称为振动式压路机，它适用于大面积的路基土壤和路面铺砌层的压实。

振动式压路机与静力式压路机相比，在同等结构重量的条件下，振动碾压比静碾压能力高 1～2 倍，动力节省 1/3，金属消耗节约 1/2，且压实厚度大、适应性强。缺点是不宜压实黏性大的土壤，也严禁在坚硬地面上振动，同时由于振动频率高，驾驶员容易产生疲劳。

（1）振动式压路机分类。

1）按行驶方法不同分为拖式、手扶式和自行式，如图 4-81 所示。

2）按传动形式不同分为机械式和机械液力式。

3）按振动压路机自身重量不同分为轻型（0.5～2 t）、中型（2～4.5 t）、重型（8 t 以上）。

4）按工作轮形式不同分为全钢轮式和组合轮式。

（2）单钢轮振动压路机的主要结构。

单钢轮振动压路机的主要由发动机、传动系统、转向系统、制动系统、液压系统、电气系统、碾轮、后桥、操纵辅助装置和驾驶室组成，图 4-81（a）为单钢轮振动压路机。

(a) 自行振动压路机

(b) 手扶式振动压路机

图 4-81 振动压路机

（3）振动式压路机主要技术性能参数。

振动式压路机主要技术性能参数有外形尺寸、整机工作质量、前后轮分配质量、压轮宽度、静线载荷、振动频率、名义振幅、激振力、行走速度、摇摆角、转向角、最大爬坡能力、最小转弯半径、额定功率和转速等。

## 第七节　地下暗挖掘进与顶管机械的类型和技术性能

### 一、隧道掘进机械

**1. 凿岩台车**

凿岩台车是支撑凿岩机并能完成凿岩作业所需的推进、移位等运动的移动式凿岩机械。凿岩机是在岩层上钻凿爆破孔的主要机具，主要分为风动凿岩机、内燃凿岩机、电动凿岩机和液压凿岩机。为提高隧道开挖效率，将多台凿岩机安装在凿岩台车上，可以同时进行多个钻眼作业。凿岩台车效率高，钻进速度快，能适应各类岩层。

（1）凿岩台车的分类。

1）按所能开挖隧道断面不同可分为全断面台车、半断面台车和导坑台车。

2）按车架形式可分为门架式和框架式凿岩台车。

3）按行走装置可分为轨行式、轮胎式和履带式凿岩台车。

4）按钻臂可分为液压钻臂式和梯架式凿岩台车。

（2）凿岩台车的结构。

凿岩台车主要由钻臂、推进器、底盘、台车架、稳车机构、风水系统、液压系统、操纵系统等部分组成，如图 4-82 所示。

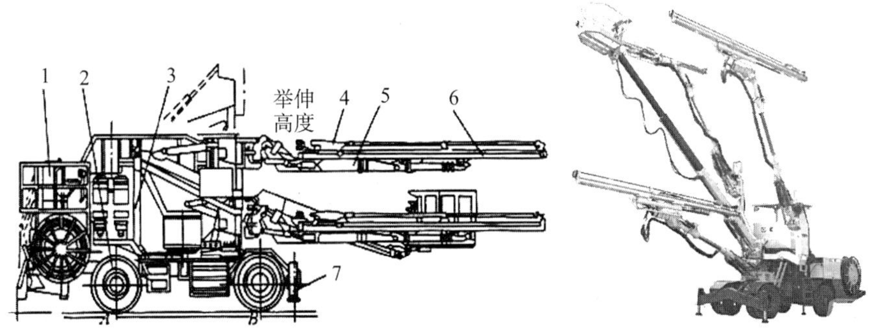


图 4-82　凿岩台车

1. 动力系统；2. 底盘；3. 台车架；4. 凿岩机；5. 钻臂；6. 推进器；7. 稳车机构

**2. 臂式隧道掘进机**

臂式隧道掘进机也称为悬臂掘进机，是一种有效的开挖机械。它集开挖、装卸功能于一体，广泛用于采矿、隧道、水利涵洞等地下工程的开挖，如图 4-83 所示。

臂式隧道掘进机对开挖泥质岩、凝灰岩、砂岩等岩层有极好的性能。与钻爆法相比，机械开挖的优点是不扰动围岩，隧道的掌子面非常平坦，很少有凹凸不平和龟裂，容易达到新奥法的要求；断面超挖量少，经济性好；施工减少了噪声和振动，符合环境保护的要求。与全断面隧道掘进机相比，臂式隧道掘进机体积小，质量轻，易于搬运。

图 4-83　臂式隧道掘进机

臂式隧道掘进机通常由切割装置、装载装置、输送机构、行走机构、液压系统和电气系统等部分组成。

臂式隧道掘进机的作业工序：机械驶入工位，切割头切入作业面，再按作业程序向两边由下而上进行切割。切割臂有伸缩、左右摆动和升降功能。机体小、质量轻，无须占领整个掌子面，其余空间可供其他设备使用，有利于提高作业效率。

**3. 全断面隧道掘进机**

全断面隧道掘进机是用机械法破碎切削岩石，挖掘隧道的一种机械。其刀头直径与开挖隧道的直径大小一致，故称全断面开挖，其挖掘与出渣同时进行。在公路山岭隧道和海底隧道工程中被广泛应用。

全断面隧道掘进机一般由切削头工作机构、切削头驱动机构、推进及支撑装置、排渣装置、液压系统、除尘装置、电气系统和操纵系统等组成，如图 4-84 所示。

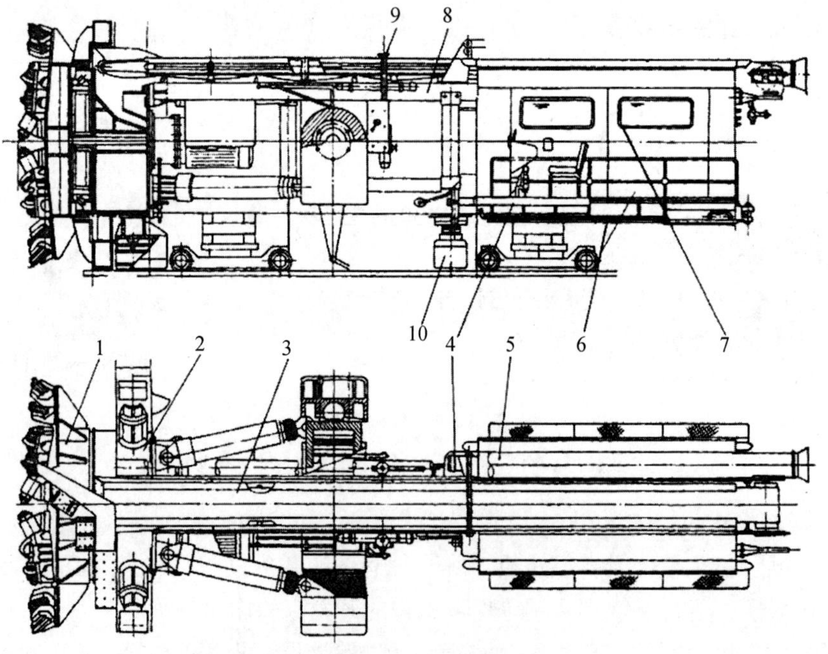


图 4-84　LJ-30 型岩石掘进机

1. 切削头工作机构；2. 前支承靴；3. 排渣皮带机；4. 液压泵；5. 吸尘风管；6. 机架及驾驶室；7. 配电室；8. 机架大梁；9. 电钻；10. 后支撑座

工作原理：将水平支撑靴顶紧洞壁，前后支撑靴缩回，开动切削头旋转，后推进液压缸收缩，前推进液压缸伸出，开动排渣用的输送机；当切削头掘进一定深度时，将前后支撑靴顶紧洞壁，水平支撑靴缩回，后推进液压缸伸出、前推进液压缸缩回，这样掘进机外机架前移一段距离。按上述程序机器不断旋转掘进，不断换位前移，直至完成隧道开挖工作。

**4. 盾构机**

盾构机是一种集开挖、支护、衬砌等多种作业于一体的大型隧道施工机械，是用钢板制成的圆筒形结构物，在开挖隧道时，作为临时支护，并在筒形结构内安装开挖、运渣、拼装隧道衬砌的机械手及动力站等装置，以便安全作业，主要用于软弱、复杂等地层的隧道施工。如图 4-85 所示。

图 4-85　盾构机

使用盾构机进行隧道掘进的方法称为盾构施工法。其施工程序：在盾构机前部盾壳下挖土（机械挖土或人工挖土），一面挖土，一面用千斤顶向前顶进盾体，顶至一定长度后，再在盾尾拼装预制好的衬砌块，并以此作为下次顶进的基础，继续挖土顶进。在挖土的同时，将土屑运出盾构机。如此不断循环直至隧道施工完成。

（1）盾构机的分类。

按照工作原理可分为手掘式、挤压式、半机械式和机械式盾构。机械式盾构又可分为开胸式切削盾构和密闭式盾构，密闭式盾构又可分为气压式盾构、泥水加压盾构和土压平衡盾构等。

按盾构断面形式可分为圆形、矩形、混合型和异形盾构等。

（2）切削轮式盾构机。

切削轮式开挖的盾构机属于机械式盾构机，用主轴旋转驱动切削轮挖土，随切削轮旋转的周边铲斗将挖下的土屑倾落于皮带输送机上，运输到盾构机后部的运土斗车里，再运往洞外。与此同时，推进千斤顶不断推进。当推进到一个衬砌管片宽度时，逐片拼装衬砌管片，并回收拼装片范围内的千斤顶。整圈衬砌拼装完后，再开始一面顶进一面挖土，循环前进。图 4-86 为切削轮式盾构机的施工示意图。

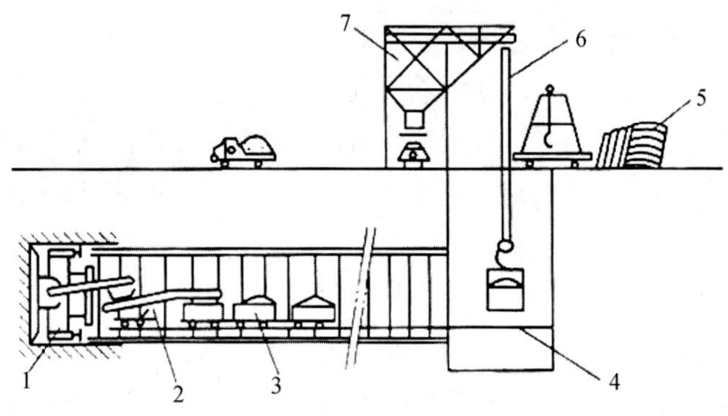


图 4-86　切削轮式盾构施工

1. 盾构；2. 管片台车；3. 运土斗车；4. 轨道；5. 材料场；6. 起重机；7. 弃土仓

用切削轮式施工的地质条件：掌子面土壁能直立，土层颗粒均匀，如黏性土类。易于坍塌的砂、砾土层、敏感性高的黏土，非常软且接近液化的黏土都不利于使用机械开挖。

## 二、非开挖施工机械

### 1. 顶管机

顶管施工是一种不开挖或者少开挖的管道埋设施工方法，如图 4-87 所示。顶管法施工就是在工作坑内借助于顶进设备产生的顶力，克服管道与周围土壤的摩擦力，将管道按设计的坡度顶入土中，并将土方运走。一节管子完成顶入土层之后，再下第二节管子继续顶进。其原理是借助主顶油缸及管道间、中继间等推力，把工具管或掘进机从工作坑内穿过土层一直推进到接收坑内吊起。管道紧随工具管或掘进机后面，埋设在两坑之间。

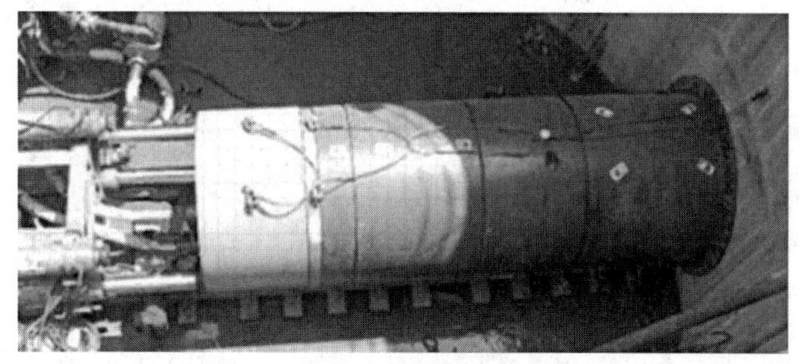

图 4-87　顶管法施工

顶管法施工属于非开挖工程技术，它彻底解决了管道埋设施工中对城市建筑物的破坏和道路交通堵塞等难题，在稳定土层和环境保护方面凸显其优势。这对交通繁忙、人口密集、地面建筑物众多、地下管线复杂的城市是非常重要的，避免了城市路面的“开膛破肚”。顶管法施工铺管直径、长度和材料范围较宽，使用寿命长，适用于铺设电力、通信、煤气和自来水管线等。

顶管机具有输出力大、重量轻、远距离操作等特点，顶管机广泛使用在电力维护，穿越公路，非开挖工程，可实现顶、推、拉、挤压等多种形式的作业。

（1）顶管机的分类。

1）按顶管机断面形式可分为圆形、矩形和异形。

2）按工作条件可分为开敞式人工顶管机和密闭式机械顶管机。

开敞式人工顶管机的工具管是开敞式的，在掌子面与后续管道之间没有设压力密封区，作业人员可以进入工具管，对掌子面进行人工挖掘和处理，操作简便。这种顶管机适用于土层条件较好且无地下水情况下的施工。

密闭式机械顶管机的开挖面与操作室之间设有压力隔板，把作业人员与掘进装置分隔开，在掌子面与后续管道之间设压力密封区。其掘进部分采用机械切削头，类似于盾构机。这种顶管机适用于土层条件较差和有地下水的情况。根据所使用的平衡介质的不同又可分为气压平衡管道顶管机、泥水平衡管道顶管机和土压平衡管道顶管机。

（2）顶管机的主要结构。

液压顶管机主要结构由四大部分组成：

1）主体部分：主要由两个双作用液压油缸组成。

2）液压泵站：分别配有柴油机泵站和电动机泵站。

3）支撑板：作用是固定机器和支撑坑壁。

4）顶杆与拉头：作用是顶进和回拖扩孔。

**2. 水平定向钻机**

水平定向钻机是在不开挖地表面的条件下，铺设多种地下公用设施的一种施工机械，如图 4-88 所示。

图 4-88　水平定向钻机

定向钻管道施工通称为“拉管”施工，广泛用于供水、电力、电信、天然气、煤气、石油等管线铺设施工，适用于沙土、黏土、卵石等地层，我国大部分非硬岩地区都可使用。具有施工速度快、施工精度高、成本低等优点。

（1）水平定向钻机分类。

按照水平定向钻机所提供的推拉力和扭矩的大小，可分为大、中、小型三大类。

（2）水平定向钻机的结构组成。

水平定向钻机主要由钻机系统、动力系统、控向系统、泥浆系统、钻具及辅助机具组成。

1）钻机系统：是钻进作业及回拖作业的主体，由钻机主机、转盘等组成。钻机主机放置在钻机架上，用于钻进和回拖作业；转盘装在钻机主机前端，连接钻杆，并通过改变转盘转向和输出转速及扭矩大小，达到不同作业状态的要求。

2）动力系统：由液压动力源和发电机组成动力源，为钻机系统提供动力和电力。

3）控向系统：是通过计算机监测和控制钻头在地下的具体位置和其他参数，引导钻头正确钻进的方向性工具。在其控制下，钻头才能按设计曲线钻进。现常采用手提无线式和有线式两种控向系统。

4）泥浆系统：由泥浆混合搅拌罐、泥浆泵及泥浆管路组成，为钻机系统提供适合钻进工况的泥浆。

5）钻具及辅助机具：是钻机钻进中钻孔和扩孔时所使用的各种机具。钻具主要包括适合各种地质的钻杆、钻头、泥浆马达、扩孔器、切割刀等机具。辅助机具包括卡环、旋转活接头和各种管径的拖拉头。

# 第八节　中小型机械

## 一、钢筋成型机械

### 1. 钢筋调直机

钢筋在使用前需要进行调直，否则结构中的曲折钢筋将会影响构筑物的抗拉和抗弯性能。钢筋调直剪切机用来自动调直并定尺切断钢筋，同时清除钢筋表面的氧化皮和污迹。钢筋调直机具有结构合理，操作方便安全可靠等特点，适用于建筑网片的钢筋调直，工作布置如图 4-89 所示。

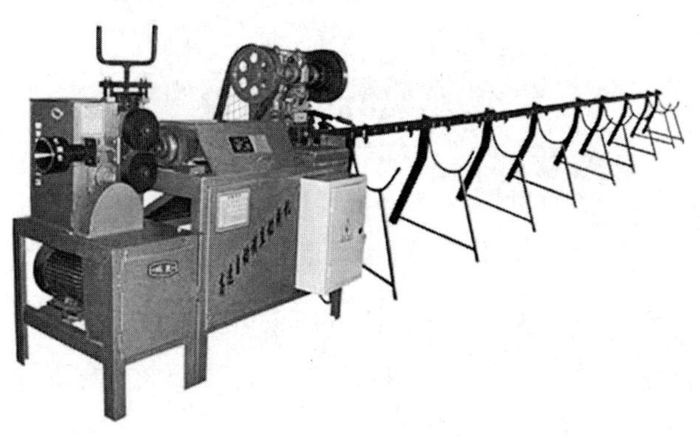

图 4-89　钢筋调直机

（1）钢筋调直切断机的种类和构造组成。

钢筋调直剪切机可分为孔模式和斜辊式两种，另外还有自动化程度高的数控钢筋调直剪切机。

数控钢筋调直剪切机，在钢筋切断装置上装有光电测长系统和光电计数装置，能自动控制剪切长度和剪断根数，且能使钢筋切断长度的控制更准确。但其调直、送料和牵引部分与一般钢筋调直剪切机相同。

1）孔模式钢筋调直剪切机。钢筋调直剪切机的工作原理如图 4-90 所示。作业时，绕在盘料架上的钢筋由连续旋转着的牵引辊拉过调直筒，并在下切式或旋切式刀片中间通过，被切断后进入承料架。当被调直的钢筋端头顶动定尺装置后，切断装置按规定动作将钢筋下料切断。钢筋下料后落入承料架，定尺装置复位，调直机进行下一段钢筋的调直。

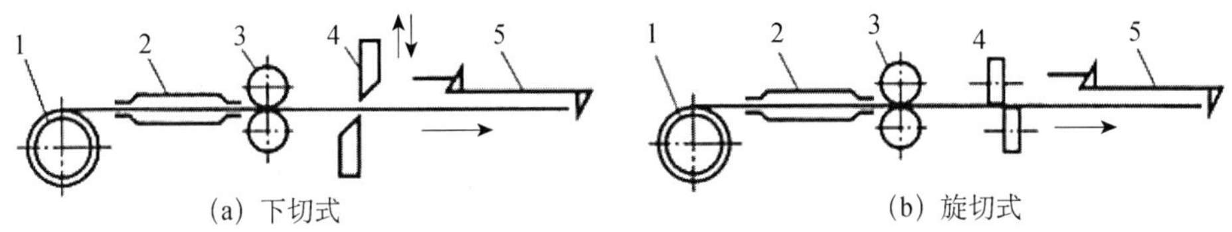


图 4-90　钢筋调直剪切机工作原理

1. 盘料架；2. 调直筒；3. 牵引辊；4. 剪刀；5. 定尺装置

调直装置即调直筒，是钢筋调直剪切机的重要部件。孔模式调直剪切机调直筒的结构如图 4-91 所示。调直筒支承在两端轴承上，筒体内有 5～7 个径向洞孔，在洞孔内各放一个工具钢制成的调直模，其轴向通孔可使被调钢筋通过。调直模靠两个螺塞夹住，并调整到各调直模轴向孔的轴线呈蛇形位置。调直筒由电动机通过皮带传动，使其高速旋转（GT3/8A 调直筒转速为 2 800 r/min），当钢筋通过调直筒内各调直模的轴向孔时，钢筋被调直模反复逼直，同时还可以除掉钢筋表面的氧化皮。

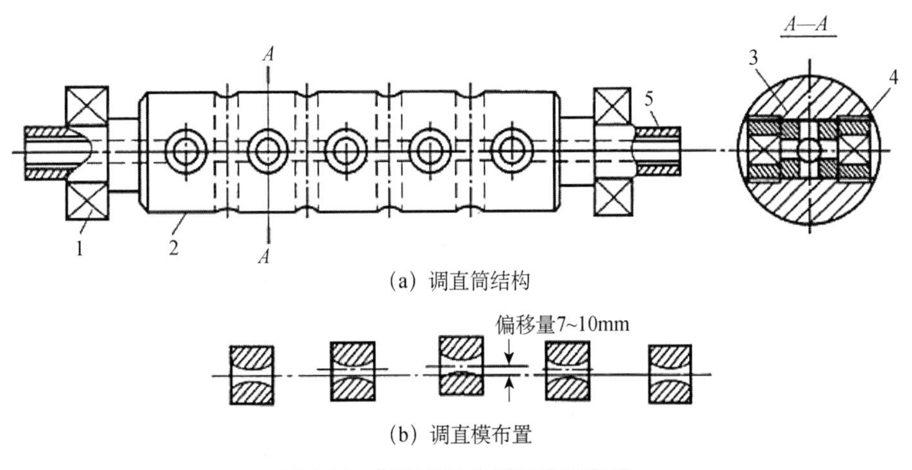


图 4-91　调直筒结构及调直模布置

1. 轴承；2. 筒体；3. 调直模；4. 螺塞；5. 孔口

2）斜辊式钢筋调直剪切机。斜辊式钢筋调直剪切机与孔模式钢筋调直剪切机基本相同，不同之处在于调直装置。如图 4-92 所示，斜辊式钢筋调直剪切机的调直筒由 5～7 个曲线辊组成，曲线辊可以调整角度，与钢筋轴线保持一定的斜角，从而使钢筋产生一定的送料速度。调直筒在高速旋转中使钢筋在曲线辊的作用下反复弯曲，产生塑性变形，从而达到调直钢筋的目的。采用斜辊代替调直模，克服了孔模式钢筋调直剪切机存在的摩擦阻力大、钢筋表面容易损伤、调直模和钢筋损耗大的缺点，尤其适用于冷轧带肋钢筋的调直剪断。

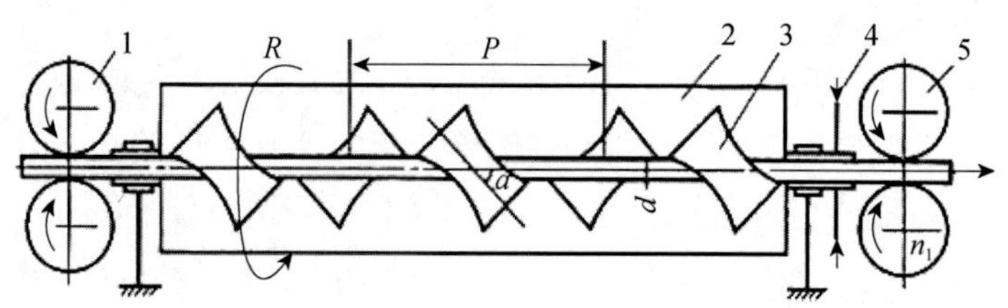


图 4-92 斜辊式钢筋调直机工作原理

1. 送料辊；2. 调直筒；3. 斜辊；4. 传动零件；5. 牵引辊

（2）技术性能及参数。

1）技术性能：动皮带数量齐全，无破损、断裂，松紧度应适宜；操作工在工作时不能离开机械过远，上盘、穿丝、引头切断时都必须进行停机；刀具安装牢固不应松动；刀口不应有缺损、裂纹，剪切刀具与剪切材料应在合适位置。接送料平台台面应和切刀下部保持平行。调直钢筋过程中，当发生钢筋跳出托盘导料槽，顶不到定长机构以及乱丝或钢筋脱架时，应及时按动限位开关，停止切断钢筋，待调整好后方准使用。机械在运转过程中，不得调整滚筒，严禁戴手套操作，并严禁在机械运转过程中进行维修保养作业。已调直、切断的钢筋，应按规格、根数分成小捆堆放整齐，不准乱堆，以防因钢筋成分、性能不同而造成质量事故，作业完毕，必须切断电源。

2）技术参数（见表 4-22）。

表 4-22 钢筋调直切断机性能参数表

| 型号 | GT1.6/4 | GT3/8 | GT6/12 | GT5/17 | LGT4/8 | LGT6/14 | WGT10/16 |
|---|---|---|---|---|---|---|---|
| 钢筋直径/mm | 1.6～4.0 | 3～8 | 6～12 | 5～17 | 4～8 | 6～14 | 10～16 |
| 钢筋抗拉强度/MPa | 650 | 650 | 650 | 1 500 | 800 | 800 | 1 000 |
| 切断长度/mm | 300～8 000 | | | | | | |
| 切断长度误差/mm | 1.0 | | | | | 1.5 | |
| 牵引速度/（m/min） | 20～30 | 40 | 30～50 | 30～50 | 40 | 30～50 | 20～30 |
| 调直筒转速/（r/min） | 2 800 | 2 800 | 1 900 | 1 900 | 2 800 | 1 450 | 1 450 |

**2. 断钢机**

钢筋切断机是将钢筋原材料或已调直的钢筋按所需长度切断的专用机械，按传动方式分为机械传动式和液压传动式两种。机械传动式切断机又分为曲柄连杆式和凸轮式，液压传动式又分为电动式和手动式，电动式还分为移动式和手持式。

（1）曲柄连杆式钢筋切断机。

图 4-93（a）为曲柄连杆式钢筋切断机，主要由电动机、传统系统、减速装置、曲柄连杆机构、机体和切断刀等组成。其传动系统如图 4-93（b）所示，由电动机驱动，通过皮带传动、圆柱齿轮减速，带动偏心轴、曲柄轴旋转。装在偏心轴上的连杆带动滑块和动刀片，在机座的滑轨中做往复直线运动，与固定在机座上的定刀片相配合切断钢筋。这种钢筋切断机有 GQ40、GQ50 等型号，型号的数字部分表示加工钢筋的直径范围，例如，GQ40 型可切断直

径 6～40 mm 的钢筋。

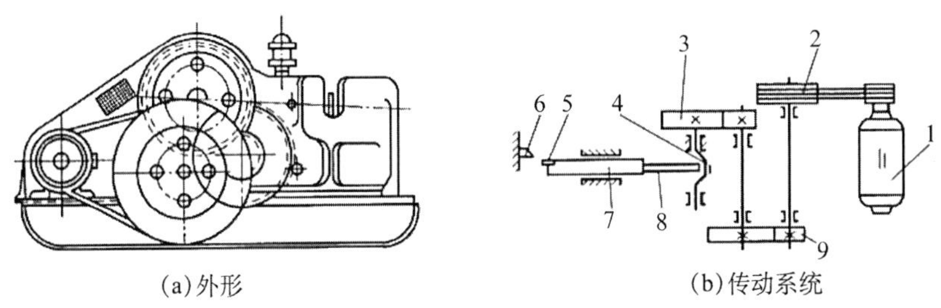


图 4-93　曲柄连杆式钢筋切断机

1. 电动机；2. 带轮；3、9. 减速齿轮；4. 曲柄轴；5. 动刀片；6. 定刀片；7. 滑块；8. 连杆

（2）凸轮式钢筋切断机。

图 4-94 为凸轮式钢筋切断机，主要由电动机、传动机构、操纵机构和机架组成。

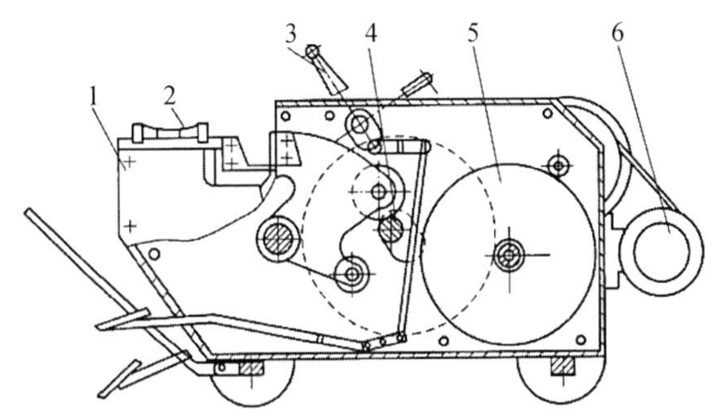


图 4-94　凸轮式钢筋切断机

1. 机架；2. 托料装置；3. 操作机构；4、5. 传动机构；6. 电动机

（3）液压式钢筋切断机。

图 4-95 为 DYJ-32 型电动液压钢筋切断机的结构示意图，主要由电动机、油泵缸、缸体、连接架、放油阀、油箱、偏心轴、切刀等组成。如图所示，电动机直接带动柱塞式高压泵工作，泵产生的高压油推动活塞运动，从而推动主刀片实现切断动作。当高压油推动活塞运动到一定位置时，两个回位弹簧被压缩而开启主阀，工作油开始回流。弹簧复位后，方可继续工作。

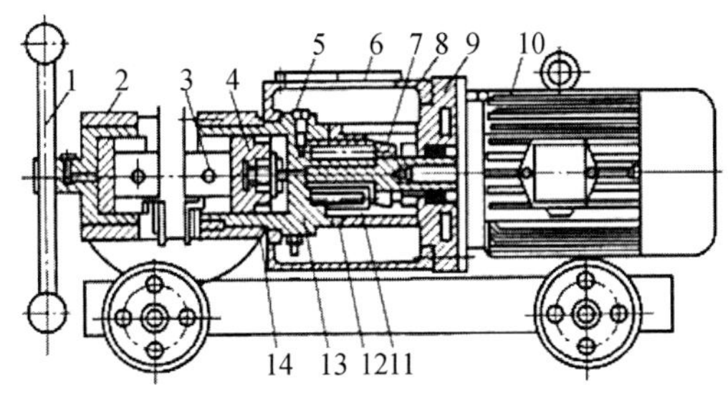


图 4-95　电动液压钢筋切断机

1. 手柄；2. 支座；3. 主刀片；4. 活塞；5. 放油阀；6. 观察玻璃；7. 偏心轴；8. 油箱；9. 连接架；10. 电动机；11. 柱塞；12. 油泵缸；13. 缸体；14. 皮碗

（4）电动液压手持式钢筋切断机。

图 4-96 为 GQ20 型电动液压手持式钢筋切断机，主要由电动机、油箱、工作头和机体等组成。电动液压手持式钢筋切断机自重轻，适合于高空和现场施工作业。

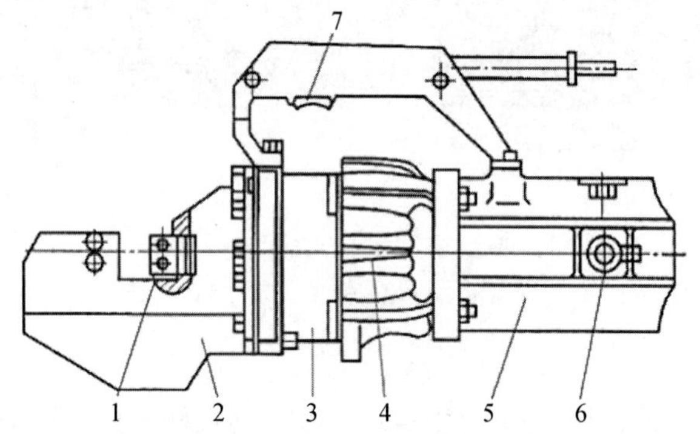


图 4-96 GQ20 型电动液压手持式钢筋切断机

1. 活动刀头；2. 工作头；3. 机体；4. 油箱；5. 电动机；6. 碳刷；7. 开关

**3. 钢筋弯曲机**

钢筋弯曲机（以下简称弯钢机，如图 4-97 所示）是将调直、切断后的钢筋，弯曲成所需尺寸和形状的专用设备。在建筑工地广泛使用的台式钢筋弯曲机，按传动方式可分为机械式和液压式两类；其中机械式钢筋弯曲机又分为蜗轮蜗杆式、齿轮式等型式。其主要用于电力施工和建筑工程等钢管或钢筋的折弯，具有功能多、结构合理、操作简单等优点。

图 4-97 弯钢机

钢筋弯曲机的工作过程如图 4-98 所示。首先将钢筋放到工作盘的心轴和成型轴之间，开动弯曲机使工作盘转动，由于钢筋一端被挡铁轴挡住，因而钢筋被成型轴推压，绕心轴进行弯曲。当达到所要求的角度时，自动或手动使工作盘停止，然后使工作盘反转复位。如要改变钢筋弯曲的曲率，可以更换不同直径的心轴。

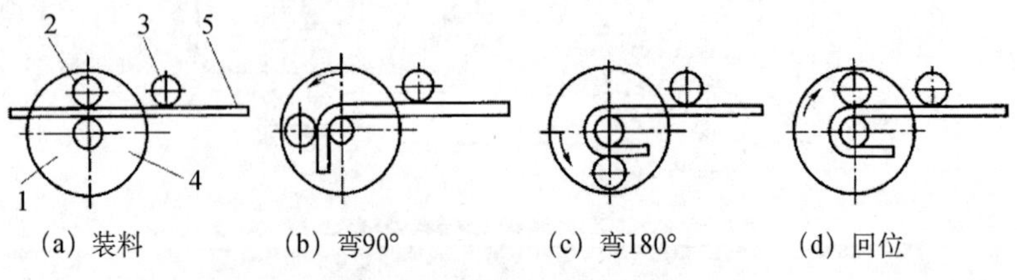


图 4-98 弯钢机工作过程

1. 心轴；2. 成型轴；3. 挡铁轴；4. 工作盘；5. 钢筋

（1）蜗轮蜗杆式钢筋弯曲机。

图 4-99 为 GW40 型钢筋弯曲机传动系统，由电动机经三角皮带、两对齿轮和蜗轮蜗杆传动，带动装在蜗轮轴上的工作盘转动。工作盘上一般有 9 个轴孔，中心孔用来插心轴，周围 8 个孔用来插成型轴。通过调整成型轴的位置，即可将被加工的钢筋弯曲成所需要的形状。更换齿轮，可使主轴及工作盘获得不同的转速。一般情况下，工作盘转速为 3.7 r/min 时，适合弯曲直径 25～40 mm 的钢筋；转速为 7.2 r/min 时，适合弯曲直径 18～22 mm 的钢筋；转速为 14 r/min 时，适合弯曲直径 18 mm 以下的钢筋。

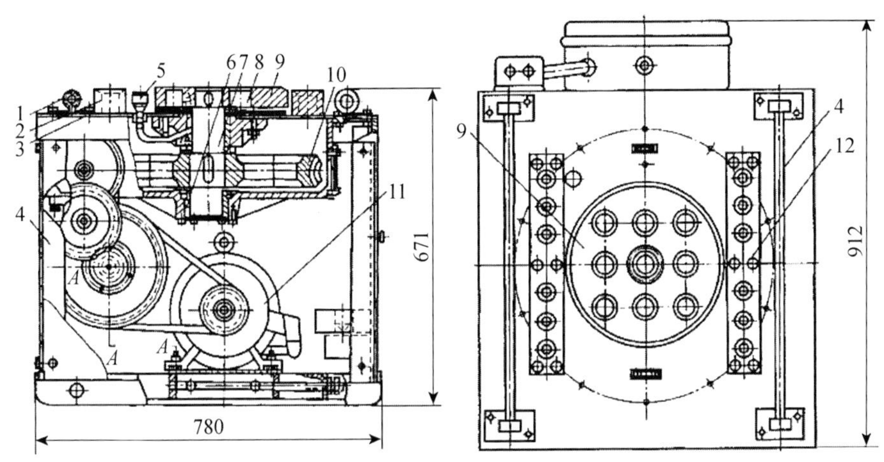


图 4-99　GW40 型钢筋弯曲机构造

1. 机身；2. 工作台；3. 插座；4. 滚轴；5. 油杯；6. 蜗轮箱；7. 工作主轴；8. 轴承；9. 工作圆盘；10. 蜗轮；11. 电动机；12. 孔眼条板

为保证钢筋设计的弯曲半径，弯曲机配有不同直径的心轴，有 16 mm、20 mm、25 mm、35 mm、45 mm、60 mm、75 mm、85 mm、100 mm 共九种规格，以供选用。

（2）齿轮式钢筋弯曲机。

齿轮式钢筋弯曲机以全封闭的齿轮减速箱代替了传统的蜗轮蜗杆传动，并增加了角度自动控制机构及制动装置。

## 二、焊接设备

### 1. 电弧焊机

电焊机是建筑施工现场广泛使用的焊接设备之一，根据焊条电弧焊电源的不同，有交流弧焊机和直流弧焊机两类，大部分使用交流电焊机，型号多使用 BX1-316、BX1-250、BX1-500 等，外形如图 4-100 所示。

交流电焊机实质上是一种特殊的降压变压器，在焊条引燃后电压急剧下降，一般交流电焊机接入电网的电压为单相 380 V。为了保证焊接过程频繁短路（焊条与焊件接触），要求电压能自动降至趋近于零，以限制短路电流不致无限增大而烧毁电源。为了满足引弧与安全的需要，空载（焊接）时，要求空载电压为 60～80 V，这既能顺利起弧，又比较安全。焊接

图 4-100　BX 系列电弧焊机

起弧以后，要求电压能自动下降到电弧正常工作所需的电压，即为工作电压，为 20～40 V，此电压也为安全电压。焊接时，电弧两端的电压应在工作电压的范围内，电弧长度长时，电弧电压应高些；电弧长度短时，则电弧电压应低些。因此，弧焊变压器应适应电弧长度的变化而保证电弧的稳定。

交流电焊机使用时要正确接线，即电焊机的外壳与二次线侧应接零或接地，防止外壳露点或高压窜入低压造成触电危险。电焊机的电源线应为三芯橡皮软线，要经常检查导线电缆的绝缘是否有损伤，使设备处于良好的技术状态。

交流电焊机的焊接电流是可调节的，为了适应不同材料和板厚的焊接要求，焊接电流能从几十安培调到几百安培，并可根据工件的厚度和所用焊条直径的大小任意调节所需的电流值。电流的调节一般分为两级：一级是粗调，常用改变输出线头的接法（Ⅰ位置连接或Ⅱ位置连接），从而改变内部线圈的圈数来实现电流大范围的调节。粗调时应在切断电源的情况下进行，以防止触电伤害；另一级是细调，常用改变电焊机内“可动铁芯”（动铁芯式）或“可动线圈”（动圈式）的位置来达到所需电流值。细调节的操作是通过旋转手柄来实现的，当手柄逆时针旋转时电流值增大，手柄顺时针旋转时电流减小，细调节应在空载状态下进行。各种型号的电焊机粗调与细调的范围，可查阅铭牌上的说明。

**2. 对焊机**

图 4-101 为 UN1 系列对焊机的外形和工作原理图。对焊机也称为电流焊机或电阻碰焊机，利用两工件接触面之间的电阻，瞬间通过低电压大电流，使两个互相对接的金属接触面瞬间发热至融化并融合。

根据对焊机的工作原理，对焊工艺可分为电阻焊和闪光焊两种。电阻焊是将钢筋的接头加热到塑性状态后切断电源，再加压达到塑性连接。这种焊接工艺容易在接头部位产生氧化或夹渣，并且要求钢筋端面加工平整光洁，同时焊接时能耗很大，需要大功率焊机，所以很少采用。闪光焊是指在焊接过程中，从钢筋接头中喷出的熔化金属微粒，呈现火花状，即闪光。在熔化金属喷出的同时，也将氧化物及夹渣带出，提高对焊接头质量。闪光焊对焊接接头无须加工，加热时间短，生产率高。所以，闪光焊被广泛地应用，尤其低碳钢和低合金钢的钢筋对接时，应用更为普遍。

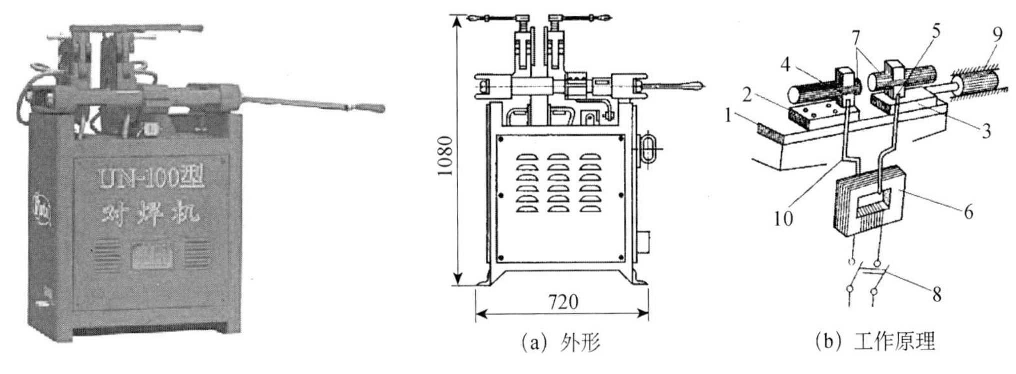

(a) 外形　　(b) 工作原理

图 4-101　UN1 系列对焊机

1. 机身；2. 固定平板；3. 滑动平板；4. 固定电极；5. 活动电极；6. 变压器；7. 待焊钢筋；8. 开关；9. 加压机构；10. 变压器次级线圈

（1）对焊机的种类。

钢筋对焊机按结构形式分为弹簧加压式、杠杆加压式、电动凸轮加压式和气压自动加压式等。钢筋对焊机有 UN、UNl、UNs、UNg 等系列。钢筋对焊常用的是 UNl 系列。这种对焊机专用于电阻焊接或闪光焊接低碳钢、有色金属等，按其额定功率不同，有 Unl-25、Unl-75、Unl-100 型杠杆加压式对焊机和 Unl-150 型气压自动加压式对焊机等。

（2）对焊机的构造组成。

对焊机主要由变压器、固定电极、活动电极、加压机构、控制系统、冷却系统等组成。

## 三、木工电锯

电锯，又名“动力锯”，边缘有尖齿。分为固定式和手提式，锯条一般是用工具钢制成，有圆形、条形带锯机以及链式等多种，图 4-102 为带锯机外形图。

简易木工电锯主要是施工现场使用的简易木工圆盘电锯，如图 4-103 所示。圆盘锯由工作台、电动机、传动皮带、圆锯盘、防护罩、电器系统等组成，常用的锯片直径为 400 mm 左右，最大锯切厚度 125 mm 左右，电机功率 3 kW，主要用于施工现场木材加工使用。圆盘锯使用时，必须安装牢固，台面平整，锯片安装稳固，无裂纹、无连续断齿；使用专用开关箱；锯片防护罩、锯片上方防护挡板、分料器等安全装置必须完好有效；安装验收后方可使用，使用中严格执行操作规程，电气线路符合绝缘防火要求，配备消防器材，确保使用安全。

图 4-102　带锯机

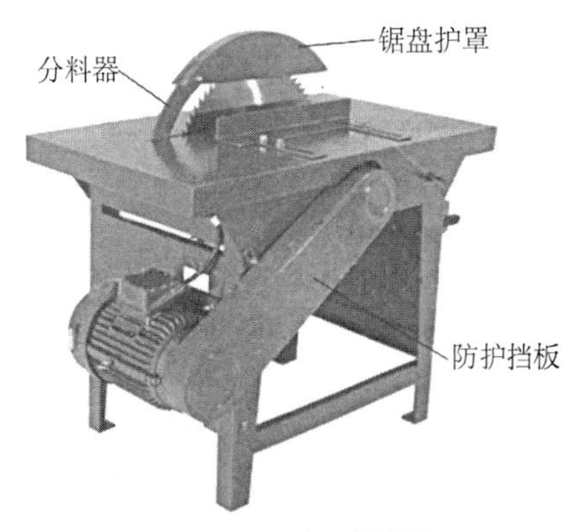

图 4-103　木工圆锯机

## 四、水泵

在建筑施工中，消防、基坑降水、施工供水、排水等都需要使用水泵，水泵的分类方法很多，按安装方式的不同有立式和卧式之分；按工作方式可分为柱塞泵、离心泵、射流泵、螺杆泵等；按介质不同可分为清水泵、污水泵、泥浆泵、耐蚀泵等。

水泵的性能参数有扬程、流量、转数、功率、允许上吸空高度、效率和比转数等。

**1. 离心式水泵**

离心泵靠旋转叶轮对液体的作用把原动机的机械能传递给液体。水泵开动前，先将泵和进水管灌满水，水泵运转后，在叶轮高速旋转而产生的离心力的作用下，叶轮流道里的水被甩向四周，压入蜗壳，叶轮入口形成真空，水池的水在外界大气压力下沿入水管被压入该空间。压入的水又被叶轮甩出经蜗壳进入出水管。在离心泵叶轮旋转下，水便可源源不断地从低处扬到高处。

离心式水泵根据安装方式分立式和卧式两种，如图 4-104、图 4-105 所示。

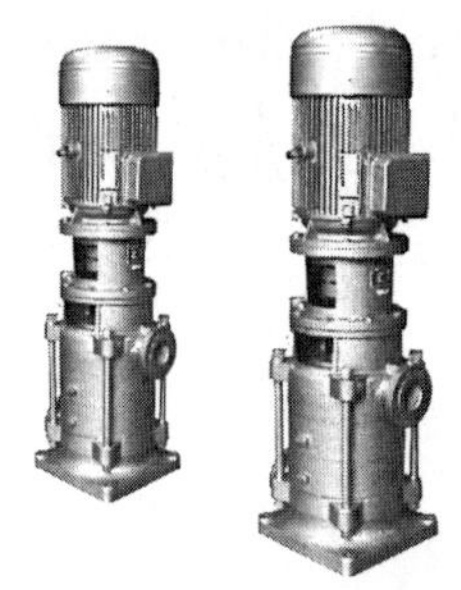

图 4-104　立式离心水泵

图 4-105　卧式离心水泵

**2. 潜水泵**

潜水泵如图 4-106 所示，是电机与水泵直联一体，潜入水中工作的抽水机具。潜水泵大体上可以分为清水潜水泵、污水潜水泵、海水潜水泵（有腐蚀性）三类。具有结构简单、效率高、噪声小、运行安全可靠、安装维修方便的优点。潜水泵适用于建设施工地下排水以及农业水排灌、工业水循环、城乡居民饮用水供应等；启动前需要向泵里灌水才能使用。

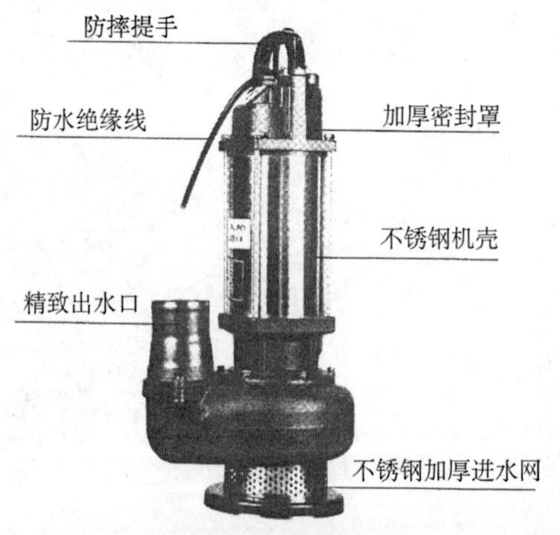


图 4-106　潜水泵

# 第五章　建筑机械维修

## 第一节　建筑机械常见故障类型、原因及影响因素

建筑机械的使用环境恶劣，又由于材料、工艺、零件老化和人为因素等影响，在使用中不可避免地会出现各种各样的故障。在施工过程中如果建筑机械发生故障，不但会影响正常的施工进度、造成不必要的经济损失，减少建筑机械的使用寿命，同时还会产生安全隐患，甚至发生人身伤亡及机械事故。正确地分析各种故障原因，采取有效的、针对性强的防范措施，可以减慢机械零部件的损伤速度，防止故障连锁发生，延长建筑机械使用寿命，有效预防建筑机械的故障及事故，使机械设备正常运转，从而保证生产、保障安全。

### 一、建筑机械常见故障

**1. 建筑机械作业特点**

1）施工场地条件恶劣，工作地点大多在野外，露天作业。

2）天气原因复杂易变，不同区域气候条件极其恶劣，气温过高或过低都会使得建筑机械工作环境不稳定。

3）受季节影响大。

4）带有突击性。突击作业时，机械的工作时间经常阶段性满负荷运行，虽大大提高了设备利用率，但是在这段期间设备得不到及时保养处于疲劳作业状态。

5）对环境要求高。施工的气候条件和地理条件使得建筑设备保养不及时。气温过高使润滑油黏度下降，油压下降；气温过低，润滑油黏度增加，油液不易到达润滑部位，润滑效果差；工地空气中粉尘大，使油液杂质增加，气温过高又会加速油液的氧化，这些都使润滑油的品质变差；机械表面经常布满灰尘和泥土，增加了润滑工作的管理困难，导致建筑机械工作装置的行走机构磨损加剧。

**2. 建筑机械故障损坏规律**

1）转场的冲击或其他原因，机械易发生主要结构变形、工作机构移位、零部件的损伤。

2）环境粉尘异物，易造成运动机件磨损、卡塞损伤失效。

3）使用环境腐蚀物，造成运动机件密封件损伤失效。

4）工作负荷大，造成运动机件断裂损伤失效。

5）长期维护保养缺失或者不及时，造成运动机件非正常磨损失效。

**3. 建筑机械常见故障类型**

1）损坏型故障：如断裂、开裂、点蚀、烧蚀、变形、拉伤、龟裂、压痕等。

2）退化型故障：如老化、变质、剥落、异常磨损等。

3）松脱型故障：如松动、脱落等。

4）失调型故障：如压力过高或过低、形成失调、间隙过大或过小、干涉等。

5）堵塞与渗漏型故障：如堵塞、漏水、漏气、漏油等。

6）性能衰退或功能失效型故障：如功能失效、性能衰退、过热等。

## 二、产生故障的原因及后果

机械的某些部件和零件的工作能力丧失，或工作性能低于规定的要求称为机械故障，根据故障产生的原因或性质主要分为自然磨损故障和事故性故障两大类。自然磨损故障是由于机械长期使用，零件不可避免的自然磨损所致。而事故性故障是由于违反操作规程、维修装配错误及意外事故造成，例如，严重超载、发动机水箱冻裂、翻车事故以及建筑起重机械折臂事故等。

**1. 机械自然故障的表现形式**

一般机械故障产生的主要原因是由于机械的某一部件因磨损失去原有配合精度、变形而影响配合及位置精度、破损而丧失工作能力等所致。只要及时发现并修复引起故障的部件，机械故障即可排除。机械故障产生的具体原因如下：

1）建筑机械由于零部件配合关系遭到破坏而引起的故障。由于间隙配合的零件配合间隙增大，使零件发生冲击、应力急剧增大而使零件破坏和使用性能达不到规定要求。例如，轴承间隙、柱塞与柱塞套筒间隙、活塞环与缸筒间隙等。过盈配合的机件由于过盈量减少或变为间隙配合，使零件丧失工作能力而引起故障，如铜套滑动、滚动轴承外圈与座孔配合松动、气门座圈脱落、飞轮松动等。

2）建筑机械由于零部件相互位置精度遭到破坏引起的故障。零部件的同轴度、平行度、垂直度等超出了误差允许的范围均为位置精度遭到破坏。

3）建筑机械由于零部件间连接松动或脱开，某些部件缺乏及时调整所造成的故障，例如，焊接开裂、螺栓松脱、键连接失效、链条张力过低等，机械常由于某一零件的损坏而波及其他零件和机构。例如，变速箱中某一齿轮打齿后，小块的碎落物夹入齿轮的合齿间，而引起连续的断齿甚至使变速箱胀裂；某些螺钉的松脱会引起其他螺钉受力增大而被切断。

**2. 产生故障的原因**

（1）磨损原因。

机械在使用过程中，相互摩擦的零件表面发生尺寸、形状和表面质量变化的现象称为磨损。根据磨损的特点，磨损又分为自然磨损和事故磨损。自然磨损是指机械在正常使用的情况下，零件尺寸、形状、体积等逐渐变化，自然磨损在正常使用条件下是不可避免的。事故磨损是指机械零部件在较短时间内急剧磨损，事故磨损可使机械设备零部件功能迅速失效。

自然磨损一般由可分为摩擦磨损、磨料磨损、粘附磨损、疲劳点蚀、腐蚀磨损等。引起自然磨损主要原因是零件表面机械加工质量因素、材质因素、配合性质、润滑情况、机械使用条件等。

（2）建筑机械结构和零部件的疲劳。

建筑机械在使用过程中，其结构和零部件受力状况都很复杂，在反复的交变应力作用下，导致机械结构或零部件产生塑性变形、断裂从而影响设备使用。

（3）老化现象。

建筑机械零部件中的密封件、电气线路的电源线等都是由橡胶和塑料材料制成，在使用一定时期后，其随着时间的推移，逐渐失去材料活性，原来的弹性、柔韧性消失，从而变硬变脆、变形开裂、强度降低的情况。

（4）腐蚀影响。

由于建筑机械使用中，一般是露天作业情况多，作业环境恶劣；与大气、雨水接触，或接触的液体物质、工作对象很多具有腐蚀性，导致建筑机械设备发生锈蚀、化学腐蚀等。

（5）不良使用。

建筑机械在使用过程中，因保养、维修不当，转场安装不佳、超载超速、保养维护不及时等不正确使用，也是导致建筑机械故障的因素之一。

（6）建筑机械中的缺陷。

建筑机械在制造中的缺陷也是引起故障的因素，例如，在制造中设计的合理性、材料的选用、加工的质量、装配的质量等。

**3. 故障导致的不良后果**

1）会导致建筑机械无法正常运转，甚至因故障停机而不能使用，影响生产正常进行。

2）可能造成事故的发生，如果不及时修理，小故障会演变成大故障，故障就会演变成事故，造成人员伤亡和设备损坏。

3）建筑机械长期带病运转，会使设备加快磨损，使零部件或整机损坏；增加使用成本，维修费用加大，设备寿命减少或提前报废。

## 第二节　常见典型建筑机械的故障排除和应急维修方法

建筑机械发生故障是很难避免的，一旦发生故障就需要迅速排除，特别是在建筑施工现场，工地多在荒郊野外，处理机械故障只能在施工现场进行。为保证施工生产的连续进行，就需要现场维修人员及时查明故障原因，快速修复机械设备并恢复使用。在维修工作中应注意安全，清洁、保养、维修机械或电气装置前，必须先切断电源，等机械停稳后再进行操作。严禁带电或采用预约停送电时间的方式进行检修。

## 一、建筑机械常见故障排除

当建筑机械设备出现故障时，应及时检查修理，问题严重的应立即停止作业，查明故障部位，判断其产生原因，采取相应的措施，并及时进行修复。每种建筑机械有自己的操作规程和维修使用方法，一般厂家产品说明书中都有常见故障和维修方法的具体说明，在此不一一列出，以下列出建筑工地常用的塔式起重机、施工升降机、轮式装载机、混凝土搅拌机、混凝土振动器的常见故障及排除方法，见表 5-1 至表 5-5。

**表 5-1　塔式起重机常见故障及排除方法**

| 常见故障 | | 故障原因 | 排除方法 |
|---|---|---|---|
| 一、机械系统 | 1. 减速器振动较大 | 联轴器安装不正确，两轴不同心，地脚螺栓松动 | 拧紧安装螺栓，校对中心轴线 |
| | 2. 减速器漏油 | 油封失效，轴颈松动 | 换油封，修磨轴颈或换轴 |
| | 3. 滑动轴承过热 | 轴承偏斜或过紧，润滑油缺乏、硬化或油中有杂质 | 调节偏斜、轴承松紧程度，检查润滑油，清洗轴承或换上新轴承 |
| | 4. 滑动轴承严重磨损 | 润滑油中有杂质或润滑油缺乏 | 清洗和换新油，更换磨损严重的衬套 |
| | 5. 制动器制动不灵 | 制动器瓦块与制动轮间隙过大，有油污或弹簧松弛行程不够 | 调整间隙，清洗油污 |
| | 6. 制动器闸瓦发热冒烟 | 制动器松闸时瓦块与制动轮未脱开 | 调整弹簧，调整闸瓦行程 |
| | 7. 支承回转装置回转动作跳动或严重晃动 | 大小齿轮啮合不良，采用轴枢结构的轴承松动 | 检修，如有断齿应更换调整轴枢间隙 |
| | 8. 支承回转装置臂架有叩头摆动 | 采用回转滚动轴承的安装不好，螺栓松动；采用水平支承滚轮的间隙过大 | 调整回转滚动轴承，拧紧螺栓，调整水平滚轮间隙 |
| | 9. 车轮轮缘磨损严重 | 轨距不准啃轨或行走枢轴间隙过大 | 检查调整轨距，调整枢轴间隙或换轮 |
| | 10. 塔机行走时，行走装置上部结构振动太大 | 1. 轨道凹凸不平<br>2. 轮轴轴承磨损或损坏<br>3. 操作时变换速度太大，起、制动惯性力大 | 1. 调节轨道平直度<br>2. 调换轮轴轴承<br>3. 操作时动作稍微缓慢，必要时，调整电器的起、制动时间 |
| | 11. 连接螺栓工作中有响动 | 多次拆装，螺栓孔扩大，工作中螺栓松动 | 应重新选配精制的螺栓，并按规定拧紧 |
| | 12. 塔身偏斜 | 1. 安装时缺少校正检查<br>2. 受载振动，引起螺栓松动 | 1. 用经纬仪校正<br>2. 按规定的预紧力把各法兰接头的螺栓拧紧；对于附着式自升塔机，调整附着装置及行走斜撑杆的调节螺母 |
| 二、电气系统 | 1. 接电后，电动机不转 | 1. 定子回转中断<br>2. 保险丝断了<br>3. 过电流继电器动作 | 1. 用万用表检查定子回路<br>2. 检查保险丝<br>3. 检查过电流继电器的整定值 |
| | 2. 整个电动机均匀发热 | 1. 电动机超负荷<br>2. 电机运作时间超过规定值<br>3. 线路电压太低 | 1. 减少载荷<br>2. 缩短工作时间<br>3. 提高线路电压 |
| | 3. 电动机局部发热 | 1. 电动机超负荷<br>2. 某一相绕组与外壳短路<br>3. 转子与定子相碰 | 1. 减少载荷<br>2. 检查保险丝和配线，找出断线处，接好；用通表确定短路的部位，再酌情排除<br>3. 检查定子与转子之间的间隙，更换轴承 |

续表

| 常见故障 | | 故障原因 | 排除方法 |
|---|---|---|---|
| 二、电气系统 | 4. 电动机输出功率太小，沉重 | 1. 制动器没完全松开<br>2. 机械卡阻<br>3. 转子电路里电阻没有完全切除<br>4. 线路电压太低<br>5. 转子或定子回路中接触不良 | 1. 调整制动器<br>2. 清除卡阻现象<br>3. 检查各部分的接触情况<br>4. 用电压表测电压，如果电压过低，应停止工作 |
| | 5. 电动机停不了 | 控制器接头被电弧焊接住 | 检查控制器触头间隙，清洗或更换触头 |
| | 6. 控制器接电时，电动机不转动 | 1. 控制器触头没有接通<br>2. 控制器内转子或定子回路有接触不良 | 1. 检修触头<br>2. 检修各处接线 |
| | 7. 控制器接通时，过电流继电器动作 | 1. 控制器内有脏物或灰尘使相邻触头互相短接<br>2. 导线绝缘不良<br>3. 触头与外壳短接 | 1. 除尘去脏<br>2. 加敷绝缘<br>3. 校正支柱 |
| | 8. 电动机只能单方面转动 | 1. 反向控制器触头接触不良<br>2. 控制器中转动机构有毛病 | 检查内部机构 |
| | 9. 控制器在最后位置上电动机达不到应有的转速 | 1. 控制器和电阻间的配线错误，或电阻器坏了<br>2. 控制器转动部分有毛病 | 1. 按图正确接线<br>2. 检修转动机构 |
| | 10. 没电时，接触器掉不下来 | 1. 接触器安放位置不垂直<br>2. 运动系统卡住 | 1. 重新规范安装接触器<br>2. 检修运动系统 |
| | 11. 主接触器不吸合 | 1. 安全开关没有接通<br>2. 控制器手盘指针不在零位<br>3. 线路无电压或电压过低<br>4. 过电流继电器的常闭触头打开<br>5. 控制电路保险丝断了<br>6. 接触器线圈烧坏或断路<br>7. 接触器机械部分有毛病 | 逐项检查排除 |
| | 12. 总配电盘上的刀闸开关接通时，控制电路中保险丝被烧断 | 控制电路中有短路的地方 | 排除短路故障 |
| | 13. 主接触器一动作，过电流继电器立即动作，使接触器不能工作 | 主电路有短路的地方 | 排除短路故障 |
| | 14. 起重机的机构一个也不动作 | 1. 线路无电压<br>2. 保险丝断了 | 1. 检修电源<br>2. 换保险丝 |
| | 15. 起重机运行时，接触器经常断电 | 接触器的辅助触头的压力不足，或接触不良 | 检修辅助触头，调整其压力 |
| | 16. 起负荷限位器工作失灵 | 1. 压力弹簧日久失效<br>2. 运输中碰坏限位器 | 1. 更换压力弹簧<br>2. 更换限位器，并重新调整 |

**表 5-2　施工升降机常见故障及排除方法**

| 常见故障现象 | | 故障原因 | 排除方法 |
|---|---|---|---|
| 一、齿轮齿条式施工升降机 | 总电源开关合闸跳闸 | 电路内部损伤，短路或相线接地 | 检查、更换、恢复损伤或短路线路 |
| | 电源正常，主接触器不吸合 | 1. 有限位开关没复位<br>2. 相序接错<br>3. 元件损坏或线路开路断路 | 检查主接触器控制回路、主电源回路，排除异常 |

续表

| 常见故障现象 | | 故障原因 | 排除方法 |
|---|---|---|---|
| 一、齿轮齿条式施工升降机 | 操作按钮或手柄置于上下运行位置，但接触器无动作 | 1. 上下限位不同<br>2. 操作台线路断路 | 检查、恢复线路 |
| | 电机启动困难，轿箱（吊笼）不启动，电机有异常电流响声 | 1. 超载<br>2. 电机掉相<br>3. 制动器没有打开<br>4. 供电电压低于 360 V 或供电阻抗过大 | 卸载，检查电机电源线，检查恢复电机制动器，检查恢复进线主电源；检查升降接触器辅助触点、制动器线圈、整流桥等是否损坏，更换修复 |
| | 吊笼运行越程（冲顶或蹲底） | 1. 限位开关损坏<br>2. 限位碰块移位或脱落<br>3. 接触器粘结 | 更换限位开关，恢复限位碰块，检查维修线路 |
| | 交流接触器释放延时 | 接触器复位受阻或黏接 | 更换接触器 |
| | 操作时吊笼有时正常，有时不正常 | 线路接触不良，有虚接现象 | 检查修复线路 |
| | 轿箱上下运行时有自停现象 | 1. 超载运行，电机过热，导致热继电器动作<br>2. 吊笼门未关好，门限位开关接触不好 | 减载并使电机自然冷却，检查修复限位开关 |
| | 传动机构温升过大 | 1. 润滑油不足或变质<br>2. 吊笼运行有异常阻力 | 添加或更换减速箱润滑油，检查吊笼导向轮转动及润滑情况 |
| | 启动后电机运转而吊笼不动作 | 减速机内部磨损损坏 | 检查更换减速机构部件或总成 |
| | 正常运行时安全器动作 | 1.标定速度太低<br>2.离心甩块弹簧松脱，调整临界转速的弹簧使用后弹性变化 | 拆下防坠安全器返厂重新标定 |
| | 防坠安全器制动时距离过长或过短 | 防坠器锁紧铜螺母位置不对 | 拆卸防坠器后盖，如制动过长，旋进 1～2 圈；如过短，铜螺母旋出 1～2 圈 |
| | 坠落试验时，防坠器不动作 | 安全器内机件受潮锈蚀或有漏油渗出 | 返厂维修并重新标定 |
| | 吊笼制动时下滑 | 1. 制动器制动力矩太小<br>2. 制动器制动块有油污<br>3. 制动块磨损 | 调整制动器调节螺母；清除油污；更换制动块 |
| | 轿箱（吊笼）运行抖动 | 齿轮齿条啮合间隙太大；轿箱滚轮与导轨架主肢间隙过大；导轨架安装不平；导轨架变形 | 调整间隙，检查、修复或更换机件 |
| | 减速机漏油 | 1. 密封件损坏<br>2. 润滑油位过高<br>3. 减速机温升过高 | 更换密封件；调整到规定油位；减速机内部损坏，拆卸修复 |
| 二、钢丝绳式施工升降机 | 带载上升或下降困难 | 供电电压低；超载 | 调整供电电压，保证启动电压不低于 360 V；卸下超载部分 |
| | 电机温升过高 | 电机内部故障，导致电机工作电流过大或三相失衡 | 检查电机 |
| | | 低电压工作 | 检查线路电压，保证工作电压在 380 V±5%的范围 |
| | | 卷扬机传动系统润滑不良或电机过载 | 检查卷扬机，补充或更换润滑油，不得超载运行 |

续表

| 常见故障现象 | | 故障原因 | 排除方法 |
|---|---|---|---|
| 二、钢丝绳式施工升降机 | 电机温升过高 | 吊笼运行有异常摩擦，断绳安全装置的制动瓦与导轨架主肢间隙过小 | 检查吊笼运行情况，调整间隙不小于 3 mm |
| | 停车时吊笼下滑 | 电机制动环磨损，电机制动环装配位置不佳 | 更换或按电机使用说明重新调整制动环 |
| | 断绳安全装置制动不灵 | 制动瓦衬磨损，是制动瓦与导轨架主肢间隙过大 | 更换制动瓦 |
| | | 弹簧失效或斜块滑道生锈 | 更换弹簧，给滑道定期加油 |
| | 行程开关失灵，或行程开关动作时，电机不断电 | 行程开关触点磨损或触头碰坏；或行程开关线路有短路现象 | 更换行程开关，检查线路 |
| | 吊笼抖动或异常跳动 | 卷扬机钢丝绳乱绳 | 检查卷扬机，排好钢丝绳 |

**表 5-3　轮式装载机常见故障及排除方法**

| 常见故障 | | 故障原因 | 排除方法 |
|---|---|---|---|
| 一、传动系统 | 1. 各挡变速压力均低 | 1. 变速器油池油位过低<br>2. 主油道漏油<br>3. 变速器滤油器堵塞<br>4. 变速泵失效<br>5. 变速操纵阀调压阀调整不当<br>6. 变速操纵阀调压阀弹簧失效<br>7 变速操纵阀调压阀蓄能器活塞被卡 | 1. 加油到规定油位<br>2. 检查主油道<br>3. 清洗或更换滤油器<br>4. 拆开检查或更换变速泵<br>5. 按规定重新调整<br>6. 更换调压阀弹簧<br>7. 拆检并消除被卡的现象 |
| | 2. 某个挡变速压力低 | 1. 该挡活塞密封环损坏<br>2. 该油路中密封圈损坏<br>3. 该挡油道漏油 | 1. 更换密封环<br>2. 更换密封圈<br>3. 检查漏油处并予排除 |
| | 3. 变矩器油温过高 | 1. 变速器油池油位过低<br>2. 变速器油池油位过高<br>3. 变速压力低，离合器打滑<br>4. 变矩器油散热器堵塞<br>5. 变矩器连续高负荷工作时间太长 | 1. 加油到规定油位<br>2. 放油到规定油位<br>3. 见传动系统故障 1、2 的排除方法<br>4. 清洗或更换散热器<br>5. 适当停车冷却 |
| | 4. 发动机高速运转，车开不动 | 1. 变速操纵阀的切断阀阀杆不能回位<br>2. 未挂上挡<br>3. 变速调压阀弹簧折断<br>4. 见传动系统故障 1 的 1、2、3、4 原因 | 1. 拆检切断阀，找出不能回位的原因，并予排除<br>2. 重新推到挡位或重新调整变速操纵杆系<br>3. 更换调压阀弹簧<br>4. 见传动系统故障 1 的 1、2、3、4 排除方法 |
| | 5. 驱动力不足 | 1. 变速压力太低<br>2. 变矩器油温过高<br>3. 变矩器叶轮损坏<br>4. 大超越离合器损坏<br>5. 发动机输出功率不足 | 1. 见传动系统故障 1、2 的排除方法<br>2. 见传动系统故障 3 的排除方法<br>3. 拆检变矩器并更换叶轮<br>4. 拆检大超越离合器并更换被损坏零件<br>5. 检修发动机 |
| | 6. 变速器油位增高 | 1. 转向泵轴端窜油<br>2. 双联泵轴端窜油 | 1. 更换转向泵轴端油封<br>2. 更换双联泵轴端油封 |

续表

| 常见故障 | | 故障原因 | 排除方法 |
|---|---|---|---|
| 二、制动系统 | 1. 脚制动力不足 | 1. 夹钳上分泵漏油<br>2. 制动液压管路中有气<br>3. 刹车气压低<br>4. 加力器皮碗磨损<br>5. 轮毂漏油到刹车片上<br>6. 刹车片已到磨耗极限 | 1. 更换分泵矩形密封圈<br>2. 进行放气<br>3. 检查空压机控制阀、空气罐及管路密封性<br>4. 更换皮碗<br>5. 检查或更换轮毂油封<br>6. 更换刹车片 |
| | 2. 刹车后挂不上挡、表不指示 | 1. 制动阀推杆位置不对<br>2. 制动阀回位弹簧失效、损坏<br>3. 制动阀活塞杆卡住 | 1. 调整推杆位置<br>2. 检查或更换回位弹簧<br>3. 拆检制动阀活塞杆及鼓膜 |
| | 3. 制动器不能正常工作 | 1. 制动阀推杆位置不对、活塞杆卡住、回位弹簧失效或折断<br>2. 加力器动作不良<br>3. 夹钳上分泵活塞不能回位 | 1. 见制动系统故障 2 的排除方法<br>2. 检查加力器<br>3. 检查或更换矩形密封圈 |
| | 4. 停车后空气罐压力迅速下降（30 min 气压降超过 0.1Mpa） | 1. 气制动阀进气门被脏物卡住或损坏<br>2. 管接头松动或管路破裂<br>3. 空气罐进气口单向阀不密封或压力控制器不密封 | 1. 连续制动几次吹掉脏物或更换阀门<br>2. 拧紧接头或更换刹车管<br>3. 检查不密封原因，必要时更换 |
| | 5. 刹车气压力上升缓慢 | 1. 管接头松动<br>2. 空压机工作不正常<br>3. 油水分离器放油塞未关紧<br>4. 制动阀进气阀门或鼓膜不密封<br>5. 压力控制器放气孔堵塞或止回阀及鼓膜漏气 | 1. 拧紧接头<br>2. 检查空压机工作情况<br>3. 重新关紧<br>4. 检查并清洗制动阀内部，找出不密封处并予排除<br>5. 清洗放气孔，检查止回阀及鼓膜不密封原因并予排除 |
| | 6. 手制动力不足 | 1. 制动鼓与刹车片间隙过大<br>2. 刹车片上有油 | 1. 按使用要求重新调整<br>2. 清洗干净刹车片 |
| 三、液压系统 | 1. 动臂提升力不足或转斗力不足 | 1. 液压缸油封磨损或损坏<br>2. 分配阀过度磨损，阀杆与阀体配合间隙超过规定值<br>3. 管路系统漏油<br>4. 双联泵严重内漏<br>5. 安全阀调整不当，压力偏低<br>6. 吸油管及滤油器堵塞 | 1. 换油封<br>2. 拆检并修复，使间隙达到规定值或更换分配阀<br>3. 找出漏油处并予排除<br>4. 更换双联泵<br>5. 将系统压力调至规定值<br>6. 清洗滤油器并换油 |
| | 2. 发动机高速时，转斗或动臂提升缓慢 | 1. 见液压系统常见故障 1 的原因<br>2. 流量转换阀阀杆被卡，辅助泵来油不能进入工作装置 | 1. 见液压系统常见故障 1 的排除方法<br>2. 清洗流量转换阀，消除阀杆卡住的现象 |
| 四、转向系统 | 1. 方向盘空行程过大 | 1. 齿条与转向臂轴间隙过大<br>2. 万向节间隙过大 | 1. 按要求进行调整<br>2. 更换万向节 |
| | 2. 转向力矩不足 | 1. 转向泵磨损，流量不足<br>2. 转向溢流阀压力过低<br>3. 转向阀严重内漏 | 1. 检修或更换转向泵<br>2. 将溢流阀压力调至规定值<br>3. 检修或更换转向阀 |
| | 3. 打方向盘费劲 | 1. 转向阀滑阀卡住<br>2. 转向液压系统流量不足<br>3. 流量转换阀调速弹簧失效或折断<br>4. 流量转换阀阀杆被卡 | 1. 检修阀体与滑阀之间的配合间隙达到使用要求<br>2. 见转向系统故障 2 的排除方法<br>3. 更换弹簧<br>4. 清洗阀杆、阀体，消除卡住现象 |

续表

| 常见故障 | | 故障原因 | 排除方法 |
|---|---|---|---|
| 四、转向系统 | 4. 转向臂轴或其他受力件损坏 | 1. 车坐直线位置时，转向臂轴上扇形齿未对中间位<br>2. 转向液压系统压力过低<br>3. 进转向缸油管接错 | 1. 按规定调至中间位<br>2. 按规定调整压力<br>3. 按要求连接管路 |

**表 5-4　混凝土搅拌机常见故障及排除方法**

| 常见故障 | 故障原因 | 排除方法 |
|---|---|---|
| 1. 空载状态下无法启动 | 主电动机接线错误 | 正确接驳电动机电源 |
| | 有机械卡阻 | 1. 检查叶片与相邻衬板是否干涉<br>2. 检查两轴叶片、搅拌臂是否干涉<br>3. 检查叶片是否被底部残余混凝土卡住，需及时清理 |
| 2. 搅拌机盖漏水、漏灰 | 密封条损坏 | 更换密封条或打密封胶 |
| | 观察门关不严 | 更换观察门密封条，处理压平 |
| | 观察窗关不上 | 更换观察窗或密封条或压紧装置 |
| 3. 搅拌机异响 | 搅拌叶片与衬板发生摩擦 | 调整搅拌叶片与衬板间隙 |
| | 搅拌叶片变形、损坏 | 拆除清理变形或者断裂搅拌叶片，重新更换 |
| | 配料超标 | 排查配料方面部件故障 |
| | 润滑不及时造成的轴头异响或轴承损坏 | 维修轴端密封或更换损坏的轴承 |
| | 电动机异响 | 检查电动机保护罩有无松动，轴承有无问题 |
| | 三角皮带异响 | 三角皮带太松或磨损严重，应及时张紧或成组更换三角皮带 |
| 4. 卸料门漏浆 | 门衬板磨损 | 更换门衬板 |
| | 卸料门密封条磨损 | 更换密封条 |
| 5. 卸料门运行不畅 | 液压动力单元电磁阀不工作，阀芯卡在中位不能换向 | 1. 检查线路是否接好以及供电是否正常<br>2. 检修电磁阀阀芯是否有卡滞、拉伤，如是，需更换电磁阀 |
| | 油缸不动，压力表显示很高压力 | 1. 卸料门被卡住，应及时清理卸料门，清除卡在卸料门上的结块<br>2. 油缸被卡住，应调节油缸前后座的直线度<br>3. 电磁阀不工作，参照“卸料门运行不畅”第一条处理<br>4. 转换阀没有调到位，按照操作说明调整到位 |
| | 液压系统故障，压力偏小 | 1. 安全阀失灵，应及时更换或清洗安全阀<br>2. 油箱内的滤油器堵塞，应清洗滤油器并更换液压油<br>3. 齿轮泵损坏，应更换齿轮泵<br>4. 油缸内窜油，应维修或更换油缸<br>5. 电磁阀窜油，应更换电磁阀 |
| | 液压系统故障，没有压力 | 1. 电磁阀不工作，参照“卸料门运行不畅”第一条处理<br>2. 油缸内窜油，应维修或更换油缸<br>3. 油位过低，加注液压油至油镜 1/2 处 |
| | 液压动力单元电动机不工作 | 1. 电动机故障，应维修或更换<br>2. 电源缺相、控制线路短路、三相反接，应修复 |

续表

| 常见故障 | 故障原因 | 排除方法 |
|---|---|---|
| 5. 卸料门运行不畅 | 接近开关损坏 | 更换接近开关 |
| | 相关机械连接断裂 | 更换或补焊 |
| | 轴承损坏 | 更换轴承 |
| 6. 衬板和叶片断裂 | 衬板和叶片自身尺寸、材质不达标，存在微裂纹及其他铸造缺陷 | 更换损坏的衬板或叶片 |
| | 壳体弧板尺寸不达标，与衬板贴合不良，导致应力集中 | 在衬板的安装面增加调整垫，保证贴合良好 |
| | 衬板螺栓锁太紧，拉断衬板 | 按照规定扭矩锁紧衬板螺栓 |
| | 搅拌臂安装面尺寸不达标，与叶片贴合不良 | 1. 在搅拌臂安装面增加调整垫，保证贴合良好<br>2. 直接更换搅拌臂 |
| | 叶片螺栓锁太紧 | 按照规定扭矩锁紧叶片螺栓 |
| | 两轴相位错误，打断叶片 | 按照规定调整两轴相位 |
| 7. 衬板和叶片的磨损过快 | 搅拌时间太长 | 针对不同混凝土，按搅拌机的说明书，设置搅拌时间 |
| | 叶片与衬板之间的间隙太大 | 重新调整叶片的位置，尽量保证间隙小于 5 mm |
| | 衬板、叶片材质及热处理问题，导致硬度不足 | 磨损后及时更换衬板、叶片 |
| | 骨料硬度太高 | 选择合适硬度的骨料 |
| 8. 轴端漏浆 | 供油问题导致轴端密封损坏 | 更换轴端密封装置，检查润滑油泵并按规范用油 |
| 9. 物料在搅拌轴、搅拌装置或主机盖上粘结严重 | 每次工作停机 0.5 h 以上未清洗搅拌装置 | 停机时间超过 0.5 h，必须及时清理搅拌机 |
| | 投料顺序不合理 | 调整物料顺序，粉料需延迟投料 |
| | 粉料的进料管未安装软连接 | 安装软连接 |
| 10. 润滑油泵不工作 | 机械损坏，如马达故障 | 更换马达或者泵体 |
| | 电气连接故障 | 检修电气线路 |
| 11. 两电动机电流值偏差过大 | 三角皮带变松、磨损 | 及时张紧三角皮带，如磨损严重，应成组更换 |
| | 电动机皮带轮和减速机皮带轮错位 | 调整两皮带轮，确保电动机皮带轮和减速机皮带轮平面差不大于 1 mm |
| | 电动机故障 | 维修或更换电动机 |

**表 5-5　混凝土振动器常见故障及维修方法**

| 常见故障 | | 故障原因 | 排除方法 |
|---|---|---|---|
| 一、内部振动器 | 1. 电动机定子过热、温升过高 | 在空气中振动时间过长 | 停止振动，让其冷却 |
| | | 定子受潮，绝缘电阻低 | 立即干燥 |
| | | 受荷过大 | 检查原因，调整负荷 |
| | | 电源电压过高、过低，或三相电压不平衡 | 检查测定，并进行调整排除 |
| | | 线路连接不良 | 检查线路，重新连接 |
| | 2. 电动机发出明显电磁噪声，同时转速降低，激振力减小 | 定子铁芯叠片松动 | 应拆卸维修 |
| | | 电动机单相运行 | 更换熔断器和修理断线处 |
| | 3. 电动机线圈烧毁 | 电动机过载 | 重绕定子线圈 |
| | | 绝缘严重受潮 | |
| | | 接线错误 | |

续表

| 常见故障 | | 故障原因 | 排除方法 |
|---|---|---|---|
| 一、内部振动器 | 4. 漏电 | 导线尤其开关盒处绝缘不良，漏电 | 用绝缘胶布重新包扎好 |
| | | 定子线圈绝缘破坏 | 应检修线圈 |
| | 5. 开关冒火花，熔断器易断 | 线路短路或漏电 | 检查修理 |
| | | 绝缘受潮、绝缘强度降低 | 进行干燥 |
| | | 负荷过大 | 调整负荷 |
| | 6. 电动机轴承损坏，扫膛 | 轴承缺油 | 更换轴承 |
| | | 轴承磨损导致损坏 | |
| | 7. 电动机旋转，软轴不旋转或缓慢转动 | 电动机转向与箭头相反 | 交换插头任意两相线 |
| | | 防逆装置失灵 | 更换防逆装置 |
| | | 软轴和滚锥之间的软轴接头没有连接好 | 将软轴接头与滚锥连接好 |
| | | 钢丝软轴扭断 | 更换软轴 |
| | | 轴承损坏或滚锥与滚道间有油污（打滑） | 更换轴承，清洁干净油污 |
| | | 软管过长 | 依据软轴插头伸出量截取多余软管 |
| | 8. 振动棒起振有困难 | 电动机电压与电源电压不符 | 调整电源电压 |
| | | 振动棒外壳磨穿或密封不良，漏入水泥浆 | 更换振动棒或更换外壳密封部件 |
| | | 行星式振动棒起振困难 | 摇晃棒头或将棒头对地面轻轻碰击 |
| | | 滚锥与滚道间有油污 | 消除油污，必要时更换油封 |
| | | 软管衬簧和钢丝软轴之间摩擦太大 | 更换更大功率驱动电动机 |
| | 9. 软管破裂 | 弯曲半径过小 | 割去一段重新连接或更换新的软管 |
| | | 使用不当或使用时间过长 | |
| | 10. 振动棒轴承太热 | 轴承润滑脂过多或过少 | 相应增减润滑剂 |
| | | 轴承型号不对，游隙过小 | 更换符合要求的大间隙轴承 |
| | | 轴承外圈配合松动 | 更换套管 |
| | 11. 启动电动机，软管较为振手 | 软轴过长 | 依据软轴插头伸出量截取多余软轴 |
| | | 软轴损坏，软管压坏 | 更换合适的软轴软管 |
| | 12. 有尖叫、杂音 | 棒内有杂物 | 清除杂物 |
| | | 振动棒轴承损坏 | 更换轴承 |
| | 13. 滚道处过热 | 滚道及滚锥安装相对尺寸不对 | 重新装配 |
| 二、外部振动器 | 1. 不振动 | 偏心块紧固螺栓松脱 | 拆开端盖，拧紧螺栓，紧固偏心块 |
| | | 电动机不通电 | 拆开接线盒，检查电路连接 |
| | 2. 振动不正常，有异响 | 连接螺栓松动或脱落 | 重新连接并紧固螺栓 |
| | | 轴承有磨损 | 更换轴承 |
| | 3. 电动机过热 | 外壳黏有灰浆，使散热不良 | 清除外壳黏附物 |
| | | 线路连接不良 | 再次检查电路连接 |

## 二、建筑机械故障应急维修方法

建筑机械发生故障后，为了使机械迅速恢复使用，需要现场维修人员储存必要的备品备件，配备所需的维修设备、工具，采用正确的维修方法，组织人力物力开展维修作业。下面简单地介绍几种故障应急维修方法。

**1. 建筑机械故障零件修理法**

零件的修复在很大程度上是恢复零件原来的配合性质，有的工艺往往比新制零件更为复杂，因此只在经济上合算、技术可行时才进行修复。具体的修复工艺和修理方法比较多，可根据零件的结构特点、磨损程度、工作条件、材料性质等作出选择。一般来说，磨损可以用焊接、喷涂、电镀、机械加工、压力加工等修复；变形可用机械加工、压力加工等修复；断裂可用焊接、胶接、机械加工等修复；蚀损可用电镀、喷涂、机械加工等修复。下面简单介绍几种常见的零件修复方法：

（1）一般机械加工法。

机械加工是零件修复过程中最主要、最基本方法。用机械加工法修理零件必须考虑加工表面的形状精度要求，以及加工表面与其他不修理加工表面之间的相互位置精度要求。用机械加工法修理零件时，根据零件损坏部位和工作性质的不同，可采用不同的工艺方法，例如，修理尺寸法、附加零件法、局部更换法、转向翻转法等。

（2）焊接方法。

焊接技术用于修理工作称为焊修。尽管采用焊接技术产生了局部变形、裂纹、气孔等严重缺点，但由于具有修理质量较高、成本低、操作容易、便于野外抢修等优点，焊接仍然是机械零件修理的主要方法。

（3）压力加工。

利用压力加工修复零件，是指利用金属或合金钢的塑性变形性能，使零件在一定外力作用下改变其几何形状而不损坏的一种方法。如镦粗法、挤压法、扩张法。

（4）胶接。

胶接就是通过胶黏剂将两个以上同质或不同质的物体连接在一起。胶接工艺比较简单，但在实施过程中却是相当重要。胶接的工艺一般包括：表面处理—配胶—涂胶—凉置—合拢—固化—检查—加工。

（5）喷涂和电镀修复法。

1）喷涂。喷涂修复是将熔化的金属用高速气流雾化，并喷向预先准备好的待修零件表面形成金属覆盖层。喷涂修复的优点是喷涂层厚度为 0.2～10 mm；喷涂时，被喷工件温度一般不超过 80℃，不会引起零件变形和基体金属组织的改变；喷涂层有较高的硬度，并有许多微孔，可以吸收和储存润滑油，因此耐磨性较好；喷涂层堆积速度快，生产效率高；几乎可适用于任何材料（包括非金属材料）制成的任何形状的零件。但是喷涂也有涂层与基体金属结合力差、涂层本身强度较低、喷涂时金属损耗较大等缺点。

喷涂设备主要由熔化金属设备、喷射设备和压缩空气设备三部分组成，根据熔化金属的热源不同，有气喷涂、电喷涂、等离子喷涂等。

2）电镀。建筑机械中，有许多精密零件常因微小的磨损（如磨损 0.01～0.05 mm）而影响部件乃至总成的工作性能，用电镀的方法镀上一薄层耐磨金属，很容易恢复原有尺寸和精度，并且能提高其表面硬度和耐磨性、耐腐蚀性。常用的电镀有镀铬、低温镀铁、镀镍、镀铜。

**2. 建筑机械故障零件换用、替代修理法**

（1）换件修理法。

对于无法修复使用的零部件，应使用同型号或同类型的配件及时更换。用完好备用的零部件更换已经损坏的零部件，这种方法是机械设备维修的基本方法，无论是平时大修还是现场快速修理时均可采用。注意换件前，对总成部件的拆装工艺和公差配合要求必须清楚，拆装中须严格遵守工艺要求，应检查新配件与旧件的差别，安装新配件应符合配合要求。替换结构部件后的建筑机械应重新进行测试，并将替换的部件清单详细记录。特殊部件的替换应严格按照制造厂商的使用说明书中要求进行。

（2）替代修理法。

在没有同型号的备件进行更换时，可以充分利用身边的材料，替代已经损坏的零部件材料。替代的原则是等强度代换或者高强度材料代替低强度材料，不能低强度替代高强度。如在起重机械上用高强度螺栓代替低强度螺栓。

**3. 建筑机械故障零件弃置法**

建筑机械故障零件弃置法是指放弃已经发生故障的零部件，设法将管路或电路连接起来，快速恢复建筑机械设备生产作业的方法。这种方法只是在生产任务紧急时的临时性措施，或者损坏弃置零部件的功能一时用不上才可采用，在生产间歇的时候，仍需要重新修复。

## 第三节　建筑机械维护保养的基本方式

建筑机械在使用过程中，由于磨损、腐蚀、外力破坏，工作环境改变或应用情况改变引起建筑机械不能满足某种程度的使用性能。建筑机械的重大故障多数是因为缺少维护保养造成，为避免出现类似情况要通过对建筑机械维护、保养以使建筑机械满足一定的使用要求。建筑机械及时正确的维护保养是工程得以正常、顺利进行的重要保障。

### 一、建筑机械维护保养的基本形式

建筑机械按照维护作业组合的深度和广度可分为日常维护、一级维护、二级维护、三级维护等。建筑机械各级维护由于建筑机械结构不同、使用条件不同，其性质和具体工作内容有所变化。

**1. 日常维护**

日常维护：“十字作业”即清洁、润滑、紧固、调整、防腐。重点是润滑系统、冷却系统及操作、转向、制动、行走等部位。日常维护的实质是维护建筑机械处于完整和良好的技术状况，保持建筑机械安全高效运行。日常维护由操作者执行，其主要内容包括建筑机械每日运行前和运行中的检查与消除运行故障，以及运行后对建筑机械外表养护，添加燃料和润滑油料，检查与消除所发现的故障。

**2. 一级维护**

一级维护作业的中心是紧固、润滑作业。据统计，建筑机械零件的失效有 70%以上是由于磨损引起的。因为建筑机械零部件的磨损呈周期性变化，如不及时保养，故障将迅速扩大，甚至危及运行安全和影响生产任务的完成，强化一级维护作业，使故障排除在萌芽状态。

**3. 二级维护**

二级维护的实质是通过对建筑机械总成进行深入的检查和调整，以保证运转一定时间后仍能保持正常的使用功能。

**4. 三级维护**

三级维护作业以解体总成，检查、调整和消除隐患为中心。

在二、三级维护作业中，施工单位往往存在检修不能按维护项目执行，虽然编制了维修计划，但很少如实实施，或检修过于简单，修理时只更换或修复少量易损件，或只对一些部件进行调整、清洗和检查。因此，在二、三级维护中，施工单位应由设备部和项目部技术员拟定检修项目和检修技术要求，并按此项目和要求认真核查检修过程和检修质量，使其达到保修中的预检效果。对每一个检修项目达标都要有检修人员签字，以便保修后出现故障时追查该项目检修人员的责任。

**5. 减少环境气候对建筑机械的磨损**

由于建筑机械大部分是露天作业，作业地点经常变动，所以其性能受作业场地的温度、环境、气候等因素的影响很大。不少施工单位忽视环境因素对使用机械的影响（如环境温度过低，钢结构性能下降、无法启动，启动电压过低等），未采取相应的保护性或适应性措施，致使建筑机械使用性能降低，使用寿命缩短，甚至酿成事故。

**6. 其他保养**

1）换季保养：主要是更换适用季节的润滑油、燃油，采取防冻措施，增加防冻设施等。

2）走合期保养：新机及大修竣工建筑机械走合期结束后必须进行走合期保养，主要内容是清洗、紧固、调整及更换润滑油。

3）转移保养：建筑机械转移工地前，应进行转移保养，作业内容根据建筑机械的技术状况进行保养，必要时进行防腐处理。

4）停放保养：停用及封存的建筑机械应进行定期保养，主要是清洁、防腐、防潮等。对于一些建筑机械必须按照一定的时间段进行试运行，以检查封存的建筑机械是否能保持原有性能。对于检查性能下降或无法正常运行的建筑机械，必须对其进行检查并做适当的调整或检修。最终保证停用及封存的建筑机械达到可以随时使用的状态。

## 二、常见建筑机械的维护保养

建筑机械的维护与保养需要按照建筑机械使用说明书的要求进行，机械的机型不一样，保养的时间和部位也存有差异，以下介绍几种建筑工地常用机械维护保养的基本方式。

**1. 塔式起重机维护保养**

（1）周保养。

1）检查接触器、控制器触头的接触和腐蚀情况；

2）检查制动器闸带的磨损情况；

3）检查联轴器上的连接销、键的连接及螺栓的紧固情况；

4）检查使用半年以上的钢丝绳磨损情况；

5）检查钢结构件关键部位的连接情况，有无塑性变形或开裂现象。

（2）月保养。

1）检查电机、减速机、轴承支座、底座螺栓紧固情况以及电动机集电环碳刷磨损情况；

2）检查钢丝绳压板螺钉的紧固情况，使用 3 个月以上的钢丝绳磨损情况及润滑情况等；

3）检查各管口处导线绝缘层的磨损情况；

4）检查各限位开关转轴的润滑防水情况；

5）检查各减速机及润滑油的油质油量；

6）检查小车臂架下弦杆导轨的磨损情况。

（3）半年保养。

1）电气系统的控制器、电阻器及接线座、接线螺钉的紧固情况，要逐个检查紧固；

2）检查电气设备绝缘情况；

3）检查液力推杆制动器的油量及油质情况；

4）检查各钢结构的连接情况，耳板、导轨等磨损腐蚀情况；

5）检查各滑轮组的滑轮磨损情况。

（4）一级维护。

塔式起重机工作机构的润滑是一级维护工作的主要内容之一，润滑情况好坏，不仅直接影响各机构的正常运转与机件的寿命，而且还会影响安全生产和生产效率。各机构零部件的润滑工作，应该遵循的原则是凡在有轴和孔配合的地方，以及有摩擦面的机械部分，都要定期进行润滑。由于起重机机构的各种各样，对不同部位的润滑，操作人员要视具体情况熟练灵活掌握。润滑时使用油枪或油杯对各润滑点分别加注润滑油，并保持各润滑点的清洁。

（5）塔式起重机润滑工作主要内容。

1）对各大传动机构的减速箱，观察油面检查有无渗漏，发现油面过低或传动箱温度过高，要适时加注齿轮油；

2）所有的滑轮、轴承座里面的轴承都要抹黄油，要适时补注润滑脂；

3）所有的开式齿轮传动，要经常抹润滑脂，包括回转支承和回转小齿轮之间的传动；

4）滑动轴套和轴之间，要注意加注润滑脂；

5）卷筒上的钢丝绳，应适时涂抹黄油，以减小彼此之间的磨损。

（6）由操作人员承担的检查维护保养工作。

为了维护塔式起重机的日常的清洁、紧固、润滑和调整，确保机械在每班作业中，能正常运转和安全操作，必须明确规定由操作人员承担的检查维护保养责任。其主要内容有：

1）交接班时的检查维护。

①检查供电系统是否正常，安全可靠；

②通电后检查各控制器、接触器、仪表、指示灯及声响设备是否正常；

③检查吊具、滑轮组、钢丝绳是否有裂纹、磨损过度等现象；

④启动各传动机构，观察其运行情况，是否有不正常响声或者漏油、渗油现象；

⑤检查各安全装置的限位开关，是否还正常起限制作用；

⑥检查各机构零件的润滑情况。

2）日常作业中的检查维护。

①随时注意各机构运行情况有无异味、异声；

②随时注意各安全装置的工作情况；

③利用作业间隙，检查各机构、电动机、减速箱、轴承座有无发热或温升过高的现象；

④检查调整制动器、制动轮、制动块间的间隙，是否均匀，紧固好松动的螺帽；

⑤检查关键连接部位或振动较大部位的连接情况，是否有松动或脱开的趋向，如有要立即设法组织排除。

3）下班前的维护保养工作。

①检查钢丝绳是否在滑轮槽内，钢丝绳有无磨损过度现象；

②各运行机构减速箱内的油量，以及开式传动齿轮啮合润滑情况，各润滑油路是否畅通；

③检查联轴器的传动情况，是否还能正常传动，有无局部损坏；

④检查各仪表、指示器、指示灯是否正常，各安全装置是否正常起作用；

⑤各操纵杆回中位、清洁整理好现场、切断总电源、上好电控柜门锁、关好操作室门；

⑥检查确认机器保养完好后，填写运行日志。若发现较大故障或有不正常现象，则要记入运行日志，并提出诊断修理要求，告诉接班人员并报告主管部门。

**2. 施工升降机维护保养**

（1）周保养。

1）按操作说明，确定每天进行检查润滑；

2）确定小齿轮和压轮在驱动底板上坚固可靠，同时检查驱动底板螺栓固定情况；

3）检查制动器的制动力矩，参阅说明书制动器制动力矩的检查要求；

4）检查减速器的油位，必要时补充新油；

5）检查吊笼门和围栏门的连锁装置，上下行程等安全保护开关；

6）检查吊笼所有门的安全连锁装置；

7）检查电缆导轨加上的上限块位置是否正确；

8）检查电缆导向架的护栏情况；

9）检查电缆支撑壁和电缆导架间的相对位置；

10）检查所有标准节和斜支撑的连接点，同时检查齿条的紧固螺栓；

11）保持电动机冷却翼板及机构清洁；

12）确保电机电缆与电气线路无破损；

13）检查对重导向轮调整和固定情况，检查钢丝绳的均衡装置以及天轮和对重钢丝绳托架；

14）检查附壁支架支杆梁之间螺栓，扣环紧固情况，松动变位的应校正紧固。

（2）月保养。

1）检查每周检查项目；

2）检查小齿轮和齿条磨损情况，参阅说明书要求；

3）用塞尺检查蜗轮减速器的蜗轮磨损情况，参阅说明书要求。

（3）每季度保养。

1）检查每月所检查项目；

2）检查滚珠轴承的间隙以及吊轮导向轮的磨损，如滚轮被磨损必须调整或更换，轴承被磨损则更换导向轮和周轮；

3）坠落试验检查安全限速器制停距离是否符合要求。

（4）设备转场保养。

1）检查电动机和蜗轮减速器之间的联轴器，并拆检减速箱，清洗各部件和密封件更换过度磨损和变形零件及润滑油；

2）对吊笼及导轨架等结构件锈蚀进行清理除锈补漆，对锈蚀严重的受力杆进行补强；

3）调整修复各安全门及机械连锁装置；

4）检查润滑钢丝绳和各扣卡件，有磨损过度必须更换；

5）清洗检查天轮架总成，修复或更换新件；

6）检查调整电气控制线路及操作台板开关器件，如线路有老化现象必须更换；

7）检查清洗驱动齿轮及导向轮，如有过度磨损必须更换；

8）检查限速器使用期限是否过期，如超期限，必须送有检测资质的单位检测标定。

**3. 混凝土搅拌机维护保养**

（1）日常作业中的检查维护保养。

1）每日对搅拌机机体进行清理，保持机体的整洁；

2）检查驱动皮带（V 形皮带）的张紧度及磨损度，必要时调整或更换；

3）在运行过程中，检查电机、减速机、联轴器等部件的噪声是否正常，是否有润滑油、脂泄漏情况，检查减速机油位和温度是否正常；

4）对驱动部分保护罩进行清洁，并检查其牢固性，确保能够有效防护；

5）检查各润滑处的油、脂情况，对各润滑点加注润滑油、脂，特别注意搅拌机轴端密封处的供油情况，检查电气元件（如限位开关、电磁阀等）和控制设备，保证其运行可靠性；

6）检查搅拌机的搅拌叶片、臂、衬板、搅拌臂紧固、清洁，及时进行维护、清理，检查搅拌叶片与衬板之间的间隙，其间隙应保持在 3～5 mm；

7）生产过程中停机或待机时间过长应及时清洗搅拌机，搅拌机应在每日工作完成后派专人进行维护和清洗，以防发生粉料抱轴，卸料门损坏和管口堵塞。

（2）一级保养。

混凝土搅拌机的一级保养一般在工作 100 h 后进行。

1）混凝土搅拌机在一级保养中，除日常维护保养工作内容外，还需要检查钢丝绳、V 型皮带滑动轴承、配水系统、行走轮等；

2）在强制式搅拌机一级保养中，需检查调整搅拌机叶片与衬板之间的间隙和磨损、上料斗运动部件磨损情况、卸料门或卸料翻板的密封及灵活情况、同步联轴器的周向缓冲间隙、电机轴承等；

3）采用链传动的混凝土搅拌机需检查链条节距的伸长情况；

4）检查操纵台各主令开关、按钮、指示灯的准确性和可靠性；

5）检查搅拌机轴端密封处的供油情况。

**4. 混凝土振动器维护保养的基本方式**

混凝土振动器的工作环境恶劣，各种零部件受到的振动冲击较大，要注意振动器的维护保养，以延长其使用寿命，保证混凝土浇筑质量及防止人身机械事故的发生。混凝土振动器主要对电动机、软管、软轴及棒头组件等部位进行保养。

（1）日常作业中的检查维护保养。

1）在每次使用后，清除电动机外壳的污物及异物；

2）在每次使用后，检查开关、电缆等电气元件是否完好；

3）在每次使用后，清理软管、软轴及棒头表面。

（2）一级保养。

混凝土振动器在使用 100 h 后进行一级保养。

1）对电动机轴承、绝缘进行检查，轴承保养的方法是清洗加油或更换，绝缘检查的方法是清除绕组污物，并进行烘干处理，以保证绝缘值符合规定；

2）对软管、软轴的插头伸出量进行检查，切除多余管轴，对软轴加油，其方法是先进行清洗，然后再涂加润滑脂；

3）检查棒组件的轴承、油封、O 形圈等，按要求对轴承、油封、O 形圈进行清洁或更换。

# 第六章　建筑起重机械关键零部件

## 第一节　钢丝绳与吊索具基本知识

### 一、钢丝绳

钢丝绳由于挠性好、承载能力强，传动平稳无噪声，工作可靠，特别是钢丝绳中的钢丝断裂是逐渐产生的，因此钢丝绳不仅成为起重机械的重要零部件（如用于起重机械起升机构、变幅机构、牵引机构的缠绕绳，用于桅杆起重机械桅杆的张紧绳，用于缆索起重机与架空索道的支持绳等），而且还大量地用于起重运输作业中的吊装及捆绑，且广泛用于机械、造船、采矿、冶金以及林业等多种行业。

**1. 钢丝绳的材质**

钢丝绳的钢丝因要求要有很高的强度和韧性，所以通常会根据《优质碳素结构钢》（GB/T 699—2015）中的要求选用 50 号钢、60 号钢和 65 号钢。

**2. 钢丝绳绳芯**

钢丝绳绳芯是钢丝绳的重要组成部分之一，分为纤维芯、石棉纤维芯和金属芯。

纤维芯主要增加挠性和弹性，并且纤维芯中含油，有利于润滑钢丝绳，但纤维芯钢丝绳不适宜在高温环境中工作，也不适应在承受横向压力的情况下工作；石棉纤维芯绳与纤维芯绳具有同样良好的挠性和弹性，以及润滑性，同时又具有耐高温性，适用于高温、烘烤环境中的冶金起重机缠绕绳；金属芯是用软钢丝或软钢股制成，能提高钢丝绳的强度，但挠性较差，多用于起重设备的张紧绳或支持绳。

**3. 钢丝绳绕制方法**

钢丝绳首先由钢丝捻成股，然后再由若干股围绕着绳芯捻成绳，这类钢丝绳称为双绕绳，为起重机械大量采用。也有极少的钢丝绳为单股绳，又称为单绕绳，直接由钢丝分内外层按不同捻绕方向绕制而成，这种单绕绳具有封闭光滑的外表面，耐磨、雨水不易浸入内部，适用于缆索起重机与架空索道的支撑绳，由于挠性不好所以不宜作缠绕绳。双绕绳按捻向绕制方法不同有以下几种类型，如图 6-1 所示。

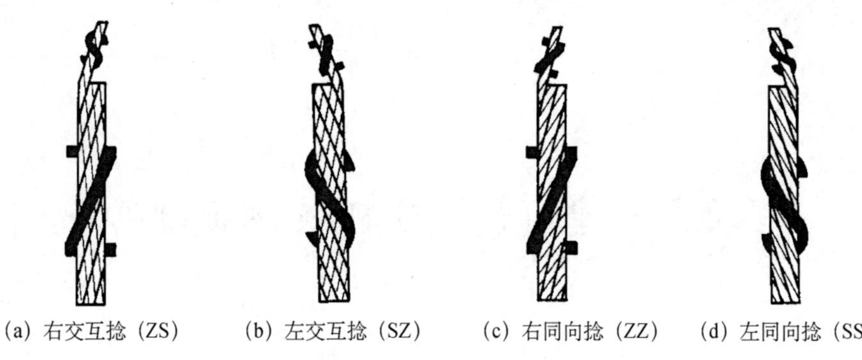


**图 6-1　双绕绳捻向**

（1）交互捻钢丝绳。

交互捻钢丝绳又称为交绕绳，捻向分为左向螺旋和右向螺旋，右交捻绳即为由钢丝按左向螺旋捻制成股，再由股右向螺旋捻制成绳；左交捻绳是钢丝按照右向螺旋捻制成股，绳股按左向螺旋捻制成绳。这种绳由于绳与股的扭转趋势相反，互相抵消而没有扭转、松散的趋势，使用方便，为起重机大量采用。应根据卷筒上钢丝绳的缠绕方向和出绳方向选择钢丝绳的捻向。

（2）同向捻钢丝绳。

同向捻钢丝绳又称为顺绕绳，顺饶绳的绳股与捻股方向相同，其捻向也分为左、右捻，如右捻顺绕绳即为丝捻成股，股捻成绳均为右向螺旋捻制而成。这种绳丝与丝之间接触较好，具有挠性好、使用寿命长的特点，但有扭转打结、易松散的趋势，只能用于张紧绳或牵引绳，不宜用于起升缠绕绳。

（3）混捻钢丝绳。

半数股为左捻半数为右捻的绳，称为混合捻钢丝绳；这种绳为多层股阻旋钢丝绳，各相邻层股的捻向相反；它具有交互捻和同向捻的共同优点，其制造工艺复杂，价格较贵。

**4. 钢丝绳绳股的形状与结构**

（1）股的形状。

1）圆股钢丝绳，制造方便，常被采用。

2）异形股钢丝绳有三角形、椭圆形及扁股等；这种钢丝绳虽然制造工艺复杂，但却是一种起升缠绕性能良好的理想钢丝绳。

（2）股的构造。

根据钢丝绳之间接触状态的不同，股的结构也不同，可分为点接触、线接触和面接触。

（3）股数。

钢丝绳外层股的数目越多，钢丝绳与滑轮槽或卷筒槽接触的情况越好，使用寿命越长。

**5. 钢丝绳的标记示例**

钢丝绳的标记应由以下内容组成：尺寸；钢丝绳结构；芯结构；钢丝绳级别；钢丝绳表面状态；捻制类型及方向；也可在最后列出钢丝绳的标准号。标记如下：

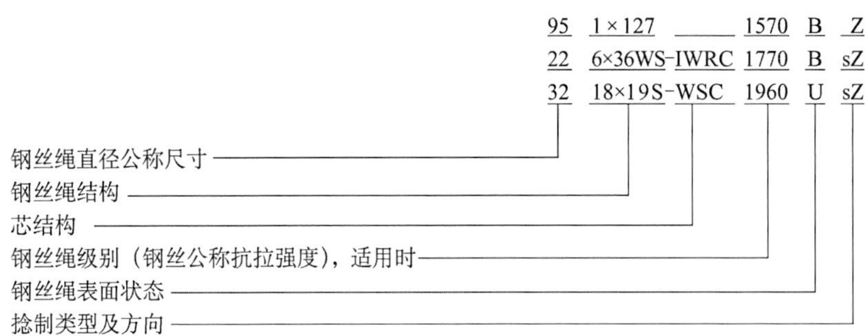


**6. 钢丝绳的选用**

（1）按用途选择钢丝绳的结构形式。

1）普通起升、变幅绳应优先选用 6 股线接触交绕绳；

2）起重机用张紧绳，牵引绳应选用顺绕绳；

3）缆索起重机或架空索道用的支撑绳应选用单绕绳；

4）在腐蚀性环境中工作，或需要有耐酸要求的场合，应选用镀锌钢丝绳；

5）高温环境中工作的起重机，应选用具有特制韧性的石棉芯钢丝绳或钢芯钢丝绳；

6）港口起重机或塔式起重机应优选用阻旋钢丝绳；

7）电动葫芦起升绳多选用点接触的每股 37 丝的钢丝绳；

8）捆绑绳多选用韧性较低的Ⅱ级绳。

（2）钢丝绳直径选用计算。

钢丝绳直径的选用计算方法，本书中推荐最小安全系数法和 C 系数法两种。

1）最小安全系数法，即

$$F_0 \geqslant S \cdot n$$

式中，$F_0$——钢丝绳的最小破断拉力，N，可从钢丝绳厂家性能表或标准中查得；

$S$——钢丝绳最大工作拉力，N；

$n$——安全系数，见表 6-1。

**表 6-1　钢丝绳安全系数**

| 工况用途 | 拖拉绳（缆风绳） | 手动起重 | 卷扬机走绳 | 吊索 | 捆绑吊索 | 载人用途 |
|---|---|---|---|---|---|---|
| 安全系数 | 3.5 | 4.5 | 5 | 6～7 | 8～10 | 14 以上 |

钢丝绳在使用过程中应经常检查、修整，如发现磨损、锈蚀、断丝等现象时，应按表 6-2、表 6-3 的规定，降低其使用能力（即钢丝绳查表得最小破断拉力 $F_0$ 乘以折减系数取值核算），且折断的钢丝应从根部将其剪去。

**表 6-2　钢丝绳的折减系数**

| 钢丝绳破断力的折减系数 | 钢丝绳的构造 | | | | | |
|---|---|---|---|---|---|---|
| | 6×19+1 | | 6×37+1 | | 6×61+1 | |
| | 交互捻 | 同向捻 | 交互捻 | 同向捻 | 交互捻 | 同向捻 |
| | 一个捻丝节距内钢丝绳断丝数 | | | | | |
| 0.95 | 5 | 3 | 11 | 6 | 18 | 9 |
| 0.90 | 10 | 5 | 19 | 9 | 29 | 14 |

续表

| 钢丝绳破断力的折减系数 | 钢丝绳的构造 | | | | | |
|---|---|---|---|---|---|---|
| | 6×19+1 | | 6×37+1 | | 6×61+1 | |
| | 交互捻 | 同向捻 | 交互捻 | 同向捻 | 交互捻 | 同向捻 |
| | 一个捻丝节距内钢丝绳断丝数 | | | | | |
| 0.85 | 14 | 7 | 28 | 14 | 40 | 20 |
| 0.80 | 17 | 8 | 33 | 16 | 43 | 21 |
| 0 | ＞17 | ＞8 | ＞33 | ＞16 | ＞43 | ＞21 |

**表 6-3 钢丝绳折减系数的修正系数**

| 磨损量按钢丝直径计/% | 10 | 15 | 20 | 25 | 30 | 30 以上 |
|---|---|---|---|---|---|---|
| 修正系数 | 0.80 | 0.70 | 0.65 | 0.55 | 0.50 | 0 |

2）C 系数法，本方法适用于运动钢丝绳（跑绳）。

$$d \geqslant C\sqrt{S}$$

式中，$d$——选用钢丝绳直径，mm；

$S$——钢丝绳最大工作拉力，N；

$C$——钢丝绳选择系数， $mm/\sqrt{N}$，与钢丝的公称抗拉强度、钢丝绳最小安全系数、钢丝绳结构有关，按下式计算：

$$C=\sqrt{\frac{n}{k'\sigma_t}}$$

式中，$n$——钢丝绳最小安全系数；

$k'$ ——钢丝绳最小破断拉力系数，见表 6-4；

$\sigma_t$——钢丝的公称抗拉强度，$MP_a$ 或 $N/mm^2$。钢丝绳标记中，钢丝绳级别就是钢丝公称抗拉强度。

**表 6-4 常用钢丝绳最小破断拉力系数**

| 序号 | 类别 | 纤维芯 | 钢芯 |
|---|---|---|---|
| | | $k_1'$ | $k_2'$ |
| 1 | 6×7 | 0.332 | 0.359 |
| 2 | 6×19；6×37 | 0.330 | 0.356 |
| 3 | 8×19；8×37 | 0.293 | 0.346 |
| 4 | 18×7；18×19 | 0.310 | 0.328 |
| 5 | 34×7 | 0.308 | 0.318 |
| 6 | 35 W×7 | — | 0.360 |
| 7 | 6 V×7 | 0.375 | 0.398 |
| 8 | 6 V×19；6 V×37 | 0.360 | 0.382 |
| 9 | 4V×39 | 0.360 | — |
| 10 | 6 Q×19+6 V×21 | 0.360 | — |

**7. 钢丝绳的安全使用**

（1）起升钢丝绳不准斜吊，以防止钢丝绳乱绳出现故障；严禁超载起吊，应安装超载限制器或力矩限制器加以保护；在使用中应尽量避免突然的冲击振动；应安装起升限位器，以防过卷拉断钢丝绳。

（2）起重钢丝绳还应符合下列规定：

1）起重机使用的钢丝绳，应有钢丝绳制造厂家签发的产品技术性能和质量证明文件；

2）起重机使用的钢丝绳的规格、型号应符合使用说明书要求，并应与滑轮和卷筒相匹配，穿绕正确；

3）钢丝绳不得有扭结、压扁、弯折、断股、断丝、断芯及笼状畸变等变形情况；

4）钢丝绳断丝根数的控制标准应按《起重机　钢丝绳　保养、维护、检验和报废》（GB/T 5972—2016）的规定执行；

5）钢丝绳润滑应良好，并应清洁；

6）钢丝绳与卷筒连接应牢固，当吊钩处于最低位置时或小车处于起重臂最末端时，卷筒上应保留 3 圈以上。

（3）钢丝绳端部固结应达到使用说明书规定的强度，并符合下列规定：

1）当采用楔与楔套固结时，固结强度不应小于钢丝绳破断拉力的 75%；楔套不应有裂纹，楔块不应有松动。

2）当采用锥形套浇铸固结时，固结强度应达到钢丝绳的破断拉力。

3）当采用铝合金压制固结时，固结强度应达到钢丝绳的破断拉力；接头不应有裂纹。

4）当采用编插固结时，固结强度应符合以下规定：

①直径 15 mm 及以下，固结强度不应小于钢丝绳破断拉力的 90%；

②直径 16～26 mm，固结强度不应小于钢丝绳破断拉力的 85%；

③直径 28～36 mm，固结强度不应小于钢丝绳破断拉力的 80%；

④直径 39 mm 及以上，固结强度不应小于钢丝绳破断拉力的 75%。

其编插长度不应小于钢丝绳直径的 20～25 倍，且最短编插长度不应小于 300 mm；编插部分应捆扎细钢丝，细钢丝的捆扎长度应大于钢丝绳直径的 20 倍。

5）当采用压板固定时，固结强度应达到钢丝绳的破断拉力。

6）当采用绳卡固结时，固结强度应达到钢丝绳破断拉力的 85%；绳卡与钢丝绳的直径应匹配，规格、数量应符合表 6-5 的规定。

**表 6-5　与绳径匹配的绳卡数**

| 钢丝绳直径 $\phi$/mm | $\phi \leqslant 10$ | $10 < \phi \leqslant 20$ | $21 < \phi \leqslant 26$ | $26 < \phi \leqslant 36$ | $36 < \phi \leqslant 40$ |
|---|---|---|---|---|---|
| 最少绳卡数/个 | 3 | 4 | 5 | 6 | 7 |
| 绳卡间距/mm | 80 | 140 | 160 | 220 | 240 |

最后一个绳卡距绳头的长度不应小于 140 mm，且宜设安全弯便于检查绳卡是否滑动（如图 6-2 所示）；卡滑鞍（夹板）应在钢丝绳承载时受力的一侧；U 形栓应在钢丝绳的尾端，并不应正反交错。

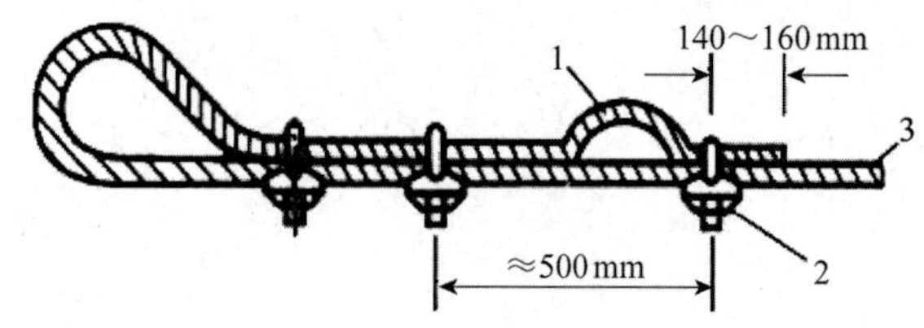


图 6-2 钢丝绳夹头

1. 安全弯；2. 绳卡；3. 钢丝绳受力侧

**8. 钢丝绳的安全检查**

（1）安全检查周期。

1）日常观察，起重机司机有责任在每个工作日中，都要尽可能对钢丝绳任何可见部位进行观察，以便及时发现钢丝绳的损坏与变形，如有异常应及时通报主管部门进行处理。

2）主管人员的定期安全检查，对一般起重机械及吊装捆绑作业用的钢丝绳，每月至少进行一次检查。

3）主管人员对建筑工地起重机械用的钢丝绳，每周至少进行一次安全检查。

4）主管人员对吊运熔化或炽热金属、酸溶液、爆炸物、易燃物及有毒物的起重机械用钢丝绳，每周至少应进行两次安全检查。

（2）安全检查部位。

造成钢丝绳破坏的主要因素是钢丝绳工作时承受了反复的弯曲和拉伸而产生疲劳断丝，钢丝绳与卷筒和滑轮之间反复摩擦而产生的磨损破坏，钢丝绳绳股间及钢丝间的相互摩擦引起的钢丝磨损破坏，还有钢丝受到环境污染腐蚀引起的破坏，钢丝绳遭到机械等破坏产生的外伤及变形等。为此，钢丝绳的安全检查重点是疲劳断丝数、磨损量、腐蚀状态、外伤和变形程度以及各种异常与隐患。应特别注意下列关键区域和部位：

1）卷筒上的钢丝绳固定点；

2）钢丝绳绳端固定装置上及附近的区段；

3）经过一个或多个滑轮的区段；

4）经过安全载荷指示器滑轮的区段；

5）经过吊钩滑轮组的区段；

6）进行重复作业的起重机，吊载时位于滑轮上的区段；

7）位于平衡滑轮上的区段；

8）经过缠绕装置的区段；

9）缠绕在卷筒上的区段，特别是多层缠绕时的交叉重叠区域；

10）因外部原因导致磨损的区段；

11）暴露在热源下的部位。

**9. 钢丝绳的报废标准**

钢丝绳是易损件，起重机械的总体设计不可能是各种零件都按等强度设计，如钢丝绳的使用寿命仅为总体设计使用寿命的 1/3 左右。

造成钢丝绳损坏报废的因素按下列项目判断：断丝的性质和数量，绳端断丝、断丝的局部聚集、断丝的增加率，绳股断裂，由于绳芯损坏而引起的绳径减小、弹性减小、外部及内部磨损、外部及内部腐蚀、变形和由于热或电弧造成的损坏。

钢丝绳因笼形畸变、扭结、压扁、严重变形等报废按《起重机　钢丝绳　保养、维护、检验和报废》（GB/T 5972—2016）的要求判定。

## 二、常用的吊索吊具

吊索的种类很多，现场常用的有扦编、绳卡压夹、浇注、压制等钢丝绳吊索，链条吊索，合成纤维吊索、尼龙吊带等；吊具是起重吊运作业的刚性取物装置，可以直接吊取物品，主要有吊钩、抓斗、夹钳、吸盘及专用吊具等。

### 1. 吊索拉力计算

吊索拉力按下式计算：

$$S=\frac{K_1K_2K_\alpha Q}{m}$$

式中，$S$——吊索计算拉力，N；

$Q$——被吊构件或设备的自重，N；

$m$——受力吊索分支根数；

$K_1$——动载系数，一般取 1.1；

$K_2$——载荷不均衡系数，一般取 1.1～1.25；

$K_\alpha$——吊索夹角变化系数：$K_\alpha=\frac{1}{\cos\alpha}$，夹角 $\alpha$ 如图 6-3 所示，为吊索与铅垂线的夹角，一般不超过 45°，以 30°为宜。

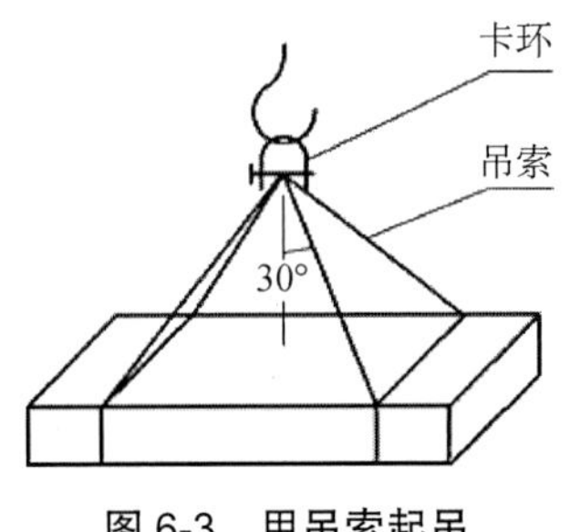


图 6-3　用吊索起吊

### 2. 吊索具使用规定

（1）吊索、吊具的购置。

1）购置吊索、吊具必须是专业厂家按国家标准规定生产、检验、具有合格证和维护、保养说明书的产品。

2）在产品的明显处应标有额定起重量、生产编号、制造日期、生产厂名。

（2）吊具、索具的载荷验证。

新购置的吊具、索具应在空载运行、试验合格的基础上，按规定的试验载荷、试验方法试验合格后，方可投入使用。

1）吊具、索具静载试验。

①吊具取额定起重量的 1.25 倍；吊索取单支、分支极限工作载荷的 2 倍。

②试验方法：试验载荷逐渐增加，起升到离地面 100～200 mm。悬空时间不得少于 10 min。重复试验 3 次，进行目测检查。判定：若结构未出现裂纹、永久变形，连接处未出现异常松动或损坏，则静载试验合格。

2）吊具、索具动载试验。

①吊具取额定起重量的 1.1 倍；吊索取单支、分支极限工作载荷的 1.25 倍。

②试验方法：试验时必须把加速度、减速度和速度限制在该吊、索具的正常工作范围内，实际连续工作 1 h，判定：若结构部件无损坏，各项参数达到技术性能指标要求，则动载试验合格。

（3）吊具、索具的安全使用。

1）吊具、索具应与所吊运物品的种类、环境条件及具体要求相适应；

2）作业前，应对吊具与索具进行检查，确认各功能正常、完好时，再投入使用；

3）吊挂前，应确认重物上设置的起重吊挂连接处是否牢固可靠：提升作业前应确认绑扎、吊挂是否可靠；

4）吊索吊具不允许超载使用。吊具不得超过极限工作载荷，吊索不得超过其最大安全工作载荷；

5）作业中不得损坏吊重物品与吊具、索具，必要时应在吊重物品与吊具、索具之间加保护衬垫；吊索分支之间的夹角一般应在 60°～90°，最大不得超过 120°。

**3. 常用吊索、吊具**

（1）钢丝绳吊索。

1）吊装钢丝绳的使用、检验和报废等应符合《重要用途钢丝绳》（GB 8918—2006）《一般用途钢丝绳》（GB/T 20118—2006）和《起重机　钢丝绳　保养、维护、安装、检验和报废》（GB/T 5972—2016）中的相关规定。

2）吊索可采用 6×19 型钢丝绳，但宜用 6×37 型钢丝绳制作成环式或 8 股头式（如图 6-4 所示），其长度和直径应根据吊物的几何尺寸、重量和所用的吊装工具、吊装方法予以确定。使用时可采用单根、双根、四根或多根悬吊形式。

3）吊索的绳环或两端的绳套应采用编插接头，编插接头的长度不应小于钢丝绳直径的 20 倍，且不应小于 300 mm；8 股头吊索两端的绳套可根据工作需要装上桃形环、卡环或吊钩等吊索附件。

4）吊索的安全系数：当利用吊索上的吊钩、卡环钩挂重物上的起重吊环时，安全系数不应小于 6；当用吊索直接捆绑重物，且吊索与重物棱角间采取了妥善的保护措施时，安全系数应取 6～8；当吊重、大或精密的重物时，除应采取妥善保护措施外，安全系数应取 10。

5）吊索与所吊构件间的水平夹角不应小于 45°。

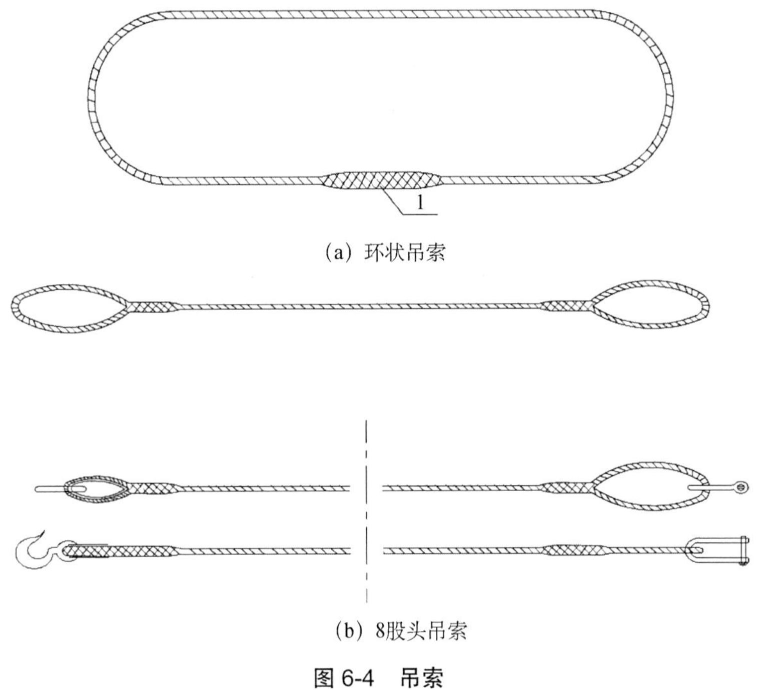


（a）环状吊索

（b）8股头吊索

图 6-4　吊索

（2）合成纤维绳。

合成纤维绳是由聚酯、聚酰胺和聚丙烯为原料制成的绳和带，它具有很高的强度，能吸收冲击能量，所以广泛使用。

1）合成纤维绳的承载计算：

$$极限拉力 = S_{破}/K \geqslant S$$

式中，$S_{破}$——绳的破断拉力值。

$K$——安全系数（一般绑扎取≥3）

$S$——同上，吊索计算拉力。

2）合成纤维绳的安全使用。

①使用前必须逐段仔细检查，避免带隐患作业；

②不允许和腐蚀性的化学物品（如酸碱等）接触；

③使用中不应有扭转打结的现象，如有应放劲抖直；

④合成纤维绳应避免在紫外线辐射条件下及热源附近存放。

（3）合成纤维吊装带。

合成纤维吊装带是采用聚酯工业长丝为原料制成的绳带，由承载芯和耐磨套管组成，外套管不承重，只起保护作用，使吊带使用寿命增长。在严重超载或长期使用造成承载芯有局部损伤时，其外套首先断裂警示，避免事故发生；只要外套完好，吊带就是完好的，日常安全检查一目了然，近年来使用越来越多；安全系数一般为 6。

1）合成纤维吊装带的特点：比较轻便，操作起来安全、简易、快捷；使用过程中有减震、不腐蚀、不导电、易燃易爆环境下无火星；对被吊物品表面无损伤、损害。

2）合成纤维吊装带的使用规定：吊装带的使用环境温度应符合要求；吊装设备时宜选用圆形截面的圆环吊装带；吊装带不允许叠压或扭转使用；吊装带不允许在地面上拖曳；当接触尖角、棱边时应采取保护措施；吊装带存在下列情况之一时，不得使用：

①吊装带本体被损伤、带股松散、局部破裂；

②合成纤维出现变色、老化、表面粗糙、合成纤维剥落、弹性变小、强度减弱；

③吊装带发霉变质、酸碱烧伤、热熔化、表面多处疏松、腐蚀；

④吊装带有割口或被尖锐的物体划伤。

（4）平衡梁。

平衡梁又称铁扁担、横吊梁。平衡梁可分为板孔式平衡梁、滑轮式平衡梁、支撑式平衡梁、桁架式平衡梁等。工厂生产的平衡梁是采用优质低碳合金钢精制而成，保障 3 倍以上的安全系数，载重范围 1～100 t。新制造的平衡梁都应进行验证，应用 1.25 倍的额定载荷试验后方能使用。平衡梁构造简易，动作灵活、使用方便、吊运安全可靠。

平衡梁主要用于柱和屋架的吊装及细长物件等的吊装搬运，采用平衡梁吊柱子，柱身容易保持垂直；吊屋架时刻降低起吊高度及吊索拉力和吊索对构件的压力，构件不会出现变形损坏。因此，平衡梁在起重吊装作业中使用较普遍。

1）常用的平衡梁结构：

①管式平衡梁：由无缝钢管、吊耳、加强板等焊接而成，一般可用来吊装排管、钢结构构件及中、小型设备，如图 6-5 所示。

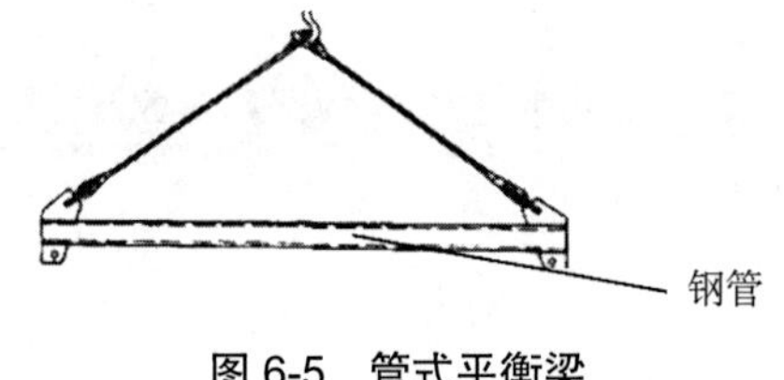


**图 6-5　管式平衡梁**

②钢板平衡梁：用钢板切割制成，钢板的厚度按设备重量确定；其制作简便，可在现场就地加工，如图 6-6 所示。

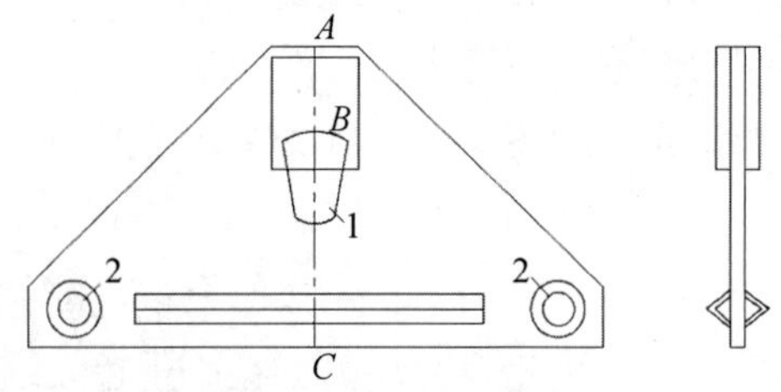


**图 6-6　板孔式平衡梁**

1. 挂钩孔；2. 挂卡环孔

③槽钢型平衡梁：由槽钢、吊环板、吊耳、加强板、螺栓等组成。它的特点是分部板提吊点可以前后移动，根据设备重量、长度来选择吊点，使用方便、安全、可靠；如图 6-7 所示。

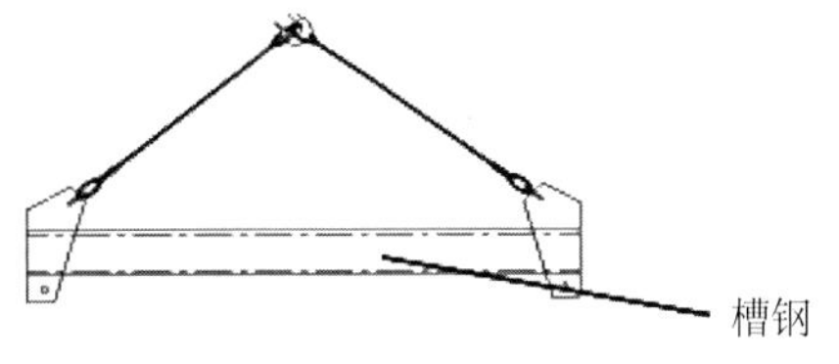


图 6-7　槽钢型平衡梁

④桁架式平衡梁：由各种型钢、吊环板、吊耳、桁架转轴、横梁等焊接面成。当吊点伸开的距离较大时，一般采用桁架式平衡梁，以增加其刚度；如图 6-8 所示。

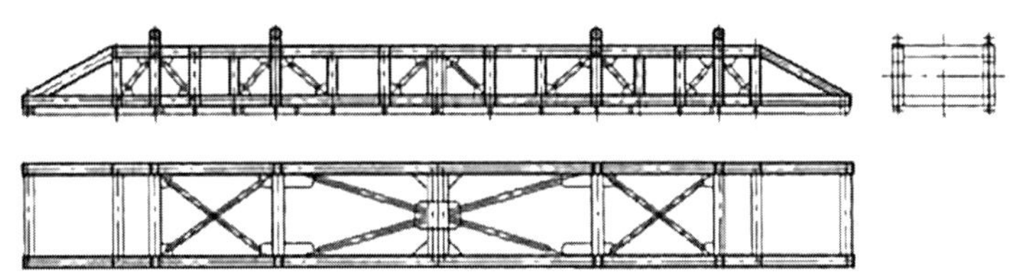

图 6-8　桁架式平衡梁

⑤其他平衡梁：如滑轮式平衡梁、支撑式平衡梁等。

2）平衡梁的选用和使用注意事项。

起重作业中，一般都是根据设备的重量、规格尺寸、结构特点及现场环境要求等条件来选择平衡梁的形式，并经过计算来确定平衡梁的具体尺寸，平衡梁应采用 Q235 制作，自行设计、制造的平衡梁，其设计图纸与校核计算书应随吊装施工技术方案一同审批。

①平衡梁使用前应检查吊梁、起重机吊钩及吊索连接处是否正常，平衡梁使用时应符合设计使用条件；要保持吊索与横吊梁水平夹角不能过小，以避免水平分力过大使吊梁发生变形，此夹角一般应为 45°～60°。

②平衡梁使用前首先目视横梁梁体有无变形、裂纹、焊缝开焊等异常现象。试吊过程要满足负载的运行路线、环境条件，确定起吊和落钩位置，负载试吊，应缓慢提升负载，当刚刚离地时，停止提升，观察整体受力情况，察看横吊梁是否处于平衡状态，试吊过程中，梁体负载有异常响声、变形、裂纹立即停止试吊。如没有异常，即可进行吊运。

③当夹角过小，用卸扣将在起重机吊钩上的两绳圈固定在一起，防止其脱钩。

④在吊运过程中有关人员必须明白识别标志，让操作人员看得见指挥人员的联络信号。

⑤在吊运负载时，不允许超载使用，平衡梁必须处于平稳状态，梁体不能产生摆动，防止梁体失去平衡，酿成安全事故。

⑥负载下边严禁站人，禁止人工扶载，要用溜绳索引。

（5）卸扣。

卸扣又称卡环，分为 D 型和 B 型两种，如图 6-9 所示。在吊装作业中，卸扣用于吊索与吊钩的固定，或用于吊索与各种构件、吊具的连接。卸扣是吊装作业中保证施工安全，应用广泛的拴连工具，使用中必须是卸扣的横销轴和弯环两部分均直接受力，如图 6-10 所示。

D型卸扣

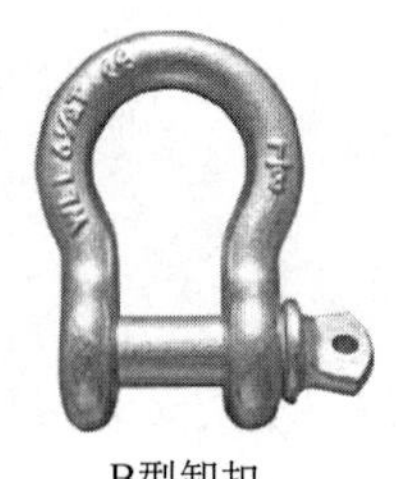
B型卸扣

图 6-9　卸扣

(a) 正确　(b) 错误

图 6-10　卸扣使用

卸扣许用载荷近似估算公式：

$$S \leqslant (3.5 \sim 4)\, d_1^2$$

式中，$S$——卸扣许用载荷，kg；

$d_1$——卸扣销轴直径，mm。

## 第二节　滑轮与滑轮组基本知识

滑轮及滑轮组又称滑车，是起重作业中一种简易起重工具。为了便于穿入钢丝绳，有的滑轮夹板可以打开，叫作开门滑轮，多用于作桅杆的导向轮。由多个滑轮组成即为滑轮组，组装成滑轮组后，起重能力加大，并可以改变力的方向。滑车组中可分为定滑车和动滑车。定滑轮是不移动位置的，可改变钢丝绳的方向（可改变力的方向），但不能省力；动滑轮可随着起吊过程移动（不能改变力的方向），但可以省力，它与定滑轮构成滑车组。滑轮组共同负担重物钢丝绳的根数，称为工作线数。滑轮组的名称，以组成滑轮组的定滑轮与动滑轮的数目来表示，如由 4 个定滑轮和 4 个动滑轮组成的滑轮组，称为四四滑轮组，5 个定滑轮和 4 个动滑轮所组成的滑轮组，称为五四滑轮组。

### 一、滑轮

**1. 滑轮的分类**

按制作材质分，有木滑轮和钢滑轮，一般多用钢滑轮。

按使用方法分，有定滑轮、动滑轮以及动、定滑轮组成滑轮组。

按滑轮数多少分，有单滑轮、双滑轮、三轮、四轮及多轮。

按其作用分，有导向滑轮、平衡滑轮。

按连接方式分，有吊钩式、链环式、吊环式和吊梁式。

按夹板开口形式分，有开口吊钩型、开口链环型、闭口吊环型。

**2. 滑轮的作用**

用于吊升笨重物体，是一种使用简单、携带方便、起重能力较大的起重工具。单滑轮一般均与绞车配套使用，滑轮组在起重安装工程中，配合卷扬机、桅杆、吊具、索具等，进行设备的运输与吊装工作。广泛用于水利工程、建筑工程、基建安装、工厂、矿山、交通运输以及林业等方面。

**3. 滑轮的型式**

（1）滑轮标记。

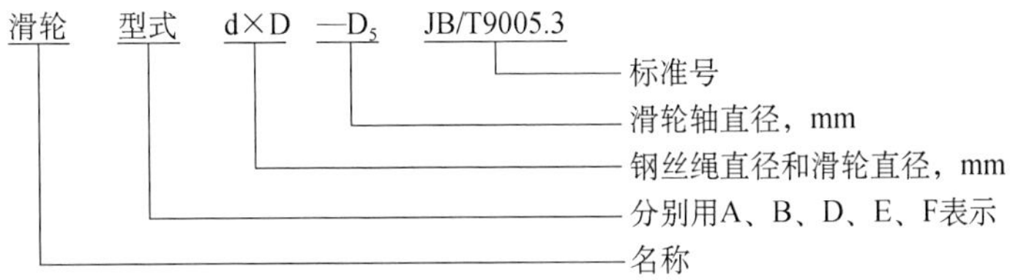


标记示例：钢丝绳直径 25 mm，滑轮直径 630 mm 和滑轮轴直径 90 mm 的 A 型滑轮。

标记：滑轮 A25×630-90 JB/T9005.3。

（2）滑轮型式。滑轮共分为六种型式：

A 型：带滚动轴承（严密密封），有内轴套；

B 型：带滚动轴承（严密密封），无内轴套；

C 型：带滚动轴承（较严密封），有内轴套；

D 型：带滚动轴承（较严密封），无内轴套；

E 型：带滚动轴承（一般密封），无内轴套；

F 型：带滑动轴承。

## 二、滑轮组

**1. 滑轮组型式**

滑轮组又常称起重滑车，型式如图 6-11 所示。

单轮吊钩滑车

三轮吊钩滑车

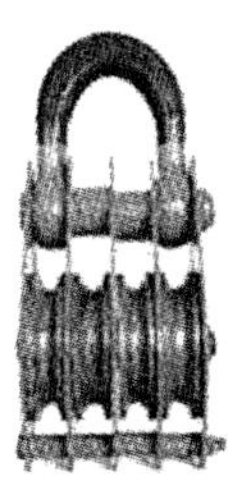
四轮吊环滑车

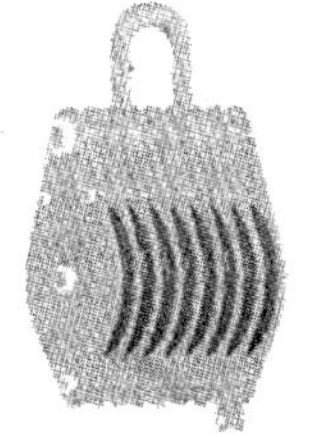
多轮吊环滑车

**图 6-11 滑车型式**

**2. 滑轮组的标示**

滑轮组的规格、型号较多，起重工程中常用的是 H 系列滑轮组。它有 11 种直径、14 种额定载荷、17 种结构形式，共计 103 种规格。

其规格型号表示为 H△△△×△△ △。第一个字母 H 表示该滑轮组是 H 系列，第二部分是三位数字，表示该滑轮组的额定载荷，第三部分（乘号后第一部分）是两位数字，表示门数，最后一部分是英文字母，表示结构形式。结构形式代号：G-吊钩；D-吊环；W-吊梁；L-链环；K-开口（导向轮），闭口不加K。

如H80×7G表示：H系列起重滑轮组，额定载荷为80 t，7门，吊钩型闭口。

**3. 滑轮组选用**

（1）跑绳拉力的计算。

滑轮组在工作时因摩擦和钢丝绳的刚性的原因，使每一分支跑绳的拉力不同，最小在固定端，最大在拉出端。跑绳拉力的计算，必须按拉力最大的拉出端按公式或查表进行。穿绕滑轮组时，必须考虑动、定滑轮承受跑绳拉力的均匀；穿绕方法不正确，会引起滑轮组倾斜而发生事故。

（2）滑轮组的选用步骤。

1）根据受力分析与计算确定的滑轮组载荷选择滑轮组的额定载荷和门数。

2）计算滑轮组跑绳拉力并选择跑绳直径。

3）注意所选跑绳直径必须与滑轮组相配。

4）根据跑绳的最大拉力和导向角度计算导向轮的载荷并选择导向轮。

5）滑轮组动、定（静）滑轮之间的最小距离不得小于 1.5 m，跑绳进入滑轮的偏角不宜大于5°。

6）根据滑轮组的门数确定其穿绕方法，常用的穿绕方法有顺穿、花穿和双跑头顺穿。一般3门及以下宜采用顺穿；4～6门宜采用花穿；7门以上，宜采用双跑头顺穿。若采用花穿的方式，应适当加大上、下滑轮之间的净距。

（3）滑轮的容许荷载应符合表6-6的规定。

**表6-6 滑轮容许荷载**

| 滑轮直径/mm | 容许荷载/kN | | | | | | | | 钢丝绳直径/mm | |
|---|---|---|---|---|---|---|---|---|---|---|
| | 单门 | 双门 | 三门 | 四门 | 五门 | 六门 | 七门 | 八门 | 适用 | 最大 |
| 70 | 5 | 10 | — | — | — | — | — | — | 5.7 | 7.7 |
| 85 | 10 | 20 | 30 | — | — | — | — | — | 7.7 | 11 |
| 115 | 20 | 30 | 50 | 80 | — | — | — | — | 11 | 14 |
| 135 | 30 | 50 | 80 | 100 | — | — | — | — | 12.5 | 15.5 |
| 165 | 50 | 80 | 100 | 160 | 200 | — | — | — | 15.5 | 18.5 |
| 185 | — | 100 | 160 | 200 | — | 320 | — | — | 17 | 20 |
| 210 | 80 | — | 200 | — | 320 | — | — | — | 20 | 23.5 |
| 245 | 100 | 160 | — | 320 | — | 500 | — | — | 23.5 | 25 |
| 280 | — | 200 | — | — | 500 | — | 800 | — | 26.5 | 28 |
| 320 | 160 | — | — | 500 | — | 800 | — | 1 000 | 30.5 | 32.5 |
| 360 | 200 | — | — | — | 800 | 1 000 | — | 1 400 | 32.5 | 35 |

**4. 滑轮及滑轮组使用要点**

（1）使用滑轮时，轮槽宽度应比钢丝绳直径大 1～2.5 mm；滑轮直径，一般不得小于钢丝绳直径的16倍；滑轮轮槽表面光洁平滑，不应有损伤钢丝绳的缺陷；滑轮罩及其他零部件不得妨碍钢丝绳运行；滑轮在使用前，应检查滑轮内润滑油量是否充足，润滑油不足时，须加油后方可使用，应保证滑轮组润滑良好，转动灵活。

（2）滑轮出现下列现象时，不得使用，应予以报废：

1）滑轮绳槽壁厚磨损量达到原壁厚的 20%，或局部破碎；

2）轮轴套磨损超过壁厚的 10%；

3）滑轮槽不均匀磨损达到 3 mm；滑轮槽底的磨损量超过相应钢丝绳直径的 25%；

4）滑轮轴上或壳上有裂纹，或滑轮轴磨损达直径的 3%。

（3）滑轮组应根据其受力的大小、施工条件等情况合理选用，按规定的负荷量使用，严禁超载使用。

（4）滑轮在工作中，如发现滑轮的轴随轮子转动时，应立即排除故障后再使用。钢丝绳不得与滑轮侧板摩擦，钢丝绳通过滑轮的偏角不得超过 5°；应有防止钢丝绳跳出轮槽的防护装置，滑轮侧向摆动不得超过滑轮名义尺寸的 1‰。

（5）多轮滑轮组仅使用其中一两个轮时，每个轮的负荷量按标牌的额定值除以轮数计算。多轮滑轮组尽量不要作为单轮滑车使用，避免轮子倾斜，磨损轮轴。

（6）使用开口滑轮组时，保险扣必须锁好，带吊钩的滑轮组一般不宜高空作业使用，防止钩子脱出，若必须在高空使用时应采取安全措施。导向滑车应合理使用，使用时应有专人看管，防上发生故障。

（7）两滑轮组之间的最小距离不得小于最小距离尺寸。滑轮的安全系数必须符合要求，安全系数参见表 6-7。

**表 6-7　滑轮安全系数**

| 滑轮负荷量/t | 安全系数 $K$ |
| --- | --- |
| 0.5～10 | 3 |
| 16～50 | 2.5 |
| 80～140 | 2 |

## 第三节　吊钩基本知识

吊钩是取物装置中使用最广泛的一种。它具有制造简单和适用性强的特点。

### 一、吊钩的种类

起重机不得使用铸造的吊钩，通常吊钩有两种，即锻造吊钩和板钩，又分单钩、双钩两种形式。

**1. 双钩**

起重量较大时多用双钩，受力均匀对称。材料一般采用 20#优质碳素钢或 20Mn，锻造而成，通常大于 80 t 的起重设备都采用双钩，如图 6-12（a）所示。

**2. 单钩**

一种比较常用的吊钩，构造简单，使用比较方便，材料一般采用 20#优质碳素钢或 20 Mn，锻造而成，最大起重量不大于 80 t，如图 6-12（b）所示。

**3. 挂钩**

如图 6-12（c）所示，主要是现场吊挂设备或有吊环、钢丝绳的构件，一般吊重较小，属于吊具范畴。

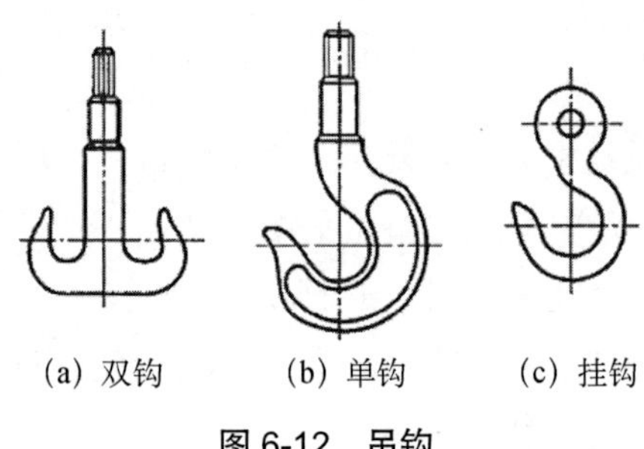


图 6-12 吊钩

## 二、吊钩结构及安全使用

**1. 吊钩的危险断面**

吊钩的危险断面是日常检查和安全检验时的重要部位，经过对吊钩的受力分析，得出吊钩有以下危险断面（如图 6-13 所示）。

吊挂在吊钩上的重物的重量为 $Q$。

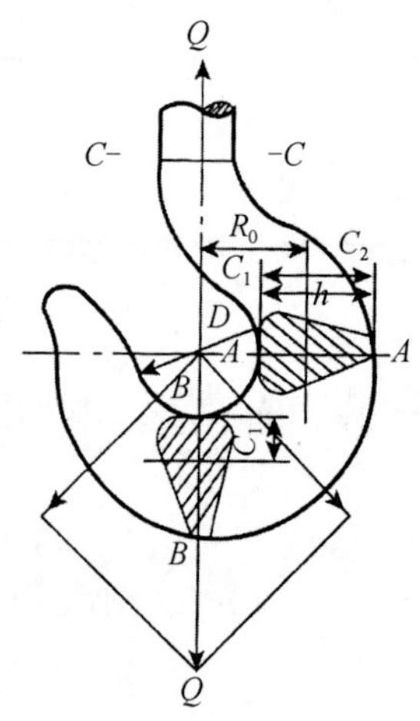


图 6-13 吊钩断面

（1）$A$-$A$ 断面。

吊钩在重物重量 $Q$ 的作用下，除产生拉、切应力之外，还有把吊钩拉直的趋势。

（2）$B$-$B$ 断面。

由于重物的重量通过钢丝绳作用在这个断面上，此作用力有把吊钩切断的趋势，该断面上产生剪切应力。又由于该处是钢丝绳索具或辅助吊具的吊挂点，索具等经过对此处摩擦，该断面会因为磨损而使其横截面积减小，从而增大剪断吊钩的危险。

（3）*C-C* 断面。

由于重物重量 $Q$ 的作用，在该面上这个作用力有把吊钩拉断的趋势。这个断面位于吊钩柄柱螺纹的退刀槽处，该断面为吊钩最小断面，有被拉断的危险。

**2. 吊钩的安全使用要求**

吊钩广泛地使用在各种形式的起重机械中，在检查和验收时，各类吊钩的检查项目和内容均相同，但在要求上略有不同。建筑起重机械不准使用铸造吊钩。

（1）防脱闭锁装置。

吊钩在吊装作业时应防止吊物脱落，吊钩上应设有防止意外脱钩的安全装置，避免吊具钢丝绳在吊运过程中从吊钩突然跳出脱落，如图 6-14 所示；吊钩滑轮组应设置挡绳装置，避免起升钢丝绳从吊钩滑轮脱落。

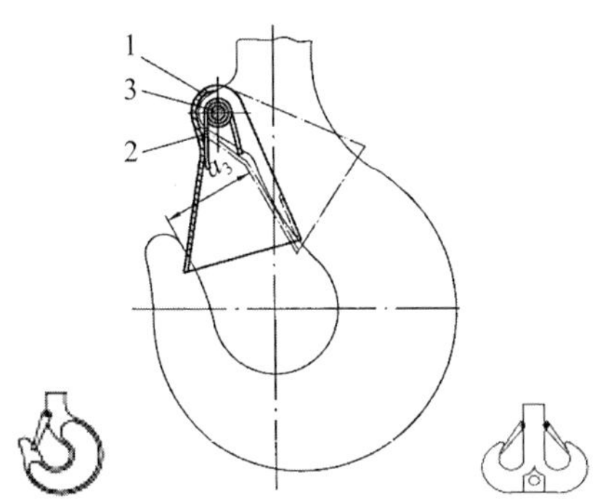


**图 6-14　吊钩防脱闭锁装置**

1. 安全卡；2. 双扭弹簧；3. 铆钉

（2）吊钩的安全检查。

在用起重机的吊钩应根据使用状况定期进行检查，但至少每半年检查一次，并进行清洗润滑。吊钩一般的检查方法是先用煤油清洗吊钩钩体，然后再检查是否有疲劳裂纹，尤其对危险断面要仔细检查，对板钩的衬套、销轴、轴孔、耳环等应检查各紧固件是否松动。某些大型的工作级别较高或使用在重要工况环境的起重机的吊钩，还应采用无损探伤法检查吊钩内、外部是否存在缺陷。

新投入使用的吊钩要认明构件上的标记、制造单位的技术文件和出厂合格证。投入正式使用前应根据标记进行负荷试验，确认合格后才能允许使用。

检查方法是载荷递增方式，逐步将载荷增至额定载荷的 1.25 倍，吊钩负载时间不少于 10 min。卸载后吊钩不得有裂纹及其他缺陷，其开口度变形不应超过 0.25%。使用后有磨损的吊钩也应做递增的负荷试验，重新确定使用载荷值。

（3）吊钩的使用要点。

吊钩固定牢靠，转动部位应灵活，钩体表面光洁，无裂纹，剥裂及任何损伤钢丝绳的缺陷。吊钩应符合下列规定：

1）吊钩上的裂纹或磨损严禁补焊；

2）吊钩表面应光洁，不应有剥裂、锐角、毛刺、裂纹；

3）吊钩应设有防脱装置，防脱棘爪在吊钩负载时不得张开，安装棘爪后沟口尺寸减小值不得超过钩口尺寸的10%；防脱棘爪的形态应与钩口端部相吻合；

4）吊钩出现下列情况之一时应予报废：

①吊钩有裂纹或破口；

②钩尾和螺纹部分等危险截面及钩筋有永久性变形；

③挂绳等处危险断面磨损达原尺寸的10%；

④开口度比原尺寸增加15%；开口扭转变形超过10°；

⑤危险断面或吊钩颈部产生塑性变形；

⑥板钩衬套磨损达原尺寸的50%时，报废衬套；

⑦板钩芯轴磨损达原尺寸的5%时，报废芯轴。

## 第四节　卷筒基本知识

卷筒是起升机构中用来缠绕钢丝绳的部件。卷筒与卷筒轴、法兰式内齿圈、卷筒毂、轴承和轴承座等组成卷筒组。当卷筒轴一点装有旋转式上升极限位置限制器的开关时，必须确保卷筒轴与上升限位开关的转轴同步旋转。

桥式类型起重机卷筒的表面制有导向旋转槽，通常钢丝绳只进行单层缠绕。当起升高度较大时，为了缩短卷筒尺寸，可多层卷绕。卷筒壁的导向槽通常采用标准槽，只有当钢丝绳有脱槽危险时才会采用深槽旋转槽。

卷筒材料一般采用铸铁。特别需要时可采用铸钢或用钢板卷制焊接制造。卷筒是比较耐用的零件，常见的损坏部位是卷绳用的沟槽处。损坏的原因是由于钢丝绳对它的磨损，尤其是当润滑不良时，更会加剧磨损。同时，钢丝绳在卷绕的过程中，当钢丝绳对卷筒和滑轮偏斜角度过大时，也会使钢丝绳与绳槽峰或滑轮槽壁及钢丝绳之间产生严重的摩擦，使卷筒槽峰磨损。其结果会造成钢丝绳脱槽。当沟槽磨损到不能控制钢丝绳在沟槽中间有序排列，而经常跳槽或发现卷筒壁有裂纹时，应更换新的卷筒。

### 一、卷筒型式

#### 1. 卷筒类型

卷筒的类型较多，最常用的齿轮联结盘式和周边大齿轮式两种，其结构特点是卷筒轴不受转矩，只承受弯矩。

卷筒有4种结构类型，常用的结构类型是A、B两型，如图6-15所示。

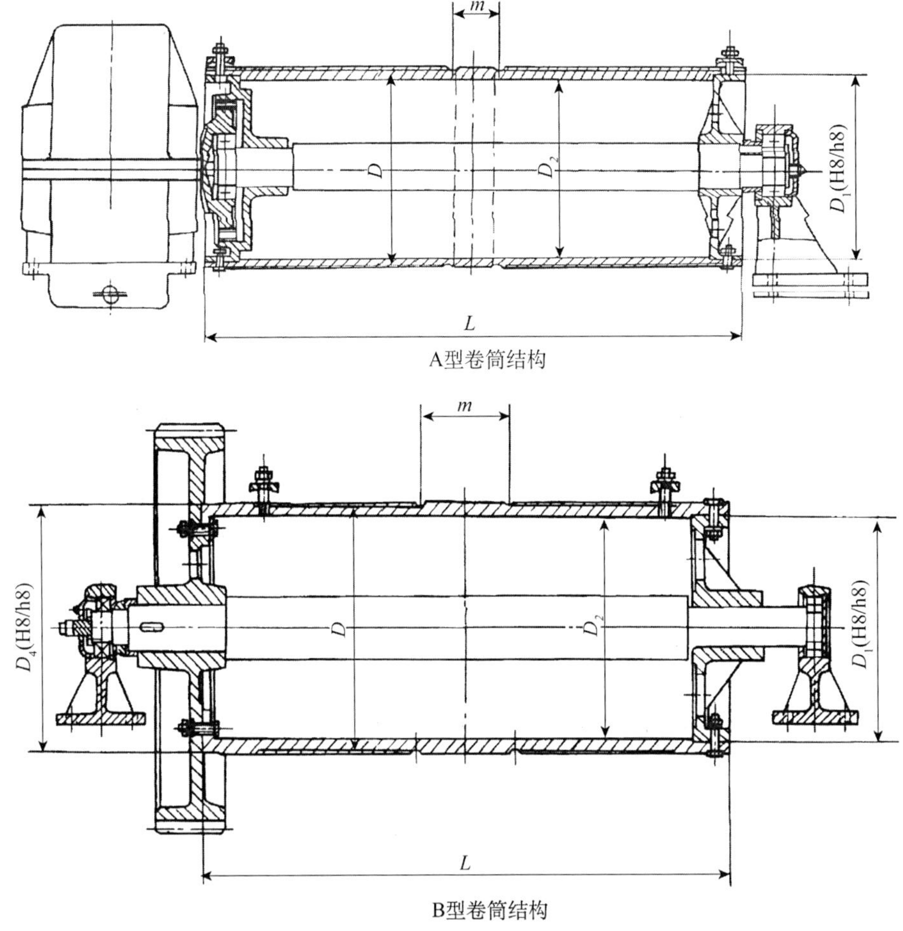


**图 6-15　常用的卷筒结构型式**

卷筒有单层卷绕卷筒、多层卷绕卷筒。单层卷绕卷筒表面一般带有标准导向槽，钢丝绳进行单层卷绕。多层卷绕卷筒有光面卷筒和带绳槽卷筒，光面卷筒钢丝绳可以紧密排列，容绳量较大，但容易乱绳，影响钢丝绳使用寿命，带绳槽卷筒使用较多，第一层钢丝绳卷入卷筒螺旋槽，第二层钢丝绳以相同的螺旋方向卷入内层钢丝绳形成的螺旋沟，钢丝绳的接触情况得以改善，延长了钢丝绳的使用寿命。多层卷绕卷筒两端设置挡边，以防钢丝绳脱出筒外，挡边高度比最外层钢丝绳高出（1～1.5）$d$，$d$ 为钢丝绳直径。

**2. 钢丝绳在卷筒上的固定**

钢丝绳在卷筒上的固定必须安全可靠，且便于钢丝绳检查和更换。利用压板或楔块将钢丝绳压在卷筒的壁上，压板固定是最常用的方法。

（1）钢丝绳固定方式，如图 6-16 所示。

1）利用楔块固定绳端的方法，常用于直径比较细的钢丝绳。

2）绳端用螺栓、压板固定在卷筒外表面。压板绳的沟槽与卷筒相互配合。经常拆装钢丝绳的铸铁卷筒，应采用双头螺栓。每端压板至少 2 个。

3）钢丝绳尾端穿入卷筒内部特制的槽内后，用螺栓和压板压紧。

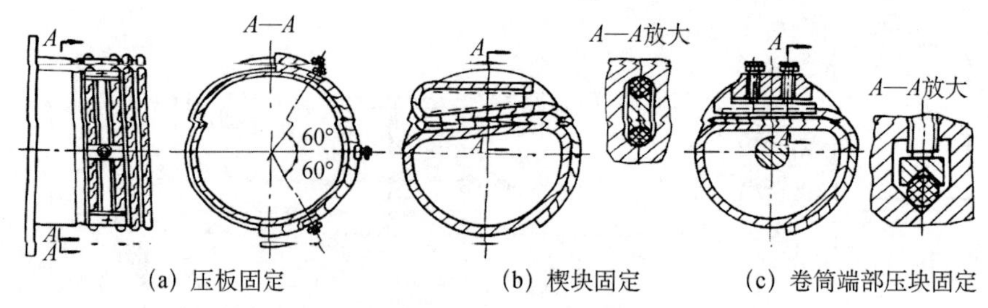

(a) 压板固定　(b) 楔块固定　(c) 卷筒端部压块固定

图 6-16　钢丝绳端部固定方法

（2）钢丝绳用压板要求

起重机钢丝绳端固定压板型式尺寸应符合《钢丝绳用压板》（GB/T 5975—2006）的相关要求，压板应经过拉力、压紧力、固定螺栓合成应力等计算，确保安全可靠。

## 二、卷筒的使用

**1. 安全槽**

取物位置在上限位置时，钢丝绳全卷在螺旋槽中；取物装置在下限位置时，每端固定处都应有 1.5～2 圈固定钢丝绳用槽和 2 圈以上的安全槽。

**2. 卷筒的使用检查**

应定期检查卷筒的运转状态，卷筒应符合下列规定：

1）检查卷筒和轴是否有裂纹，如发现裂纹要及时报废更换；

2）有损害钢丝绳的缺陷、裂纹或轮缘破损、卷筒壁磨损达壁厚的 10%时应立即报废；

3）卷筒毂上不得有裂纹，与卷筒联接就应紧固，不得松动；

4）钢丝绳尾端的固定应可靠，固定装置应有防松或自紧性能；钢丝绳在放出最大工作长度后，卷筒上的钢丝绳至少应保留 3 圈；

5）卷筒与绕出钢丝绳的偏斜角对于单层缠绕机构不应大于 3.5°，对于多层绕机构不应大于 2°。多层缠绕的卷筒，端部应有凸缘，凸缘应比最外层钢丝绳或链条高出 2 倍的钢丝绳直径或链条的宽度。单层缠绕的单联卷筒也应满足上述要求。组成卷筒组的零件齐全，卷筒转动灵活，不得有阻滞现象及异常声响；

6）防止钢丝绳跳出轮槽的装置应完好有效。

# 第五节　制动器基本知识

起重机械的各机构中，制动装置是用来保证起重机能准确、可靠和安全运行的重要部件。起升机构的制动装置保证了吊物停止位置，并且在起升机构停止运行后能使吊物保持在该位置，起到阻止重物下落的作用。运行机构及其他机构的制动装置除用来实现停车及保持在停留位置外，在某些特殊情况下，还可根据工作需要进行降低或调节机构运行速度。

起重机采用的制动器是多种多样的。制动器按结构特性可分为块式、带式和盘式三种。其中块式制动器在卷扬式起重机中广泛使用。盘式制动器多用于电动葫芦的制动及电动葫芦类型起重机的大、小车运行机构的锥形电动机中。制动器按工作状态可分为常闭式和常开式两种。常闭式制动器在制动装置静态是处于制动状态。起重机械在起升、变幅、运行和旋转机构中都必须装设制动器。起升机构和变幅机构设置的制动器必须是常闭式的。吊运炽热金属或易燃易爆等危险品，以及发生事故后可能造成重大危险或损失的起升机构的每一套驱动装置都应装设两套制动器。

## 一、制动器的类型结构

桥式类型起重机上采用的制动器通常由制动器架和驱动装置组成。制动器由带有制动瓦的左、右制动臂，主弹簧、辅助弹簧、拉杆、杠杆角板、制动间隙调整装置及底座等组成。

根据驱动装置不同，制动器可分为短行程电磁铁制动器、长行程电磁铁制动器、液压推杆瓦块式制动器和液压电磁铁瓦块式制动器等。

**1. 短行程电磁铁制动器**

短行程电磁铁制动器的结构图如图 6-17 所示，其驱动装置为单相电磁铁（MZD 系列）；其优点是衔铁行程短、制动器重量轻、结构简单，便于调整。缺点是由于动作迅速，吸合时的冲击直接作用在制动器上，容易使螺栓松动，导致制动器失灵；产生的惯性力较大，使桥架剧烈振动。

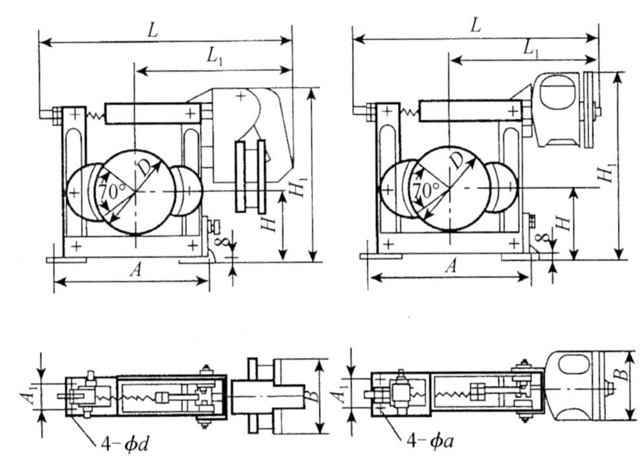


图 6-17　短行程电磁铁瓦块式制动器结构图

**2. 长行程电磁铁制动器**

长行程电磁铁制动器的结构图如图 6-18 所示。它的驱动装置是三相电磁铁（MZD 系列）；其优点是制动力矩稳定，安全可靠。缺点是增加了一套杠杆系统，因此在制动时冲击惯性较大，振动和声响也较大，由于铰点较多，容易磨损，需要经常调整。

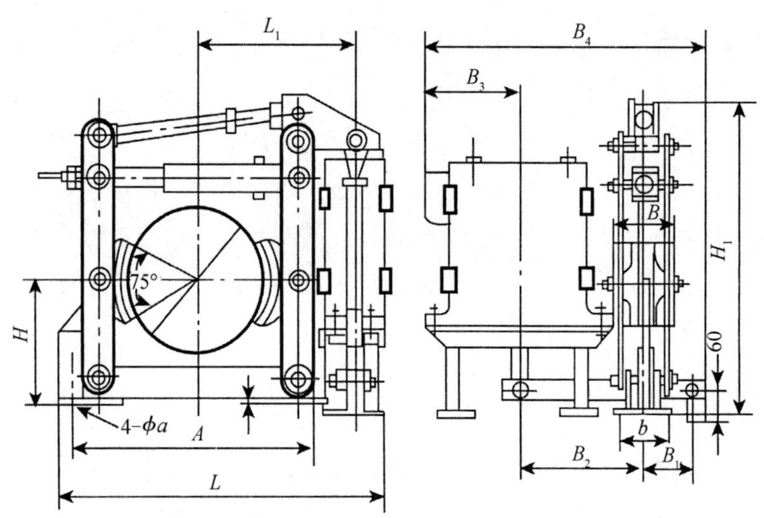


图 6-18　长行程电磁式制动器结构图

### 3. 液压推杆瓦块式制动器

液压电磁推杆瓦块式制动器的结构图如图 6-19 所示。它的驱动装置为液压推杆装置，其制动力也是来自主弹簧。

液压推杆瓦块式制动器具有启动与制动平稳，无噪声，允许开闭次数多，能达到每小时 600 次以上，使用寿命长，推力恒定，结构紧凑和调整维修方便等优点。缺点是用于起升机构时会出现较严重的“溜钩”现象，因而不宜用于起升机构，也不适用于低温环境，只适用于垂直位置，偏角一般不大于 10°。

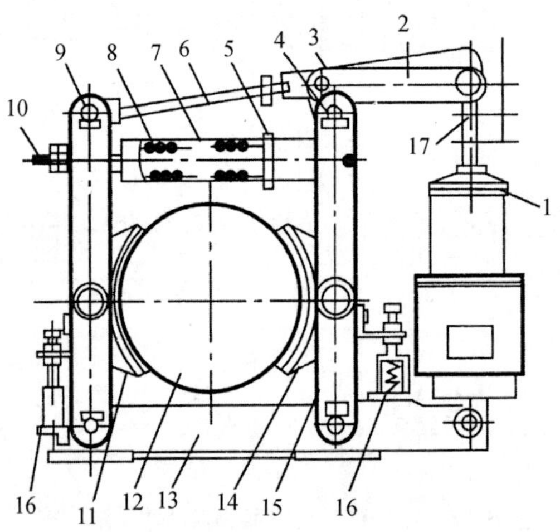


图 6-19　液压电磁推杆瓦块式制动器结构图

1. 液压电磁铁；2. 杠杆；3、4. 销轴；5. 挡板；6. 螺杆；7. 弹簧架；8. 主弹簧；9. 左制动臂；10. 拉杆；11、14. 瓦块；12. 制动轮；13. 支架；15. 右制动臂；16. 自动补偿器；17. 推杆

### 4. 液压电磁铁瓦块式制动器

液压电磁铁的结构图如图 6-20 所示，液压电磁铁由推杆、油缸、底座、活塞和电磁铁等主要零件组成。

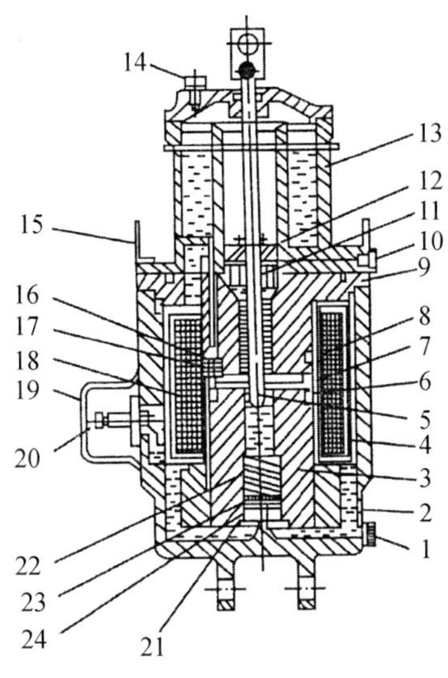


图 6-20 液压电磁铁结构图

1. 放油螺塞；2. 底座；3. 动铁芯；4. 绝缘圈；5. 推杆；6. 密封环；7. 垫；8. 引导套；9. 静铁芯；10. 放气螺塞；11. 轴承；12. 活塞；13. 油缸；14. 注油螺塞；15. 吊耳；16. 齿形阀片；17. 齿形阀；18. 线圈；19. 接线盒；20. 接线柱；21. 下阀体；22. 弹簧；23. 带孔阀座；24. 下阀片

液压电磁铁瓦块式制动器的优点是具有启动和制动平稳，无噪声，接电次数多，使用寿命长，能自动补偿制动器的磨损，不需要经常维护和调整，结构紧凑和调整维修方便等。缺点是在恶劣的工作条件下硅整流器容易损坏。

## 二、制动器的使用与维护

### 1. 制动器的检查维护

经常地检查和保养制动器是一项非常重要的工作，起重机的起升机构的制动器，在每个工作班开始工作前均应进行检查。

（1）检查制动器时的注意事项：

1）注意检查制动电磁铁的固定螺栓是否松动脱落；检查制动电磁铁是否有剩磁现象。

2）制动器各铰接点应转动灵活无卡滞现象，杠杆传动系统的“空行程”不应超过有效程的 10%。

3）检查制动轮的温度，一般不得高于环境温度 120℃。

4）制动时，制动瓦应紧贴在制动轮上，且接触面不小于理论接触面积的 70%；松开制动时，制动瓦块上的摩擦片应脱开制动轮，两侧间隙应均等。

5）液压电磁铁的线圈工作温度不得超过 105℃；液压推动器在通电后的油位应适当。

6）电磁铁的吸合冲程不符合要求而导致制动器松不开制动时，必须调整电磁铁的冲程。

（2）制动器的保养。

1）制动器的各铰接点应根据工况定期进行润滑工作，至少每隔一周，应润滑一次，在高温环境下工作的，每隔三天润滑一次，润滑时不得把油沾到摩擦片或制动轮的摩擦面上。

2）及时清除制动摩擦片与制动轮之间的尘垢。

3）液压电磁推杆制动器的驱动装置中的油液每半年更换一次。如发现油内有机械杂质，应将该装置全部拆开，用汽油把零件洗净，再进行装配，密封圈装配前应先用清洁的油液浸润一下，以保证安装后的密封性能。但在清洗时，线圈不许用汽油清洗。

（3）制动轮的维护。

1）制动轮的摩擦表面出现深度在 0.5 mm 以上的环形沟槽时，会使制动轮与摩擦片的接触面积减小，导致制动力矩降低，应卸下制动轮进行磨削加工，再装配后可重新使用，不必再经淬火热处理。

2）制动轮的摩擦表面经修理加工后，比原来直径小 3～4 mm 时，应重新车削加工后经淬火热处理，恢复原来的表面硬度。最后经磨削加工后才能使用。

3）制动轮的制动表面不得沾染油污，当有油污时，应使用煤油清洗。

**2. 制动装置维修和安全技术要求**

（1）制动器架各铰结点经磨损造成松旷，导致无效行程超过制动驱动装置工作行程的 10%时，应对各铰接点进行修理。

（2）各铰接处的销轴，其直径磨损超过原直径的 5%或椭圆度超过 0.5 mm 时，均应更换销轴。更换时，应修整销轴孔，恢复圆度，然后根据孔径配置新的销轴。轴孔直径磨损超过原直径 5%时，也应重新修整轴孔，配置新的销轴。

（3）制动瓦块上摩擦片的磨损超过原厚度的 50%，或有缺损和裂纹时，应报废更换新的摩擦片；更换时，铆钉埋入制动摩擦片的深度应超过原厚度的 1/2。制动片与制动轮之间的接触面应均匀，间隙调整应适宜。

（4）制动装置的零件出现裂纹时应报废；制动弹簧出现塑性变形时应更换。

（5）起升机构和变幅机构的制动轮，当轮缘厚度磨损达原厚度的 40%时，应报废；其他机构的制动轮，轮缘厚度磨损达原厚度的 50%时，应报废。

（6）制动器和制动轮应符合下列规定：

1）制动带摩擦垫片与制动轮的实际接触面积，不应小于理论接触面积的 70%；

2）带式制动器背衬钢带的端部与固定部分应采用铰接；

3）制动轮的摩擦面，不应有妨碍制动性能的缺陷和油污；

4）当制动器和制动轮出现下列情况之一时，应予报废：

①制动轮出现可见裂纹；

②制动块（带）摩擦衬垫磨损量达原厚度的 50%或露出铆钉，应报废更换摩擦衬垫；

③弹簧出现塑性变形；

④电磁铁杠杆系统空行程超过额定行程的 10%；

⑤小轴或轴孔直径磨损达原直径的 5%；

⑥起升、变幅机构的制动轮轮毂厚度磨损量达原厚度的 40%；其他机构制动轮轮毂厚度磨损量达原厚度的 50%；

⑦制动轮轮面的凹凸不平度达 1.5 mm 及以上，且不能修复；轮面磨损量达 1.5～2.0 mm（直径 300 mm 以上的取大值，否则取小值）。

# 第七章　常用油料基本知识

建筑机械常用油料按其工作性质和用途可分为燃油（汽油、柴油）、润滑油（内燃机油、齿轮油、润滑脂等）、工作油（液压油、液力传动油、制动液等）三类。正确使用和管理油料，是保证机械正常运行，提高机械生产效率的有效措施；对节约能源，降低机械使用费都具有重要意义。

## 第一节　燃油的类型和特点

内燃机燃油分为汽油、柴油，建筑机械较多使用柴油。

### 一、汽油

汽油按其用途分为航空汽油、车用汽油和溶剂汽油三大类。

**1. 车用汽油的主要性能指标**

抗爆性：汽油在各种工作条件下燃烧时的抗爆震能力，它表示汽油在发动机内正常燃烧而不发生爆震的性能。

蒸发性：汽油从液态转变为气态的性能称为蒸发性（汽化性），它是衡量汽油蒸发难易程度的性能，它直接影响发动机冷启动性能、暖机性能和不产生气阻的性能等。

安定性：汽油在储存和使用过程中，防止在温度和光的作用下，使汽油中不安定烃化物生成胶质物质和酸性物质的性能，常称抗氧化安定性。

腐蚀性：汽油或其他油料与金属发生化学反应，使金属失去固有性能的能力称为腐蚀性。汽油的腐蚀性来源于少量非烃化合物和外来物质，如硫及硫化物、水溶性酸和碱、有机酸等。

安全性：汽油安全性能的指标主要是闪点。闪点过低，说明汽油中混有轻组分，会对汽油储存、运输、使用带来安全隐患，还会导致发动机无法正常工作。

其他理化性能：物理性能主要包括密度、凝点、冰点、黏度等；化学性能主要指酸度、酸值、残炭、灰分等。

**2. 车用汽油的牌号**

汽油的牌号是以辛烷值确定的，现在我国常用的是 92 号和 95 号汽油。

**3. 车用汽油的选用**

选择汽油牌号应根据机械使用说明书的要求，以在正常运行条件下不发生爆震为前提。

**4. 车用汽油的使用要点**

当汽油牌号不能满足要求时，可选择牌号相近的汽油代用。如发动机使用辛烷值低于要求的汽油时，可适当推迟点火时间，以免爆震；如发动机使用辛烷值高于要求的汽油时，可适当提前点火时间，以充分发挥高辛烷值汽油的效能，降低油耗。

机械在高原地区作业时，由于高原地区空气较稀薄，发动机吸入的空气量下降。压缩终了的压力和温度都有所下降，因此，可选用较低牌号的汽油。

长期存放后已变质的汽油不应使用，否则将导致发动机严重积炭。应经常使油箱保持充满，以减少汽油与空气的接触面积，防止汽油劣化。

## 二、柴油

柴油有轻柴油和重柴油之分。轻柴油适用于全负荷转速在 960 r/min 以上的高速柴油机；重柴油适用于全负荷转速在 960 r/min 以下的中速柴油机和 300 r/min 以下的低速柴油机。建筑机械使用的多属高速柴油机，下述多属轻柴油内容，并简称柴油。

**1. 柴油的主要性能指标**

（1）燃烧性。

燃烧性即柴油能迅速自行着火的自燃性。衡量指标是十六烷值的高低。十六烷值高，滞燃期就短，气缸内压力增长速度均匀，不易产生爆震，启动性能好，功率大，耗油少；反之，则滞燃期延长、着火慢，发动机运转不平稳，功率低。

（2）低温流动性。

柴油的低温流动性是以凝点和黏度来表示的。

1）凝点是指将油料在一定试验条件下，遇冷开始凝固而失去流动性的最高温度。它是柴油的重要性能指标。柴油的牌号就是按凝点的高低值来区分的，柴油中蜡的含量是影响凝点的主要指标，进行脱蜡处理可使柴油凝点降低，但柴油的可利用率将相应减少，而成本则增大。

2）黏度是指油料分子受外力作用移动时，油料分子间产生的内摩擦力的性质，即稀稠程度。黏度随温度的变化而改变，温度高黏度小，温度低黏度大，轻柴油的黏度是指 20℃时的稀稠程度。柴油的黏度与其流动性、雾化性、燃烧性和润滑性都有关系。黏度过大，则雾化差，燃烧不完全，冒黑烟，耗油量增大；黏度过小，将使高压油泵的柱塞得不到良好的润滑，易泄漏，使压进燃烧室的油量不足而降低发动机功率。

（3）蒸发性。

蒸发性指油料从液态转化为气态的性能。蒸发性好能使柴油在滞燃期内与空气混合均匀，燃烧迅速，有利于柴油机启动和提速。柴油的蒸发性能是由馏程和闪点控制的。

1）馏程是指油料的蒸馏分离过程，用来判断油料的沸点范围及其轻重馏分组成的多少。馏分温度低，表示油料的轻质成分多，蒸发性能好；反之则重质成分多，蒸发性能差。

2）闪点是表示油料蒸发性和安全性的指标。闪点的测定是将试油在规定条件下加热，使油汽化和周围空气形成混合气，当接近火焰时，开始发出闪光时的温度称为闪点。闪点低的柴油，蒸发性好，但过低则燃烧快，易产生爆震，且运输、贮存危险性大。闪点在45℃以下属易燃品，如汽油、煤油；闪点在45℃以上属可燃品，如柴油、润滑油。

（4）腐蚀性。

测定的方法和汽油一样，主要测定硫分、酸度、水溶性酸或碱的含量，其中以硫分对柴油使用上的影响最大。

（5）安定性。

测定方法同汽油，仅将控制温度由150℃增加到250℃，不能蒸发的实际胶质必须控制在一定范围内。

（6）其他理化性能。

除以上指标外，柴油对灰分、机械杂质、水分及10%蒸余物残炭等也必须加以控制。

**2. 柴油的牌号**

柴油按其质量分为优级品、一级品和合格品三个等级，每个等级按其凝点又可分为 10 号、0 号、−10 号、−20 号、−35 号和−50 号六种牌号。10 号柴油表示其凝点不高于 10℃，以此类推。

**3. 柴油的选用**

应根据机械施工所在地区的气温选用适当凝点的柴油，为了避免因环境温度低于柴油凝点而造成冻结，选用的柴油凝点应低于环境温度1～3℃。

柴油的十六烷值应与柴油机的转速相匹配。转速在 1 000 r/min 以下的，十六烷值应为 35～40；转速在 1 000 r/min 以上的，十六烷值应高于 40；转速在 1 500 r/min 以上的，十六烷值应为 45～50。

柴油的黏度应与环境温度和柴油机转速相适应。

**4. 柴油的使用要点**

不同牌号的柴油可掺合使用，掺合后的凝点在两掺合油之间，但并不与掺配数量成比例。如−10 号与−20 号柴油掺合后的混合油，其凝点不是−15℃，而是在−14℃～−13℃。柴油掺合时必须搅拌均匀。

凝点较高的柴油可掺入10%～40%的裂化煤油以降低其凝点，如在 0 号柴油中掺入 40%的裂化煤油，可获得−10 号柴油。但柴油中不能掺入汽油，如掺入汽油，将使发火性能变差，导致启动困难，甚至不能启动。

柴油加入油箱前，一定要充分沉淀（不少于 48 h），并经过滤以除去杂质，切实保证柴油的净化。每日作业后应把油箱加满。

冬季使用桶装高凝点柴油时，不得用明火加热，以免爆炸。

## 第二节　润滑油的类型和特点

润滑油在机械运行中起着润滑、冷却、清洁、密封和防腐等作用。建筑机械使用的润滑油（脂）主要有内燃机润滑油、齿轮润滑油和润滑脂等。

### 一、内燃机润滑油

内燃机润滑油简称机油，根据内燃机的不同要求，可分为汽油机油和柴油机油两类。

**1. 内燃机油的分类**

对内燃机油的分类应参照《内燃机油分类》（GB/T 28772—2012）规定的代号，其代号与SAE183 的分类相似，见表 7-1、表 7-2。

**表 7-1　汽油机油分类**

| 品种代号 | 特性和适用场合 |
| --- | --- |
| SE | 用于轿车和某些货车的汽油机，以及要求使用 API SE、SD 级油的汽油机。此种油品的抗氧化性能及控制汽油机高温沉积物、锈蚀和腐蚀的性能优于 SD 或 SC |
| SF | 用于轿车和某些货车的汽油机，以及要求使用 API SF、SE 级油的汽油机。此种油品的抗氧化和抗磨损性能优于 SE，同时还具有控制汽油机沉积、锈蚀和腐蚀的性能，并可代替 SE |
| SG | 用于轿车、货车和轻型卡车的汽油机，以及要求使用 API SG 级油的汽油机。SE 质量还包括 CC 或 CD 的使用性能。此种油品改进了 SF 级油控制发动机沉积物、磨损和油的氧化性能，同时还具有抗锈蚀和腐蚀的性能，并可代替 SF、SF/CD、SE 或 SE/CC |
| SH、GF-1 | 用于轿车、货车和轻型卡车的汽油机以及要求使用 API SH 级油的汽油机。此种油品在控制发动机沉积物、油的氧化、磨损、锈蚀和腐蚀等方面的性能优于 SG，并可代替 SG。GF-1 与 SH 相比，增加了对燃料经济性的要求 |
| SJ、GF-2 | 用于轿车、运动型多用途汽车、货车和轻型卡车的汽油机以及要求使用 API SJ 级油的汽油机。此种油品在挥发性、过滤性、高温泡沫性和高温沉积物控制等方面的性能优于 SH。可代替 SH，并可在 SH 以前的“S”系列等级中使用<br>GF-2 与 SJ 相比，增加了对燃料经济性的要求，GF-2 可代替 GF-1 |
| SL、GF-3 | 用于轿车、运动型多用途汽车、货车和轻型卡车的汽油机，以及要求使用 API SL 级油的汽油机。此种油品在挥发性、过滤性、高温泡沫和高温沉积物控制等方面的性能优于 SJ。可代替 SJ，并可在 SJ 以前的“S”系列等级中使用<br>GF-3 与 SL 相比，增加了对燃料经济性的要求。GF-3 可代替 GF-2 |
| SM、GF-4 | 用于轿车、运动型多用途汽车、货车和轻型卡车的汽油机以及要求使用 API SM 级油的汽油机。此种油品在高温氧化和清净性能、高温磨损性能，以及高温沉积物控制等方面的性能优于 SL。可代替 SL，并可在存 SL 以前的“S”系列等级中使用<br>GF-4 与 SM 相比，增加了对燃料经济性的要求。GF-1 可代替 GF-3 |
| SN、GF-5 | 用于轿车、运动型多用途汽车、货车和轻型卡车的汽油机以及要求使用 API SN 级油的汽油机。此种油品在高温氧化和清净性能、低温油泥以及高温沉积物控制等方面的性能优于 SM。可代替 SM，并可在 SM 以前的“S”系列等级中使用<br>对于资源节约型 SN 油品，除具有上述性能外，强调燃料经济性、对排放系统和涡轮增压器的保护以及与含乙醇最高达 85%的燃料的兼容性能<br>GF-5 与资源节约型 SN 相比，性能基本一致。GF-5 可代替 GF-4 |

表 7-2　柴油机机油分类

| 品种代号 | 特性和适用场合 |
|---|---|
| CC | 用于中负荷及重负荷下运行的自然吸气、涡轮增压和机械增压式柴油机以及一些重负荷汽油机。对于柴油机具有控制高温沉积物和轴瓦腐蚀的性能；对于汽油机具有控制锈蚀、腐蚀和高温沉积物的性能 |
| CD | 用于需要高效控制磨损及沉积物或使用包括高硫燃料自然吸气、涡轮增压和机械增压式柴油机，以及要求使用 API CD 级油的柴油机。具有控制轴瓦腐蚀和高温沉积物的性能，并可代替 CC |
| CF | 用于间接喷射式柴油发动机和其他柴油发动机，也可用于需有效控制活塞沉积物、磨损和含铜轴瓦腐蚀的自然吸气、涡轮增压和机械增压式柴油机。能够使用硫的质量分数大于 0.5%的高硫柴油燃料，并可代替 CD-Ⅱ |
| CF-2 | 用于需高效控制气缸、环表面胶合和沉积物的二冲程柴油发动机，并可代替 CD |
| CF-4 | 用于高速、四冲程柴油发动机以及要求使用 API CF-4 级油的柴油机，特别适用于高速公路行驶的重负荷卡车。此种油品在机油消耗和活塞沉积物控制等方面的性能优于 CE[a]，并可代替 CE[a]、CD 和 CC |
| CG-4 | 用于可在高速公路和非道路使用的高速、四冲程柴油发动机。能够使用硫的质量分数小于 0.05%～0.5%的柴油燃料。此种油品可有效控制高温活塞沉积物、磨损、腐蚀、泡沫、氧化和烟炱的累积，并可代替 CF-4、CE[a]、CD 和 CC |
| CH-4 | 用于高速、四冲程柴油发动机，能够使用硫的质量分数不大于 0.5%的柴油燃料，即使在不利的应用场合，此种油品可凭借其在磨损控制、高温稳定性和烟炱控制方面的特性有效地保持发动机的耐久性；对于非铁金属的腐蚀、氧化和不溶物的增稠、泡沫性以及由于剪切所造成的黏度损失可提供最佳的保护。其性能优于 CG-4，并可代替 CG-4、CF-4、CE[a]、CI 和 CC |
| CI-4 | 用于高速、四冲程柴油发动机，能够使用硫的质量分数不大于 0.5%的柴油燃料。此种油品在装有废气再循环装置的系统里使用可保持发动机的耐久性；对于腐蚀性和与炯炱有关的磨损倾向、活塞沉积物以及由于烟炱累积所引起的黏温性变差、氧化增稠、机油消耗、泡沫性、密封材料的适应性降低和由于剪切所造成的黏度损失可提供最佳的保护。其性能优于 CH-1，并可代替 CH-4、CG-4、CF-1、CE[a]、CD 和 CC。 |
| CJ-4 | 用于高速、四冲程柴油发动机。能够使用硫的质量分数不大于 0.05%的柴油燃料，对于使用废气后处理系统的发动机，如使用硫的质量分数大于 0. 001 5%的燃料，可能会影响废气后处理系统的耐久性和机油的换油期。此种油品在装有微粒过滤器和其他后处理系统里使用可特别有效地保持排放控制系统的耐久性。对于催化剂中毒的控制、微粒过滤器的堵塞、发动机磨损、活塞沉积物、高低温稳定性、烟炱处理特性、氧化增稠、泡沫性和由于剪切所造成的黏度损失可提供最佳的保护。其性能优于 CL-4，并可代替 CI-4、CH-4、CG-4、CF-4、CE[a]、CD 和 CC |

**2. 内燃机机油的黏度分类**

《内燃机机油的黏度分类》（GB/T 14906—2018）是参照 SAEJ300 制定的。它的黏度等级分类方法，按低温动力黏度、低温泵送性和 100℃时的运动黏度分级。将冬用油分为 0W、5W、10W、15W、20W 和 25W 六个级别；夏用及春、秋用油分为 20、30、40、50、60 五个级别，W 表示冬季用油，见表 7-3。对于单级油，其高温黏度应符合 100℃运动黏度所规定的范围。

表 7-3　内燃机机油黏度分类

| 黏度等级 | 在下列温度下的最大黏度 | 泵送极限温度/℃ | 最大稳定倾点/℃ | 100℃运动黏度/（$mm^2/s$） | |
|---|---|---|---|---|---|
| | | | | 最小 | 最大 |
| 0 W | 3 250，−30℃ | −35 | | 3.8 | |
| 5 W | 3 500，−25℃ | −30 | −35 | 3.8 | |

续表

| 黏度等级 | 在下列温度下的最大黏度 | 泵送极限温度/℃ | 最大稳定倾点/℃ | 100℃运动黏度/（$mm^2/s$） | |
|---|---|---|---|---|---|
| | | | | 最小 | 最大 |
| 10 W | 3 501，−20℃ | −25 | −30 | 1.1 | |
| 15 W | 3 500，−1.5℃ | −20 | | 5.6 | |
| 20 W | 4 500，−10℃ | −15 | | 5.6 | |
| 25 W | 6 000，−50℃ | −10 | | 9.3 | |
| 20 | | | | 5.6 | 低于 9.3 |
| 30 | | | | 9.3 | 低于 12.5 |
| 40 | | | | 12.5 | 低于 16.3 |
| 50 | | | | 16.3 | 低于 21.9 |
| 60 | | | | 21.9 | 低于 26.1 |

从表 7-3 中可以看出各级机油的黏度和适用温度范围。为使机油既有良好的低温启动性能，又有适应高温条件下工作的黏度，在上述级别的基础上，又生产出一系列多级油。即一个牌号的机油具有两个黏度级别，如 5 W/20、20 W/40 等。它们分别符合表中的一个低温黏度级别和一个高温黏度级别的性能，能在一个地区范围内冬、夏通用。

**3. 内燃机机油的主要性能指标**

黏度：是表示油料稀稠度的一项主要指标。润滑油的牌号就是用黏度来表示的。黏度因测量方法不同有多种表示方法，我国常用的是运动黏度，它是油料的绝对黏度和同温度油料的比值。单位为 $cm^2/s$。对于黏度较大，不易用运动黏度测定的油料（如齿轮油），则采用恩氏黏度，单位为 E。度数越大，黏度也越大。

黏温性能（黏度指数）：黏度随温度变化的程度小，黏温性能好，反之则差。表示黏温性能的指标是同一油样在 50℃的运动黏度对 100℃运动黏度的比值，比值越大，黏温性能越差，质量不好；比值越小，黏温性能越好，油的质量就好。

凝固点：将测定的润滑油放在试管中冷却，直到把它倾斜 45°，并经过 1 min 后油面不流动时的温度为凝固点（简称凝点）。油料凝结时，其润滑性能变坏。

酸值：中和 1g 润滑油中的有机酸所需要的氢氧化钾（KOH）的毫克数为润滑油的酸值。有机酸对金属有强烈的腐蚀性。酸值超过规定的润滑油在使用中容易变质（呈酸性），导致润滑作用变坏。

水溶性酸或碱：是指能溶于水中的无机酸或碱，以及低分子有机酸和碱的化合物等物质。润滑油在使用中如呈水溶性酸，则主要是氧化物变质所造成。

闪点或燃点：当润滑油在一定的加热条件下，它的蒸气与空气形成混合气体，在接近火焰时有闪光发生，此时油的温度叫作“闪点”；如果使闪光时间达到 5 s，则此时的油温就达到“燃点”。闪点的高低表示油料在高温下的安全性。闪点高的油料，使用和运输都较安全；闪点低的润滑油易被蒸发，增大耗油量。

残炭：残炭会堵塞油路，增大机械磨损，对高精度的机械，不可选用炭渣成分多的润滑油。

灰分：是油料安全燃烧后所剩下的残留物，主要是金属盐类。不含添加剂的油料灰分应该小，但一般润滑油都加入有高灰分的添加剂，这些添加剂的作用大大超过由于高灰分带来的不利因素，因此这些油品的灰分规定不小于一定的指标，用以间接控制添加剂的加入量不低于规定。

机械杂质和水分：经过溶解后过滤所残留的杂质称为机械杂质，它会影响润滑效果，加速机件磨损。水分会降低油膜强度，产生泡沫或乳化变质，低温时会结冰，影响机械功能。国家标准规定：加添加剂后的杂质含量不大于 0.01%；水分含量不大于“痕迹”（即 0.03%）。

**4. 机油的选用**

（1）根据发动机工作条件选用（使用级）。

1）汽油机油：根据发动机压缩比选用。压缩比在 6.8～7.2，最高转速在 3 000 r/min 以上，升功率超过 17.5 kW/L 的发动机可选用 SC 级油；压缩比超过 8，最高转速达到 5 000 r/min，升功率在 30 kW/L 的发动机可选用 SD 级或 SE 级。

2）柴油机油：柴油机可按其强化程度来选用柴油机油。柴油机的强化程度可用柴油机的强化系数来表示，强化系数越高，其热负荷和机械负荷就越高。要求使用的柴油机油级别也越高。

（2）根据地区气温选用（黏度级）。

根据地区气温选择机油的黏度等级，见表 7-4。单级油不可能同时满足低温及高温条件下的工作要求。为了减少冬夏季换油，可选用温度范围较宽的多级油，如长城以南、长江以北地区可选用 15 W/30 或 15 W/40 的多级油；寒区可选用 10 W/30 多级油；严寒地区可选用 5 W/30 多级油。

**表 7-4　根据气温与地区情况选择机油的黏度等级**

| 气温（或月份） | 地区 | 机油黏度 |
|---|---|---|
| 4 月 | 全国大部分地区 | 20、30、10 号 |
| −10～0℃ | 长江以南，南岭以北 | 25 W |
| −15～−5℃ | 黄河以南，长江以北 | 20 W |
| −20～−15℃（−25～−20℃） | 华北、中西部及黄河以北的寒区 | 15 W 或 10 W |
| −30～−25℃ | 东北、西北等严寒地区 | 5 W |
| −30℃以下 | 严寒地区 | 0 W |

（3）根据机械技术状况选用。

机件磨损较大的老旧发动机，可选用黏度大的机油，对新发动机则可选用黏度小的机油。对于提升功率大而且润滑系统容量较小的，应选用级别较高的机油；对于重负荷、长时间运转的机械，可选用黏度较大的机油；对于时常停歇的机械，曲轴箱温度较低，可选用黏度较小的机油。机械在走合期内，不论冬夏，都应使用 20 号机油。

**5. 内燃机机油使用要点**

必须选用黏度合适的机油，那种认为黏度大有利于润滑的想法是错误的。其实，选用黏度过大的机油，反而会使机械磨损增大，冷却和清洁作用变差。正确选用机油级别，高级别机油可用于要求较低的发动机，但经济上不合算；低级别机油则切不可用于要求较高的发动机，否则会导致发动机早期磨损。注意保持曲轴箱中机油油面正常，使用中应注意勿使油温过高，以免机油过稀和加速变质。注意保持空气及机油滤清器的清洁，及时更换滤芯，以保持机油清洁。

换油时，应注意放净残油，注意不要将不同牌号的油品混用，以免降低润滑效果。

使用多级油时还应注意以下几点：

1）用多级油替换单级油时，应在发动机停止运转后趁热放净旧油，并将油底壳清洗干净后再加入多级油，寒冷地区如将多级油与旧油混用，会影响发动机的低温启动性。

2）使用多级油时，发动机机油压力会略偏低，这是正常现象，不影响发动机的润滑。

3）多级油中因加有清净分散剂能使沉积物悬浮于油中，使用后机油颜色会逐渐变深，这是正常现象。但要防止混入水分，以免引起清净分散剂浮化，影响使用。

**6. 在用机油的快速检测**

在用机油的质量随着时间的增加而逐步劣化，劣化到一定程度就要换新油。为了实施按质换油，根据建筑施工机械的特点，在无油品化验测试时，可采用现场快速检测。比较简易的检测方法是机油的外观及气味的检测，即用一个洁净的试管取少量在用机油样品，用肉眼及借助放大镜或闻气味的方法进行观察，按表 7-5 所描述的性状，判断机油的劣化变质程度。

**表 7-5　机油性状及其劣化程度**

| 状况描述 | 劣化程度描述 |
| --- | --- |
| 比较清澈透明，仍保持或接近新机油的颜色 | 污染较轻 |
| 不透明、呈雾状 | 机油中水分凝结较多或有水渗入 |
| 变灰 | 可能被染铅汽油污染 |
| 变黑 | 燃料不完全燃烧的产物，特别是柴油机燃烧尾气中的烟尘渗入，使得机油很快变黑 |
| 出现刺激性气味 | 机油受高温后氧化较重 |
| 出现燃料味 | 燃料渗入，稀释机油 |

## 二、车辆齿轮油

齿轮传动润滑油简称齿轮油，有车辆齿轮油和工业齿轮油两大类，汽车和建筑机械的齿轮箱使用车辆齿轮油。

**1. 车辆齿轮油的分类**

我国车辆齿轮油参照国际通用的 API 分类法。按齿轮油使用承载能力和使用场合的不同，划分为普通车用齿轮油、中负荷车用齿轮油和重负荷车用齿轮油三类，分别相当于 API 分类的 GL-3、GL-4、GL-5。车辆齿轮油分类见表 7-6。

表 7-6　车辆齿轮油 API 分类

| API 类别 | 应用类型 | 齿轮传动类型 | 添加剂 |
|---|---|---|---|
| GL-1 | 低压、低滑动速度工作条件 | 螺旋锥齿轮和蜗轮蜗杆主减速器及某些手动齿轮变速器 | 抗氧、防锈、抗起泡和降凝剂，无极压剂和摩擦改进剂 |
| GL-2 | GL-1 不能充分满足的负荷、温度和滑动速度的工作条件 | 蜗轮蜗杆主减速器 | 抗磨剂以及少量极压剂 |
| GL-3 | 中等滑动速度和负荷，高于 GL-2 而低于 GL-4 的要求 | 螺旋锥齿轮主减速器和手动齿轮减速器 | 少量极压剂 |
| GL-4 | 高速小扭矩和低速大扭矩的工作条件 | 轿车和其他汽车的准双曲面锥齿轮主减速器 | 较多的极压剂 |
| GL-5 | 高速冲击负荷、高速小扭矩和低速大扭矩工作条件 | 轿车和其他汽车的准双曲面锥齿轮主减速器 | 多量极压剂 |
| GL-6 | 用于抗擦伤性能要求比 GL-5 更高的使用条件，如高偏置双曲线齿轮 | 轿车和其他汽车高偏置双曲线齿轮主减速器（偏置量＞5 cm，或接近大齿圈的 25%） | 大量极压剂 |

**2. 车辆齿轮油的黏度分级**

我国采用 SAEJ 306 标准对车辆齿轮油进行分级，见表 7-7。表中分级级号数字后的“W”表示冬季用油，为了兼顾低温流动性和高温黏度。可采用多级齿轮油。如 80 W/90 表示低温流动性符合 80 W 黏度级要求，高温黏度符合 90 级油要求。

表 7-7　车辆齿轮油的 SAE 黏度分级

| SAE 黏度等级 | 动力黏度为 150 000 MPa • S 时的最高温度/℃ | 100℃时的运动黏度/（$mm^2/s$） | |
|---|---|---|---|
| | | 最低 | 最高 |
| 70 W | −55 | 4.1 | — |
| 75 W | −40 | 1.1 | — |
| 80 W | −26 | 7.0 | — |
| 85 W | −12 | 11.0 | — |
| 90 | — | 13.5 | ＜24.0 |
| 140 | — | 24.0 | ＜41.0 |
| 250 | — | 41.0 | — |

**3. 车辆齿轮油的主要质量指标**

极压抗磨性：是指齿面在极高压或高温润滑条件下，防止擦伤和磨损的能力，特别是准双曲面锥齿轮具齿面负荷在 2 000 MPa 以上，要求齿轮油有较好的极压抗磨性。

抗氧化安定性：是指齿轮油在与空气中的氧接触氧化后，会出现黏度升高、酸值增加、颜色加深，产生沉淀和胶质，影响使用寿命等的程度。

剪切安定性：是指齿轮油在齿轮啮合运动中会受到强烈地机械剪切作用，使齿轮油中添加的高分子化合物（黏度指数改进剂和某些降凝剂）被剪断面分裂成低分子化合物，而使黏度下降的程度。

黏温特性与内燃机油的要求相同。

**4. 车辆齿轮油的选用**

（1）根据齿轮工作条件选用（使用级）。

1)凡齿面接触应力不超过 1 500 MPa，齿面滑动速度在 1.5～8 m/s 以内的齿轮可选用 GL-4 级油；

2）凡齿面接触应力在 2 000 MPa 以上，滑动速度超过 10 m/s，最高温度达到 120～130℃时，应选用 GL-5 级油；

3）对于准双曲面锥齿轮和双曲线锥齿轮应选用 GL-4 和 GL-5 级双曲线齿轮油。

（2）根据地区气温选用（黏度级）。

根据地区气温选择车辆齿轮油的级别和牌号，见表 7-8。

**表 7-8　根据地区气温选择车辆齿轮油**

| 油品名称 | 选用牌号 |
|---|---|
| GL-3 | 长城以北全年通用 85 W/90；长城以南全年通用 90 或 85 W/90 |
| GL-4 | 严寒地区用 75 W，寒区用 85 W/90；长江以北全年通用 85 W/90；长江以南全年通用 90 或 85 W/90 |
| GL-5 | 对齿轮油黏度要求较大的机械全年通用 85W/140 |

**5. 车辆齿轮油使用的注意事项**

低级别齿轮油不能用在要求较高的机械上，高级别齿轮油可降级使用，但经济上不合算。不同级别的齿轮油不能相互混用，也不能与其他厚质内燃机油混存混用。使用黏度太高的齿轮油，将增加机械燃料消耗。加油过多会增加齿轮运转时的搅拌阻力，造成能量损失；加油过少，会造成润滑不良，加速齿轮磨损。换油时，应在热车状态下放出旧油并将齿轮箱清洗干净，然后换入新油。

## 三、工业齿轮油

**1. 工业闭式齿轮油**

工业闭式齿轮油分为 L-CKB 油、L-CKC 油、L-CKD 油、L-CKE 油、L-CKS 油、L-CKT 油、L-CKG 油 7 个等级。

L-CKB 油：使用于齿轮接触压力小于 500 MPa，齿轮滑动速度小于 1/3 齿轮节度圆速度的轻载荷或普通载荷工业齿轮副的润滑。目前的牌号有油 L-CKB100、L-CKB150、L-CKB220、L-CKB320 四个等级。

L-CKC 油：适用于工作温度−16～100℃的重、中载荷，无冲击载荷工业齿轮副的润滑。如工作温度达到 100～120℃，则只适用于中等载荷工业齿轮副的润滑，目前的牌号有 L-CKC68、L-CKC100、L-CKC150、L-CKC220、L-CKC320、L-CKC460、L-CKC680 七个等级。

L-CKD 油：适用于工作温度 100～120℃，接触压力大于 500 MPa 的重载荷甚至有冲击载荷的工业齿轮副的润滑，目前的牌号有 L-CKD100、L-CKD150、L-CKD220、L-CKD320、L-CKD460、L-CKD680 六个等级。

蜗轮蜗杆油使用于蜗轮蜗杆传动装置类滑动速度大、效率低的传动摩擦副，目前的牌号有 L-CKE220、L-CKE320、L-CKE460、L-CKE680、L-CKE1000 五个等级。

**2. 空气压缩机油**

L-DAA 压缩机油：属于低档压缩机油，适用于往复式排气压力小于 1 MPa 的压缩机润滑。

L-DAB 压缩机油：属于中档润滑油，适用于中、高压和多级往复式压缩机的润滑，现行国家标准分为 32、46、68、100、150 五个等级。

L-DAC 压缩机油：该油倾点低于 40℃，适用于重负荷往复式压缩机的润滑。

L-DAG 回转式压缩机油：适用于喷油螺杆式滑片压缩机，排气温度＜90℃，排气压力＜0.8 MPa，轻载回转式压缩机的润滑。现行国家标准分为 15、22、32、46、68、100 六个等级。

L-DAH 回转式（螺杆）压缩机油：适用于中、低负荷螺杆式空压机的润滑，排气温度小于 100℃，排气压力 0.8～1.5 MPa。现行国家标准分为 32、32A、46、46A 四个牌号，其中 32A、46A 为抗磨型回转式（螺杆）空压机油。

L-DAJ 回转式（螺杆）压缩机油：适用于排气温度≥100℃，排气压力 0.8～1.5MPa 的重载荷回转式空压机。

## 四、润滑脂

润滑脂是将稠化剂分散于液体润滑剂中所组成的润滑材料，由于它在常温下能附着于垂直表面而不流失，并能在敞开或密封不良的摩擦部位工作的特性，广泛应用于机械上的许多部位作为润滑材料。

**1. 润滑脂的分类**

润滑脂是按稠化剂组成分类的，即分为皂基脂、烃基脂、无机脂和有机脂 4 类，我国多用皂基脂。按所含皂类不同又可分为单一皂基，如钙基、钠基、锂基等；混合皂基，如钙钠基；复合皂基，如复合钙基、合成钠基等。

（1）钙基润滑脂。

钙基润滑脂是由动植物油与石灰制成的钙皂稠化润滑油制成。其使用特点是抗水性强、耐热性差，只能在低于滴点 15～20℃，工作温度不超过 70℃，转速不超过 3 000 r/min 的情况下使用。钙基脂有以下几种混合式复合钙基脂：

1）合成钙基脂：是以合成脂肪酸、馏分酸的钙皂稠化中等黏度的润滑油制成。具有良好的润滑性，但使用温度不得超过 70℃。

2）复合钙基脂：是以醋酸钙复合的脂肪酸钙皂稠化机械油制成，具有较好的机械安定性和胶体安定性。

3）石墨钙基脂：是由动植物钙皂稠化 40 号机械油并加入 10%的鳞片状石墨制成。具有良好的耐压抗磨性和抗水性，但不耐高温，适用于工作温度不超过 60℃的重负荷粗糙表面的摩擦部位。

（2）钠基润滑脂。

钠基润滑脂是以动植物油加烧碱制成的钠皂稠化润滑油制成。使用特点是耐热性强，耐水性极差，能用于高温（达 135℃）工作环境，但不能用在潮湿或有水的部位。

（3）锂基润滑脂。

锂基润滑脂是以动植物油的锂皂稠化润滑油并加入一定量的抗氧化添加剂制成。使用特点是：低温性能良好，使用温度范围（−60～120℃）较广，使用周期长，抗水性也好，能代替钙基、钠基和钙钠基润滑脂，是一种多用途的优良润滑脂。

（4）钙钠基润滑脂。

钙钠基润滑脂是用动植物油的钙钠基混合皂稠化润滑油制成的，兼有钙基和钠基的特点，适用于工作温度在 100℃以下，而又易与水接触的工作条件。适合于轴承使用，故又称轴承脂。

（5）二硫化钼润滑脂。

二硫化钼润滑脂是由天然辉钼矿经过化学提纯和机械处理制成的一种黑色带银光泽的粉末，采用胶黏剂将其粘结成膏状物，使用时将膏状的二硫化钼均匀涂在啮合面上，被挤压成膜，对摩擦表面有优异的润滑效能，适用于高温、重负荷或有冲击负荷的机件润滑。

**2. 润滑脂的主要质量指标**

1）稠度：润滑脂是由稠化剂和润滑油所形成的两相分散体系的胶体，其稠度是指润滑脂在规定的剪切速度下，测定的润滑脂变形的程度，以表达其结构特性，一般用针入度来计量。针入度是在试验条件下，标准圆锥体在 5 s 内沉入润滑脂的深度，单位是 1/10 mm。针入度越大，稠度越小。我国润滑脂的牌号是根据针入度大小来划分的，见表 7-9。

**表 7-9　国产润滑脂牌号与针入度指标**

| 润滑脂牌号 | 0 | 1 | 2 | 3 | 4 | 5 |
|---|---|---|---|---|---|---|
| 针入度（25℃）/（1/10mm） | 355～385 | 310～340 | 265～295 | 220～250 | 175～205 | 130～160 |

2）滴点：是指润滑脂附着在部件表面不因动力流动而流失的能力，通常用丧失这种能力的温度来表示。滴点高，表明润滑脂耐温性好，反之则耐温性差。要求润滑脂的滴点应高于使用部位工作温度 10～20℃。

3）机械安定性：是指润滑脂在润滑部件上，随部件以一定的速度转动或滑动时，受到剪切作用而抵抗稠度变化的能力。在机械剪切作用下，如果润滑脂明显地软化，稠度变小，即说明其机械安定性差。

4）相似黏度：在给定温度下，润滑脂受到剪切时，其黏度随脂层间剪速的改变而改变，剪速与剪切的比值称为相似黏度。

5）极压性：涂在相互接触的金属表面的润滑脂所形成的脂膜，能承受纵向和横向负荷的特性称为极压性。

6）氧化安定性：是指润滑脂抵抗空气氧化作用的能力。

7）胶体安定性：是指润滑脂抵抗温度和压力的影响而保持其胶体结构的能力。

**3. 润滑脂的选用**

国产润滑脂的主要性能及选用范围见表 7-10。

表 7-10　润滑脂的主要性能及选用范围

| 油品 | 牌号 | 针入度（1/10mm） | 滴点/℃不低于 | 主要性能 | 选用范围 |
|---|---|---|---|---|---|
| 钙基润滑脂 | ZG-1 | 310～340 | 75 | 耐水性强，耐热性差 | 适用于温度＜70℃、转速＜3 000 r/min 的工况，其中 ZG-1 号、ZG-2 号用于轻负荷，ZG-3 号用于中负荷；ZG-4 号、ZG-5 号用于低转速重负荷；ZG-2H 号、ZG-3H 号适用于轻、中负荷 |
| | ZG-2 | 265～295 | 80 | | |
| | ZG-3 | 220～250 | 85 | | |
| | ZG-4 | 175～205 | 90 | | |
| | ZG-5 | 130～160 | 95 | | |
| | ZG-2H | 270～330 | 75 | | |
| | ZG-3H | 220～290 | 85 | | |
| 复合钙基润滑脂 | ZFG-1 | 310～340 | 180 | 耐高温、耐低温，可在−40℃工作，有较好的耐水性 | 适用于高温 150～200℃及潮湿条件下工作，在南方盛夏潮湿季节里，更为适宜，用于轮壳及水泵、轴承等处 |
| | ZFG-2 | 265～295 | 200 | | |
| | ZFG-3 | 220～250 | 220 | | |
| | ZFG-4 | 175～205 | 240 | | |
| 石墨钙基润滑脂 | ZG-S | | 80 | 抗磨极压性好，耐热性差。抗水性好 | 适用于高负荷、低转速粗糙机械如汽车钢板弹簧、绞车钢轮和钢丝绳、起重回转齿盘等 |
| 钠基润滑脂 | ZN-2 | 265～295 | 140 | 耐水性好，耐热性差 | 适用于不高于 135℃的中、重负荷摩擦部位，但不宜用于高速、低负荷部位及有水部位 |
| | ZN-3 | 220～250 | 110 | | |
| | ZN-4 | 175～205 | 150 | | |
| 合成钠基脂 | ZN-1H | 225～275 | 130 | 耐水性好，安定性好，耐热性差 | 合成钠基润滑脂性能同钠基润滑脂适用范围相同，高温钠基润滑脂适用于高温工作在 200℃以下 |
| | ZN-2H | 175～225 | 150 | | |
| 高温钠基脂 | | 170～225 | 200 | | |
| 钙钠基润滑脂 | ZGN-1 | 250～290 | 120 | 抗水性优于钠基，耐热性优于钙基 | 适用于一般潮湿环境下工作，但不适用于低温工作，如水泵轴承、轮壳轴承、传动中间轴承、离合器轴承等 |
| | ZGN-2 | 200～240 | 135 | | |
| 锂基润滑脂 | ZL-1H | 310～340 | 170 | 具有耐热性、耐水性、耐磨性、耐用性，使用温度广，性能优越 | 性能优于上述各种润滑脂，可用于 30 000 r/min 的高速磨头。可在−60～120℃温度范围内使用 |
| | ZL-2H | 265～295 | 175 | | |
| | Z1-3H | 220～250 | 180 | | |
| | ZL-4H | 175～205 | 185 | | |
| | ZL-5H | 130～160 | 190 | | |
| 二硫化钼润滑脂 | — | — | — | 具有耐热性、耐磨性、耐低温性。抗水、稳定、安定性好，性能优异 | 适用于重负荷、高转速。可在−60～100℃温度范围内使用 |

**4. 润滑脂使用注意事项**

1）不同种类的润滑脂混合使用，将使稠化剂分散不匀，不能形成稳定结构而使润滑脂变软和机械安定性下降。

2）不允许将新鲜润滑脂和旧润滑脂混合使用，因为旧润滑脂中含有大量有机酸和杂质，将加速新鲜润滑脂的氧化。

3）一般情况下，润滑脂和润滑油不能混合使用。如因特殊需要需混合使用，必须经过匀化处理。

4）二硫化钼润滑脂由于石墨中含有较多杂质，不宜用于滚动轴承摩擦面。

## 第三节　工作油的类型和特点

施工机械上使用的工作油主要有液压油、液力传动油和制动液这三种。

### 一、液压油

液压油是液压系统传递能量的介质，是各种机械液压装置的专用工作油。它既起到传递动能的功用，又能起到对有关部件的润滑作用。

**1. 液压油的分类及性能**

液压油的分类采用《润滑油　工业润滑油和有关产品（L 类）的分类　第 4 部分：H 组（液压系统）》（ISO6743—4—2013）的规定，其中符号为 HH、HL、HM、HG、HV、HS 的液压油均属矿油型液压油，施工机械常用的为 HM、HV、HS 三种，其组成和特性见表 7-11。表中抗磨液压油（HM）是液压系统广泛使用的液压油。液压系统对液压油质的要求取决于系统的压力、体积流率和温度等运行条件。我国液压系统压力范围分级见表 7-12。

表 7-11　液压油的组成和特性表

| 应用场合 | 符号 | 组成和特性 |
|---|---|---|
| | HM | HL 型油并改善其抗磨性分类代号为机床通用液压油）称为抗磨液压油 |
| 液压系统 | HV | HM 型油并改善其黏温特性 |
| | HS | 无特定抗燃性要求的合成液压油 |

表 7-12　液压系统压力范围分级

| 压力分级 | 压力范围/MPa | 压力分级 | 压力范围/MPa |
|---|---|---|---|
| 低压 | 0～2.5 | 高压 | 大于 l6.0～32.0 |
| 中压 | 大于 2.5～8.0 | 超高压 | 大于 32.0 |
| 中高压 | 大于 8.0～16.0 | | |

**2. 液压油的黏度分级**

我国液压油的黏度分级是采用 ISO 标准，将液压油按 40℃运动黏度分为 Nl5、N22、N32、N46、N68、N100 和 N150 七个牌号。

**3. 液压油的主要性能指标**

1）极压抗磨性：液压油具有较高的油膜强度，能保证液压油泵、马达、控制阀等液压元件在高压、高速苛刻条件下得到正常润滑，减少磨损。

2）抗泡沫性和析气性：用以保证在运转中受到机械剧烈搅拌的条件下产生的泡沫能迅速消失；并能将混入油中的空气在较短时间内释放出来，以实现准确、灵敏、平稳地传递静压。

3）黏度和黏温性能：合适的黏度和黏温性能，用以保证液压元件在工作压力和工作温度发生变化的条件下得到良好的润滑、冷却和密封。

4）抗氧化安定性、水解安定性和热稳定性：用以抵抗空气、水分和高压、高温等因素的影响和作用，使液压元件不易老化变质，延长使用寿命。

5）抗乳化性：它能使混入油中的水分迅速分离，防止形成乳化液。

**4. 液压油的选用**

液压油的选用应在全面了解液压油性能指标并结合考虑经济性的基础上，根据液压系统的工作环境及其使用条件选择合适的品种，再根据黏度要求选择牌号（见表 7-13 至表 7-15）。

**表 7-13　按液压系统工况选用液压油参考表**

| 工况 | 压力在 7MPa 以下，温度在 50℃以下 | 压力在 7～14MPa，温度在 50℃以下 | 压力在 7～14MPa，温度在 50℃以上 | 压力在 14MPa，以上温度在 80～100℃ |
|---|---|---|---|---|
| 室内固定液压设备 | HL 油 | HL 油或 HM 油 | HM 油 | HM 油 |
| 露天寒区和严寒区液压设备 | HR 油 | HV 油或 HS 油 | HV 油或 HS 油 | HV 油或 HS 油 |
| 地下作业和水上作业的液压设备 | HL 油 | HL 油或 HM 油 | HL 油或 HM 油 | HM 油 |

**表 7-14　按液压泵选用液压油参考表**

| 泵型 | | 黏度（50℃）/（$mm^2/s$） | | 适用的液压油 | |
|---|---|---|---|---|---|
| | | 5～40℃ | 40～80℃ | 夏季 | 冬季 |
| 叶片泵 | 70MPa 以下 | 19～29 | 25～44 | 32 号、46 号 HL 油 | 46 号、68 号 HL 油 |
| | 70MPa 以上 | 31～42 | 35～55 | 46 号、68 号 HM 油 | 68 号、100 号 HL 油 |
| 螺杆泵 | | 19～29 | 25～49 | 32 号、46 号 HL 油或 HM 油 | 46 号、68 号 HL 油或 HM 油 |
| 齿轮泵 | | 19～42 | 59～98 | 32 号、46 号、68 号 HL 油或 HM 油 | 100 号 HL 油或 HM 油 |
| 径向柱塞泵 | | 19～29 | 38～135 | 32 号、46 号 HL 油或 HM 油 | 68 号、100 号 HL 油或 HM 油 |
| 轴向柱塞泵 | | 26～12 | 12～93 | 32 号、16 号、68 号 HL 油或 HM 油 | 68 号、100 号 HL 油或 HM 油 |

液压泵最适合油料的黏度是在容积效率与机械效率达到最佳平衡时的油黏度。在选择适宜的黏度范围之后，还应选择适宜的黏度指数。对野外使用的施工机械，其液压系统以中、高压为主，且一般多采用柱塞泵或齿轮泵。对于那些油温高于环境温度不多的，应考虑低温泵送性，选用黏度级号较小的液压油；对于工作持续时间长，具有高压、低速、大扭矩和大流量等特点的施工机械，夏季工作温度可达 80℃，则应选用黏度级号较高的液压油；对在寒区及严寒区作业的施工机械，应选用 HV 或 HS 高黏度指数低温液压油，以保证液压系统的低温性能，并使系统冬、夏用油一致，以免更换频繁（见表 7-15）。

在使用液压油的初期，应注意机械运转状况，定期进行油样化验，判断其是否符合要求。

**表 7-15　液压泵适用液压油黏度范围表**

<table>
<tr><td colspan="2"></td><td colspan="2">适用黏度范围/（mm²/s）</td></tr>
<tr><td colspan="2">泵型</td><td>40℃</td><td>50℃</td></tr>
<tr><td colspan="2">柱塞泵或供水用离心泵</td><td>>2.7</td><td>>1.5</td></tr>
<tr><td rowspan="2">叶片泵</td><td>7MPa 以下</td><td>25～41</td><td>15～25</td></tr>
<tr><td>7MPa 以上</td><td>45～68</td><td>25～10</td></tr>
<tr><td colspan="2">齿轮泵</td><td>30～115</td><td>15～70</td></tr>
<tr><td colspan="2">柱塞泵</td><td>30～115</td><td>15～70</td></tr>
<tr><td rowspan="2">数控（NC）</td><td>液压系统电液脉冲马达 7MPa 以下</td><td>20～30</td><td>10～15</td></tr>
<tr><td>液压系统电液脉冲马达 7MPa 以上</td><td>30～40</td><td>20～25</td></tr>
</table>

**5. 液压油的更换**

对在用液压油应定期取样化验，正常使用条件下，每两个月取样化验一次。不具备化验条件时，应按机械说明书规定周期换油，换油步骤为：

1）首先应要更换液压油箱中的液压油，可先将油箱中的液压油放尽，并拆卸总油管，严格清洗油箱及滤油器，再用清洁的化学清洗剂清洗液压油箱，待晾干后，再用清洁的新液压油冲洗，在放尽冲洗油后再加入新液压油。

2）启动内燃机，以低速运转，使液压泵开始动作，分别操纵各机构，依靠新液压油将系统各回路的旧油逐一排出，排出的旧油不得流入液压油箱，直至总回油管有新油流出后停止液压泵转动。在各回路换油的同时，应注意不断向液压油箱补充新油，以防液压泵吸空。

3）将总回油管与油箱连接，最后将各元件置于工作初始状态，往油箱中补充新液压油至规定位置。

4）不同品种、不同牌号的液压油不得混合使用，新油在加入前和加入后，都要进行取样化验，以确保油液质量。

## 二、液力传动油

液力传动油是液力传动的工作介质，属于动态液压油，又称 PTF 油。

**1. 液力传动油的分类**

国外液力传动油均采用美国 ASTM 和 APl 共同提出的分类方法，它与国产液力传动油相对应的使用分类见表 7-16。

**表 7-16　液力传动油的分类、特点及使用范围**

| APl 分类 | 特点及使用范同 | 对应国产油名 |
|---|---|---|
| PTF-1 | 低温启动性好，对油的低温黏度及黏温性有很高的要求，适用于轿车、轻型载重汽车的自动传动装置 | 8 号液力传动油，自动变速器油（液） |
| PTF-2 | 能在重负荷或苛刻条件下使用，对极压抗磨性的要求较高，适用于重型载重汽车、越野车的功率转换器和液力偶合器等 | 6 号液力传动油，功率转换器油 |
| PTF-3 | 极压抗磨性和负荷承载能力比 PTF-2 类油的要求更严格，适合在中低速下运转的拖拉机及野外作业的建筑施工机械液力传动系统和齿轮箱中使用 | 拖拉机液压、传动两用油 |

**2. 液力传动油的选用**

应按机械使用说明书的规定，选用适当品种的液力传动油。对液压与液力传动系统同用一个油箱的全液压的建筑施工机械则应选用液力传动油。

**3. 液力传动油使用要点**

（1）6 号和 8 号液力传动油是一种专用产品，加有染色剂，系红色或蓝色透明液体，绝不能与其他油品混用，同牌号不同厂家生产的也不宜混兑使用。

（2）储存使用中要严格防止混入水等杂质，容器和加油工具必须保持清洁、严密，防止乳化变质。

（3）使用中，要注意保持油温正常，以延缓油品变质，延长使用周期。

（4）在检查油面和换油时，要注意油液的状况，可用手指蘸少许油液察看是否有渣粒存在，通过对油液的外观检查，以反映存在的问题，见表 7-17。

表 7-17　液力传动油外观检查所反映的问题

| 外观 | 所反映的问题 |
|---|---|
| 清澈带红色 | 正常 |
| 呈暗红或褐色 | 由换油不及时或过热引起，如长时间低速重载运行 |
| 颜色清淡气泡多 | 内部空气泄滑或油面过高 |
| 油中有固体残渣 | 离合器或轴承损坏造成金属磨屑进入油中 |
| 油标尺上有胶状物 | 变速器过热 |

## 三、制动液

制动液（通称刹车油）是汽车及建筑施工机械传递压力的工作介质。

**1. 制动液的分类**

制动液按配制原料的不同，可分为醇型、合成型和矿油型三类。

醇型制动液：它是由低碳脂肪醇（乙醇、丁醇）和蓖麻油按一定比例配制而成，有 1 号和 3 号两个牌号，由于其安全性能较差，可用性能优良的合成型制动液取代醇型制动液。

合成型制动液：是以合成油为基础油，加入润滑剂和抗氧、防腐和防锈等添加剂制成的制动液，具有性能稳定的特点，适合在高速、重负荷的汽车和建筑施工机械使用。

矿油型制动液：是以精制的轻柴油馏分为原料，经深度精制后加入黏度指数改进剂、抗氧剂、防锈剂及染色剂等调和制成，具有良好的润滑性，对金属无腐蚀作用，但对天然橡胶有溶胀作用。使用时，制动缸内必须更换耐油的丁腈橡胶皮碗。

**2. 制动液的选用**

合成型制动液可冬、夏季通用，重型载重汽车和施工机械可选用 4603 号或 4603-1 号合成制动液；轻型车辆可选用 4604 号合成制动液。

矿油型制动液能保证温度在−50～150℃内正常使用，使用矿油型制动液的制动系统要换用耐油橡胶体。7 号矿油型制动液在严寒地区冬、夏通用；9 号矿油型制动液适宜在−25℃以上地区使用。

**3. 制动液使用要点**

1）不同类型和不同牌号的制动液绝对不能混存混用。

2）勿使矿物油混入使用合成型制动液的制动系统中。

3）存放制动液的容器应密封良好，防止水分杂质混入或吸入水汽而变质。制动液属易燃品，应注意防火。

4）制动液使用前应予以检查，如发现杂质及白色沉淀等，应过滤后再用。

5）灌装制动液的工具、容器应专用。更换制动液时应将制动系统清洗干净。

6）制动液更换期无具体规定，一般在车辆、机械维护中如要更换制动缸的活塞皮碗时，应同时更换制动液。

## 四、油料的技术管理

施工企业在油料的保管、供应工作中，必须加强技术管理，以保证油料的质量和安全。

**1. 保证油料质量的管理措施**

（1）正确选用油料。

根据机械使用说明书的要求选购和使用符合标准要求的油料。进口机械所用的油料，应严格按生产厂的具体要求，选择相对应的国产油料。

（2）严格油料入库验收制度。

验收时，应认真核对单据和实物，做到账、单据与实物（品种、牌号及数量）完全相符。并应注意检查容器及其标志应完整，符合相关规定的要求。

（3）严格领发制度。

领发时应注意核对，防止差错，做到先进货的油料先发。注意对油料定期检验，不合格的油料不发。柴油要经过过滤，至少要经过 48 h 沉淀后才能领发使用。

**2. 减少油料轻馏分蒸发和延缓氧化变质**

1）降低温度，减少温差：要选择阴凉的地点存放油料，尽量减少或防止阳光曝晒。油罐外表应喷涂银灰色涂层。有条件时应尽量使用地下或洞库储存油料，以降低储存温度。

2）饱和储存，减少气体空间：油罐上部气体空间容积越大，油料越易蒸发和氧化。因此，装油容器除留出必要的膨胀空间（即安全容量）外，应尽可能装满。

3）减少不必要的倒装：倒装时，不仅会造成油料的蒸发消耗，还会加速氧化。

4）采取密封储存：密封储存油料，以减少与空气接触和防止污染物侵入。对于润滑油和特种油料，更应保持密封储存。

**3. 防止水渣污染**

1）保持储油容器清洁：往油罐内卸油或灌桶前，必须检查罐、桶内部，清除水渣和污染物质，做到不清洁不灌装。油罐内壁应涂刷防腐涂层，以防铁锈落入油中。

2）定期检查储油罐底部状况并清洗储油容器：每年应检查罐底一次，以判断是否需要清洗。一般清洗周期是轻质油和润滑油储罐三年清洗一次；重柴油储罐两年半清洗一次。

3）定期抽查库存油料：桶装油每 6 个月复验一次；罐存油可根据其周转情况每 6 个月至一年复验一次。对于易变质、稳定性差、存放周期长的油料，应缩短复验周期。

**4. 防止混油污染**

不同性质的油料不能混用。对于各种散装油料在装运过程中，应将各输送管线、油泵分组专用，以防混油；油桶、油罐汽车、油罐等容器改装别种油料时，应进行刷洗、干燥。将使用过的容器改装高档润滑油时，必须进行特别刷洗，即用溶剂或适宜的洗油刷洗，要求达到无杂质、水分、油垢和纤维，目视或用抹布擦拭检查不呈锈皮及黑色油污后，方可装入。

# 第八章　建筑机械计划管理

## 第一节　建筑机械需求计划的内容及编制要求

在建筑施工企业的生产经营活动中，根据施工的需求，会使用多种建筑施工机械设备，从而需要建筑机械专业人员进行装备的策划，编制机械设备的需求计划，来满足企业生产经营的需要。

### 一、需求计划的编制

**1. 需求计划编制目的**

建筑施工企业在生产经营中，为了加快施工进度，提高工程的施工效率，减轻人员的劳动强度，满足企业施工的需要，同时提高企业的技术装备水平和企业盈利水平，提出机械的需求计划，进行企业装备的更新。

**2. 需求计划编制依据**

建筑机械需求计划编制的依据有以下几点：

1）建筑施工企业施工项目的工程特点、施工方法、工程量、施工进度等情况，及工程施工组织设计的设备配置；

2）施工企业机械装备现况；

3）施工项目现场调查情况资料；

4）机械设备市场调查资料；

5）机械费用和其他经济指标的测算资料。

**3. 需求计划编制程序**

编制建筑机械需求计划的程序为 4 个阶段：

1）准备阶段：收集资料，掌握有关机械设备的情况，根据计划任务，测算需求。

2）平衡阶段：编制机械需求计划草案，并会同相关部门进行核算，在充分发挥机械效能的前提下，力求施工任务与施工能力相平衡，机械费用和其他经济指标相平衡。

3）选择论证阶段：机械需求计划所列的机械品种、规格、型号等要经过认真的论证。

4）确定阶段：机械需求计划由施工企业机械设备管理部门编制，经生产、技术、财务等部门进行会审，并经企业领导批准，必要时报企业上级主管部门审批。

**4. 需求计划的分类**

1）按单个施工工程项目的机械需求计划一般分为总需求计划和期间需求计划。机械总需求计划是工程开工前对整个工程施工所需机械设备的总计划；机械期间需求计划是工程施工期间按月所需机械设备的计划。

2）按计划所报时间可分为月计划、季度计划和年度计划。一般机械年度需求计划又称为年度购置计划。

3）按计划紧急程度分为普通计划和应急计划。因工程需要，超出机械年度购置计划紧急采购机械设备时，应编制应急购置计划（报告）。应急购置计划中应说明购置理由。应急购置计划的审批程序同年度机械购置计划。应急购置计划是对年度购置计划的调整和补充。

**5. 机械需求计划的内容**

机械需求计划内容主要包括机械设备的名称、规格型号、单位、需要的数量、采购方式、市场预计价格、需用理由和用途说明等。

**6. 需求计划的编制要求**

建筑机械需求计划编制的要求：

1）建筑施工企业在编制机械需求计划前，要做好调研工作，并收集各种资料，要求这些资料能够及时准确地反映企业和市场的现状，能够为计划的编制提供可靠准确的数据。

2）结合施工现场的实际要求，做好机械选型的工作，所选机械设备的型号要遵循先进性、经济性、工程适应性、通用性或专用性、安全性的原则。

3）开始编制机械需求计划时，要确定机械设备获取的来源。建筑施工企业机械设备的获取方式一般有两种：一是自购，二是租赁。在编制需求计划时要事先对两种方式进行技术经济分析比较，确定获取方式。

4）需求计划编制应按照施工企业的要求编制，期间计划应按时编制，临时性的应急计划也应按照编制程序进行。

5）需求计划编制的内容要具体，所需机械设备的名称型号规格要准确，要落实机械预计价格，要有充分的需求理由，这样才方便领导审核。

## 二、采购方式的选择

建筑机械的来源除自购以外，还可以通过实物租赁方式获取。目前全国建筑机械租赁市场的设备拥有量已经占到建筑机械总量的 70%左右，很多建筑施工企业对所需要的建筑机械都通过社会租赁来解决。因此，在编制机械需求计划时要确定机械的采购方式。

**1. 购置的条件**

采用自购的方式购置建筑机械的建筑施工企业，一般具备一定的资金与人员实力。自己购买建筑机械用于本单位施工项目使用，施工企业需要配备操作、维修及机械管理人员，负责建筑机械的管、用、养、修及安装拆卸等全面管理工作。

在建筑机械租赁市场发育不完善，不易租到设备的地区，或建筑工程规模较大，工期较长且施工项目资金富余，自购大型建筑机械比租赁费用经济划算，且设备利用率较高时；或企业具有能够从事建筑机械管、用、养、修及安全管理方面的人员力量时，应优先选择自购方案，具有施工总体成本较低和管理方便等优点。

**2. 租赁的条件**

在建筑机械租赁市场发育完善、社会设备资源丰富的地区；或当建筑工程规模较小，大型建筑机械利用率偏低，施工企业及项目资金紧张时；或现有建筑机械不能满足施工要求，费用高、不经济，外租设备可以实现项目效益最大化时；或企业建筑机械管理人员素质尚不能满足自有设备的管理要求时，应优先选择租赁方案，具有经济合理、安全运行、有效管理等优点。

**3. 建筑机械购置与租赁的比较**

（1）建筑机械购置的优点。

1）拥有资产所有权，资产增加，提高企业技术装备水平，增强企业发展后劲；

2）通过购置装备，配套使用，增强企业的机械化施工能力和市场竞争力；

3）由于自有设备的使用，不受租赁环境的影响，随用随到，保障工期。

（2）建筑机械购置的缺点。

1）需要投入大量宝贵资金，一次性投入较大，占用资金；

2）不能保证设备长期高利用率，资金利息损失大；

3）需要配备管理及操作维修人员，日常管理及维护费用大。

（3）建筑机械租赁优点。

1）机械品种选择性大，可以通过租赁公司选用性能先进、使用高效、安全的建筑机械；

2）减少购置一次性投资，由于变买为租，使施工企业将固定成本转化为可变成本，减少固定资产的投入，增加资金的流动性，使施工企业在竞争中处于有利的位置；

3）项目部由直接管理变为监督管理，避免了琐碎的管理事项，集中精力用于施工生产；

4）减少设备操作维修人员的配备和维修费用的支出；建筑机械租金可在所得税前扣除，能享受税费上的利益；

5）租赁时间长短可以根据工程确定，没有施工任务就不发生建筑机械费用，不占压资金，避免自购建筑机械闲置问题；

6）选择良好的租赁公司，专业租赁公司可凭借专业人才、技术、设备优势弥补施工企业建筑机械管理中的不足。具有一定规模的租赁公司，在全国各地都有分公司，还可以为施工企业提供全方位的服务。

（4）建筑机械租赁缺点。

1）租赁期间承租人对租用设备无所有权，只有使用权；

2）租赁公司作为专业分包，如果建筑机械维修保养及管理跟不上，不仅会影响施工进度，甚至会导致安全事故的发生；

3）有些建筑机械在市场上难以租到，设备选择性小，有些地区没有成熟的租赁市场环境；

4）过度依赖租赁建筑机械，存在市场风险。

总之，施工企业及施工项目应根据工程的特点，结合施工进度的要求，在认真调研的基础上对需要的建筑机械成本、维修管理、安全使用等方面分析比较，从经济、安全的角度来决策是选择自购建筑机械还是租赁建筑机械的方案。

## 三、需求计划的实施

**1. 需求计划的审批**

建筑机械需求计划编制后，先提交企业机械设备管理部门，管理部门应在企业内部进行平衡，有同类型闲置的机械设备时，应优先在企业内部进行机械调拨，来满足需求单位的需要。在无机械设备调拨的情况下再提交主管领导，经主管领导审核后，报企业总经理审批。施工项目需要的大型建筑机械设备的购置计划，经企业审批后，必要时还需要报企业上级主管部门审批。

**2. 建筑机械的采购**

企业施工项目的需求计划经企业领导批准后，由企业机械设备管理部门负责管理机械设备的购置。大型机械设备的购置由企业机械设备管理部门进行招标采购，中小型机械设备的购置一般由企业的分公司或施工项目自行购买。对于机械设备的购置管理，各个建筑企业都制定了严格的规章制度，具体程序按照企业制度执行。机械设备的租赁计划一般由施工项目自行按计划进行租赁。

（1）建筑机械购置的注意事项。

1）建筑机械购置，重点要研究购置建筑机械的厂家、型号、性能、价格、购置方式，需要对建筑机械的安全可靠性、节能性、生产能力、可维修性、耐用性、配套性、经济性、售后服务及环境等因素进行综合论证，择优选用。总之要做到货比三家，互相竞争，综合比较，择优选购。

2）购置进口的建筑机械除了要履行论证审批程序，还要委托外贸部门与外商联系，要对进口机械设备的质量、价格、售后服务、安全性及外商资质和信誉度进行评估、论证，最后决定进口建筑机械的型号规格和生产厂家。并应在引进建筑机械的同时，适当的订购部分易损、易耗配件，以备急需用。

3）经过选择确定机型和生产厂商后，应与生产厂商或供应商办理订购的具体事宜，签订建筑机械的购买合同，合同必须手续完备，填写清楚，并加强合同的管理。

（2）建筑机械租赁的注意事项。

1）租赁设备的选择要求：名牌厂家产品；新设备或使用年限较短的设备；同等价格下，尽量选择性能先进的设备。

2）租赁公司选择的基本条件是设备好、信誉好、服务好、管理好，应对租赁公司进行调查了解和考察，通过综合比较，确定租赁公司。

3）施工企业要有设备专业技术及管理人员，随时了解掌握设备租赁市场的情况，包括价格走势、企业信用、服务口碑、设备装备等有关情况。

4）选用租赁公司要查看其租赁资格和经营许可。一旦选择比较满意的租赁公司，应建立长期的合作关系。

5）不要过于追求低价租金，价格过低服务会难以保证，不但影响设备的正常使用，进而影响工期，还有可能发生安全事故，到最后所花费用反而更大。

6）承租的施工单位要端正态度，按时支付租金，和租赁公司要搞好合作，互相配合，安全、顺利地完成施工生产。

**3. 需求计划的管理**

建筑机械需求计划编制后，应由企业的机械设备管理部门负责管理计划的实施，应登记计划台账，落实计划的实施。

因企业施工项目施工情况变动，对已批准的机械需求计划不再需要，应告知企业机械设备管理部门，由管理部门撤销该计划。

## 第二节　建筑机械维修保养计划的内容及编制要求

建筑机械设备的维修保养是设备安全运行的重要保证，其工作质量的好坏将直接影响项目施工的速度和效益。通过对设备的检查、调整、保养、润滑、维修，可以减少建筑机械设备的磨损，降低故障率，提高建筑机械设备的使用效率。完善这些工作不但减少因机械故障而停机的次数，降低生产和维修成本，而且也延长了建筑机械的使用寿命，使设备运行处于良性循环的状态。

### 一、维修保养计划的编制

在建筑机械的使用过程中，应根据建筑机械的使用年限、运行状况、工作任务的轻重，参考故障曲线，编制建筑机械维修保养计划，并及时按计划对建筑机械进行维修保养。

**1. 维修保养计划编制的依据**

一般建筑机械设备管理部门根据每台设备已运转台班小时、运转情况及任务量，确定进行保养的级别和日程，年初编制保养计划，样表见表8-1、表8-2，维修保养计划中应明确需维修保养的主要部件，保养的间隔时间，作业目标要求等具体内容，并下达保修任务单，方便实施。

**表8-1　××年建筑机械保养计划表**

计划部门：＿＿＿＿＿＿　　提出日期：＿＿＿＿＿＿

| 月份 / 保养内容 / 机械名称 | 1 | 2 | 3 | 4 | 5 | 6 | 7 | 8 | 9 | 10 | 11 | 12 |
|---|---|---|---|---|---|---|---|---|---|---|---|---|
| | 计划 | 实施 | 计划 | 实施 | 计划 | 实施 | 计划 | 实施 | 计划 | 实施 | 计划 | 实施 |
| | | | | | | | | | | | | |
| | | | | | | | | | | | | |
| | | | | | | | | | | | | |
| | | | | | | | | | | | | |
| | | | | | | | | | | | | |

批准/日期：＿＿＿＿＿＿　　审核/日期：＿＿＿＿＿＿　　计划/日期：＿＿＿＿＿＿

**表 8-2　建筑机械修理计划表**

填报单位：

| 机械编号 | 机械名称 | 规格型号 | 上次修理后已运转时间 | 本次修理类别 | 主要修理项目 | 预计金额 | 送修时间 | | | 维修工期/d | 承修单位 | 备注 |
|---|---|---|---|---|---|---|---|---|---|---|---|---|
| | | | | | | | 上旬 | 中旬 | 下旬 | | | |
| | | | | | | | | | | | | |
| | | | | | | | | | | | | |
| | | | | | | | | | | | | |
| | | | | | | | | | | | | |
| | | | | | | | | | | | | |
| | | | | | | | | | | | | |

负责人：　　　　　　　　　　　　填报人：　　　　　　　　　　　　实际报出日期：

**2. 维修保养计划编制程序**

维修保养计划的编制一般有收集资料、编制草案、平衡审定和下达执行 4 个程序：

1）收集资料：在正式编制计划前，应收集机械定期检查记录、故障修理记录、技术状况普查记录以及机械履历书等原始资料，并掌握施工生产任务进度、维修保养人员安排情况、配件材料供应情况，以及有关定额资料等。

2）编制草案：根据机械使用单位提出的修理申请，参照收集的各项资料，统筹安排，编制机械维修保养计划草案。

3）平衡审定：将维修保养计划草案组织有关机械人员讨论，并向有关部门征求意见，经过综合平衡，正式编制机械维修保养计划。

4）下达执行：机械维修保养计划经管理部门和分管领导的批准，下达给有关人员执行。

**3. 维修保养计划的内容**

建筑机械单机维修保养计划表必须明确的内容主要有具体机械名称、计划实施时间、修理类别、维修项目、保养部位、保养级别。其他内容包括：实施单位、维修保养延续时长、维修保养预计费用等。可根据本单位的实际将控制要求列入维修保养计划表中。

**4. 修理的主要类别**

机械设备的修理类别是根据维修内容和技术要求以及维修工作量的大小，对机械设备维修工作进行划分。按照维修内容及范围的深度和广度，机械维修分为大修、中修、小修、项修、改造和计划外修理等几种不同类别，由维修的工作量大小和内容决定。

（1）大修。

大修是指对机械设备进行全面彻底的修理，大修时将对机械设备进行全部或大部分解体，重点修复基础件，更换和修理全部不合格的零部件。经过大修，使机械设备的使用功能和精度基本上达到原出厂水平，并对外观进行翻新。

（2）中修。

中修是工作量较大的一类修理，一般要求对机械设备进行部分解体、修复或更换磨损的部件，对基准件进行局部维修和调整精度，从而恢复所修部分的精度和性能。中修是介于大修与小修之间的层次。

（3）小修。

小修是以更换或修复在维修间隔内磨损严重或即将失效的零部件为目的，不涉及对基础件的维修，是排除故障的维修。小修是工作量最小的计划维修。

（4）项修。

项修是项目维修的简称，它是根据机械设备的实际情况，对状态劣化已难以达到生产工艺要求的部件进行针对性维修。项修是我国设备维修实践中，不断总结完善的一种维修类别，项修跟中修很相似，很多情况下已取代了中修。中修主要体现在工作量上，而项修偏重于维修内容，维修工作量视实际情况而定。

（5）改造。

改造是用新技术、新材料、新结构和新工艺，在原建筑机械的基础上进行局部改造，以提高其功能、精度、生产率和可靠性为目的。

（6）计划外修理。

计划外修理是指因突发故障和事故而必须对建筑机械进行的一种维修类别。计划外的维修就是因时间紧急，未提计划就进行了修理，属于非预防性修理，一般为应急维修，不需要提维修计划。计划外维修的次数和工作量越少，表明机械设备管理水平越高。

**5. 维修保养计划的分类**

建筑机械维修保养计划分为建筑机械维修计划和建筑机械保养计划。根据修理类别的不同和工作量的大小，建筑机械的维修计划一般可以分为三类：大修计划、中修计划和小修计划。中修、小修下达普通修理计划，大修要下达大修计划。根据修理的内容不同，建筑机械的维修计划还可分为大修计划、项修计划、小修计划和改造计划。按照计划的制定周期不同，建筑机械维修保养计划可分为月计划、季度计划和年度计划。对于塔式起重机、电梯等大型设备，每年都应该制订维修保养计划。

**6. 维修保养计划的编制要求**

1）建筑机械维修保养计划是建筑机械维修保养的指导性文件，不能随便制定，编制要有依据、要符合一定的编制程序，要有计划性和可操作性，还要考虑经济性的要求。

2）建筑机械设备的修理制度是按照“预防为主”“计划修理”的原则制订的计划修理制度。按周期要求机械设备进行定期保养，按时检查，按计划修理，养修并重，预防为主。建筑机械维修保养计划就是为了贯彻这种计划修理的制度，编制的维修保养计划要符合企业规章制度的要求，并按照制度进行编制。

3）编制建筑机械维修保养计划是对机械设备进行维修保养的依据，按计划进行维修保养机械设备，将占用机械设备一定的工作时间。因此机械设备维修保养计划应作为机械设备生产计划的一个组成部分，编制时应结合施工生产需要，协调机械设备的工作时间和停机保养时间，尽可能利用施工淡季或施工间隙进行，优先安排影响整个生产的重点机械和生产急需机械的维修保养计划。

4）建筑机械维修保养计划的内容要准确具体，机械维修时间的安排要合理，要落实维修保养人员和计划维修保养费用。

## 二、维修保养计划的实施

建筑机械维修保养前，需要对机械进行进厂检验，维修及保养完毕后要做竣工检验。竣工检验不合格的维修设备不允许出厂使用。

对维修保养建筑机械，维修保养人员按照保养级别、附加修理项目、更换主要配件等项目填写维修保养记录（见表 8-3、表 8-4）。

**表 8-3　建筑机械维修记录**

单位名称：
机械编号：　　　　　　　机械名称：　　　　　　　规格型号：

<table>
<tr><th rowspan="2">日期</th><th rowspan="2">修理性质</th><th rowspan="2">实用工时</th><th rowspan="2">修理项目</th><th colspan="4">配换材料</th><th rowspan="2">维修人员</th><th rowspan="2">检验人员</th><th rowspan="2">备注</th></tr>
<tr><th>名称</th><th>数量</th><th>单价/元</th><th>复价/元</th></tr>
<tr><td></td><td></td><td></td><td></td><td></td><td></td><td></td><td></td><td></td><td></td><td></td></tr>
<tr><td></td><td></td><td></td><td></td><td></td><td></td><td></td><td></td><td></td><td></td><td></td></tr>
<tr><td></td><td></td><td></td><td></td><td></td><td></td><td></td><td></td><td></td><td></td><td></td></tr>
<tr><td></td><td></td><td></td><td></td><td></td><td></td><td></td><td></td><td></td><td></td><td></td></tr>
</table>

负责人：　　　　　　　　　　　　　　　　　　　　　填表人：

**表 8-4　建筑机械保养记录**

单位名称：
机械编号：　　　　　　　机械名称：　　　　　　　规格型号：

<table>
<tr><th rowspan="2">日期</th><th rowspan="2">距上次保养间隔</th><th rowspan="2">保养级别</th><th rowspan="2">保养项目</th><th colspan="4">使用材料</th><th colspan="3">保养工时</th><th rowspan="2">维修人员</th><th rowspan="2">检验人员</th><th rowspan="2">备注</th></tr>
<tr><th>名称</th><th>数量</th><th>单价/元</th><th>复价/元</th><th>工种</th><th>等级</th><th>工时</th></tr>
<tr><td></td><td></td><td></td><td></td><td></td><td></td><td></td><td></td><td></td><td></td><td></td><td></td><td></td><td></td></tr>
<tr><td></td><td></td><td></td><td></td><td></td><td></td><td></td><td></td><td></td><td></td><td></td><td></td><td></td><td></td></tr>
<tr><td></td><td></td><td></td><td></td><td></td><td></td><td></td><td></td><td></td><td></td><td></td><td></td><td></td><td></td></tr>
<tr><td></td><td></td><td></td><td></td><td></td><td></td><td></td><td></td><td></td><td></td><td></td><td></td><td></td><td></td></tr>
</table>

负责人：　　　　　　　　　　　　　　　　　　　　　填表人：

对大修计划，如当年因为施工不能实施修理计划的，应对建筑机械的使用情况进行检查，确认设备无安全隐患，可以使用的方可继续使用。建筑机械使用完毕后应立即执行大修计划。

建筑机械维修完毕后，由送修、承修双方共同鉴定验收。鉴定验收内容包括：对建筑机械外部检查、空负荷运转试验、负荷试验和试验后的复查修理。维修鉴定验收后填写维修验收记录。

建筑机械设备管理部门应做好维修保养台账的填写，及大修计划执行情况统计，便于以后设备维修管理多种计划的编排。

正确组织实施好建筑机械的维修保养计划，能够缩短机械停机修理的时间，延长机械设备的使用寿命，提高机械设备的完好率和利用率。

## 第三节　建筑机械安全检查计划的内容及编制要求

建筑机械安全检查是建筑机械使用、安全管理的重要手段，是落实建筑机械管理制度和各项安全技术规程的有效措施。通过检查及时发现问题、处理故障，消除安全隐患，对保证建筑机械安全高效运转，起到十分重要的作用。

### 一、安全检查的分类

建筑机械安全检查活动分为日常检查、定期检查、专项检查等多种检查形式。检查中既要对建筑机械本身进行检查，又要有相关管理行为的检查，作为建筑机械管理人员要会安排相关的检查计划及填写检查表格。

**1. 日常检查**

日常检查也称为日常巡查，是机械管理员现场管理的重要内容之一，通过日常检查，了解设备的使用情况，掌握设备性能，监督操作规程的执行，发现事故隐患，改进管理方法。一般由施工项目设备和安全管理部门，对使用的建筑机械设备进行经常性的检查活动。

**2. 定期检查**

定期检查是机械管理员组织有关人员开展的设备检查活动，检查周期一般分为月检查、季度检查和年度检查，一般由建筑企业公司设备、安全及相关部门组成检查组，对建筑机械情况进行检查。检查按照《施工现场机械设备检查技术规范》（JGJ 160—2016）和《建筑施工安全检查标准》（JGJ 59—2011）的要求，填写检查表格，并按表中的分值评分，找出管理缺陷。也可通过评分采取表彰和处罚相结合的办法，引导建筑机械操作及维修人员爱岗爱设备，提高做好设备安全使用和维修保养的工作积极性。

**3. 专项检查**

专项检查也称为不定期检查，一般是对发生以下情况后对建筑机械设备进行的特殊检查，主要包括：

1）冬闲过后重新开工的设备检查，暴风、雨、雪等极端天气过后对设备状况的检查，地震等地质灾害后的检查。

2）对改造或局部修理后的设备，如增加额定能力、更换机构、改变控制位置、更换供电、改变承载结构设计、在承载结构上进行焊接、控制系统改造或升级和载荷有关的使用条件改变的设备，应进行专项检查。

3）节假日及某些特殊情况进行的检查。

### 二、安全检查计划的编制

实施建筑机械检查活动，是为了及时发现现场机械设备使用中存在的问题，实施事前机械控制行为，提高设备安全使用效率，保证施工项目的高效运作。实施检查前一般都要编制检查计划，并按照计划进行检查。

**1. 安全检查计划编制的依据**

建筑机械安全检查计划在编制时要依据企业的规章制度、施工项目的日常管理要求、施工进度的安排情况、检查人员的工作任务安排情况、检查需用的仪器工具情况、各机械设备的特点和工作任务的情况，以及专项检查的要求等进行编制。

**2. 安全检查计划的内容**

建筑机械安全检查计划中要明确的内容有需要达到的目标效果、实施检查的时间、实施检查的人员、检查事项内容、检查方式方法、需用的仪器工具等。

目前机械的安全检查事项内容，现场多采用检查表的形式，事先把检查对象分割成若干系统，将检查项目内容列成表格，方便检查人员对机械设备的运行管理状态进行评价。

建筑机械安全检查不仅是检查机械设备本身的技术状态，还要检查机械设备的管理情况和人员的情况，检查事项的内容主要包括：

1）机械设备管理体制和机构设置的建立和健全情况；

2）各项机械设备的规章制度的贯彻和执行情况；

3）有关机械设备管理的各项指标完成情况；

4）机械设备的技术状况，维修保养计划的执行情况以及机械设备改造情况；

5）操作人员、维修人员的安全技术培训和考核情况；

6）各项机械设备的原始资料、报表、技术档案和机械设备履历书的收集、填报和管理情况；

7）设备竞赛开展情况。

**3. 安全检查计划编制的要求**

建筑机械安全检查计划编制时应注意以下几点：

1）要明确检查的目的、需要达到的目标，以此来确定检查内容的重点；

2）编制前要收集检查对象的施工项目情况和机械设备情况，以及检查的标准和规范；

3）根据施工项目现场的管理情况、施工进度情况和机械设备的工作情况合理安排检查时间；

4）对检查人员的安排要事先咨询其工作任务情况和行程；

5）编制机械安全检查表力求系统完整，不漏掉任何可能引发事故的危险因素；检查内容要重点突出，简繁适当，便于操作。

## 三、安全检查计划的实施

建筑机械安全检查计划编制后，经机械设备管理部门和安全管理部门及企业分管领导批准后，应按计划对建筑机械进行检查。

检查时对应做好检查记录，在检查表中写明扣分原因，扣减分、实得分，给出每项合格与不合格的判断；各项汇总后得出设备整机检查的总分数，按照评审标准，给出这台设备的检查评价，是否合格。检查结果应作为对操作人员的考核，以及对作业班组、施工项目设备管理工作的考核。

检查过程中应有记录，对存在的问题和安全隐患，下发整改通知书，相关单位和人员应对检查出的问题和安全隐患立即整改排除，合格后以书面形式填写整改回复单。

通过对建筑机械的安全检查，及时排除安全隐患，保证机械设备的正常运行，并找出正确的管理方法，完善和提高企业机械设备的管理水平。

# 第九章　建筑机械进场前管理

## 第一节　建筑机械选型和配置

建筑机械是施工现场必不可少的资源，其选型与配置是施工组织中的重要内容之一，选配的主要依据是工程特点、施工条件、施工方法和工期要求等。建筑机械选配的总原则是技术先进、安全可靠、经济合理，因此，在建筑机械选型及配置中，应从技术先进性适用性、安全性、较高的利用率和机械效率、机械化程度的均衡性、大中小型工程机械协调性、使用和维修的便利性等多角度进行综合选择。

### 一、建筑机械合理选型和配置原则

**1. 目的**

建筑机械的合理选用，是为了提高生产效率，达到工程施工的施工安全、质量、进度目标；降低机械运转费用，延长机械使用寿命实现项目成本目标。根据现场的实际条件，配置项目各阶段的机械组合，可以确定项目各阶段的机械管理任务及目标。

**2. 选择建筑机械的依据**

建筑机械的选择应与工程的具体实际相适应，所选机械是在具体的、特定的环境条件下作业，这些环境条件包括地理气候条件、作业现场条件、作业对象等，合理选择建筑机械的依据：施工方法、工程量、施工进度计划、施工质量要求、施工条件、机械的技术性能和机械的供应情况等。建筑机械的技术参数主要是机械的容量、功能、工作半径、速度、生产率、安装及运输尺寸、作业质量、功率等。

**3. 建筑机械的合理优化**

建筑机械的优化是在已确定主要建筑的基础上，依据施工组织中的分区、分部目标，人力、材料物资等的供应情况，综合考虑成本，选择一种技术可行、安全保障、经济合理的机械设备配置方案；确定主要建筑机械的位置及附属设施的位置，完善现场平立面布置；并按项目各阶段的目标要求，确定所有建筑单机型号、数量、进出场时间等详细情况计划。

（1）优化的基本原则。

机械选择应考虑实际工程量、施工条件、技术力量、配置动力与生产能力等因素；配置要力求少而精，做到生产上适用、安全可靠、设备状况稳定、经济合理、能满足施工要求；要充分考虑设备的生产率、可靠性、维修性、节能性、成套性、安全性和环境性等。设备应选择整机性能好、效率高、故障率低、维修方便、互换性强的设备。如选择国产或国外设备时，要充分考虑设备的维修、售后服务等后期服务，以免因维修或配件问题影响生产进度。

（2）施工机械成本合理优化。

1）优化流程：配置方案预选（符合性实效性查验）→各方案全部费用开支预算（含风险费用预估）→计算各方案总成本（或单位成本）→选取最低的配置方案编制完善机械设备配置计划书。

2）注意事项：在建筑机械的方案预选过程中，除了考虑本项目的施工需求，还应考虑本企业的管理适应性、周边环境因素等，列出可能出现的管理、使用风险，如在居民区附近，应选择噪声小、便于噪声控制的设备；如在建筑群中，还应考虑场地是否满足设备的安装、使用、拆除等问题，在费用开支预算的过程中，要计划全部费用，不得漏项。

## 二、土石方机械的选型和配置

土石方施工作业一般作业环境恶劣，施工条件艰苦，地下施工时受气候、水文、地质、地下管网类障碍物等因素的影响大，合理的优化施工机械选型配置是实现项目管理目标的重要任务。

**1. 选型配套原则**

（1）选用机械设备的性能和参数，应与工程施工条件、施工方案和工艺流程相符，与开挖地段的地形和地质条件相适应，且能满足开挖强度和开挖质量的要求。

（2）选用机械设备应首先确定开挖工序中起主导、控制作用的机械；其他机械随主导机械而定，其生产能力应略大于主导机械的生产能力。

（3）对选用的机械设备，要从供货渠道、产品质量、操作技术、维修保养、售后服务和环保性能等方面进行综合评价，确保技术可靠，经济适用。

（4）开挖过程中各工序所采用的机械，要注意相互间的配合，充分发挥其生产效率，确保生产进度。

**2. 选型方法**

（1）分析施工过程。

土石方开挖和填筑等工程，施工过程包括准备工作、基本工作和辅助工作。

1）准备工作。施工工作面的清理和剥离、基坑排水、道路修筑等工作。

2）基本工作。钻孔、爆破、挖掘、装载、运输、卸料、平整和压实等工作。

3）辅助工作。配合基本工作进行的工作，主要包括道路平整和修复，风、水、电保障等工作。

（2）拟定施工方案和选择施工机械。

土石方工程施工，一般有多方案可供选择，在拟定施工方案时，应首先选用基本工作主要设备，即按照施工条件、工程进度和工作面的参数选择主要机械，然后根据主要机械的生产能力和性能选用配套机械。选择施工机械时可参考类似工作的施工经验和有关机械手册。

1）根据作业内容选择施工机械的种类；

2）根据土石方料和场内道路条件选择机械；

3）根据运距和运输道路条件选择机械：

①履带式推土机的推运距离为15～30 m时，可获得最大的生产率。推运的经济运距一般为30～50 m，大型推土机的推运距离不宜超过100 m。

②轮胎装载机用来挖掘和特殊情况下作短距离运输时，其运距一般不超过100～150 m；履带式装载机的运距不超过100 m。

③牵引式铲运机的经济运距一般为 300 m。自行式铲运机的经济运距与道路坡度大小、机械性能有关，一般为200～300 m。

④自卸汽车在运距方面的适应性较强。

**3. 施工机械产量指标**

（1）施工机械完好率、利用率和生产效率的确定。

我国现行的施工机械定额以机械设备的台班（时）产量为基本指标。机械设备的实际生产能力与其完好率、利用率和生产效率有关（简称“三率”），“三率”是评定机械化施工管理水平的主要指标，“三率”的高低取决于机械设备的质量、作业条件、生产调度、维修保养和机械设备的修配能力以及操作人员的技术水平等。确定机械设备的产量指标时，要遵照现行定额要求，结合工程的具体情况，经过分析综合选用，常用挖掘机械的完好率、利用率参考指标见表9-1。

**表9-1 常用挖掘机械完好率利用率参考指标**

| 机械名称 | 完好率/% | 利用率/% | 机械名称 | 完好率/% | 利用率/% |
|---|---|---|---|---|---|
| 挖掘机 | 80～95 | 55～75 | 露天凿岩机 | 78～92 | 57～85 |
| 推土机 | 75～90 | 55～70 | 装载机 | 75～95 | 60～90 |
| 铲运机 | 70～95 | 50～95 | 空压机 | 80～95 | 70～85 |
| 自卸汽车 | 75～95 | 65～80 | 机动翻斗车 | 80～95 | 70～85 |

（2）机械设备的作业效率（生产率）。

施工机械的作业效率反映了机械在施工时的有效利用程度，一般可用时间利用系数 $k$ 来表示。影响 $k$ 的因素很多，确定的最好方法是现场测定机械的时间利用情况，并求得机械设备的台班（时）作业效率。也可参照类似工程或参照表9-2选用。

**表9-2 施工机械时间利用系数 $k$ 参考表**

| 作业条件 | 施工机械的综合性能状况 | | | | |
|---|---|---|---|---|---|
| | 最好 | 良好 | 一般 | 较差 | 很差 |
| 最好 | 0.84 | 0.81 | 0.76 | 0.70 | 0.63 |
| 良好 | 0.78 | 0.75 | 0.71 | 0.65 | 0.60 |

续表

| 作业条件 | 施工机械的综合性能状况 | | | | |
|---|---|---|---|---|---|
| | 最好 | 良好 | 一般 | 较差 | 很差 |
| 一般 | 0.72 | 0.69 | 0.65 | 0.60 | 0.54 |
| 较差 | 0.63 | 0.61 | 0.57 | 0.52 | 0.45 |
| 很差 | 0.52 | 0.50 | 0.47 | 0.42 | 0.32 |

（3）常用配套机械产量指标。

可根据标准定额或企业自身定额查得相应建筑施工机械的年产量和作业天数定额，根据指标测算选择现场所需的主要施工机械。

**4. 挖掘机与汽车的配套计算**

（1）计算选择。

挖掘机需用台数 $n$ 可按以下计算：

$$n=\frac{w}{qt}$$

式中，$w$——工程期内应由挖掘机完成的总工程量，$m^3$；

$q$——所选定机型的实际生产率，$m^3/h$；

$t$——挖掘机有效工作实际，h。

每台挖掘机应配备的自卸汽车台数 $N_{汽}$ 计算：

$$N_{汽}=\frac{T_{汽}}{S\bullet t_{挖}}$$

式中，$T_{汽}$——汽车运土循环时间，min；

$t_{挖}$——挖掘机工作循环时间，min；

$S$——每台汽车装土斗数。

（2）配套要求。

1）以挖掘机为主导机械；按照工作面的参数和条件选用挖掘机，再选与挖掘机相匹配的汽车。

2）汽车容量与挖掘机的斗容比应适当，大斗容的挖掘机不应配用小型汽车，否则不但生产效率不高，汽车也易损坏。运距较远时，小斗容的挖掘机也可配大一些的汽车。斗容比的合理值见表 9-3。

**表 9-3 斗容比推荐合理值**

| 运距/km | ＜1.0 | 1.0～2.5 | 3.0～5.0 |
|---|---|---|---|
| 挖掘机 | 3～5 | 4～7 | 7～10 |
| 装载机 | 3 | 4～5 | 4～5 |

3）配套汽车的数量应充分考虑开挖工程特点，一般应考虑：

①装车工作面狭窄，容易造成汽车排队待装；

②装载工序受到其他工序干扰时，时间利用率低；

③出渣路况的好坏，影响汽车的通行能力。

（3）配套查表确定。

挖掘机配套汽车的数量，除按生产率计算外，一般可按照定额指标进行匡算。

挖掘机配套汽车数量可参考表 9-4。

**表 9-4　单台挖掘机配套汽车数量参考表**　　单位：台

| 挖掘机/$m^3$ | 汽车载重量/t | 运距/km | | | |
|---|---|---|---|---|---|
| | | 1.0 | 2.0 | 3.0 | 5.0 |
| 1 | 10 | 3 | 4 | 4 | 5 |
| 2 | 10 | 5 | 6 | 7 | 9 |
| | 15 | 4 | 5 | 5 | 7 |
| | 20 | 3 | 4 | 4 | 5 |
| 3 | 10 | 5 | 7 | 8 | 10 |
| | 15 | 4 | 6 | 6 | 9 |
| | 20 | 4 | 4 | 5 | 6 |
| | 25 | 3 | 4 | 4 | 5 |
| 4 | 15 | 5 | 6 | 8 | 10 |
| | 20 | 4 | 5 | 6 | 8 |
| | 25 | 4 | 5 | 5 | 6 |
| | 32 | 3 | 4 | 5 | 6 |
| | 45 | 2 | 3 | 3 | 4 |
| 6 | 32 | 5 | 6 | 6 | 7 |
| | 45 | 3 | 4 | 4 | 5 |

## 三、公路工程建筑机械选型和配置

公路工程施工机械设备优化配套是公路施工的重要内容，特别是对大型工程项目而言尤为重要，合理配置方案除了能保证工期，还能降低成本，为施工方带来良好的经济效益。公路工程施工主要使用推土机、装载机、挖机、铲运机、平地机、压路机、凿岩机以及石料破碎和筛分设备，根据工程的作业要求和不同的施工方法，选择适宜的建筑机械设备。

**1. 选用原则**

在公路工程建设中，选用合理的机械设备应结合施工特点、生产需要以及施工单位的具体情况，项目工程量大时可采用大型和先进设备，反之可采用中小型机械和现有设备。机械的选择需遵循技术先进、经济合理和生产适用的基本原则，在提高劳动生产率的同时兼顾减轻施工人员的劳动强度。总的来说，选用机械设备需要考虑的技术指标具体表现为适应性强、技术先进、经济性好、可靠性高、环保性优、维修方便 6 个方面。

**2. 配套原则**

公路工程机械化施工不是单一机种的工作，而是一种程序化的机械施工，不同功能的施工设备相互配合，合理的配套组合可提高工程的效率，最大限度地降低成本，取得良好的经济效益。

1）应先主导后配套。工程项目决定主导设备，也决定着施工的方式、方法，而主要设备基本决定了工程的进度和配套设备，在很大程度上影响着配套设备是否能够发挥良好的生产效率，因此配套设备应在主导机械确定之后再进行选择。

2）配套设备应少而精。只要满足正常的施工要求，就应尽量减少配套设备以利于提高生产效率、节约成本。

3）配套设备能力应相互配套。在施工过程中会出现设备配置不均衡的情况，导致在施工过程中整套设备无法有效发挥其最大工作能力。

4）合理的施工作业方案。有利于多个系列的机械组合并列施工，以免在施工过程中因某一设备故障而影响整个配套系统的工作，造成停工现象。

5）优化设备组合。为了追求经济效益最大化，便于管理和维修，同一型号的设备应尽可能在同一作业中使用，为了适应不同的工作使用单机作业，其装置、设备和必要的保养人员也应配套。

**3. 公路工程配置组合形式**

（1）路基工程主要建筑机械的配置组合方式。

1）对于清基和料场准备等路基施工前的准备工作，选择的建筑机械主要有推土机、挖掘机、装载机和平地机等；

2）对于土方开挖工程，选择的建筑机械主要有推土机、铲运机、挖掘机、装载机和自卸汽车等；

3）对于石方开挖工程，选择的建筑机械设备主要有挖掘机、推土机、移动式空气压缩机、凿岩机、爆破设备等；

4）对于土石填筑工程，选择的建筑机械设备主要有推土机、铲运机、羊足碾、压路机、洒水车、平地机和自卸汽车等；

5）对于路基整形工程，选择的机械主要有平地机、推土机和挖掘机等。

（2）路面基层施工主要建筑机械的配置组合。

1）基层材料的拌合设备：集中拌和（厂拌）采用成套的稳定土拌和设备，现场拌和（路拌）采用稳定土拌合机；

2）摊铺平整机械：包括拌和料摊铺机、平地机、石屑或场料撒布车；

3）装运机械：装载机和运输车辆；

4）压实设备：压路机；

5）清除设备和养护设备：清除车、洒水车。

（3）沥青路面施工主要建筑机械的配置组合。

1）混凝土搅拌设备的配置：一般生产能力要相当于摊铺能力的 70%左右，高等级公路一般选用生产量高的强制式沥青混凝土搅拌设备；

2）沥青混凝土摊铺机的配置：通常每台摊铺机的摊铺宽度不宜超过 7.5 m，可以按照摊铺宽度来确定摊铺机的台数；

3）沥青路面压实机械配置：沥青路面压实的压路机有光轮压路机、轮胎压路机和振动压路机。

（4）水泥混凝土路面施工主要建筑机械的配置组合。

按工序配置主要有混凝土搅拌站、装载机、运输车、布料机、挖掘机、吊车、滑模摊铺机、整平机、拉毛养护机、切缝机、洒水车等。

1）滑模式摊铺施工。

①水泥混凝土搅拌楼容量应满足滑模摊铺机施工速度 1 m/min 的要求；

②高等级公路施工宜选配宽度为 7.5～12.5 m 的大型滑模推铺机；

③远距离运输宜选混凝土运送车；

④可配备一台轮式挖掘机辅助布料。

2）轨道式摊铺施工。

除水泥混凝土生产和运输设备外，还要配备卸料机、摊铺机、振动机、整平机、拉毛养护机等。

（5）桥梁工程施工主要建筑机械的配置。

1）通用施工机械：常用的有各类吊车，各类运输车辆和自卸车等。

2）桥梁混凝土生产与运输机械：主要有混凝土搅拌站、混凝土运送车、混凝土泵和混凝土泵车。

3）下部施工机械：

①预制桩施工机械：常用的有蒸汽打桩机、液压打桩机、振动沉拔桩机、静压沉桩机等；

②灌注桩施工机械：根据施工方法的不同配置不同的施工机械。

4）上部施工机械：

①悬臂施工方法，主要施工设备有吊车、悬挂用专门设计的挂篮设备；

②预制吊装施工方法：主要有各类起重机或卷扬机、万能杆件、贝雷架等；

③满堂支架现浇法：主要有各类万能杆件、贝雷架和各类轻型钢管支架。

**4. 机械配套计算**

在沥青路面铺施工程中，以摊铺机为主导机械的设备配套模式配置计算。

（1）沥青摊铺机组配置。

1）摊铺机组的摊铺能力的确定。摊铺能力的确定要考虑主导机械沥青摊铺机组的配套方法，必须先计算沥青摊铺机组的最小摊铺能力 $Q_{\min}$。

$$Q_{\min} \geqslant \frac{2\times10^{3}\times10^{2}\times\sum_{i=1}^{3}Lh_{i}B\gamma_{i}}{T\cdot t\cdot K_{h}}$$

式中，$Q_{\min}$——摊铺机组的最小摊铺能力，t/h；

$L$——施工段总长度，km；

$h_i$——沥青混凝土路面各摊铺层厚度（i=1,2,3），cm；

$B$——单侧沥青混凝土路面宽度，m；

$\gamma_i$——沥青混凝土各摊铺层的密实度，t/m$^3$；

$T$——有效施工工期，d；

$t$——每日计划工作时间；

$K_h$——时间利用系数。

根据计算出的最小摊铺能力，选择合适的摊铺机，确定摊铺机组的摊铺能力 $Q_t$。

2）摊铺机数量及摊铺速度的确定。

摊铺机数与最小摊铺速度应满足如下关系：

$$M_t \bullet v_{\min} \geqslant \frac{100Q_t}{60Bh_a\gamma_a}$$

式中，$M_t$——摊铺机个数，即摊铺工作面个数；

$v_{\min}$——最小摊铺速度，m/min；

$h_a$——路面 3 层面层的平均厚度，cm；

$\gamma_a$——路面 3 层面层的平均密实度，t/m$^3$；

$Q_t$——沥青摊铺机摊铺能力，t/h。

一般来说，摊铺机的摊铺速度应小于 4m/min，并应与设备参数、材料特性相匹配；速度太快，摊铺路面易出现拉痕、压实度不足等现象，速度太慢又会影响施工进度。

（2）压实机械配置。

1）初压机。初压压路机应该是每小时生产多少沥青混合料，压路机就要压实多少沥青混合料；摊铺机每小时摊铺多少，压路机就压实多少沥青混合料，初压压路机台数与最小工作速度应满足：

$$M_t \bullet V_{1\min} \geqslant \frac{2n_1Q_t}{0.6\gamma_a h_a\left(B_1 - \mathrm{b}_1\right)}$$

且应满足：

$$M_t \bullet V_{1\min} \geqslant \frac{2n_1 \bullet B \bullet v_t}{B_1 - b_1}$$

式中，$M_1$——每个摊铺工作面初压机台数；

$V_{1\min}$——初压机的最小工作速度，m/min；

$n_1$——初压压实遍数；

$B_1$——初压压路机压实宽度，m；

$b_1$——初压压路机的压实重叠宽度，m；

$B$——单侧沥青混凝土路面宽度，m；

$v_t$——摊铺速度，m/min。

2）复压机。

复压机配套与初压机相似，为每小时摊铺机摊铺多少沥青混合料，就要复压多少；初压机每小时压实多少，复压机就应该复压多少，可同理核算配套。

3）终压机。

摊铺机每小时摊铺多少沥青混合料，终压机就应终压多少；复压机每小时复压多少沥青混合料，终压机就应该终压多少，可同理核算配套。

## 四、高层建筑机械选型和配置

高层建筑施工包括基础施工、结构施工、装修施工等，由于高层施工结构体系决定大量建筑材料需要垂直运输，由此可见施工垂直运输机械设备最为重要。

**1. 垂直运输机械的种类**

（1）垂直运输机械有塔式起重机、施工升降机。

塔式起重机按构造可分为自升式塔式起重机、内爬式塔式起重机等。

施工升降机包括人货两用施工升降机和货运施工升降机。

（2）混凝土输送机械有混凝土泵、混凝土运送车、混凝土布料机等。

混凝土泵按机动性分为汽车泵、车载泵、拖式泵。

混凝土运输车分为 6 $m^3$、8 $m^3$、10 $m^3$、12 $m^3$、16 $m^3$。

混凝土布料机分为固定式（内爬式）、移动式（简易式），按照布料杆移动方式分为液压式、机械式、手动式。

**2. 垂直运输机械的选配**

塔式起重机选择要考虑建筑物的外形和平面布置、建筑层数和建筑总高度、建筑工程量施工工期以及周围施工条件；单体工程小的高层建筑配用一台塔式起重机；而体型庞大复杂的则需配制两台或多台塔式起重机。在满足参数要求和台数需要的前提下，应优先选用造价低、台班费用便宜、生产效率高的塔式起重机。

利用混凝土泵进行混凝土浇筑，要根据工程的特点、工期要求和施工条件，正确选择混凝土泵的种类。混凝土车泵臂架展开后，浇筑范围大，可直接将混凝土浇筑到指定部位，施工方便，排量大、效率高，随着我国混凝土泵车的快速发展，臂架越来越长，泵送高度越来越高，但不能满足超高层建筑施工的需要，且臂架越长其所占场地越大。

混凝土拖式泵，适合于高层及超高层建筑混凝土浇筑，需要布置输送管，泵送后要对输送管清洗，需要的人力较多，对输送管布置需要进行设计和安装，合理组织施工，可取得较好的施工效益。

**3. 垂直运输机械组合**

常用高层建筑施工起重运输体系组合情况：

塔式起重机+施工电梯；

塔式起重机+施工电梯+混凝土泵车；

塔式起重机+施工电梯+拖式混凝土泵；

塔式起重机+快速物料提升机+施工电梯+拖式混凝土泵。

上述各起重运输体系组合，在一定条件下技术方面皆能满足高层建筑施工过程中运输的需要，但在进行选择时还应全面考虑以下几个方面：

（1）运输能力要能满足规定工期的要求。

高层建筑施工的工期在很大程度上取决于垂直运输的速度，如一个标准层的施工工期确定后，则需选择合适的机械、配备足够的数量以满足要求。

（2）机械费用低。

高层建筑施工因用的机械较多所以机械费用较高，在选择机械类型和配备时，应力求降低机械费用。

（3）综合经济效益好。

机械费用的高低虽然不能绝对地反映经济效益，但机械化程度高，机械费用必然会增加但可以加快施工速度和降低劳动消耗。因此对于机械的选用和其配套要考虑综合经济效益，要全面地进行技术经济比较。

**4. 建筑起重机械的技术选用**

（1）塔机选用步骤。

根据施工现场的建构筑物、施工平面图布置和塔机安拆工况要求等情况，确定塔机定位位置和安拆方向；根据所需工作幅度确定塔机臂长；根据现场所需吊装的最重构件重量和幅度，计算大致起重力矩，根据塔机起重性能表选择塔机参数；根据现场环境及空间情况，选用塔机型式；复核基础位置、各安全距离、附墙距离以及相关参数指标等，确定塔机型号。

（2）流动式起重机选用步骤。

流动式起重机的选用必须依照其特性曲线图、起重性能表进行，选择步骤如下：

1）根据被吊装设备或构件的就位位置、现场具体情况等确定起重机的站车位置，站车位置一旦确定，其幅度也就确定了；

2）根据被吊装设备或构件的就位高度、设备尺寸、吊索高度等和站车位置（幅度），由起重机的起重特性曲线，确定其臂长；

3）根据已确定的幅度（回转半径）、臂长，由起重机的起重性能表或起重特性曲线图，确定起重机的额定起重量；

4）如果起重机的额定起重量大于计算载荷，则起重机选择合格，否则重新选择；

5）计算吊臂与设备之间、吊钩与设备及吊臂之间的安全距离，若符合规范要求，则选择合格，否则重选。

（3）相关验算。

1）起重量，起重机的起重量必须大于所吊装工程的最大构件重量与索具重量之和。

$$Q \geqslant k_1 \cdot k_2 \cdot (Q_1 + Q_2)$$

式中，$Q$——起重机的起重量，kN；

$k_1$——动载荷系数，一般取 1.1；

$k_2$——不均衡载荷系数，一般取 1.1～1.25；

$Q_1$——最大构件的重量，kN；

$Q_2$——索具的重量，kN。

注：式中索具的重量包含钢丝绳、平衡梁、卸扣，如是履带起重机还可能包括吊钩及臂头下起升钢丝绳重量，具体参见相应使用说明书要求。

对于多台起重机共同抬吊设备或构件时，由于存在各种不同步而超载的现象，单纯考虑不均衡系数 $k_2$ 是不够的，还必须根据工艺过程进行具体分析，采取相应措施。

2）起重机起升高度必须满足建筑工程的吊装高度要求，如图 9-1 所示。

$$H \geqslant h_1 + h_2 + h_3 + h_4$$

式中，$H$——起重机有效起升高度（从停机面到吊钩钩口），m；

$h_1$——从停机面算起至安装支座表面的高度，m；

$h_2$——安装间隙（不小于 0.2 m），m；

$h_3$——构件吊起后底面至绑扎点的高度，m；

$h_4$——吊索具高度，自绑扎点至吊钩中心距离，m。

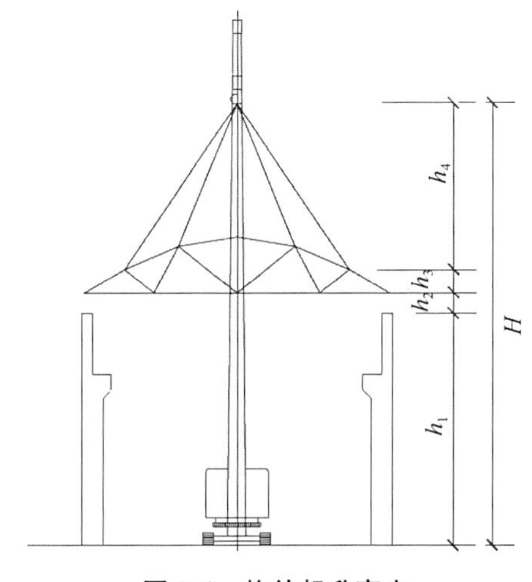


图 9-1　构件起升高度

流动式起重机有效起升高度计算，参见图 9-2：

$$H = L \cdot \sin\alpha + E - d$$

式中，$L$——起重臂长；

$\alpha$——起重臂仰角；

$E$——起重臂的下轴距停机面高度；

$d$——起重臂顶部滑轮中心至吊钩的最小安全距离。

3）工作幅度验算。

工作幅度又称为起重半径，也称回转半径。当起重机可以不受限制的行驶到构件吊装位置附近吊装构件时，对工作幅度没什么要求。当起重机不能行驶到构件吊装位置附近时，可以采用实测、数解计算法或图解法等方式，依据起重性能曲线图或表对工作幅度进行复核，确保所选起重机符合要求，保证吊装作业安全。

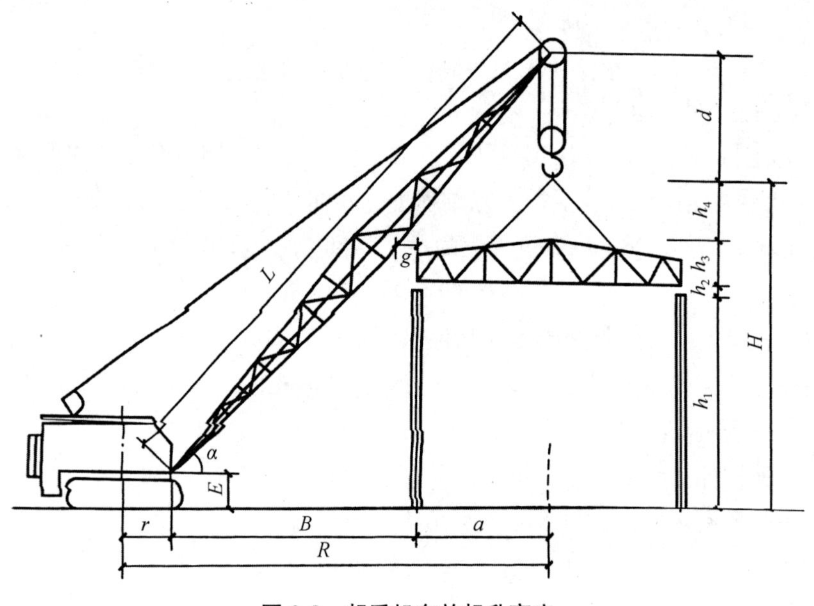


图 9-2　起重机有效起升高度

# 第二节　特种设备安装、拆卸单位资质及人员资格证书的核查管理规定

## 一、安拆单位资质证书

### 1. 相关的法规规定

（1）安装、拆卸施工资质管理规定。

《建设工程安全生产管理条例》(国务院令　第 393 号）规定，在施工现场安装、拆卸施工起重机械和整体提升脚手架、模板等自升式架设设施，必须由具有相应资质的单位承担。

《建筑业企业资质管理规定》(住建部令　第 22 号）第 3 条规定，企业应当按照其拥有的资产、主要人员、已完成的工程业绩和技术装备等条件申请建筑业企业资质，经审查合格，取得建筑业企业资质证书后，方可在资质许可的范围内从事建筑施工活动。

《建筑起重机械安全监督管理规定》第 10 条规定，从事建筑起重机械安装、拆卸活动的单位（以下简称安装单位）应当依法取得建设主管部门颁发的相应资质和建筑施工企业安全生产许可证，并在其资质许可范围内承揽建筑起重机械安装、拆卸工程。

《建筑起重机械安全监督管理规定》第 20 条规定，建筑起重机械在使用过程中需要附着的，使用单位应当委托原安装单位或者具有相应资质的安装单位按照专项施工方案实施，并按照本规定第十六条规定组织验收。验收合格后方可投入使用。

建筑起重机械在使用过程中需要顶升的，使用单位委托原安装单位或者具有相应资质的安装单位按照专项施工方案实施后，即可投入使用。

《建筑起重机械安全监督管理规定》规定，施工总承包单位应当履行审核安装单位、使用单位的资质证书、安全生产许可证和特种作业人员的特种作业操作资格证书的安全职责；监理单位应当履行审核建筑起重机械安装单位、使用单位的资质证书、安全生产许可证和特种作业人员的特种作业操作资格证书的安全职责。

（2）安全生产许可证管理规定。

《安全生产许可证条例》（国务院令　第 397 号，依据国务院令　第 638 号、653 号修正）第 3 条规定，国家对矿山企业、建筑施工企业和危险化学品、烟花爆竹、民用爆炸物品生产企业（以下统称企业）实行安全生产许可制度。企业未取得安全生产许可证的，不得从事生产活动。

《安全生产许可证条例》第 4 条规定，省、自治区、直辖市人民政府建设主管部门负责建筑施工企业安全生产许可证的颁发和管理，并接受国务院建设主管部门的指导和监督。

《建筑施工企业安全生产许可证管理规定》规定，建筑施工企业未取得安全生产许可证的，不得从事建筑施工活动。

**2. 标准要求**

《建筑业企业资质标准》第 14 章规定，起重设备安装工程专业承包资质分为一级、二级、三级。

（1）一级资质标准。

企业资产：净资产 800 万元以上。

企业主要人员：技术负责人具有 10 年以上从事工程施工技术管理工作经历，且具有工程序列高级职称；电气、机械等专业中级以上职称人员不少于 8 人，且专业齐全。

持有岗位证书的施工现场管理人员不少于 15 人，且安全员、机械员等人员齐全。

经考核或培训合格的工人不少于 30 人，其中起重信号司索工不少于 6 人、建筑起重机械安装拆卸工不少于 18 人、电工不少于 3 人。

企业工程业绩：

近 5 年承担过下列 2 类中的 1 类工程，工程质量合格：累计安装拆卸 1 600 kN · m 以上塔式起重机 8 台次；累计安装拆卸 100 t 以上门式起重机 8 台次。

（2）二级资质标准。

企业资产：净资产 400 万元以上。

企业主要人员：技术负责人具有 8 年以上从事工程施工技术管理工作经历，且具有工程序列中级以上职称；电气、机械等专业中级以上职称人员不少于 4 人，且专业齐全。

持有岗位证书的施工现场管理人员不少于 6 人，且安全员、机械员等人员齐全。经考核或培训合格的工人不少于 20 人，其中起重信号司索工不少于 4 人、建筑起重机械安装拆卸工不少于 12 人、电工不少于 2 人。

企业工程业绩，近 5 年承担过下列 2 类中的 1 类工程，工程质量合格：累计安装拆卸 600 kN · m 以上塔式起重机 8 台次；累计安装拆卸 50 t 以上门式起重机 8 台次。

（3）三级资质标准。

企业资产：净资产 150 万元以上。

企业主人员：技术负责人具有 5 年以上从事工程施工技术管理工作经历，且具有工程序列中级以上职称；电气、机械等专业中级以上职称人员不少于 2 人，且专业齐全。

持有岗位证书的施工现场管理人员不少于 3 人，且安全员、机械员等人员齐全。经考核或培训合格的工人不少于 10 人，其中起重信号司索工不少于 2 人、建筑起重机械安装拆卸工不少于 6 人、电工不少于 1 人。

技术负责人主持完成过本类别资质二级以上标准要求的工程业绩不少于 2 项。

**3. 承包工程范围**

一级资质：可承担塔式起重机、各类施工升降机和门式起重机的安装与拆卸。

二级资质：可承担 3 150 kN·m 以下塔式起重机、各类施工升降机和门式起重机的安装与拆卸。

三级资质：可承担 800 kN·m 以下塔式起重机、各类施工升降机和门式起重机的安装与拆卸。

### 二、特种作业人员资格证书

特种作业人员必须经专业安全技术培训，考核合格取得《建筑施工特种作业操作资格证书》后，方可上岗作业；持证人员证书必须在有效期内，取得资格证书人员必须按照规定进行复审，复审合格才能继续持证上岗作业；特种作业人员工作范畴必须与证书操作类别相符；特种作业人员连续 6 个月未从事相关工作的，应经过重新培训并考试合格后，方可上岗作业；严禁无资格证书或复审不合格、超类别或持无效操作证等上岗作业。

特种作业人员证书应由本人保管，随身携带备查；持有证书应人证相符，证书不得伪造、涂改、转借，证书遗失或者损毁的，持证人应当及时报告发证部门，申请补发。证书应在有效期内且按照规定延期复核，逾期未申请复审或考试不合格的，其《建筑施工特种作业操作资格证书》应予以注销；跨地区从业的特种作业人员，可以向从业所在地的发证部门申请复审。

## 第三节　特种设备安装、拆卸及附着、顶升专项方案审核管理规定

### 一、专项施工方案的编制

**1.《危险性较大的分部分项工程安全管理规定》的有关规定**

（1）《危险性较大的分部分项工程安全管理规定》（住房城乡建设部令　第 37 号）规定，施工单位应当在危险性较大工程（以下简称“危大工程”）施工前组织工程技术人员编制专项施工方案。实行施工总承包的，专项施工方案应当由施工总承包单位组织编制。危大工程实行分

包的，专项施工方案可以由相关专业分包单位组织编制。

（2）《住房城乡建设部办公厅关于实施〈危险性较大的分部分项工程安全管理规定〉有关问题的通知》规定：

1）属于危大工程范围的起重吊装及起重机械安装拆卸工程有采用非常规起重设备、方法，且单件起吊重量在 10 kN 及以上的起重吊装工程；采用起重机械进行安装的工程；起重机械安装和拆卸工程。

2）属于超过一定规模的危大工程范围的起重吊装及起重机械安装拆卸工程有：采用非常规起重设备、方法，且单件起吊重量在 100 kN 及以上的起重吊装工程；起重量 300 kN 及以上，或搭设总高度 200 m 及以上，或搭设基础标高在 200 m 及以上的起重机械安装和拆卸工程。

**2. 安装拆卸专项施工方案编制综合要求**

（1）建筑起重机械每台设备安装（拆除）前必须编制安装（拆除）安全专项施工方案，方案由安装单位技术人员负责编制，编制内容应符合规范的规定。

（2）附着安装（拆卸）及顶升加节（降节）安全专项施工方案由安装单位技术人员负责编制，可与安装（拆卸）安全专项施工方案一并编写；也可待建筑物具备测量测试条件后，在附着安装及顶升加节前，单独编写和报批；单独编写时，附着安装顶升加节专项施工方案应与附着拆除及降节专项施工方案一并编写。专项方案必须明确每一道附墙安装的位置高度、附墙埋件布置位置及受力要求等，如实际附着与说明书规定的附着方案不一致，应进行相关验算。方案内容还必须包括附着安装和拆除时，安拆工人安全带挂点的设置安排。

**3. 塔式起重机专项施工方案的编制**

《建筑塔式起重机安装、使用、拆卸安全技术规程》（JGJ 196—2010）规定，塔式起重机安装、拆卸前，应编制专项施工方案，指导作业人员实施安装、拆卸作业。专项施工方案应根据塔式起重机使用说明书和作业场地的实际情况编制，并应符合国家现行相关标准的规定。

（1）编制塔式起重机安装专项施工方案应至少包括下列内容：

1）工程概况；

2）安装位置平面和立面图；

3）所选用的塔式起重机型号及性能技术参数；

4）基础和附着装置的设置；

5）爬升工况及附着节点详图；

6）安装顺序和安全质量要求；

7）主要安装部件的重量和吊点位置；

8）安装辅助设备的型号、性能及布置位置；

9）电源的设置；

10）施工人员配置；

11）吊索具和专用工具的配备；

12）安装工艺程序；

13）安全装置的调试；

14）重大危险源和安全技术措施；

15）应急预案等。

（2）塔式起重机拆卸专项方案应至少包括下列内容：

1）工程概况；

2）塔式起重机位置的平面图和立面图；

3）拆卸顺序；

4）部件的重量和吊点位置；

5）拆卸辅助设备的型号、性能及布置位置；

6）电源的设置；

7）施工人员配置；

8）吊索具和专用工具的配备；

9）重大危险源和安全技术措施；

10）应急预案等。

**4. 建筑施工升降机安装拆卸方案的编制要求**

《建筑施工升降机安装、使用、拆卸安全技术规程》规定，施工升降机安装作业前，安装单位应编制安装、拆卸工程专项施工方案，由安装单位技术负责人批准后，报送施工总承包单位或使用单位、监理单位审核，并告知工程所在地县级以上建设行政主管部门。

建筑施工升降机安装、拆卸工程专项施工方案应至少包括下列主要内容：

1）工程概况；

2）编制依据；

3）作业人员组织和职责；

4）施工升降机安装位置平面、立面图和安装作业范围平面图；

5）施工升降机技术参数、主要零部件外形尺寸和重量；

6）辅助起重设备的种类、型号、性能及位置安排；

7）吊索具的配置、安装与拆卸工具及仪器；

8）安装、拆卸步骤与方法；

9）安全技术措施；

10）安全应急预案。

## 二、专项施工方案的审核

相关法规标准规定，专项施工方案应由本单位技术、安全、设备等部门审核、技术负责人审核签字、加盖单位公章，并由总监理工程师审查签字、加盖执业印章后方可实施。

危大工程实行分包并由分包单位编制专项施工方案的，专项施工方案应当由总承包单位技术负责人及分包单位技术负责人共同审核签字并加盖单位公章。

对于超过一定规模的危大工程，施工单位应当组织召开专家论证会对专项施工方案进行论证。实行施工总承包的，由施工总承包单位组织召开专家论证会。专家论证前专项施工方案应当通过施工单位审核和总监理工程师审查。

专家应当从地方人民政府住房和城乡建设主管部门建立的专家库中选取，符合专业要求且人数不得少于5名。与本工程有利害关系的人员不得以专家身份参加专家论证会。

专家论证会后，应当形成论证报告，对专项施工方案提出通过、修改后通过或者不通过的一致意见。专家对论证报告负责并签字确认。

专项施工方案经论证需修改后通过的，施工单位应当根据论证报告修改完善后，重新履行审核签字审批程序。

专项施工方案经论证不通过的，施工单位修改后应当按规定的要求重新组织专家论证。

施工单位应当严格按照专项施工方案组织施工，不得擅自修改专项施工方案。因规划调整、设计变更等原因确需调整的，修改后的专项施工方案应当按照本规定重新审核和论证。涉及资金或者工期调整的，建设单位应当按照约定予以调整。

监理单位结合危大工程专项施工方案编制监理实施细则，对危大工程施工实施专项巡视检查。监理单位发现施工单位未按照专项施工方案施工的，应当要求其进行整改；情节严重的，应当要求其暂停施工，并及时报告建设单位。施工单位拒不整改或者不停止施工的，监理单位应当及时报告建设单位和工程所在地住房和城乡建设主管部门。

## 第四节　特种设备专项施工方案安全技术交底方法及内容

安全技术交底是特种设备安拆尤其是建筑起重机械安装拆卸作业安全管理中的一项重要工作内容，有利于安装、拆卸工作的安全有序进行，安装单位应制定安全技术交底管理制度，明确交底的编制部门、交底内容、交底人、被交底人。安装、附着顶升、拆卸等每项作业前都应进行安全技术交底，形成签字记录，留档备查。

### 一、专项施工方案编制前的安全技术交底

现场起重机械供应商确定后，项目部机械员应根据合同约定及时组织向供应方（安装单位）进行交底，将建筑机械进场计划、安装计划、现场技术资料（如施工平面布置图、施工机械施工的建构筑物平、立面图）等交给安装单位；共同确定基础设置及附着布置；督促专项施工方案的及时编制。

同时，安装单位（出租单位）也应将合同约定的建筑起重机械《使用说明书》等资料提交给使用方，向使用方明确：机械设备基础施工要求、地脚螺栓（底架）预埋要求、电源配置要求、附着部位施工要求、安装告知书办理流程与资料收集要求、安装检测流程与要求、使用许可证办理流程与要求、现场需提供的机械安装（含附着顶升）及拆卸施工的各类作业环境条件、设备进场等有关要求及事项。

双方应形成书面的交底记录。

## 二、实施专项施工方案的安全技术交底及监督

**1. 安全技术交底流程**

建筑起重机械安装（拆卸）前，安装单位技术负责人或方案编制人员应向现场作业管理人员进行交底，管理人员对安装工人、操作人员、司索人员进行安装（拆卸）安全技术交底。这两个交底程序也可以一并进行，但交底的人员范围应全数涵盖。

作业人员必须持有效的特种作业资格证上岗，交底双方共同在安全技术交底书上签字，专职安全员对交底进行全程监督，对交底资料进行收集。

安装（拆卸）人员首次进入施工现场作业前，还应提请现场管理单位（总承包单位）的安全部门对有关人员进行入场教育；总承包单位也应该派人监督安全技术交底的过程并作好记录等资料。

所有交底资料在施工期内都应现场留存备查。

**2. 安全技术交底内容**

安全技术交底内容主要是结合施工现场周边的作业环境、专项施工方案、使用说明书、作业安全技术要点、难点等进行详细交底。应使全体作业人员对安装、附着顶升、拆卸作业做到心中有数，作业安全意识强，遵守纪律，听从指挥，相互协调，保证作业安全。

**3. 拆卸管理**

建筑起重机械拆除前，应派人员对设备进行全面检查，查看设备情况和环境情况，对有故障的部位进行维修，对影响安全作业的现场条件要督促项目部整改，确保拆卸作业安全。

**4. 专项方案实施过程的现场安全监督管理**

施工单位应当在施工现场显著位置公告危大工程名称、施工时间和具体责任人员，并在危险区域设置安全警示标志。施工单位应当对危大工程施工作业人员进行登记，项目负责人应当在施工现场履职。

《建筑起重机械安全监督管理规定》规定，“安装单位的专业技术人员、专职安全生产管理人员应当进行现场监督，技术负责人应当定期巡查。”施工总承包单位应当履行“指定专职安全生产管理人员监督检查建筑起重机械安装、拆卸、使用情况”的安全职责。

建筑起重机械安装（拆卸）前，应划定作业区域，拉设警戒线，并派专人进行现场监护，禁止无关人员进入安装现场。若安装环境特殊，对周边可能造成严重安全隐患时，应采取周密可靠的安全防护措施，并悬挂公示牌和警示标志。

辅助起重设备就位后，应对其机械和安全性能进行检查，验收合格后方可使用，安拆所使用的钢丝绳、卸扣和辅助工具等工器具均应经检查合格后方可使用。

安装作业人员应分工明确、职责清楚，严格遵守专项方案的要求，现场发生变化或临时情况的，作业人员应及时向有关管理人员报告，除应急救险外，不得擅自处置。

安装（拆卸）过程中，安装单位应派管理人员在现场旁站监督，检查辅助设备是否符合要求，督促作业过程遵守安全专项施工方案和使用说明书的要求，及时发现和纠正安拆中出

现的违章指挥、违章作业、不按方案施工等情况，安装单位自身管理部门应巡视抽查现场安装拆卸施工情况。

总承包单位应派专职机械设备管理人员进行监督，项目机械管理人员对未按照专项施工方案施工的，应当要求立即整改，并及时报告项目负责人，项目负责人应当及时组织限期整改。施工单位应当按照规定对危大工程进行施工监测和安全巡视，发现危及人身安全的紧急情况，应当立即组织作业人员撤离危险区域。

## 三、建筑起重机械安装完成后的交底

安装工作完成后，安装单位调试完成自检合格后，按照规范填写自检验收合格表，收集资料提请有资质的检测单位进行安装检测。

安装单位应及时向项目机械员移交日常检查保养所需的工器具、材料用品及相关资料；安装单位应及时获取安装检测报告，取得报告后及时将有关资料提交使用单位，使用单位向工程所在地建筑起重机械安全监督管理部门办理使用许可登记；安装单位应予以协助配合。

安装单位应会同现场机械管理人员及时组织项目部有关管理人员、操作人员及指挥人员、现场维护等作业人员进行使用安全技术交底，交底内容应包括设备性能情况，安全装置（或限制器、限位器）设置调定情况，建筑起重机械安全技术操作规程，设备使用管理要求，日常检查及保养要求，需移交现场的保养工器具和材料的名称、规格型号、数量等，安装单位应制作安全技术交底资料，参加交底双方人员应签字确认。

# 第十章　建筑机械使用安全管理

安全管理是施工现场安全生产的关键工作，施工现场的安全管理不良，是造成生产安全事故的主要原因之一。而建筑机械是施工现场不可或缺的施工设备，建筑机械的使用安全管理的水平，直接影响施工现场的安全管理水平和成效。各类建筑机械的使用都应该遵守相关法律法规和标准规定及其使用说明书的要求。本章从建筑机械的安全用电管理、使用安全及安全防护管理、操作人员的安全教育培训、作业人员资格证书管理、安全风险的识别及隐患排查等几个方面，介绍相关管理要点和要求。

## 第一节　建筑机械安全用电管理知识

触电事故是工程施工项目中最常见的职业伤害事故，因此，用电安全是施工现场安全管理的重要组成部分。

### 一、建筑机械施工用电总要求

**1. 施工组织设计或专项施工方案**

施工现场用电设备在 5 台以上或设备总容量在 50 kW 以上时，必须编制施工用电组织设计方案，并按审批程序审批合格。

**2. 电工的基本要求**

安装、维修或拆除施工用电工程时，必须由电工进行；电工属于特种作业人员范围，必须经过专业培训考试合格，持有效证书方可上岗。安装、巡检、维修或拆除临时用电设备和线路，必须由电工完成，并应有人监护；电工等级应与工作的难易程度和技术复杂性相适应。

对施工现场的施工用电，电工应随时进行巡查、维护，发现重大隐患，及时报告有关人员进行解决处理。

**3. 施工机械用电对作业人员的要求**

（1）掌握安全用电基本知识和所用设备的性能；

（2）使用电气设备前必须按规定穿戴和配备好相应的劳动防护用品；应检查电气装置和保护设施，发现异常应及时报告处理，严禁设备带病运行；

（3）设备停止使用时必须拉闸断电，锁好开关箱；

（4）需移动机械电气设备时，必须经电工切断电源并妥善处理后进行。

**4. 与外电线路的安全操作距离**

在有外电线路附近施工作业时，必须与外电线路之间保持足够的安全操作距离，最小安全操作距离见表 10-1。

表 10-1　最小安全操作距离

| 外电线路电压/kV | 1.0 以下 | 1～10 | 35～110 | 154～220 | 330～550 |
|---|---|---|---|---|---|
| 最小安全操作距离/m | 4 | 6 | 8 | 10 | 15 |

表 10-2　防护设施与外电线路之间的最小安全距离

| 外电线路电压/kV | ≤10 | 35 | 110 | 220 | 330 | 500 |
|---|---|---|---|---|---|---|
| 最小安全距离/m | 1.7 | 2.0 | 2.5 | 4.0 | 5.0 | 6.0 |

现场起重机的任何部位或被吊物边缘与 10 kV 以下的架空线路边缘最小水平距离不得小于 2 m。在有静电的施工现场内，集聚在机械设备上的静电，应采取有效的接地放电措施。

## 二、安全用电基本常识

**1. 常用电器的主要种类和用途**

电器按工作电压等级分为高压电器和低压电器，高压电器用于交流电压 1 200 V、直流电压 1 500 V 及以上电路中的电器，如高压断路器、高压隔离开关、高压熔断器等；低压电器用于交流 50 Hz 或 60 Hz，额定交流电压 1 200 V、直流 1 500 V 及以下的电路中的电器，如接触器、继电器等。

电器按动作原理分为非自动控制电器和自动控制电器；按工作原理范围电磁式电器、非电量控制电器；按用途分为控制电器、主令电器、保护电器、执行电器、配电电器等。

（1）常用的低压电器。

1）刀开关（QS）：主要用作电源切除后，将线路与电源明显地隔离开，以保障检修人员的安全。

2）组合开关（QS）：用于手动不频繁地接通、分断电路，换接电源或负载，也可以控制小容量异步电动机。

3）自动空气开关（QF）：主要用于低压动力电路分配电能和不频繁通、断电路，并具有故障自动跳闸功能。

4）按钮（SB）：在控制电路中用于短时间接通和断开小电流控制电路。

5）行程开关（SQ）：利用机械运动部件的碰撞而动作，用来分断或接通控制电路。主要用于检测运动机械的位置，控制运动部件的运动方向、行程长短以及限位保护。

6）接近开关（SP）：靠移动物体与接近开关的感应头接近时，使其输出一个电信号来控制电路的通断。

7）接触器（KM）：可以频繁地接通和分断交、直流主电路，并可以实现远距离控制，主要用来控制电动机，也可以控制电容器、电阻炉和照明器具等电力负载。

8）继电器（KA）：扩展触点的数量和信号的放大。按动作原理分为电磁式继电器、电子式继电器、热继电器等；按吸引线圈电流分为直流继电器、交流继电器；按输入信号分为电流继电器、电压继电器、时间继电器、温度继电器、速度继电器、压力继电器等；按输出形式分为无触点继电器和有触点继电器等；按用途分为控制继电器、保护继电器、通信继电器、航空和航海用继电器等。

电流继电器（KA）：根据输入电流大小变化控制输出触点动作。

电压继电器（KV）：根据输入电压大小变化控制输出触点动作。

时间继电器（KT）：按照预定时间接通或分断电路。

热继电器（FR）：对连续运行的电机进行过载保护，以防止电机过热而烧毁；大部分热继电器除具有过载保护功能以外，还具有断相保护、温度补偿、自动与手动复位等功能。

速度继电器（KS）：多用于三相交流异步电动机反接制动控制，当电机反接制动过程结束，转速过零时，自动切除反相序电源，以保证电机可靠停车。

9）熔断器（FU）：在低压电路配电电路中主要起短路保护作用。

10）指示灯（HL）：用于电路状态的工作指示，也可用作工作状态、预警、故障及其他信号的指示。

（2）常用低压电器的用途（见表 10-3）。

**表 10-3　常用低压电器用途**

| 序号 | 类别 | 电气符号 | 主要品种 | 用途 |
|---|---|---|---|---|
| 1 | 断路器 | 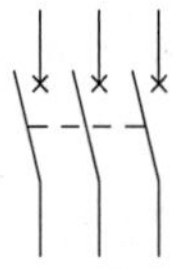 QF | 塑料外壳式断路器 | 主要用于电路的过负荷保护、短路、欠电压、漏电压保护，也可用于不频繁接通和断开的电路 |
| | | | 框架式断路器 | |
| | | | 限流式断路器 | |
| | | | 漏电保护式断路器 | |
| | | | 直流快速断路器 | |
| 2 | 刀开关 |  QS | 开关板用刀开关 | 主要用于电路的隔离，有时也能分断负荷 |
| | | | 负荷开关 | |
| | | | 熔断器式刀开关 | |
| 3 | 转换开关 | 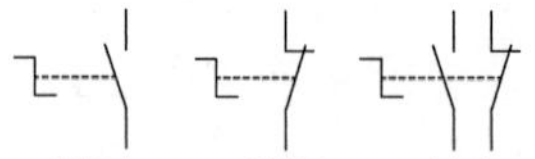 常开　常闭　复合 | 组合开关 | 主要用于电源切换，也可用于负荷通断或电路的切换 |
| | | | 换向开关 | |
| 4 | 主令电器 | | 按钮 | 主要用于发布命令或程序控制 |
| | | | 限位开关 | |
| | | | 微动开关 | |
| | | | 接近开关 | |
| | | | 万能转换开关 | |

续表

| 序号 | 类别 | 电气符号 | 主要品种 | 用途 |
| --- | --- | --- | --- | --- |
| 5 | 接触器 | 线圈 常开触点 常闭触点 | 交流接触器 | 主要用于远距离频繁控制负荷，切断带负荷电路 |
| | | | 直流接触器 | |
| 6 | 起动器 | | 磁力起动器 | 主要用于电动机的起动 |
| | | | 星三起动器 | |
| | | | 自耦减压起动器 | |
| 7 | 控制器 | | 凸轮控制器 | 主要用于控制回路的切换 |
| | | | 平面控制器 | |
| 8 | 继电器 | 线圈 常开触点 常闭触点 | 电流继电器 | 主要用于控制电路中，将被控量转换成控制电路所需电量或开关信号 |
| | | | 电压继电器 | |
| | | | 时间继电器 | |
| | | | 中间继电器 | |
| | | | 温度继电器 | |
| | | | 热继电器 | |
| 9 | 熔断器 | FU | 有填料熔断器 | 主要用于电路短路保护，也用于电路的过载保护 |
| | | | 无填料熔断器 | |
| | | | 半封闭插入式熔断器 | |
| | | | 快速熔断器 | |
| | | | 自复熔断器 | |
| 10 | 电磁铁 | | 制动电磁铁 | 主要用于起重、牵引、制动等地方 |
| | | | 起重电磁铁 | |
| | | | 牵引电磁铁 | |

**2. 安全用电组织措施**

（1）建立安全用电技术交底制度，重点是要向具体作业人员指出用电过程中的安全风险源和管理点并需要采取的相应技术措施，交底后应完备签字手续、载明交底日期。

（2）建立安全检查和评估制度，定期对现场用电情况进行检查和评估，对发现用电隐患，要及时排除并采取预防措施。

（3）建立安全检测制度，定期对用电进行检测的主要内容有接地电阻、电气设备绝缘电阻、漏电保护器动作参数等，检测时做好检测记录。

（4）定期对专业电工和各类用电人员进行用电安全教育和必要的培训，经过考核合格者持证上岗，禁止无证上岗或随意串岗。

**3. 安全用电技术措施**

施工现场在电源中性点直接接地的低压电力线路中，必须采用 TN-S 接零保护系统，并需要制定、实施以下用电技术措施：

（1）保证正确可靠的接地与接零。所有接地、接零处必须保证可靠的电气连接，保护连线 PE 必须采用绿/黄双色线，严格与相线、工作零线相区别，杜绝混用，保护零线应单独敷设不作他用。保护零线在总配电箱、配电线路中间和末端至少三处做重复接地，接地电阻值不应大于 10 Ω。严禁一部分设备做保护接零，另一部分设备做保护接地。

（2）施工现场的配电箱和开关箱至少配置两级漏电保护器。即必须按“三级配电二级保护”设置。在任何情况下，漏电保护器只能通过工作接零线，而不能通过保护接零线。施工现场的用电设备必须实行“一机、一闸、一箱、一漏”制。即每台用电设备必须有自己专用的开关箱，专用开关箱必须设置独立的隔离开关和漏电保护器。

（3）电气线路的安全技术措施。

施工现场电气线路全部采用“三相五线制”（TN-S 系统）专用保护接零（PE 线）系统供电；施工现场架空线采用绝缘铜芯线；架空线设在专用电杆上，严禁架设在树木、脚手架上；导线与地面保持足够的安全距离。导线与地面最小垂直度距离不小于 4 m；机动车道不小于 6 m；铁路轨道应不小于 7.5 m。因各种原因无法保证规定的电气安全距离，必须采取防护性遮栏、栅栏、悬挂警告标志牌等防护措施。为了防止设备外壳带电发生触点事故，设备应采用保护接零，并安装漏电保护器等措施。作业人员要经常检查保护零线连接是否牢固可靠，漏电保护器是否有效。在配电箱等用电危险的地方，应挂设安全警示牌。如“有电危险”“严禁合闸，正在检修”等。

（4）配电系统的配线箱、开关箱应标识，表明设备的名称、用途、分路标记。停电检修时，必须悬挂停电标示牌并挂接必要的接地线。

（5）配电箱、开关箱必须按照下列顺序操作：

送电操作顺序为总配电箱—分配电箱—开关箱；

停电操作顺序为开关箱—分配电箱—总配电箱。

（6）电线的相色。

1）正确识别电线的相色。电源线路可分工作相线（火线）、专用工作零线和专用保护零线。一般情况下，工作相线（火线）带电危险，专用工作零线和专用保护零线不带电较安全（在不正常情况下，工作零线也可以带电）。

2）相色的规定。一般相线（火线）分为 A、B、C 三相，分别为黄色、绿色、红色，工作零线为黑色，专用保护零线为黄绿双色线。

严禁用黄绿双色线、黑色线、蓝色线当相线，也严禁用黄色、绿色、红色线作为工作零线和保护零线。保护零线的线径不应小于相线线径的 50%，工作零线的线径与相线线径与三相四线制相同或比其低一个级别（三相负荷基本平衡），但在单相电路中相线与零线线径应一致。

（7）电气设备的设置、安装、使用、维修必须符合《施工现场临时用电安全技术规范》（JGJ 46—2015）的要求。

**4. 防止触电的措施**

在所有通电的电气设备上，外壳又无绝缘隔离措施时，或当绝缘已经损坏的情况下，人体不能直接与通电设备接触，但可以安装有绝缘柄的工具去带电操作。

所有用电设备必须做保护接零，并装设漏电保护装置；在配电箱或启动器周围的地面上，应加铺一层干燥的木板或有橡胶绝缘垫板。

架空高压线因外力作用，断落地面时，人体应远离电线落点不小于 8～10 m 的距离，并要有人守护，同时要及时组织抢修，排除危险。经常对电气设备进行检查，发现温升过高或绝缘下降时，应及时查明原因，消除故障。熔断器的熔丝不能选配过大，更不能随意用其他金属导线代替。

现场发生电气故障而造成漏电、短路，引起燃烧时，应立即断开电源，并用砂、四氯化碳或二氧化碳灭火器灭火，切不可用水或酸碱泡沫灭火器灭火。

## 三、设备安全用电要点

**1. 保护接零和保护接地的区别及重复接地**

（1）保护接零和保护接地的区别。

接地、接零的作用就是将用电设备在正常情况下不带电的金属导电部分与地（零）线进行电气连接。当设备发生故障，绝缘层遭到损坏，造成设备的外壳带电时与地（零）线发生短路，使保护装置动作切断电源，避免了设备外壳长期带电对人存在的危害。

目前，施工现场用电系统的接地、接零保护系统分为 TT 系统和 TN 系统（TN-C、TN-S、TN-C-S 系统）两大类。

TT 系统：TT 系统的电源中性点直接接地，而电气设备外露可导电部分（金属外壳）通过与系统接地点（此接地点通常指中性点）无关的接地体直接接地。

由于在 TT 系统中电力系统直接接地，用电设备通过各自的 PE 线接地，因而在发生接地故障时，故障电流取决于电力系统的接地电阻和 PE 线的接地电阻，故障电流往往不足以使电力系统中的保护装置动作从而切断电源，这样故障电流就会在设备的外露可到导电部分呈现危险的对地电压（约有 110 V）。如果在环境条件较差的场所使用这种保护系统的话，很可能达不到漏电保护的目的。另外，TT 保护系统还需要系统中每一个用电设备都通过自己的接地装置接地，施工工程量较大，所在施工现场不宜采用 TT 保护系统。

TN 系统：是电源中性点直接接地，电气设备外露可导电部分（金属外壳）直接接零（与中性线相连接，即接零制）的接零保护系统。根据中性线和电气设备金属外壳连接的不同方式，在 TN 系统中按照中性线与保护线组合情况又可分为 TN-C、TN-S、TN-C-S 系统三种形式。

1）TN-C 系统：工作零线（N 线）和保护零线合一设置的（简称 PEN 或 NPE）接零保护系统。

2）TN-S 系统：在整个系统中工作零线（N 线）和保护零线（PE 线）是分开设置的接零保护系统。

3）TN-C-S 系统：在整个系统中，工作零线和保护零线前一部分是合一使用，后一部分是分开设置的接零保护系统。

施工现场专用的中性点直接接地的低压电力线路中，必须采用 TN-S 接零保护系统。因而，在施工现场专用变压器供电的 TN-S 接零保护系统中，电气设备的金属外壳必须与保护零线（PE 线）连接。而工作零线（N 线）必须通过总漏电保护器，保护零线（PE 线）应由工作接地线、配电室（总配电箱）电源侧零线或总漏电保护器电源侧零线处引出，形成局部 TN-S 接零保护系统。

（2）重复接地。

在变压器中性点直接接地的系统中，除在中性点直接接地以外，为保证接地的作用和效果，还需在保护零线上的一处或多处再做接地，称为重复接地。重复接地电阻应小于 10Ω。

在保护接零系统中重复接地的作用：

1）降低漏电设备对地的电压；

2）减轻零线断线时的触电危险和三相负荷不对称时对地电压的危险；

3）缩短碰壳或接地短路的持续时间；

4）改善架空线路的防雷性能。

**2. 漏电保护器**

建筑机械在使用中由人员安装、操作、维护，因此，在其电器线路中，都应该设置漏电保护器，来保障人身的安全。

（1）漏电保护器的工作原理、参数。

1）漏电保护器的工作原理。

漏电保护器的作用首先是防止漏电引起的事故和防止单相触电事故，但它不能对两相触电起到保护；其次是防止由于漏电引起的火灾事故。当漏电保护装置与自动开关组装在一起，使其具备短路、过载、漏电保护的功能时，这种电气装置就称为漏电断路器，目前施工现场基本上使用的全部是漏电断路器。

漏电保护器的工作原理：当电源供出的电流经负载使用后又全部回到电源时，在零序电流互感器铁芯中的合成磁场是为零的。在零序电流互感器的二次侧线圈中无感应电流产生，放大器中无信号。若负荷侧发生漏电，则电源供出的电流在负荷侧泄流了一部分后就产生了一个感应电压并送达到放大器，放大器把检测到的信号经过放大后，推动灵敏继电器动作，触动连锁结构跳闸，达到切断电源的目的。

2）漏电保护器参数见表 10-4。

**表 10-4 漏电保护器的参数**

| 漏电保护器的参数 | |
|---|---|
| 额定电流 $I_n$/A | 6、10、16、20、32、40、63、100、200、250、400、600 |
| 额定剩余动作电流 $I_{\triangle n}$/mA | 15、30、50、75、100、150、200、300、500 |
| 额定剩余不动作电流 $I_{\triangle n0}$ | $I_{\triangle n0}=0.5I_{\triangle n}$ |
| 分断时间 | 0.1s、0.2s、0.3s 等 |

（2）漏电保护器的使用要求。

漏电保护器应装设在总配电箱、分配电箱、开关箱靠近负荷一侧，且不得用于启动电气设备的操作。

漏电保护器的选择应符合《剩余电流动作保护器（RCD）的一般要求》（GB/ZT 6829—2017）和《剩余电流动作保护装置安装和运行》（GB/T 13955—2017）的规定。一般场所开关箱内漏电保护器的额定漏电动作电流不应大于 30 mA，额定漏电动作时间不应大于 0.1 s。使用于潮湿或有腐蚀介质场所的漏电保护器应采用防溅型新产品。其额定漏电动作电流不应大于 15 mA，额定漏电动作时间不应大于 0.1 s。

施工降水、夯实、振捣、地面抹光（水磨石）水泵供水、I 类和 II 类（非塑料外壳）手持电动工具，其漏电保护器的额定漏电动作电流应大于 30 mA，额定漏电动作时间应大于 0.1 s，但其额定漏电动作电流与额定漏电动作时间的乘积不应大于 30 mA · s。

漏电保护器的极数和线数必须与其负荷侧负荷的相数和线数一致。漏电保护器宜选用无辅助电源型（电磁式）产品，当选用辅助电源故障时不能自动断开的辅助电源型（电子式）产品时，应同时设置缺相保护。

漏电保护器应按产品说明书安装、使用。对搁置已久重新使用或连续使用的漏电保护器应逐月检测其特性，发现问题应及时修理或更换。

## 第二节　建筑机械安全使用及防护管理知识

建筑机械使用中，高处坠落、物体打击、机械伤害、触电、火灾等施工常见事故都有可能发生，施工项目部应按照人、机械、环境、管理等方面采取有针对性的措施，加强各环节的控制，保证现场施工安全。

### 一、建筑机械设备安全管理制度

施工现场建筑机械的使用应该建立和完善设备管理制度，按照“三定”制度执行，即定设备、定人、定岗位责任的要求，规范使用。操作人员必须经过培训合格后，方可上岗作业，其他人员尤其是未经培训的人员不得擅自使用。设备使用或启动前，必须进行检查，确认设备完好无损；设备启动后，应空载试运行，确认技术状况符合要求后，方可使用。

**1. 相关的管理规定**

设备使用单位应当按照特种设备相关法律、法规、规章和安全技术规范的要求，建立健全特种设备使用安全节能管理制度。

管理制度至少应包括以下内容：

1）管理机构（需要设置时）和相关人员岗位职责；

2）经常性维护保养、定期自行检查和有关的记录制度；

3）使用登记、定期检验实施管理制度；

4）隐患排查治理制度；

5）管理人员与作业人员管理和培训制度；

6）采购、安装、改造、修理、报废等管理制度；

7）应急救援管理制度；

8）事故报告和处理制度；

9）高耗能特种设备节能管理制度。

**2. 建筑机械设备管理人员的岗位职责**

机械设备管理人员的岗位职责应包含以下内容：

1）组织建立建筑机械安全技术档案，收集整理相应的建筑机械动态管理台账、资料；

2）办理建筑起重机械使用登记；

3）组织制定机械设备操作规程；

4）组织开展建筑机械安全教育和技能培训；

5）组织开展机械设备定期自行检查；

6）编制建筑起重机械定期检验计划，督促落实定期检验和隐患治理工作；

7）按照规定报告事故，参加事故救援，协助进行事故调查和善后处理；

8）发现建筑机械事故隐患，应立即进行处理，情况紧急时，可以决定停止使用建筑机械，并及时报告本单位安全管理负责人；

9）纠正和制止作业人员的违章行为。

**3. 建筑机械设备安全技术管理**

1）项目经理部技术部门应在工程项目开工前编制包括主要施工机械设备安全防护技术的安全技术措施，并报管理部门审批。

2）认真贯彻执行经审批的安全技术措施。

3）项目经理部应对分包单位、机械租赁方执行安全技术措施的情况进行监督。分包单位、机械租赁方应接受项目经理部的统一管理，严格履行各自在机械设备安全技术管理方面的职责。

**4. 机械验收制度**

1）项目经理部应对进入施工现场的机械设备的安全装置和操作人员的资质进行审验，不合格的机械和人员不得进入施工现场。

2）大型机械塔吊等设备安装前，项目经理部应根据设备租赁方提供的参数进行安装设计，机械设备经验收合格后，可由资质等级符合的安装单位组织安装。

3）安装单位完成设备安装工程自检合格后，报请主管部门验收，验收合格后方可办理移交手续。

4）中、小型机械由分包单位组织安装后，项目部机械管理部门组织验收，验收合格后方可使用。

5）所有机械设备验收资料均应由机械管理部门统一保存，并交安全部门一份备案。

**5. 机械使用管理与定期检查制度**

1）项目经理部应视机械使用规模，设置机械设备管理部门。机械管理人员应具备一定的专业管理能力，并熟悉掌握机械安全使用的有关规定与标准。

2）机械操作人员应经过专门的技术培训，并按规定取得安全操作证后，方可上岗作业；学员或取得学习证的操作人员，必须在持《操作证》人员监护下方准上岗；特种设备作业人员的实习期应符合规定。

3）机械管理部门应根据有关安全规程、标准制定项目机械安全管理制度并组织实施。

4）在项目经理的领导下，机械管理部门应对现场机械设备组织定期检查，发现违章操作行为应立即纠正；对查出的隐患，要落实责任，限期整改。

5）机械管理部门负责组织落实上级管理部门和政府执法检查时下达的隐患整改指令。

## 二、建筑机械安全管理和防护基本要求

建筑机械一般可分为机械设备和建筑起重机械两类进行管理；为了保证安全生产，在生产现场和设备上要做到“有轴必有套、有轮必有罩、有台必有栏、有洞必有盖、有特危必有联锁”等要求。

**1. 机械设备安全管理**

机械设备安全管理应包含以下内容：

1）机械设备管理制度。

2）机械设备进场验收记录。

3）机械设备动态管理台账。

4）机械设备安全资料。

5）机械设备入场前，项目部机械管理人员应进行登记，建立“机械设备安全管理动态台账”，并应收集生产厂家生产许可证，产品合格证及使用说明书。

6）机械设备进入施工现场后，项目负责人应组织项目技术负责人、机械管理人员、专职安全管理人员、使用单位有关人员、租赁单位有关人员进行验收，应形成机械设备进场验收记录，各方人员签字确认。

7）机械设备在安装、使用、拆除前，应由项目施工技术人员对机械设备操作人员进行安全技术交底，形成安全技术交底记录，经双方签字确认后方可实施，并及时存档。

8）机械设备安装完毕后，项目负资人应组织项目技术负责人，机械管理人员，专职安全管理人员，安装、使用、租赁单位有关人员进行验收签字，形成机械设备安装验收记录和安全检查记录。

施工单位使用承租的机械设备和施工机具及配件的，由施工总承包单位、分包单位、出租单位及安装单位共同进行验收，验收合格的方可使用。

9）机械设备在日常使用过程中，项目部机械管理人员应形成“机械设备日常运行记录”。

10）项目部机械管理人员应组织并督促操作人员按使用说明书要求对机械设备进行维护保养，形成“机械设备维修保养记录”。

**2. 建筑起重机械安全管理要求**

（1）项目部应收集整理建筑起重机械特种设备制造许可证、产品合格证，制造监督检验证明、使用说明书，备案证书。

（2）项目部应收集整理建筑起重机械安拆单位的资质证书、安全生产许可证，安拆人员的《建筑施工特种作业人员操作资格证书》，安装、拆卸工程安全协议书。

（3）项目部应在建筑起重机械安装、拆卸前，分别编制安装工程专项施工方案、拆卸工程专项施工方案。如果安装、拆卸工程分包给专业承包单位的，应督促专业承包单位编制并按流程报审专项施工方案。

（4）群塔（两台及两台以上）作业时，项目部（使用单位）应编制《群塔作业防碰撞施工方案》，绘制“群塔作业平面布置图”。

（5）建筑起重进行安装前，安装单位应填写“建筑起重机械安装告知表”记录，报施工总承包单位和项目监理部审核后，告知工程所在地建筑安全监督管理机构。

（6）建筑起重机械安装、使用、拆卸前，应由项目施工管理人员、技术人员或方案编制人员对起重机械参与安装、使用及拆卸作业的全部人员进行安全技术交底，经双方签字确认后方可实施，并及时存档。

（7）建筑起重机械基础工程资料包括地基承载力资料、地基处理情况资料、施工资料、检测报告、建筑起重机械基础工程验收记录。

（8）起重机械安装（拆卸）过程中，安、拆人员应根据施工需要填写建筑起重机械安、拆过程记录。

（9）建筑起重机械安装完毕后，安装单位应进行自检。形成安装自检记录，龙门架及井架物料提升机也应按规范要求进行自检，安装（拆卸）人员应做好记录。

（10）建筑起重机械自检合格后，安装单位应当委托有相应资质的检验检测机构监督检测，合格报告留项目部存档。

（11）建筑起重机械检测合格后，总包单位应报项目监理部，组织租赁单位、安装单位、使用单位、监理单位等对起重机械共同验收，形成塔式起重机（施工升降机、龙门架或物料提升机）安装验收记录，各方签字共同确认。

（12）总包单位应按有关规定取得建筑起重机械使用登记证书，并存档；并将使用许可的有关标识固定在设备的明显位置。

（13）塔式起重机每次顶升时，由项目机械管理人员填写形成“塔式起重机顶升检验记录”；施工升降机每次加节时，由项目机械管理人员填写形成“施工升降机加节验收记录”。

（14）塔式起重机每次附着锚固时，由项目机械管理人员填写形成“塔式起重机附着锚固检验记录”。

（15）建筑起重机械操作人员应将起重机械的运行情况进行记录，形成“建筑起重机运行记录”；如果实行多班作业的建筑起重机械，操作人员必须作好交接班记录。

（16）项目部应对建筑起重机械定期进行检查维护保养，形成“建筑起重机械定期推护检测记录”，如根据合同委托相关单位检查维护保养的，项目部机械管理人员也应该收集整理相应的检查维护保养资料。

## 三、建筑机械安全防护

### 1. 动力与电气装置使用管理及安全防护要求

（1）总要求。

施工现场机械设备的安全防护装置及监测、指示装置必须齐全、灵敏、可靠。

1）内燃机机房应有良好的通风、防雨措施，周围应有1m宽以上的通道，排气管应引出室外，并不得与可燃物接触；室外使用的建筑机械应搭设机械防护棚或采取其他防护措施。

2）发电机组电源应与外电线路电源联锁，不得与外电并联运行。发电机组并联运行应满足频率、电压、相位、相序相同的条件；移动式发电机使用前应将底架停放在平稳的基础上，不得在运转时移动发电机。发电机经检修后应进行检查，转子及定子槽间不得留有工具、材料及其他杂物。

（2）空气压缩机。

空气压缩机作业区应保持清洁和干燥。贮气罐应放在通风良好处，距贮气罐15m以内不得进行焊接或热加工作业。空气压缩机的进排气管较长时，应加以固定，管路不得有急弯，并应设伸缩变形装置。贮气罐和输气管路每3年应作水压试验一次，试验压力应为额定压力的150%。压力表和安全阀应每年至少校验一次。

在潮湿地区及隧道中施工时，对空气压缩机外露摩擦面应定期加注润滑油，对电动机和电气设备应做好防潮保护工作。

### 2. 建筑起重机械使用管理及安全防护

（1）总要求。

1）建筑起重机的主要结构、各机构部分、紧固件、连接件、钢丝绳、电气系统、吊索吊具应经常检查，发现故障和隐患要及时处理，不允许带“病”（隐患和故障）作业。

2）施工现场应提供符合起重机械作业要求的通道和电源等工作场地和作业环境。基础与地基承载能力应满足起重机械的安全使用要求。起重机械的任何部位与架空输电导线的安全距离应符合《施工现场临时用电安全技术规范》（JGJ 46—2012）的规定。

3）建筑起重机械作业时，应在臂长的水平投影覆盖范围外设置警戒区域，并应有监护措施；起重臂和重物下方不得有人停留、工作或通过。不得用吊车、物料提升机载运人员。

4）塔式起重机和施工升降机四周应搭设安全防护围栏，围栏高度不应低于1.8 m。

5）建筑起重机械的变幅限位器、力矩限制器、起重量限制器、防坠安全器、钢丝绳防脱装置、防脱钩装置以及各种行程限位开关等安全保护装置，必须齐全有效，严禁随意调整或拆除。严禁利用限制器和限位装置代替操纵机构。

6）在风速达到9.0 m/s及以上或大雨、大雪、大雾等恶劣天气时，严禁进行建筑起重机械的安装拆卸作业。

（2）塔式起重机。

配电箱应设置在距塔式起重机3 m范围内或轨道中部，且明显可见；电箱中应设置带熔断式断路器及塔式起重机电源总开关；电缆卷筒应灵活有效，不得拖缆。塔式起重机在无线电台、电视台或其他电磁波发射天线附近施工时，与吊钩接触的作业人员，应戴绝缘手套和穿绝缘鞋，并应在吊钩上挂接临时放电装置。动臂式和未附着塔式起重机及附着以上塔式起重机桁架上不得悬挂标语牌。

塔式起重机塔身与主体结构之间搭设的安全通道应安全可靠，通道与塔式起重机塔身的连接应为柔性连接，栏杆高度不得小于 1.2 m，用密目安全网封闭。

塔式起重机塔身在离地 2 m 内必须设置一道水平安全网，第一道水平安全网上方每隔 10m 应设置一道水平安全网，上下两层水平安全网上人洞口应错开，水平安全网处塔身四周宜设置密目安全立网，高度不小于 1.2 m。

安装拆卸塔式起重机附着装置时，应搭设作业平台。

塔式起重机在修理和维护过程中，应使用挂篮；在安装、拆卸过程中无法使用挂篮时，应沿臂架全长设置防人员跌落保护装置或安全防护绳。

塔式起重机的基础应排水通畅，并应按专项方案与基坑保持安全距离。塔式起重机应在其基础验收合格后进行安装，高位塔式起重机应设置防雷装置。

安拆作业时安全监督岗的设置及安全技术措施的贯彻落实应符合要求。

塔式起重机各部位的栏杆、平台、扶杆、护圈等安全防护装置应配置齐全。行走式塔式起重机的大车行走缓冲止挡器和限位开关碰块应安装牢固。

检修人员对高空部位的塔身、起重臂、平衡臂等检修时，应系好安全带。

（3）施工升降机。

施工升降机在房屋建筑和市政桥梁建设中，也是广泛使用的建筑施工机械。由于在施工中，施工升降机人货两用，如果发生事故，会带来较大的人员伤亡，因而施工升降机是施工现场建筑机械管理的重点；重庆市建筑安全管理规定要求，施工升降机吊笼每次载客时（含操作员）不得超过 9 人。

施工升降机应按规定设置层站和防护门，防护门应向楼层内开启，锁门装置应在靠施工升降机一侧，施工升降机运行前，防护门应关闭。

1）施工升降机周围应设置稳固的防护围栏。楼层平台通道应平整牢固，升降机的地面进出口应设置防护棚。全程不得有危害安全运行的障碍物。施工升降机周围 5 m 范围内，不得堆放易燃、易爆物品及其他杂物，不得在此范围内挖沟、坑、槽。施工升降机安装在建筑物内部井道中时，各楼层门应封闭并应有电气联锁装置。装设在阴暗处或夜班作业的施工升降机，在全行程上应有足够的照明，并应装设明亮的楼层编号标志灯。

2）严禁利用施工升降机的导轨架、横竖支撑牵拉缆绳、标语和其他与升降机无关的物品。施工升降机基础应符合使用说明书要求，当使用说明书无要求时，应经专项设计计算，地基上表面平整度允许偏差为 10 mm，场地应排水通畅。

3）施工升降机导轨架的纵向中心线至建筑物外墙面的距离宜选用使用说明书中提供的较小的安装尺寸。

4）施工升降机应设置专用开关箱，容量应满足升降机直接启动的要求，生产厂家配置的电气箱内应装设短路、过载、错相、断相及零位保护装置。

（4）履带起重机。

1）作业前应注意在起重机回转范围内有无障碍物。当风力大于4级（风速＞8.0 m/s）或遇雷雨、大雾时，禁止组装拆卸作业。当风力大于6级（风速＞12.0 m/s）或大雨、大雪、大雾等恶劣天气时，应停止露天起吊作业；重新作业前应先试吊，并应确认各种安全装置灵敏可靠后方可进行作业。夜间作业应有足够的照明。

2）起重机作业范围的地面应坚实平整（坡度不大于3°或5/1 000），在带电线路附近作业时，应与其保持安全距离；在深基坑或边坡附近工作时，机身与基坑或边坡应根据土质情况保持必要的安全距离，以防塌方。

3）起重机上、下坡道时应无载行走，上坡时应将起重臂仰角适当放小；下坡时应将起重臂仰角适当放大，下坡严禁空挡滑行，坡道上严禁带载回转；起重机不能在斜坡上横向运行，更不允许朝有坡度的下方转动起重臂，如果必须运行或转动时，应将机身垫平。

4）作业结束后，起重臂应转至顺风方向，并应降至40°～60°，吊钩应提升到接近顶端的位置；各制动器刹住，各操纵杆置于空档位置，停熄发动机，冬季应将冷却水放尽。填写当天运行记录，并关门上锁。

5）起重机械通过桥梁、水坝、排水沟等构筑物时，应先查明允许载荷后再通过，必要时应采取加固措施。通过铁路、地下水管、电缆等设施时，应铺设垫板保护，机械在上面行走时不得转弯。起重机械自行转移时，应卸去配重，拆短起重臂，主动轮应在后面，机身、起重臂、吊钩等必须处于制动位置，并应加保险固定。

（5）轮式起重机。

1）起重机械工作的场地应保持平坦坚实，符合起重时的受力要求；起重机械应与沟渠、基坑保持安全距离。作业前，应全部伸出支腿，调整机体使回转支撑面的倾斜度在无载荷时不大于1/1 000°（水准居中）。

2）起重机械带载行走时，道路应平坦坚实，载荷应符合使用说明书中的规定，重物离地面不得超过500 mm，并应拴好拉绳，缓慢行驶。

3）作业后，应先将起重臂全部缩回放在支架上，再收回支腿；吊钩应使用钢丝绳挂牢；车架尾部两撑杆应分别撑在尾部下方的支座内，并应采用螺母固定；阻止机身旋转的销式制动器应插入销孔，并应将取力器操纵手柄放在脱开位置，最后应锁住起重操作室门。

（6）井架、龙门架。

1）进入施工现场的井架、龙门架必须具有以下安全装置：上料口防护棚；楼层安全门、吊篮安全门、首层防护门；断绳保护装置或防坠装置；安全停靠装置；起重量限制器；上、下限位器；紧急断电开关、短路保护、过电流保护、漏电保护；信号装置；缓冲器等。

2）使用的龙门架、井架应符合《龙门架及井架物料提升机安全技术规范》（JGJ 88—2010）的有关要求，支搭应符合规程要求。高度在10～15 m的应设一组缆风绳，每增高10 m加设一组，每组四根，风绳用直径不小于12.5 mm的钢丝绳，并按规定埋设地锚，严禁捆绑在树木、电线杆等物体上，钢丝绳、花篮螺丝调节松紧，缆风绳不得使用钢筋钢管。缆风绳的固定应不少于 3 个卡扣，并且卡扣的弯曲部分一律卡在钢丝绳的短头部分。

3）井字架、龙门架物料提升机不得和脚手架连接；钢管井字架立杆采用对接扣件连接，不得错开搭接，立杆、大横杆间距均不大于 1 m，四角应设双排立杆。天轮架必须绑两根天轮木，加顶柱打八字。

4）井字架、龙门架首层进料口一侧应搭设长度不小于 2 m 的防护棚，另三个侧面必须采取封闭的措施。主体高度在 24 m 以上的建筑物进出料防护棚应搭设双层防护棚。井字架、龙门架吊笼出入口应设安全门，两侧应有安全防护措施。

5）井字架、龙门架首层进料口应采用联动防护门；井字架、龙门架楼层进出料口应设安全门，两侧应绑两道护身栏杆，并设挡脚板；井字架、龙门架非工作状态的楼层进出料口安全门必须予以关闭。

6）吊笼定位应采用自动联锁装置，并应保证灵敏有效，安全可靠；提升机的制动器应灵敏可靠。

7）卷扬机应符合相关规程的有关规定，基础应符合使用说明书要求；井字架、龙门架的导向滑轮应单独设置牢固地锚，不得捆绑在脚手架上；井字架、龙门架的导向滑轮至卷扬机卷筒的钢丝绳，凡经通道处应予以遮护。

8）井字架、龙门架的天轮与最高一层上料平台的垂直距离应不小于 6 m，并设置超高限位装置，使吊笼上升最高位置时与天轮间的垂直距离不小于 2 m。

9）工作完毕或暂停工作时，吊笼应落到地面，因故障吊笼暂停悬空时，司机不准离开卷扬机；作业后，应检查钢丝绳、滑轮、滑轮轴和导轨等，发现异常磨损，应及时修理或更换；下班前，应将吊笼降到最低位置，各控制开关置于零位，切断电源，锁好开关箱。

10）井字架、龙门架应设上下联络信号。

11）不得使用吊笼载人，吊笼下方不得有人员停留或通过。

**3. 土石方机械**

（1）总要求。

1）机械进入现场前，应查明行驶路线上的桥梁、涵洞的上部净空和下部承载能力，确保机械安全通过。机械通过桥梁时，应采用低速挡慢行，在桥面上不得转向或制动。

2）作业前，必须查明施工场地内明、暗铺设的各类管线等设施，并应采用明显记号标识。严禁在离地下管线、承压管道 1 m 距离以内进行大型机械作业。

3）在修理工作装置时，应将工作装置降到最低位置，并应将悬空工作装置垫上垫木。

4）在电杆附近取土时，对不能取消的拉线、地垄和杆身，应留出土台，土台大小应根据电杆结构、掩埋深度和土质情况由技术人员确定。机械与架空输电线路的安全距离应符合《施工现场临时用电安全技术规范》的规定。

5）在施工中遇下列情况之一时应立即停工：填挖区土体不稳定，土体有可能坍塌；地面涌水冒浆，机械陷车，或因雨水机械在坡道打滑；遇大雨、雷电、浓雾等恶劣天气；施工标志及防护设施被损坏；工作面安全净空不足。

6）机械回转作业时，配合人员必须在机械回转半径以外工作。当需要在回转半径以内工作时，必须将机械停止回转并制动。雨期施工时，机械应停放在地势较高的坚实位置。机械作业不得破坏基坑支护系统。行驶或作业中的机械，除驾驶室外的任何地方不得有乘员。

（2）挖掘机。

单斗挖掘机的作业和行走场地应平整坚实，松软地面应用枕木或垫板垫实，沼泽或淤泥场地应进行路基处理，或更换专用湿地履带。轮胎式挖掘机使用前应支好支腿，并应保持水平位置，支腿应置于作业面的方向，转向驱动桥应置于作业面的后方。履带式挖掘机的驱动轮应置于作业面的后方。采用液压悬挂装置的挖掘机，应锁住两个悬挂液压缸。

作业时，挖掘机应保持水平位置，行走机构应制动，履带或轮胎应楔紧。平整场地时，不得用铲斗进行横扫或用铲斗对地面进行夯实。

挖掘机应停稳后再进行挖土作业。当铲斗未离开工作面时，不得作回转、行走等动作。应使用回转制动器进行回转制动，不得用转向离合器反转制动。在坑边进行挖掘作业，当发现有塌方危险时，应立即处理险情，或将挖掘机撤至安全地带。坑边不得留有伞状边沿及松动的大块石。

作业后，挖掘机不得停放在高边坡附近或填方区，应停放在坚实、平坦、安全的位置，并应将铲斗收回平放在地面，所有操纵杆置于中位，关闭操作室和机棚。履带式挖掘机转移工地应采用平板拖车装运。短距离自行转移时，应低速行走。

保养或检修挖掘机时，应将内燃机熄火，并将液压系统卸荷，铲斗落地。利用铲斗将底盘顶起进行检修时，应使用垫木将抬起的履带或轮胎垫稳，用木楔将落地履带或轮胎楔牢，然后再将液压系统卸荷，否则不得进入底盘下工作。

（3）推土机。

推土机机械四周不得有障碍物，应确认安全后方可开动，工作时不得有人站在履带或刀片的支架上。采用主离合器传动的推土机接合应平稳，起步不得过猛，不得在离合器处于半接合状态下运转；液力传动的推土机，应先解除变速杆的锁紧状态，踏下减速器踏板，变速杆应在低挡位，然后缓慢释放减速踏板。在块石路面行驶时，应将履带张紧。当需要原地旋转或急转弯时，应采用低速挡。当行走机构夹入块石时，应采用正、反向往复行驶使块石排除。在浅水地带行驶或作业时，应查明水深，冷却风扇叶不得接触水面。下水前和出水后，应对行走装置加注润滑脂。

在深沟、基坑或陡坡地区作业时，应有专人指挥，垂直边坡高度应小于 2 m。当大于 2 m 时，应放出安全边坡，同时禁止用推土刀侧面推土。推土或松土作业时，不得超载，各项操作应缓慢平稳，不得损坏铲刀、推土架、松土器等装置；无液力变矩器装置的推土机，在作业中有超载趋势时，应稍微提升刀片或变换低速挡。不得顶推与地基基础连接的钢筋混凝土桩等建筑物。顶推树木等物体时不得倒向推土机及高空架设物。

两台以上推土机在同一地区作业时，前后距离应大于 8.0 m；左右距离应大于 1.5 m。在狭窄道路上行驶时，未得前机同意，后机不得超越。

作业完毕后，宜将推土机开到平坦安全的地方，并应将铲刀、松土器落到地面。在坡道上停机时，应将变速杆挂低速挡，接合主离合器，锁住制动踏板，并将履带或轮胎楔住。停机时，应先降低内燃机转速，变速杆放在空挡，锁紧液力传动的变速杆，分开主离合器，踏下制动踏板并锁紧，在水温降到75℃以下、油温降到90℃以下后熄火。推士机长途转移工地时，应采用平板拖车装运。短途行走转移距离不宜超过10 km，铲刀距地面宜为400 mm，不得用高速挡行驶和进行急转弯，不得长距离倒退行驶。

（4）拖式铲运机。

铲运机作业时，应先采用松土器翻松。铲运作业区内不得有树根、大石块和大量杂草等。铲运机行驶道路应平整坚实，路面宽度应比铲运机宽度大2 m。

开动前，应使铲斗离开地面，机械周围不得有障碍物。多台铲运机联合作业时，各机之间前后距离应大于10 m（铲土时应大于5 m），左右距离应大于2 m，并应遵守下坡让上坡、空载让重载、支线让干线的原则。在狭窄地段运行时，未经前机同意，后机不得超越。两机交会或超车时应减速，两机左右间距应大于0.5 m。

作业中，严禁人员上下机械，传递物件，以及在铲斗内、拖把或机架上坐立。

在坡道上不得进行检修作业。在陡坡上不得转弯、倒车或停车。在坡上熄火时，应将铲斗落地、制动牢靠后再启动。下陡坡时，应将铲斗触地行驶，辅助制动。

作业后，应将铲运机停放在平坦地面，并应将铲斗落在地面上。液压操纵的铲运机应将液压缸缩回，将操纵杆放在中间位置，进行清洁、润滑后，锁好门窗。

拖拉陷车时，应有专人指挥，前后操作人员应配合协调，确认安全后起步。修理斗门或在铲斗下检修作业时，应将铲斗提起后用销子或锁紧链条固定，再采用垫木将斗身顶住，并应采用木楔揳住轮胎。拖式铲运机不得载人或装载易燃、易爆物品。

（5）轮胎式装载机。

轮胎式装载机作业场地和行驶道路应平坦坚实；在石块场地作业时，应在轮胎上加装保护链条。

装载机转向架未锁闭时，严禁站在前后车架之间进行检修保养。

装载机在坡、沟边卸料时，轮胎离边缘应保留安全距离，安全距离宜大于1.5 m；铲斗不宜伸出坡、沟边缘。在大于3°的坡面上，装载机不得朝下坡方向俯身卸料。

作业后，装载机应停放在安全场地，铲斗应平放在地面上，操纵杆应置于中位，制动应锁定。装载机铲臂升起后，在进行润滑或检修等作业时，应先装好安全销，或先采取其他措施支住铲臂。

（6）夯土机。

1）蛙式夯实机适用于夯实灰土和素土，不得冒雨作业。

作业前应重点检查下列项目，并应符合相应要求：漏电保护器应灵敏有效，接零或接地及电缆线接头应绝缘良好；传动皮带应松紧合适，皮带轮与偏心块应安装牢固；转动部分应安装防护装置，并应进行试运转，确认正常；负荷线应采用耐气候型的四芯橡皮护套软电缆。电缆线长不应大于50 m。

作业时，夯实机扶手上的按钮开关和电动机的接线应绝缘良好。当发现有漏电现象时，应立即切断电源，进行检修。夯实机作业时，应一人扶夯，另一人传递电缆线，并应戴绝缘手套和穿绝缘鞋。递线人员应跟随夯机后或两侧调顺电缆线。电缆线不得扭结或缠绕，并应保持 3～4 m 的余量。作业时，不得夯击电缆线。

2）振动冲击夯适用于压实黏性土、砂及砾石等散状物料，不得在水泥路面和其他坚硬地面作业。当夯坑内有积水或因黏土产生的锤底吸附力增大时，应采取措施排除，不得强行提锤。

转移夯点时，夯锤应由辅机协助转移，门架随夯机移动前，支腿离地面高度不得超过 500 mm。作业后，应将夯锤下降，放在坚实稳固的地面上。不作业时，不得将锤悬挂在空中。

3）强夯机械夯锤下落后，在吊钩尚未降至夯锤吊环附近前，操作人员严禁提前下坑挂钩。从坑中提锤时，严禁挂钩人员站在锤上随锤提升。

**4. 桩工机械**

（1）环境条件。

桩工机械类型应根据桩的类型、桩长、桩径、地质条件、施工工艺等综合考虑选择。施工现场应按桩机使用说明书的要求进行整平压实，地基承载力应满足桩机的使用要求；在基坑和围堰内打桩，应配置足够的排水设备。桩机作业区内不得有妨碍作业的高压线路、地下管道和埋设电缆；作业区应有明显标志或围栏，非工作人员不得进入；桩机电源供电距离宜在 200 m 以内，工作电源电压的允许偏差为其公称值的±5%，电源容量与导线截面应符合设备施工技术要求。

桩孔成型后，当暂不浇注混凝土时，孔口必须及时封盖。

（2）设备及安装。

安装桩锤时应将桩锤运到立柱正前方 2 m 以内，并不得斜吊。桩机的立柱导轨应按规定润滑。桩机的垂直度应符合使用说明书的规定，作业范围内不得有非工作人员或障碍物。电动机应按标准要求执行。

桩机不得侧面吊桩或远距离拖桩。桩机在正前方吊桩时，混凝土预制桩与桩机立柱的水平距离不应大于 4 m，钢桩不应大于 7 m，并应防止桩与立柱碰撞。使用双向立柱时，应在立柱转向到位，并应采用锁销将立柱与基杆锁住后起吊。

（3）作业要求。

桩锤在施打过程中，监视人员应在距离桩锤中心 5 m 以外。

桩机行走时，地面的平整度与坚实度应符合要求，并应有专人指挥。走管式桩机横移时，桩机距滚管终端的距离不应小于 1 m。桩机带锤行走时，应将桩锤放至最低位。履带式桩机行走时，驱动轮应置于尾部位置。在有坡度的场地上，坡度应符合桩机使用说明书的规定，并应将桩机重心置于斜坡上方，沿纵坡方向作业和行走。桩机在斜坡上不得回转。在场地的软硬边际，桩机不应横跨软硬边际。

遇风速 12.0 m/s 及以上的大风和雷雨、大雾、大雪等恶劣气候时，应停止作业。当风速达到 13.9 m/s 及以上时，应将桩机顺风向停置，并应按使用说明书的要求，增设缆风绳，或将桩架放倒。桩机应有防雷措施，遇雷电时，人员应远离桩机。

冬期作业应清除桩机上积雪，工作平台应有防滑措施。作业后，应将桩机停放在坚实平整的地面上，将桩锤落下垫实，并切断动力电源。轨道式桩架应夹紧夹轨器。

**5. 混凝土机械**

（1）混凝土搅拌机。

作业区应排水通畅，并应设置沉淀池及防尘设施。操作人员视线应良好。操作台应铺设绝缘垫板。

料斗提升时，人员严禁在料斗下停留或通过；当需在料斗下方进行清理或检修时，应将料斗提升至上止点，并必须用保险销锁牢或用保险链挂牢。

搅拌机运转时，不得进行维修、清理工作。当作业人员需进入搅拌筒内作业时，应先切断电源，锁好开关箱，悬挂“禁止合闸”的警示牌，并应派专人监护。作业完毕，宜将料斗降到最低位置，并应切断电源。

（2）混凝土输送泵。

混凝土泵应安放在平整、坚实的地面上，周围不得有障碍物，支腿应支设牢靠，机身应保持水平和稳定，轮胎应楔紧。混凝土输送管道的敷设应符合下列规定：

1）管道敷设前应检查并确认管壁的磨损量应符合使用说明书的要求，管道不得有裂纹、砂眼等缺陷。新管或磨损量较小的管道应敷设在泵出口处；

2）管道应使用支架或与建筑结构固定牢固。泵出口处的管道底部应依据泵送高度、混凝土排量等设置独立的基础，并能承受相应荷载；

3）敷设垂直向上的管道时，垂直管不得直接与泵的输出口连接，应在泵与垂直管之间敷设长度不小于 15 m 的水平管，并加装逆止阀；

4）敷设向下倾斜的管道时，应在泵与斜管之间敷设长度不小于 5 倍落差的水平管。当倾斜度大于 7°时，应加装排气阀。

作业前应检查并确认管道连接处管卡扣牢，不得泄漏。混凝土泵的安全防护装置应齐全可靠，各部位操纵开关、手柄等位置应正确，搅拌斗防护网应完好牢固。混凝土泵启动后，应空载运转，观察各仪表的指示值，检查泵和搅拌装置的运转情况，并确认一切正常后作业。泵送前应向料斗加入清水和水泥砂浆润滑泵及管道。

混凝土泵在开始或停止泵送混凝土前，作业人员应与出料软管保持安全距离，作业人员不得在出料口下方停留。出料软管不得埋在混凝土中。泵送混凝土的排量、浇注顺序应符合混凝土浇筑施工方案的要求。施工荷载应控制在允许范围内。混凝土泵工作时，料斗中混凝土应保持在搅拌轴线以上，不应吸空或无料泵送。

泵送作业后应将料斗和管道内的混凝土全部排出，并对泵、料斗、管道进行清洗，清洗作业应按说明书要求进行，不宜采用压缩空气进行清洗。

（3）混凝土泵车。

布料作业时，风速不超过 13.8 m/s（六级），在输电线附近布料作业时，布料杆与输电线的距离应严格遵守规定；布料作业时，泵送混凝土的密度不大于 2.4 $t/m^3$；不允许手拉软管的侧向力和布料杆旋转或摆动时产生的惯性力的方向相同。

混凝土泵车应停放在平整坚实的地方，作业地面承压能力不应小于支腿最大支承力（抗倾覆稳定性计算时得出的支腿最大支承力）。与沟槽和基坑的安全距离应符合使用说明书的要求。臂架回转范围内不得有障碍物，与输电线路的安全距离应符合《施工现场临时用电安全技术规范》（JGJ 46—2005）的有关规定。

混凝土泵车作业前，应将支腿打开，并应采用垫木垫平，所有轮胎应不承重。整机的倾斜度不应大于 3°。严禁将布料杆用于起重作业。布料杆的作业范围不得超过制造厂的规定。

（4）混凝土喷射机。

1）喷射机风源、电源、水源、加料设备等应配套齐全。管道应安装正确，连接处应紧固密封，当管道通过道路时，应保持干燥和清洁，并将其设置在地槽内并加盖保护。喷射材料应按出厂说明书规定的配合比配料，不得使用结块的水泥和未经筛选的砂石。

2）喷射机内部应保持干燥和清洁，作业前应重点检查下列项目，并应符合相应的要求：安全阀应灵敏可靠；电源线应无破损现象，接线应牢靠；各部密封件应密封良好，橡胶结合板和旋转板上出现的明显沟槽应及时修复；压力表指针显示应正常。应根据输送距离，及时调整风压的上限值；喷枪水环管应保持畅通。

3）机械操作人员和喷射作业人员应有信号联系，送风、加料、停料、停风及发生堵塞时，应联系畅通，密切配合。喷嘴前方不得有人，操作人员应始终站在已喷射过的混凝土支护面内。

4）启动前，应先接通风、水、电，开启进气阀逐步达到额定压力，再起动电动机空载运转，确认一切正常后，方可投料作业；作业中，当暂停时间超过 1h 时，应将仓内及输料管内的混合料全部喷出。

**6. 钢筋加工机械**

机械的安装应坚实稳固，固定式机械应有可靠的基础；移动式机械作业时应锲紧行走轮，手持式钢筋加工机械作业时，应佩戴绝缘手套等防护用品。加工较长的钢筋时，应有专人帮扶，帮扶人员应听从机械操作人员指挥，不得任意推拉。

钢筋调直切断机作业中，不得打开防护罩。

钢筋切断机接送料的工作台面应和切刀下部保持水平，工作台的长度应根据加工材料长度确定。操作人员应站在固定刀片一侧用力压住钢筋，防止钢筋末端弹出伤人。双手不得分在刀片两边握住钢筋切料。

钢筋弯曲机工作台和弯曲机台面应保持水平；作业前应准备好各种芯轴及工具，并应按加工钢筋的直径和弯曲半径的要求，装好相应规格的芯轴和成型轴、挡铁轴。在弯曲未经冷拉或带有锈皮的钢筋时，应戴防护镜。操作人员应站在机身设有固定销的一侧。

钢筋冷拉机冷拉场地应设置警戒区，并应安装防护栏及警告标志。照明设施宜设置在张拉警戒区外。当需设置在警戒区内时，照明设施安装高度应大于 5 m，并应有防护罩。非操作人员不得进入警戒区。作业时，操作人员与受拉钢筋的距离应大于 2 m。

采用配重控制的冷拉机应有指示起落的记号或专人指挥。冷拉机的滑轮、钢丝绳应相匹配。配重提起时，配重离地高度应小于 300 mm。配重架四周应设置防护栏杆及警告标志。作业前，应检查冷拉机，夹齿应完好；滑轮、拖拉小车应润滑灵活；拉钩、地锚及防护装置应齐全牢固。

采用延伸率控制的冷拉机，应设置明显的限位标志，并应有专人负责指挥。

作业后，应放松卷扬钢丝绳，落下配重，切断电源，并锁好开关箱。

钢筋除锈机操作人员应束紧袖口，并应佩戴防尘口罩、手套和防护眼镜；操作时，应将钢筋放平，并侧身送料，不得在除锈机正面站人；较长钢筋除锈时，应有 2 人配合操作。

**7. 木工机械**

机械操作人员应按规定佩戴个人防护用品，应穿紧口衣裤，并束紧长发，不得系领带和戴手套。在工作场所，不得吸烟和动火，并不得混放其他易燃易爆物品，机械作业场所应配备齐全、可靠的消防器材。操作人员与辅助人员应密切配合，并在同步匀速接送料使用多功能机械时，应只使用其中一种功能，其他功能的装置不得妨碍操作。

圆盘锯的锯盘及传动部位应安装防护罩，并设置安全保险挡板、分料器。

**8. 地下施工机械**

作业前，应充分了解施工作业周边环境，对邻近建（构）筑物、地下管网等应进行监测，并应制订对建（构）筑物、地下管线保护的专项安全技术方案。作业中，应对有害气体及地下作业面通风量进行监测，并应符合职业健康安全标准的要求；应随时监视施工机械各运转部位的状态及参数，发现异常时，应立即停机检修。气动设备作业时，应按照相关设备使用说明书和气动设备的操作技术要求进行施工。应根据现场作业条件，合理选择水平及垂直运输设备，并按相关的规范执行。

地下施工机械作业时，必须确保开挖土体稳定，当停机时间较长时，应采取措施维持开挖面稳定。掘进过程中，遇到施工偏差过大、设备故障、意外的地质变化等情况时，必须暂停施工，经处理后再继续。

选择顶管机，应根据管道所处土层性质、管径、地下水位、附近地上与地下建（构）筑物和各种设施等因素，经技术经济比较后确定。

导轨应选用钢质材料制作，安装后应牢固，不得在使用中产生位移，并应经常检查校核。顶进前，全部设备应经过检查并经过试运转确认合格。安装后的顶铁轴线应与管道轴线平行、对称。

盾构机带压开仓更换刀具时，应确保工作面稳定，并应进行持续充分的通风及毒气测试合格后，进行作业；地下情况较复杂时，作业人员应戴防毒面具。

盾构机更换刀具时，应按专项方案和安全规定执行；盾构切口与到达接收井距离小于 10 m 时，应控制盾构推进速度、开挖面压力、排土量。

盾构及推进到冻结区域停止推进时，应每隔 10 min 转动刀盘一次，每次转动时间不得少于 5 min。当盾构全部进入接收井内基座上后，应及时做好管片与洞圈间的密封盾构调头时应专人指挥，应设专人观察设备转向状态，避免方向偏离或设备碰撞。

**9. 焊接机械**

（1）一般规定。

1）焊割现场及高空焊割作业下方，严禁堆放油类、木材、氧气瓶、乙炔瓶、保温材料等易燃、易爆物品。

现场使用的电焊机应设有防雨、防潮、防晒、防砸的措施，焊接设备应有完整的防护外壳，一、二次接线柱处应有保护罩。焊割铜、铝、锌、锡等有色金属时，应通风良好，焊割人员应戴防毒面罩或采取其他防毒措施。在容器内和管道内焊割时，应采取防止触电、中毒和窒息的措施。焊、割密闭容器时，应留出气孔，必要时应在进、出气口处装设通风设备；容器内照明电压不得超过 12 V；容器外应有专人监护。雨雪天气不得在露天电焊。在潮湿地带作业时，应铺设绝缘物品，操作人员应穿绝缘鞋。

2）电焊机绝缘电阻不得小于 0.5 MΩ，电焊机导线绝缘电阻不得小于 1 MΩ，电焊机接地电阻不得大于 4 Ω。

电焊机的一次侧电源线长度不应大于 5 m，二次线应采用防水橡皮护套铜芯软电缆，电缆长度不应大于 30 m，接头不得超过 3 个，并应双线到位。当需要加长导线时，应相应地增加导线的截面积。当导线通过道路时，应架高或穿入防护管内埋设在地下；当通过轨道时，应从轨道下面通过。当导线绝缘受损或断股时，应立即更换。

电焊钳应有良好的绝缘和隔热能力，握柄应绝缘良好，握柄与导线连接应牢靠，连接处应采用绝缘布包好，操作人员不得用胳膊夹持电焊钳，并不得在水中冷却电焊钳。

3）焊接（切割）前，应先进行动火审查，确认焊接（切割）现场防火措施符合要求，并应配备相应的消防器材和安全防护用品，落实监护人员后，开具动火证。

电焊机导线和接地线不得搭在易燃、易爆，带有热源或有油的物品上；不得利用建（构）筑物的金属结构、管道、轨道或其他金属物体，搭接起来，形成焊接回路，并不得将电焊机和工件双重接地；严禁使用氧气、天然气等易燃易爆气体管道作为接地装置。电焊作业中，必须正确使用电焊面罩，当清除焊渣时，应戴防护眼镜，头部应避开焊渣飞溅方向。

对承压状态的压力容器和装有剧毒、易燃、易爆物品的容器，严禁进行焊接或切割作业。

当需焊割受压容器、密闭容器、粘有可燃气体和溶液的工件时，应先消除容器及管道内压力，清除可燃气体和溶液，并冲洗有毒、有害、易燃物质；对存有残余油脂的容器，宜用蒸汽、碱水冲洗，打开盖口，并确认容器清洗干净后，应灌满清水后再进行焊割。

当预热焊件温度达 150～700℃时，应设挡板隔离焊件发出的辐射热，焊接人员应穿戴隔热的石棉服装和鞋、帽等。

（2）交（直）流焊机。

在使用交（直）流焊机前，应检查并确认初、次级线接线是否正确，输入电压是否符合电焊机的铭牌规定，接线螺母、螺栓及其他部件是否完好齐全，不得松动或损坏。直流焊机换向器与电刷接触应良好，交流电焊机应安装防二次侧触电保护装置。

当多台焊机在同一场地作业时，相互之间的间距不应小于 600 mm，应逐台启动，并应使三相负载保持平衡，多台焊机的接地装置不得串联。移动电焊机或停电时，应切断电源，不得用拖拉电缆的方法移动焊机。

（3）氩弧焊机。

1）工作场所应有良好的通风措施。水冷型焊机应保持冷却水清洁，在焊接过程中，冷却水的流量应正常，不得断水施焊。焊机附近不宜有振动，焊机上及周围不得放置易燃、易爆或导电物品；氮气瓶和氩气瓶与焊接地点应相距 3 m 以上，并应直立固定放置。

2）使用氩弧焊时，操作人员应戴防毒面罩。

应根据焊接厚度确定钨极粗细，更换钨极时，必须切断电源；磨削钨极端头时，应设有通风装置，操作人员应佩戴手套和口罩，磨削下来的粉尘，应及时清除。

钍、铈、钨极不得随身携带，应贮存在铅盒内。

作业后，应切断电源，关闭水源和气源；焊接人员应及时脱去工作服，清洗外露的皮肤。

（4）二氧化碳气体保护焊机。

作业前，二氧化碳气体应按规定进行预热，操作人员必须站在瓶嘴的侧面开气，应检查并确认焊丝的进给机构、电线的连接部分、二氧化碳气体的供应系统及冷却水循环系统符合要求，焊枪冷却水系统不得漏水。

二氧化碳气瓶宜存放在阴凉处，不得靠近热源，并应放置牢靠；二氧化碳气体预热器端的电压，不得大于 36 V。

（5）埋弧焊机。

作业前，应检查并确认各导线连接应良好；控制箱的外壳和接线板上的罩壳应完好；送丝滚轮的沟槽及齿纹应完好；滚轮、导电嘴（块）不得有过度磨损，接触应良好；减速箱润滑油应正常。软管式送丝机构的软管槽孔应保持清洁，并定期吹洗。

在焊接中，应保持焊剂连续覆盖，以免焊剂中断露出电弧；在焊机工作时，手不得触及送丝机构的滚轮，作业时应及时排走焊接中产生的有害气体，在通风不良的室内或容器内作业时，应安装通风设备。

（6）对焊机。

对焊机应安置在室内或防雨的工棚内，并应有可靠的接地或接零；闪光区应设挡板，与焊接无关的人员不得入内；冬期施焊时，温度不应低于 8℃。当多台对焊机并列安装时，相互间距不得小于 3m，并应分别接在不同相位的电路上，分别设置各自的断路器。

焊接前应检查并确认对焊机的压力机构应灵活，夹具应牢固，气压、液压系统不得有泄漏；应根据所焊接钢筋的截面，调整一、二次电压，不得焊接超过对焊机规定直径的钢筋，焊接较长钢筋时，应设置托架。

断路器的接触点、电极应定期光磨，二次电路连接螺栓应定期紧固。钢筋对焊机操作人员作业时，气路、水冷却系统应畅通，气体应保持干燥，排水温度不得超过 40℃，排水量应根据温度调节，作业后应放尽机内冷却水。

**10. 中小型建筑机械和手持式电动机具**

中小型机械应安装稳固，外露传动部分和旋转部分应设有防护罩，室外使用的机械应搭设机械防护棚或采取其他防护措施，用电应符合《施工现场临时用电安全技术规范》的有关规定。

# 第三节　建筑机械操作人员安全教育培训管理知识

安全教育和培训是企业或项目实现安全管理目标、防范事故发生的主要对策之一，建筑机械的安全教育和培训是建筑施工企业和项目部安全管理中的重要组成部分。从机械设备管理的角度及作为总体安全教育和培训组成部分来看，建筑机械操作人员的安全技术教育是机械人员的重要工作，因此在前述章节里用了大量篇幅阐述建筑机械的原理、功用、分类、操作要点等内容，希望提高各级管理人员、作业人员的安全素质、管理能力和技术水平的基础工作，在高度认识机械设备安全生产的重要性基础上，精通建筑机械管理专业知识，提高技术水平。

## 一、建筑机械安全教育培训的意义

建筑施工企业的安全教育，是学习掌握国家安全生产法律法规和新的管理规定，提高安全生产意识和管理能力，掌握安全生产知识和操作技能，熟悉企业安全管理规章制度，遵守安全操作规程，增强事故预防和应急处理能力。

建筑机械安全教育的意义在于服从于企业或项目的总体安全要求，让作业者能够正确掌握建筑机械设备的有关法律知识、设备作业知识、安全风险控制点，从而养成不超载、不超速，不冒险作业的良好工作习惯，养成建筑机械操作人员正确的维护保养行为习惯，保持建筑机械的良好工作状态。

《安全生产法》规定，生产经营单位应当对从业人员进行安全生产教育和培训，保证从业人员具备必要的安全生产知识，熟悉有关的安全生产规章制度和安全操作规程，掌握本岗位的安全操作技能，了解事故应急处理措施，知悉自身在安全生产方面的权利和义务。未经安全生产教育和培训合格的从业人员，不得上岗作业。

生产经营单位使用被派遣劳动者的，应当将被派遣劳动者纳入本单位从业人员统一管理，对被派遣劳动者进行岗位安全操作规程和安全操作技能的教育和培训。劳务派遣单位应当对被派遣劳动者进行必要的安全生产教育和培训。

生产经营单位接收中等职业学校、高等学校学生实习的，应当对实习学生进行相应的安全生产教育和培训，提供必要的劳动防护用品。学校应当协助生产经营单位对实习学生进行安全生产教育和培训。

《建筑施工特种作业人员管理规定》要求，建筑施工特种作业人员应当参加年度安全教育培训或者继续教育，每年不得少于 24 h。

## 二、安全教育培训的内容

安全教育培训的内容主要包括安全法规教育培训、安全技术知识、安全技能。建筑机械管理中的安全教育培训制度编制的方针应落实国家《安全生产法》和《特种设备安全法》的总方针，即“以人为本，安全第一，预防为主，节能环保，综合治理”的安全生产总方针，严格从业人员安全培训制度，加强从业人员安全生产教育和培训工作，并作到经常化、制度化。

**1. 特种作业人员的培训**

（1）特种作业培训的依据和范围。

国家有关建筑施工安全生产以及特种设备安全管理的法律法规都对施工现场的特种作业的定义、范围、人员条件和培训、考核、管理都做了明确的规定。

《安全生产法》规定，生产经营单位应当对从业人员进行安全生产教育和培训，保证从业人员具备必要的安全生产知识，熟悉有关的安全生产规章制度和安全操作规程，掌握本岗位的安全操作技能，了解事故应急处理措施，知悉自身在安全生产方面的权利和义务。未经安全生产教育和培训合格的从业人员，不得上岗作业。

生产经营单位使用被派遣劳动者的，应当将被派遣劳动者纳入本单位从业人员统一管理，对被派遣劳动者进行岗位安全操作规程和安全操作技能的教育和培训。劳务派遣单位应当对被派遣劳动者进行必要的安全生产教育和培训。

生产经营单位接收中等职业学校、高等学校学生实习的，应当对实习学生进行相应的安全生产教育和培训，提供必要的劳动防护用品。学校应当协助生产经营单位对实习学生进行安全生产教育和培训。

生产经营单位应当建立安全生产教育和培训档案，如实记录安全生产教育和培训的时间、内容、参加人员以及考核结果等情况。

生产经营单位采用新工艺、新技术、新材料或者使用新设备，必须了解、掌握其安全技术特性，采取有效的安全防护措施，并对从业人员进行专门的安全生产教育和培训。

生产经营单位的特种作业人员必须按照国家有关规定经专门的安全作业培训，取得相应资格，方可上岗作业。

《建设工程安全生产管理条例》第 25 条规定，垂直运输机械作业人员、安装拆卸工、爆破作业人员、起重信号工、登高架设作业人员等特种作业人员，必须按照国家有关规定经过专门的安全作业培训，并取得特种作业操作资格证书后，方可上岗作业。

（2）特种作业的定义：是指容易发生人员伤亡事故，对操作者本人、他人和周围设施的安全有重大危害因素的作业，称为特种作业。直接从事特种作业者，称特种作业人员。

（3）特种作业范围：电工作业、锅炉司炉、压力容器操作、起重机械操作、爆破作业、金属焊接、井下瓦斯检验、机动车辆驾驶、轮机操作、机动船舶驾驶、建筑登高架设作业，以及符合特种作业基本定义的其他作业。

（4）从事特种作业的人员，必须经国家规定的有关部门进行安全教育和安全技术培训，并经考核合格取得操作证者，方准独立作业。除机动车辆驾驶和机动船舶驾驶、轮机操作人员按国家有关规定执行外，其他特种作业人员的上岗资格两年进行一次复审。

**2. 安全法规教育培训**

建筑机械安全教育中的法规教育内容之一，主要应该是《特种设备安全生产法》《特种设备安全监察条例》《建筑起重机械安全监督管理规定》《起重机械安全监察规定》等法律法规、部门规章对建筑机械设备本身以及操作或作业的有关要求，机械设备人员认真准备相关内容，安全教育培训应有的放矢，有针对性，通过安全教育培训，使操作人员遵纪守法，操作合法正确。

法规教育内容之二，就是相关建筑机械设备的最新安全技术规程、操作规程的学习和熟悉，通过学习，将正确、规范、标准的操作技术要求，让操作人员入脑入心，并落实到实际作业中去；操作者也要对不规范的行为、违章指挥，能够拒绝和自觉抵制。

**3. 安全技能教育**

安全技能教育，就是结合本工种专业特点，实现安全操作、安全防护所必须具备的基本技能知识要求。每个员工都要熟悉本工种、本岗位专业安全技能知识。安全技能知识是比较专门、细致和深入的知识，它包括安全技术、劳动卫生和安全操作规程。国家规定建筑登高架设、起重、焊接、电气、爆破、压力容器、锅炉等特种作业人员必须进行专门的安全技能培训，经考试合格后，持证上岗。

建筑机械操作人员通过设备使用说明书、操作规程的学习，进一步对所操作的建筑机械具体实习和熟悉，真正达到“四懂三会五知道”的技术要求，即四懂：懂工作原理，懂性能，懂结构，懂用途；三会：会使用，会维护，会排除故障；五知道：知道本单位的规章制度，知道本岗位的职责，知道本岗位的操作规程，知道本设备的危险源，知道本企业或项目控制事故的应急预案。

**4. 其他安全教育培训内容**

（1）施工现场专业安全教育内容：

1）本工程安全生产状况及施工条件；

2）施工现场中危险部位的防范措施及典型事故案例；

3）本工程项目制定的安全生产制度。

（2）变换工种安全教育内容：

1）凡改变工种或调换工作岗位的人员都应进行变换工种安全教育，时间不少于 4 h，考核合格后方可上岗；

2）新工作岗位工作性质、职责和安全知识；

3）各种机具设备及安全防护设施的性能和作用；

4）新工种安全技术操作规程；

5）新岗位容易发生事故及有毒有害的地方。

（3）新技术、新材料、新工艺及关键工艺环节的安全技术教育与培训。

1）针对施工现场作业，国家法律法规规定及标准规范明确的关键技术环节和采用新技术、新材料、新工艺等技术，必须对参加该工艺过程作业的全部员工进行安全技术教育培训；

2）教育培训应有针对性和可操作性，教育培训后，应针对新工艺技术进行考核，考核合格后方可上岗作业；

3）安全教育培训的资料应留存现场备查。

## 第四节　特种设备作业人员资格证书管理知识

### 一、建筑施工特种作业范围及要求

《安全生产法》规定，生产经营单位的特种作业人员必须按照国家有关规定经专门的安全作业培训，取得特种作业操作资格证书后，方可上岗作业。特种作业人员的范围由国务院安全生产监督管理的部门会同国务院有关部门确定。

《建筑施工特种作业人员管理规定》第三条规定，建筑施工特种作业包括：建筑电工；建筑架子工；建筑起重信号司索工；建筑起重机械司机；建筑起重机械安装拆卸工；高处作业吊篮安装拆卸工；经省级以上人民政府建设主管部门认定的其他特种作业。

建筑施工特种作业人员必须经建设主管部门考核合格，取得建筑施工特种作业人员操作资格证书后，方可上岗从事相应作业。

持有《特种设备作业人员证》的人员，应当受聘于建筑施工企业或者建筑起重机械出租单位，方可在许可的项目范围内作业。

用人单位对于首次取得资格证书的人员，应当在其正式上岗前安排不少于 3 个月的实习操作。

建筑施工特种作业人员应当严格按照安全技术标准、规范和规程进行作业，正确佩戴和使用安全防护用品，并按规定对作业工具和设备进行维护保养。建筑施工特种作业人员应当参加年度安全教育培训或者继续教育，每年不得少于 24 h。

### 二、工作要求及权利义务规定

**1. 权利规定**

《安全生产法》规定，生产经营单位的从业人员有依法获得安全生产保障的权利，并应当依法履行安全生产方面的义务。

生产经营单位的从业人员有权了解其作业场所和工作岗位存在的危险因素、防范措施及事故应急措施，有权对本单位的安全生产工作提出建议。

从业人员有权对本单位安全生产工作中存在的问题提出批评、检举、控告；有权拒绝违章指挥和强令冒险作业。

生产经营单位不得因从业人员对本单位安全生产工作提出批评、检举、控告或者拒绝违章指挥、强令冒险作业而降低其工资、福利等待遇或者解除与其订立的劳动合同。

**2. 作业人员义务**

建筑机械作业人员应当遵守以下规定：

（1）作业时随身携带证件，并自觉接受用人单位的主管部门的监督检查；

（2）积极参加特种设备安全教育和安全技术培训；

（3）严格执行特种设备操作规程和有关安全规章制度；

（4）拒绝违章指挥；

（5）发现事故隐患或者不安全因素应当立即向现场管理人员和单位有关负责人报告；

（6）其他有关规定。

### 三、证书管理常识

《建设工程安全生产管理条例》（国务院令　第 393 号）规定，垂直运输机械作业人员、安装拆卸工、爆破作业人员、起重信号工、登高架设作业人员等特种作业人员，必须按照国家的有关规定经过专门的安全作业培训，并取得特种作业操作资格证书后，方可上岗作业。

《建筑起重机械安全监督管理规定》规定，建筑起重机械安装拆卸工、起重信号工、起重司机、司索工等特种作业人员应当经建设主管部门考核合格，并取得特种作业操作资格证书后，方可上岗作业。省、自治区、直辖市人民政府建设主管部门负责组织实施建筑施工企业特种作业人员的考核。

建筑施工特种作业人员的特种作业操作资格证书由国务院建设主管部门规定统一的样式。

《建筑塔式起重机安装、使用、拆卸安全技术规程》中强制性条文规定，塔式起重机安装、拆卸作业应配备的人员有：持有安全生产考核合格证书的项目负责人和安全负责人、机械管理人员；具有建筑施工特种作业操作资格证书的建筑起重机械安装拆卸工、起重司机、起重信号工、司索工等特种作业操作人员。

《建筑施工升降机安装、使用、拆卸安全技术规程》规定，施工升降机安装、拆卸项目应配备与承担项目相适应的专业安装作业人员和专业安装技术人员，施工升降机的安装拆卸工、电工、司机等应具有建筑施工特种作业操作资格证书。

任何单位和个人不得非法印制、伪造、涂改、倒卖、出租或者出借资格证书。特种作业人员考试报名、考试、领证申请、受理、审核、发证等环节的具体规定，以及考试机构的设立、资格证书的注销和复审等事项，应按照行业主管部门制定的作业人员考核规则等规定执行。

建筑施工特种作业人员变动工作单位，任何单位和个人不得以任何理由非法扣押其特种作业资格证书。

## 第五节　建筑机械安全风险识别及隐患排查治理知识

建筑机械设备对建筑施工正常进行和施工安全起着举足轻重的作用，随着施工现场大量设备的使用和施工机械化程度的提高，在机械设备使用过程中，各种机械故障、事故也不断的增加，甚至造成人身伤亡和经济损失。建筑机械设备的安全使用非常重要，需要事先对机械设备本身存在或潜在的危险和有害因素以及可能引发的事故进行识别，并及时采取措施予以消除。施工项目部应将建筑机械的安全风险识别和隐患排查治理作为施工现场安全管理的重要组成部分加以有效的管理。

## 一、建筑机械安全风险管理

**1. 建筑机械安全风险管理的基本要求和原则**

（1）基本要求。

1）遵守《安全生产法》《特种设备安全法》《建筑法》和《环境保护法》等有关法律和相应的法规、规范及标准。

2）安全风险管理工作应当以人为本，坚持安全发展，坚持“安全第一，预防为主，综合治理”的工作方针；坚持“保护优先、预防为主、综合治理、公众参与、损害担责”的环境保护原则；坚持“安全第一、预防为主、节能环保、综合治理”的特种设备安全管理原则。

3）组织能够控制建筑机械安全风险，并改进其安全绩效。

（2）风险管理原则。

为有效地对安全风险进行管理，应遵循以下原则：

1）控制损失，创造价值；

2）融入组织管理过程；

3）支持决策过程（所有决策都应考虑风险和风险管理）；

4）应用系统的、结构化的方法；

5）以信息为基础；

6）环境依赖（内部和外部环境以及企业所承担的风险）；

7）广泛参与、充分沟通；

8）持续改进。

**2. 建筑机械风险评估的范围、对象及顺序**

（1）风险评估的范围。

建筑机械设备风险评估的范围是施工现场的生产活动和服务场所。主要包括建筑机械设备的运输、安装、维护保养、检验检测、使用运行、拆卸及退场等，各类建筑机械的采购租赁，承包商、供应商的活动，班组作业人员，运输及运行道路路线，作业场地及基础，环境影响及外部条件等。

（2）风险评估的对象和顺序。

在确定识别范围后，可按下列内容确定风险识别与评价对象和顺序：

1）厂址包括地形、周围环境、气象条件等；平面布局包括建筑机械设备间、与外电线路和构筑物的安全距离等；建（构）筑物环境。

2）进场运输、安装拆卸、使用运转、维护保养、退场等各相关技术工艺流程。

3）生产设备、设施、机具；直接作业环节（用电吊装等）。

4）噪声、振动、场地、气候等作业环境。

5）应急设施、辅助设施等。

6）供应商、承包商、分包商的活动产生的危害因素。

**3. 建筑机械安全风险的识别**

建筑起重机械安拆和建筑起重吊装作业都属于施工现场需重点进行风险识别的作业，应根据现场作业内容、流程、区域划分单元，按工序分解小详细的作业步骤，编制活动表。通过对各项活动和工序的分析，识别出每一作业步骤中存在的重要危害。识别工作由生产指挥者组织安全、施工、技术、设备等部门人员和有经验的工人参加，参与人员应经过专门培训。有时根据需要还应邀请供应商或分承包商代表参加，以保证组织成员对施工活动过程及存在的风险有全面的认识。

（1）风险识别时要充分考虑风险因素产生的三种时态、三种状态和七种类型。

1）三种时态分为过去、现在和将来。在对现有的风险因素进行充分识别的同时，也要看到过去遗留的危险因素可能已经通过制订措施降低了风险，但还是存在的，可能仍在影响现在的施工。此外，还需注意到计划中的活动在将来可能产生的危险因素。

2）三种状态，即正常状态、异常状态、紧急状态：

①正常状态：正常施工条件下，连续长时间的工作状态。

②异常状态：建筑机械安装拆卸（包括起重机械顶升加节等变化工况的情形）、开停机、检修、停电等情况下，危险因素与正常状态有较大不同的状态，是风险管理的薄弱环节。

③紧急状态：可合理预见的、出现后可能造成重大危害的状态，如设备安装拆卸倒塌，触电、火灾、爆炸、机械设备故障等；特别注意不要遗漏紧急状态下的环境因素，组织的许多重大环境风险因素往往针对的就是紧急状态。

3）建筑机械安全风险识别的七种类型：机械能，电能，热能，化学能，生物因素，人机工程因素（生理、心理）。

（2）危险源识别。

风险识别评价人员应进行观察并收集资料，通过直观经验、对照、类比等分析所确定的评价对象，识别尽可能多的显性和潜在的危险源，包括：

1）物（设施）的不安全状态：可能导致事故发生和危害扩大的设计缺陷、设备缺陷、保护措施和安全装置的缺陷。

2）人的不安全行为：不采取安全措施、误操作、不按操作规程操作等不安全行为。

3）可能造成职业病、中毒的劳动环境和条件：物理的（噪声、振动、湿度、辐射、高温、低温等）、化学的（生产性粉尘、易燃易、有毒、危险气体、毒物等）以及生物因素。

4）管理缺陷：安全监督和检查、事故防范、应急管理、作业人员、防护用品等。

**4. 建筑机械安全风险的控制**

（1）风险控制的步骤。

风险控制的步骤：拟定标准→衡量成效→纠正偏差。即制订风险削减措施；通过现场检查、检测、监督等活动，衡量措施的实施性与有效性；通过协商、交流、验证等手段纠正偏差。

（2）风险控制的不同阶段。

1）事前控制。编制施工技术专项方案，依据风险评价结果，制定风险削减措施等。

2）施工现场（过程）控制。安全、设备等管理人员深入现场，指导、监督施工作业的活动。

3）事后控制。风险控制分析总结、分析事故原因等。

（3）风险控制的技术措施与管理措施。

1）风险控制的技术措施：消除风险的措施；降低风险的措施；控制风险的措施。

2）风险控制的管理措施：制订、完善管理程序和操作规程；制订、落实风险监控管理措施；制定、落实应急预案；加强员工的职业健康、安全和环境教育培训；建立检查监督和奖惩机制。

3）作业前，应向所有参与施工作业的人员进行安全技术交底并双方签字留存记录；施工班组长通过班前活动，对施工活动进行工作危险分析，向班组成员交代将进行的工作中可能存在的危险和应采取的预防措施。

4）施工作业在确认建筑机械安全风险和危害的控制措施全部到位后方可进行。

5）项目安全、设备管理部门负责检查风险和危害的控制与削减措施的落实情况，及时纠正不符合项，对重大风险实施过程进行旁站监督。

6）遇异常或紧急情况，应及时实施应急预案，以便将事故损失减少到尽可能小的程度。

## 二、建筑机械集中隐患排查及应对措施

### 1. 建筑施工机械安全保护装置的缺失及应对措施

设备安全装置是施工机械设备安全运行的保证，可防止设备使用中超出设计能力或误操作而造成的机械损坏及事故，达到设备保护和防止人身伤亡事故发生的目的。

（1）安全保护装置。

1）隔离防护装置是对机械设备外露的旋转和传动部位的隔离防护，如皮带轮、链轮、齿轮传动等安装防护隔离罩（网）。

2）限位装置是对设备运行位置的限制，如起重机械高度限位装置，当吊钩起升到规定的高度后，行程开关动作，切断上升控制电路，使起重机械上升停止，防止事故发生。塔式起重机的限位装置有起升上、下限位装置；小车变幅前、后限位装置；动臂塔机起重臂角度限位装置；大车行走前后限位装置。施工升降机吊笼上、下限位装置；上、下极限限位装置等。

3）重量限制装置，当起重量超过额定限制值时，机械将停止运行。如塔式起重机、流动式起重机、门式起重机等都设有重量限制器；施工升降机载重量设有超载限制装置，其作用是保护机械设备，防止超载使用，杜绝事故发生。

4）力矩限制装置，是塔式起重机在某一幅度的最大起重量或某一重量吊物移动最大幅度限制的保护装置。对于塔式起重机来说，一定的幅度只允许起吊一定的吊重，如果超载或超

幅度使用，就有倾翻的危险。吊钩在某一幅度，如果吊出超出规定的重量，或者吊起某一重物其运行幅度超出规定的幅度，力矩限制器将动作，电路被切断，停止提升或向前变幅动作，保证了起重机的安全。

5）防坠限制装置，是防止施工升降机吊笼超速下降坠落的保护装置，当吊笼下坠速度超过规定的速度时，防坠器动作，快速制动，切断电源，锁定吊笼。

6）联锁防护装置，升降机吊笼门、地面围栏门都是由机电联锁装置控制，吊笼门或地面围栏门开启时，吊笼是不能运行的；运行中的吊笼如果开启吊笼门，吊笼会立即停机。

7）起重吊钩防脱钩装置，是防止起重钢丝绳索从钩头中脱出的装置。

8）钢丝绳防脱装置是防止钢丝绳从滑轮槽内滑脱出来发生意外的装置。

9）紧急开关是机械使用遇到紧急情况时，应立即按下的紧急开关，以切断电源停机。

（2）安全防护装置日常管理。

安全防护装置种类很多，是根据设备运行动作和防护要求设计的。这些安装防护装置设备出厂时均已配置，使用过程中有可能损坏失效，导致机械安全事故的发生。为了保证设备安全防护装置的安全有效，应加强设备使用和维修管理，一是操作人员要遵守操作规程，严禁违规使用、野蛮操作；二是操作司机每天作业前应该进行全面检查，确认安全装置是否正常，若发现问题应立即修复，严禁在安全防护失效的情况下继续使用；三是现场机械员、安全员应随时检查设备的安全防护装置情况，一旦发现安全装置损坏，应立即停机，排除故障，修复后方可使用；四是专业维修人员应按时维修保养，提前预知，提前预防，及时更换损坏的安全部件，保证安全防护装置安全有效。

**2. 建筑施工机械的违规使用及应对措施**

施工机械违规使用主要有设备管理缺失、安全生产责任不落实等问题，会使设备存在安全隐患，甚至导致安全事故的发生。

（1）违规使用施工机械主要有以下几种情况：

1）设备进场未进行检查验收或机械设备安装未经验收使用；

2）建筑起重机械未办理备案就安装使用；

3）机械设备不符合国家规范标准；超过使用年限，达到报废标准；安装装置不齐全；检验不合格；

4）设备带病运转，检查中发现设备存在重大安全隐患，违反国家强制标准；

5）设备操作人员无证操作；未经安全技术交底上岗；

6）不按时进行维修保养；不开展设备检查。

（2）针对违规行为的应对措施：

对以上违规行为应强化设备使用的安全监督和管理，落实设备安全生产责任制，完善规章制度，配齐机械操作人员，健全管理人员，加强安全培训和安全考核工作，加大安全培训力度，做好安全教育，提高设备安全管理意识。

**3. 建筑机械操作人员的违规操作行为及应对措施**

施工机械事故很大一部分是由司机违规操作造成的，即人的不安全行为是导致事故的重要原因之一，设备管理的目的之一是做到机械设备的正确使用、安全操作。

（1）操作人员的典型违规操作行为。

1）未接受培训教育，对设备性能不掌握，未做到“四懂四会”（懂原理、懂构造、懂性能、懂用途，会使用、会检查、会保养、会排除故障）；未经培训，未取得操作证书或特种设备操作资格证书，无证开机；

2）不遵守机械操作规程，超载、超速、跃挡、急停等；擅自拆除机械设备的安全保护部件；

3）每班作业前未进行检查试车就使用，未进行隐患排查；多人操作时不相互配合，动作不协调；操作人员不填运行记录，多班作业不进行交接班；

4）设备带病运转，不进行保养，发现故障或问题时不及时报告；不执行“十字作业方针”（清洁、调整、润滑、紧固、防腐）；

5）操作人员不听从指挥，特别是起重机械擅自开机起吊，或开机期间擅自离岗；

6）恶劣天气或不良环境条件下进行冒险操作；

7）不按规定佩戴和使用个人安全防护用品；疲劳作业，饮酒驾驶。

（2）针对违规行的应对措施。

针对以上违规行为，施工企业应加强对操作人员的安全教育，开展技术培训，完善安全管理制度，严肃施工纪律，对违法、违规、违纪行为加大处罚力度，对机械及安全管理人员应加强现场检查巡查，及时发现和处理违章行为。同时企业要调动操作人员的积极性，开展设备竞赛等群众活动，形成遵纪守法、安全操作的企业文化氛围。

# 第十一章　建筑机械成本管理

建筑机械的成本管理是建筑施工过程中的重要环节，也是施工单位成本控制的重要内容。是管好设备、合理配置资源和合理使用设备资源的有效措施。加强成本管理和成本控制，强化建筑机械成本管理的落实，对增强市场竞争能力有着十分重要的作用。

## 第一节　建筑机械台班定额基本知识

技术经济定额是企业在一定生产技术条件下，对人力、物力、财力的消耗规定的数量标准，是企业进行科学管理与经济核算的基础，也是衡量机械管理水平的主要依据。

建筑机械管理部门或企业可以根据自身实际需要，编制如建筑机械产量定额、油料消耗定额、轮胎消耗定额、随机工具及附具消耗定额、易损件消耗定额、检修（大修）间隔期定额、维修和保养工时定额、维修保养费用定额、维修保养停置期定额、机械操作、维修人员配备定额、机械台班费用定额等企业定额，用于控制费用支出，降低成本，指导和加强机械设备管理。

施工机械台班定额是指使用一个台班的某台机械设备所耗费的限额。它是将机械设备的价值和使用、维修过程中所发生的各项费用，科学地转移到生产成本中的一种表现形式，是机械使用的计费依据，也是施工企业实行经济核算、单机或班组核算的依据。

定额编制的原则：一是按社会平均水平确定预算定额的原则；二是简明适用的原则。定额编制依据有现行定额，现行设计规范、施工及验收规范、质量标准和操作规程，有关的施工图及标准图，有关的实验、测定和统计、经验资料，有关的文件规定及经验积累资料等。

### 一、机械类别

**1. 施工机械类别**

施工机械划分为 12 个类别：

（1）土石方及筑路机械；

（2）桩工机械；

（3）起重机械；

（4）水平运输机械；

（5）垂直运输机械；

（6）混凝土及砂浆机械；

（7）加工机械；

（8）泵类机械；

（9）焊接机械；

（10）动力机械；

（11）地下工程机械；

（12）其他机械及城轨机械。

**2. 施工机械编码**

施工机械的编码由 9 位数组成。1 位、2 位为施工机械类别总编码；3 位、4 位为施工机械分类编码；5 位、6 位、7 位为施工机械名称编码；8 位、9 位为施工机械的顺序编码。

**3. 定额编制要求**

施工机械台班费用定额编制应按照《建设工程施工机械台班费用编制规则》规定的施工机械基础数据中的施工机械名称、规格及编码规定编制；未包括的施工机械项目，编制人可参照后结合编制期实际进行补充。

**4. 进口机械定额要求**

类别性能和规格与国产施工机械相同的进口机械，按国产施工机械进行项目设置。

## 二、机械台班定额消耗量的确定

机械台班消耗量也称机械台班消耗定额，是指在正常施工条件和合理使用建筑机械条件下完成单位合格产品，所消耗的某种型号的建筑机械台班的数量标准。按其表现形式可分为机械时间定额和机械产量定额。

**1. 确定机械 1 h 纯工作正常生产率**

机械纯工作时间，就是指机械的必须消耗时间。机械 1 h 纯工作正常生产率，就是在正常施工组织条件下，具有必需的知识和技能的技术工人操纵机械 1 h 的生产率。

根据机械工作特点的不同，机械 1 h 纯工作正常生产率的确定方法也有所不同。

（1）对于循环动作机械，确定机械纯工作 1 h 正常生产率的计算公式为：

$$\begin{pmatrix}\text{机械一次循环的}\\\text{正常延续时间}\end{pmatrix}=\sum\begin{pmatrix}\text{循环各组成部分}\\\text{正常延续时间}\end{pmatrix}-\text{交叠时间}$$

$$\text{机械纯工作1 h循环次数}=\frac{60\times60\text{（s）}}{\text{一次循环的正常延续时间}}$$

$$\begin{pmatrix}\text{机械纯工作1 h}\\\text{正常生产率}\end{pmatrix}=\begin{pmatrix}\text{机械纯工作1 h}\\\text{正常循环次数}\end{pmatrix}\times\begin{pmatrix}\text{一次循环生产的}\\\text{产品数量}\end{pmatrix}$$

（2）对于连续动作机械，确定机械纯工作 1h 正常生产率要根据机械的类型和结构特征，以及工作过程的特点来进行，计算公式如下：

$$\text{连续动作机械纯工作1 h正常生产率}=\frac{\text{工作时间内生产的产品数量}}{\text{工作时间(h)}}$$

工作时间内产品数量和工作时间的消耗，要通过多次现场观察和机械说明书来取得数据。

**2. 确定施工机械的时间利用系数**

确定施工机械的时间利用系数，是指机械在一个台班内的净工作时间与工作班延续时间之比。机械的时间利用系数和机械在工作班内的工作状况有着密切的关系。所以，要确定机械的时间利用系数，首先要拟定机械工作班的正常工作状况，保证合理利用工时。机械时间利用系数的计算式为

$$\begin{pmatrix}\text{机械时间}\\ \text{利用系数}\end{pmatrix}=\frac{\text{机械在一个工作班内纯工作时间}}{\text{一个工作班延续时间(8 h)}}$$

**3. 计算施工机械台班定额**

这是编制机械定额工作的最后一步。在确定了机械工作正常条件、机械 1h 纯工作正常生产率和机械时间利用系数之后，按下列方法计算建筑施工机械的台班定额。

（1）机械产量定额。

机械产量定额是指在合理的劳动组织、生产组织和合理使用机械正常施工条件下，机械在单位时间内完成合格产品的数量，计量单位以平方米、根、块等表示。机械由工人操纵，一般既要计算机械时间定额，又要计算操纵机械的人工定额。人工消耗包括基本用工、辅助用工、其他用工和机上用工。

$$\begin{pmatrix}\text{施工机械台}\\ \text{班产量定额}\end{pmatrix}=\begin{pmatrix}\text{机械1 h纯工作}\\ \text{正常生产率}\end{pmatrix}\times\begin{pmatrix}\text{工作班纯}\\ \text{工作时间}\end{pmatrix}$$

或

$$\begin{pmatrix}\text{施工机械台}\\ \text{班产量定额}\end{pmatrix}=\begin{pmatrix}\text{机械1 h纯工作}\\ \text{正常生产率}\end{pmatrix}\times\begin{pmatrix}\text{工作班}\\ \text{延续时间}\end{pmatrix}\times\begin{pmatrix}\text{机械时间}\\ \text{利用系数}\end{pmatrix}$$

（2）机械时间定额。

机械时间定额是指在合理的劳动组织、生产组织和合理使用机械正常施工条件下，熟练工人或工人小组操纵使用机械，完成单位合格产品所必须消耗的机械工作时间，计量单位以台班或工日表示。

$$\text{施工机械时间定额}=\frac{1}{\text{机械台班产量定额指标}}$$

## 第二节　建筑机械台班使用费基本知识

台班费是以货币数量为表现形式的某台机械设备完成一个台班产量的机械设备的使用成本。台班费是租赁收取费用的依据，也是单机、班组和单位工程核算的基础。

机械使用费是指在施工过程中由于建筑机械进行作业所发生的费用。以各种机械设备的

台班消耗量和机械台班单价为依据，计算出该工程的机械使用费。

施工机械台班单价费组成中各费用项目均以不包含增值税可抵扣进项税额的价格计算。

## 一、机械台班费用的规定

**1. 一般规定**

（1）台班费用的编制必须符合《建设工程施工机械台班费用编制规则》的相关规定。

（2）施工机械原值采用不含税价格。

（3）进口与国产施工机械规格相同的，应以国产为准取定施工机械原值。

（4）折旧年限执行财政部规定的折旧年限范围。

（5）每一台班工作时间为 8 h，不足 4 h 的按 0.5 个台班，超过 4 h、不足 8 h 的按一个台班计算。

**2. 机械施工费**

（1）机械施工费的组成。

机械施工费是指施工过程中，所有投入的机械本身、进出场安拆及保证机械正常安全生产所发生的所有费用。一次性投入的专用机械包含机械采购费用、安拆及进出场、维护修理费、操作维保人工费、燃油动力费、其他费用等。周转使用的施工机械包含机械的折旧费、安拆及进出场费、维护修理费、操作维保人工费、燃油动力费、其他费用等。

（2）机械施工费的计算方法。

机械施工费的计算，是按工程量清单进行工料分析，计算投入的各种机械的台班消耗量，按相应的定额单价计算各施工机械费用，投入所有机械的费用总和即机械施工费。

$$机械施工费=\sum 单机施工费$$

$$单机施工费=消耗总台班\times 台班单价$$

**3. 施工机械停滞费及租赁费**

施工机械停滞费是指施工机械非自身原因停滞期所发生的费用。施工停滞费的计算公式为

$$施工机械停滞费=折旧费+人工费+其他费$$

施工机械租赁费由各地区、各部门参照租赁市场并结合本地区、部门实际确定。

## 二、机械台班单价的计算

建筑机械台班单价由折旧费、检修费、维护费、安拆费及场外运费、人工费、燃料动力费和其他费用组成。

**1. 台班折旧费**

台班折旧费是指施工机械在一个工作台班内，收回其原值及支付贷款利息的费用，其计算式为

$$折旧费=\frac{预算价格\times(1-残值率)}{耐用总台班}$$

（1）国产施工机械的预算价格。计算式为

国产施工机械预算价格=施工机械原值+相关手续费和一次运杂费+车辆购置税

1）施工机械原值应按下列途径询价、采集：

①编制期施工企业购进施工机械的成交价格；

②编制期施工机械展销会发布的参考价格；

③编制期施工机械生产厂、经销商的销售价格；

④其他能反映编制期施工机械价格水平的市场价格。

2）相关手续费和一次运杂费应按实际费用综合取定，也可按其占施工机械原值的百分比确定。

3）车辆购置税应按以下式计算：

车辆购置税=计取基数×车辆购置税率

其中，计取基数=机械原值+相关性手续费和一次运杂费；车辆购置税率应执行编制期间国家的有关规定。

国产施工机械原值应按不含标准配置以外的附件及备用零件的价格取定。

（2）进口施工机械的预算价格。

进口施工机械的预算价格按照到岸价格、关税、消费税、相关手续费和国内一次运杂费、银行财务费、车辆购置税之和计算。

1）进口施工机械原值应按“到岸价格+关税”取定；到岸价格应按编制期间施工企业签订的采购合同、外贸与海关等部门的有关规定及相应的外汇汇率取定；进口施工机械原值应按不含标准配置以外的附件及备用零件的价格取定。

2）关税、消费税及银行财务费应执行编制期间国家的有关规定，并参照实际发生的费用计算。也可按占施工机械原值的百分比取定。

3）相关手续费和一次运杂费应按实际费用综合取定，也可按其占施工机械原值的百分比确定。

4）车辆购置税的计算式为

车辆购置税=计税价格×车辆购置税率

其中，计税价格=到岸价格+关税+消费税，车辆购置税率应执行编制期间国家的有关规定。

（3）残值率。

残值率是指机械报废时回收的净残值占机械原值的百分比，目前各类施工机械一般按原值的5%计算。

（4）耐用总台班。

耐用总台班是指施工机械从开始投用至报废前使用的总台班数，应按照施工机械的相关技术指标确定。

年工作台班是指在一个年度内使用的台班数量，年工作台班应在编制期间制度工作日的基础上扣除检修、维护天数及考虑机械利用率等因素综合取定。

耐用总台班=折旧年限×年工作台班=检修间隔台班×检修周期

检修间隔台班是指机械自投入使用起至第一次检修止或自上一次检修后投入使用起至下一次检修止，应达到的台班使用数。

检修周期是指机械正常的施工作业条件下，将其耐用总台班按规定的检修次数划分为若干个周期。其计算式为

$$检修周期=检修次数+1$$

折旧年限是指逐年计提固定资产折旧的年限，应按编制期间国家的有关规定取定；折旧年限在规定的年限内取整数。

**2. 检修费**

检修费是指施工机械在规定的耐用总台班内，按规定的检修间隔进行必要的检修，以恢复其正常功能所需要的费用。检修费是机械使用期内全部检修费之和在台班费用中的分摊额，它取决于一次检修费、检修次数和耐用总台班的数量。其计算式为

$$检修费=\frac{一次检修费\times 检修次数}{耐用总台班}\times 除税系数$$

（1）一次检修费是指施工机械一次检修发生的工时费、配件费、辅料费、油燃料费等。其数额应参照施工机械相关技术指标和参数，结合编制期市场价格综合取定，也可按其占预算价格的百分率取定。

（2）检修次数是指施工机械在其耐用总台班内的检修次数。检修次数应按施工机械的相关技术指标取定。

（3）除税系数=自行检修比例+委外检修比例÷（1+税率）

自行检修比例、委外检修比例是指施工机械自行检修、委托专业修理修配单位检修占检修费的比例。具体比值应结合本地区、本部门施工机械检修实际综合取定。税率按增值税修理修配劳务适用税率计取。

**3. 维护费**

维护费是指施工机械在规定的耐用总台班内，按规定的维护间隔进行各级维护和临时故障排除所需的费用。保障机械正常运转所需替换与随机配备工具附具的摊销和维护费用、机械运转及日常保养维护所需润滑与擦拭的材料费用及机械停滞期间的维护费用等。各项费用分摊到台班中，即为维护费。维护费的计算式为

$$维护费=\frac{\sum（各级维护一次费用\times 除税系统\times 各级维护次数）+临时故障排除费}{耐用总台班}$$
$$+替换设备和工具附具台班推销费$$

$$除税系数=自行维护比例+委外维护比例\div（1+税率）$$

各级维护一次费用应按施工机械的相关技术指标，结合编制期间的市场价格综合取定。

各级维护次数应按施工机械的相关技术指标取定。

自行维护比例和委外维护比例是指施工机械自行维护、委托专业修理修配部门维护占维护费比例。具体比值应结合本地区（部门）施工机械维护实际综合取定。

税率按增值税修理修配劳务适用税率计取。

临时故障排除费可按各级维护费用之和的百分数取定。

替换设备及工具附具台班摊销费应按施工机械的相关技术指标，结合编制期市场价格综合取定。

当维护费计算公式中各项数值难以取定时，维护费的计算式为

$$维护费=检修费 \times K$$

$K$ 为维护费系数，指维护费占检修费的百分数。$K$ 值可按照《建设工程施工机械台班费用编制规则》附录取定。

**4. 安拆费及场外运费**

安拆费是指施工机械在现场进行安装与拆卸所需的人工、材料、机械和试运转费用以及机械辅助设施的折旧、搭设、拆除等费用；场外运费指施工机械整体或分体自停放地点运至施工现场或由一施工地点运至另一施工地点的运输、装卸、辅助材料及架线等费用。

安拆费及场外运费根据施工机械不同分为不需计算、计入台班单价和单独计算三种类型。

（1）不需计算。

不需安拆的施工机械，不计算一次安拆费；不需相关机械辅助运输的自行移动机械，不计算场外运费；固定在车间的施工机械，不计算安拆费及场外运费。

（2）计入台班单价。

安拆简单、移动需要起重与运输机械的轻型施工机械，其安拆费及场外运费计入台班单价。其计算式为

$$台班安拆费及场外运费=\frac{一次安拆费及场外运费 \times 年平均安拆次数}{年工作台班}$$

1）一次安拆费应包括施工现场机械安装和拆卸一次所需的人工费、材料费、机械费、安全检测部门的检测费及试运转费。

2）一次场外运费应包括运输、装卸、辅助材料和回程等费用。

3）年平均安拆次数应按施工机械的相关技术指标，结合具体情况综合确定。

4）运输距离均按平均 30 km 计算。

（3）单独计算。

1）安拆复杂、移动需要起重及运输的重型施工机械，其安拆费及场外运费单独计算。

2）利用辅助设施移动的施工机械，其辅助设施（包括轨道与枕木等）的折旧、搭设和拆除等费用可单独计算。

3）自升式塔式起重机、施工电梯安拆费用的超高起点及其增加费，各地区、部门可根据具体情况取定。

**5. 台班人工费**

人工费指机上司机（司炉）和其他操作人员的人工费，按下式计算：

$$人工费=人工消耗量 \times \left(1+\frac{年制度工作日-年工作台班}{年工作台班}\right) \times 人工单价$$

（1）人工消耗量指机上司机（司炉）和其他操作人员的工日消耗量。

（2）年制度工作日应执行编制期间国家的有关规定。

（3）人工单价应执行编制期工程造价管理部门发布的信息价格。

**6. 燃料动力费**

燃料动力费是指施工机械在运转作业中所耗用的燃料及水、电等费用，按下式计算：

$$合班燃料动力费=\sum（燃料动力消耗量\times燃料动力单价）$$

（1）台班燃料动力消耗量应根据施工机械相关技术指标等参数及实测资料综合确定，也可采用以下公式：

$$台班燃料动力消耗量=（实测数\times4+定额平均值+调查平均值）/6$$

（2）燃料动力单价应执行编制期工程造价管理部门发布的不含税信息价格。

**7. 其他费用**

其他费用是指施工机械按照国家规定应缴纳的车船税、保险费及检测费等，应按以下公式计算：

$$其他费=\frac{年车船税+年保险费+年检测费}{年工作台班}$$

（1）年车船税、年检测费用应执行编制期国家及地方政府有关部门的规定。

（2）年保险费应执行编制期国家及地方政府有关部门强制性保险的规定，非强制性保险不应计算在内。

## 第三节　建筑机械维修保养费基本知识

随着建筑机械水平的不断提高，建筑机械已成为影响工程安全质量、进度和成本的关键因素。合理正确地对建筑设备进行维护保养，不仅是保证施工现场建筑机械经常处于优良工作状态，也是提高设备利用率促使工程正常顺利进行的重要保障。

### 一、建筑机械的维护保养

建筑机械在使用过程中，由于磨损、腐蚀、外力破坏和工作环境的改变或应用工况的改变引起建筑机械不能满足某种程度的使用性能。根据常见的建筑机械重大故障因素调查、分析显示，建筑机械的重大故障是因为缺少维护保养造成的。为避免出现类似情况的发生必须通过对建筑机械的维护保养措施保证设备处于最优良的使用状态。

### 二、维护保养费用管理

维修保养费包括建筑机械大修费用、经常修理费用、维护保养费用。

在实际生产过程中，施工机械因地域、气温、设备型号等的不同，导致维护保养的要求不同。要对机械全寿命周期内进行各级保养、停置期的维护保养、日常维护保养中的消耗工时、配件、辅料等费用进行统计、核算、分析，根据分析结果采取针对性措施，最终达到控制维修成本的目的。

**1. 机械设备修理的结算**

机械设备的修理费用由工时费、燃料油及润滑油（脂）费、辅助材料费、外购或自制配件费以及其他费用组成。以上费用结算时一般按以下原则办理：

（1）工时费、燃料油及润滑油（脂）费、辅助材料费，按有关技术经济定额包干结算。

（2）配件费在购入价基础上增加5%的管理费后，按实耗结算。

（3）其他费用主要指超标准修理和改装的费用，按送修时双方商定的办法结算。

在修理费用结算时，一方面应制定出各种修理技术经济定额，明确规定取费标准；另一方面在大修理合同中，将修理要求、修理内容、质量标准、进出厂时间、费用结算等，通过经济合同的文字形式明确下来，双方信守合同，任何一方违约都应按合同规定承担经济责任。自行组织维修的，应将相关费用全数统计列入相应维修项目费用统计。

**2. 建筑机械维修费用核算**

在工作中应根据维修费用结算统计，对照维修费用定额进行维修费用核算。

建筑机械修理费用核算主要有单机大修理成本核算和机械保养、小修成本核算。

单机大修理成本核算是由修理单位对大修竣工的机械设备，按照修理定额中划定的项目，分项计算其实际成本，然后与计划成本（修理技术经济定额）对比，计算出一台机械大修理费用的盈亏数。

对于机械保养、小修成本的核算，若有定额，可计算实际发生的费用和定额相比，核算其盈亏数。若没有定额的保养、小修项目，应包括在单机或班组核算中，采取维修承包的方式，以促进维修工与操作工密切配合，共同为减少机械维修费。

**3. 建筑机械维护保养费用的核算**

在工作中，应根据实际发生的情况对建筑机械保养费用进行统计，对照维护保养定额进行费用核算。一方面，通过核算控制保养费用的费用支出；另一方面，通过对维护保养费用的项目核算，也可以监督建筑机械设备的正确和及时保养。

保养工作与检修一起进行的，则列入检修费用统计，将其中维护保养项目在检修中单列分项登记核算，可以考核建筑机械的全寿命周期内的保养情况，加强建筑机械设备管理。

**4. 维修费用有关统计分析**

机械维修费用率

机械维修费用率指机械维修费用和机械净值的比率，用来考核机械维修费用情况。其计算式为

$$\text{机械维修费用率}=\frac{\text{全年机械维修费（包括大修）实际总费用}}{\text{年平均机械总值}}\times 100\%$$

**5. 净产值设备维修费用率**

净产值设备维修费用率是指全年设备维修费用占全年总产值的比率，反映维修成本的占比情况，其计算式为

$$净产值机械维修费用率=\frac{全年设备维修总费用（包括大修费用）}{全年净产值总和}\times 100\%$$

维修配件储备率。

维修配件储备率是指配件流动资金占有率，用来考核是否超过标准指标，衡量配件管理的综合水平。其计算式为

$$维修配件储备率=\frac{库存配件资金总额}{全部机械原值总额}\times 100\%$$

上述几个公式的计算分析，可以反映企业的设备状况，设备维修成本状况和设备配件管理状况，根据计算结果，制定相应的管理措施，细化相关的管理流程，加强考核，有利于企业提高建筑机械的维修管理水平。

## 第四节 建筑机械租赁费结算基本知识

### 一、建筑机械租赁形式及要求

**1. 建筑机械的租赁形式**

（1）建筑机械的内部租赁

施工机械的内部租赁，是在有偿使用的原则下，由施工企业所属机械经营单位和施工单位之间所发生的机械租赁。机械经营单位为出租方承担提供机械、保证施工生产需要的职责，并按企业规定的租赁办法签订租赁合同，收取租赁费。

（2）机械设备的社会租赁

机械设备社会性租赁按其性质可分为融资性租赁和服务性租赁两大类。

1）融资性租赁。融资性租赁是将借钱和租物结合在一起的租赁业务。租赁公司出资购置建筑施工单位所选定的某种型号机械，然后出租给施工企业。施工企业按照特定合同的条件和特定的租金条件，在一定期限内拥有对该机械的所有权和使用权。合同期满后，承租的建筑施工企业可按合同议定的条件支付一笔货款，从而拥有该机械的全部产权，或者是将该机械退还给租赁商，也可重新拟订合同继续租用该机械。

2）服务性租赁。服务性租赁又称融物性租赁，建筑施工单位可按合同的规定支付租金来取得对某型号机械的使用权。在合同期内，一切有关设备的维修和操作业务均由租赁公司负责。合同期满后，不存在该机械产权的转移问题。承租单位可按新协议合同继续租用该机械。

**2. 建筑机械租赁的要求**

（1）建筑起重机械安全监督管理规定。

《建筑起重机械安全监督管理规定》（建设部令　第 166 号）中规定，出租单位出租的建筑起重机械应当具有特种设备制造许可证、产品合格证、制造监督检验证明。

出租单位在建筑起重机械首次出租前，自购建筑起重机械的使用单位在建筑起重机械首次安装前，应当持建筑起重机械特种设备制造许可证、产品合格证和到本单位工商注册所在

地县级以上地方人民政府建设主管部门办理备案。

出租单位应当在签订的建筑起重机械租赁合同中，明确租赁双方的安全责任，并出具建筑起重机械特种设备制造许可证、产品合格证、备案证明和自检合格证明，提交安装使用说明书。

有下列情形之一的建筑起重机械，不得出租、使用：

1）属国家明令淘汰或者禁止使用的；

2）超过安全技术标准或者制造厂家规定的使用年限的；

3）经检验达不到安全技术标准规定的；

4）没有完整安全技术档案的；

5）没有齐全有效的安全保护装置的。

建筑起重机械有本规定上述第1）、第2）、第3）项情形之一的，出租单位或者自购建筑起重机械的使用单位应当予以报废，并向原备案机关办理注销手续。

（2）建筑施工机械租赁行业管理。

《建筑施工机械租赁行业管理办法》规定，建筑施工机械租赁双方应当签订租赁合同，内容包括出租方、承租方名称，建筑施工机械种类型号，租赁方式、租赁期限、租赁价格、租赁工作量及结算方式，租赁双方责任及义务，违约及纠纷处理方式等。建筑施工机械租赁双方应当严格履行合同的各项约定。

## 二、建筑机械租赁费用结算

**1. 租金的预计测算**

租金是签订租赁合同的一项重要内容，直接关系出租人与承租人双方的经济利益，目前施工现场进行市场调研租金进行测算是最常用的办法，出租人要从取得的租金中得到出租资产的补偿和收益，即要收回租赁资产的购进原价、贷款利息、营业费用和一定的利润。承租人则要比照租金核算成本。

影响租金的因素很多，如设备的价格、融资的利息及费用、各种税金、租赁保证金、运费、租赁利差、各种费用的支付时间，以及租金采用的计算公式等。目前公式计算租金单价主要有附加率法和年金法，本书介绍附加率法。

附加率法是在租赁资产的设备货价或概算成本上再加上一个特定的比率来测算租金，每期租金 $R$ 表达式为

$$R = P\frac{(1+N\times i)}{N} + P\times r$$

式中，$P$——租赁设备的价格；

$N$——租赁期数，可约定按月、季、半年、年计算；

$i$——与租赁期数相应的利率；

$r$——附加率。

**2. 租赁管理**

（1）出租方的资格。

出租方应是经营合法，具有良好的社会信誉，规模适当、技术能力能满足施工现场的设

备和服务需求，出租方应具备的条件包括：

1）取得工商行政管理部门核发的营业执照和税务部门的税务登记证；

2）拥有可供租赁的自有建筑施工机械；

3）具有满足租赁及其租后服务要求的专业技术维修服务人员；

4）具有满足租赁及其租后服务要求的建筑施工机械维修保养基地和维修检测设备；

5）所出租的设备所需的技术档案齐全，法定手续完备；

6）需安拆的特种设备如建筑起重机械类，出租方还应具有相适应的资质和安全生产许可证，如出租方不具备，应寻求具有相应资质的额单位合作。

7）其他应当满足开展建筑施工机械租赁活动的条件。

（2）租赁合同。

租赁合同是双方租赁价格、结算、租金支付的依据，是双方进出场、安装拆卸工作、使用维修管理权利义务、安全环保责任等有效落实，权利义务划分的依据，建筑起重机械合同签订可参照附件《重庆市建筑起重机械租赁合同》格式及权利义务约定要求。

（3）现场设备人员应对进场的设备实施动态管理，每月应该填写登记设备使用管理台账，如表 11-1 所示。

**表 11-1 ____年__月建筑机械设备动态台账表**

项目名称： 填写日期： 年 月 日

| 序号 | 设备名称 | 规格型号 | 制造厂家 | 出租单位 | 使用单位 | 租赁单价 | 进场日期 | 出场日期 | 备注 |
|---|---|---|---|---|---|---|---|---|---|
| | | | | | | | | | |
| | | | | | | | | | |
| | | | | | | | | | |
| | | | | | | | | | |

负责人： 制表人：

### 3. 租金的结算

租金的计算式一般为：

$$租赁费=\sum(每型租赁设备数量\times每型设备租赁单价)+\sum合同约定其他费用-现场应扣费用$$

现场设备管理人员对建筑机械租金结算后，应予以登记，填写建筑机械租赁费登记表，可参照表 11-2 所示。

**表 11-2 ____年__月建筑机械租赁费登记表**

项目名称 登记日期： 年 月 日

| 序号 | 机械名称 | 规格型号 | 出租单位 | 租赁单价 | 数量 | 起止日期 | 租赁天数 | 备注 |
|---|---|---|---|---|---|---|---|---|
| | | | | | | | | |
| | | | | | | | | |

部门负责人： 制表人：

附件：

## 重庆市建筑起重机械租赁合同

承租单位（甲方）：＿＿＿＿（单位全称）＿＿＿＿

出租单位（乙方）：＿＿＿＿（单位全称）＿＿＿＿

根据中华人民共和国《合同法》《特种设备安全法》以及其他有关法律法规的规定，遵循平等、自愿和诚实守信的原则，甲乙双方就租用建筑起重机械的相关事宜协商一致，签订本合同。

第一条　建筑起重机械使用地点和项目名称

使用地点：＿＿＿＿＿＿＿＿＿＿＿＿

项目名称：＿＿＿＿＿＿＿＿＿＿＿＿

第二条　拟租赁建筑起重机械基本情况（可另附表格）

| 序号 | 机械名称 | 型号 | 主要参数 | | | 数量/台 | 生产厂商 | 出厂日期 | 备案编号 | 租赁期限（起止时间） |
|---|---|---|---|---|---|---|---|---|---|---|
| | | | 最大幅度/m | 额定最大起重量/t | 标准高度/m | | | | | |
| | | | | | | | | | | |
| 其他要求 | | | | | | | | | | |

因现场需要，导致建筑起重机械租赁数量、要求发生变化时，甲方应书面通知乙方，双方协商同意后可予以变更；租赁期限以实际发生数为准。

租赁期间，设备的所有权归乙方；甲方仅享有设备的使用权利，但不得有转让、抵押等危及乙方所有权的行为，若因此造成乙方损失，应予以赔偿。

第三条　租赁期限

1. 租赁期起算日期从施工现场安装结束经甲、乙双方验收合格之日起，至甲方通知乙方建筑起重机械使用结束、要求乙方拆除建筑起重机械且现场具备拆除条件之日止。

2. 甲方需要延长租赁期限的，应当在合同约定的建筑起重机械租赁终止时间前 15 日以书面形式通知乙方，经双方协商一至延续或续签合同；原定租赁期满未续签合同的，如甲方继续需要建筑起重机械，乙方没有提出异议的，本合同继续有效，但租赁期限以实际使用建筑起重机械的期限为准。

3. 甲方应在建筑起重机械租赁期满或停止使用前 15 日，书面通知乙方停用设备，并积极协助办理拆卸的法定手续。

第四条　建筑起重机械安装拆卸

1. 建筑起重机械安装拆卸由＿□甲方　□乙方＿负责，安装拆卸协议另行签订。

2. □建筑起重机械安装拆卸由乙方负责。

3. 建筑起重机械安装、拆卸前必须编制安全专项施工方案，方案经相关审核后实施；如果需要专家论证的，必须按照规定程序经专家论证后方可实施。

建筑起重机械安装、拆卸人员必须持证上岗，作业前甲乙双方必须进行安全技术交底。

第五条　租赁费用计算与支付

1. 租赁费用单价

| 序号 | 建筑起重机械名称 | 型号 | 备案编号 | 标准高度裸机租金（元/台・月） | 超高标准节租金（元/节・月） | 常规附着装置租金（元/道・月） | 标准高度安拆运输费（元/台） | 超高标准节安拆运输费（元/节） | 附着装置安拆运输费（元/套） | 基础预埋件费用（元/台） |
|---|---|---|---|---|---|---|---|---|---|---|
| | | | | | | | | | | |
| | | | | | | | | | | |

2. 附着装置为建筑起重机械说明书里面规定的标准附着装置，预埋件由乙方提供。非常规附着装置费用______元/道。

3. 建筑起重机械操作人员、指挥人员必须持有相应的有效特种作业资格证书，操作人员和信号指挥人员若由乙方指派，双方应另行签订派遣协议或用工协议。

4. 建筑起重机械停置期间计费。

（1）非乙方的原因导致工程暂停施工的，若暂停施工不超过____天的，租金按____%计取，暂停施工超过____天，租金按照____%计取。

（2）建筑起重机械已报停用，施工现场不具备拆除条件，租金正常计取。

（3）由于乙方建筑起重机械自身原因导致停机的，超过____天未恢复正常运作的，乙方必须更换建筑起重机械，否则甲方有权要求乙方立即退场并赔偿甲方的直接损失。

（4）双休日、国家法定节日期间（春节期间除外）租金正常计取，春节放假期间____天不计租金。

5. 费用结算。

（1）乙方以建筑起重机械进场安装后经双方验收合格之日开始计算租赁费。

（2）在甲方现场具备建筑起重机械拆除条件的情况下，自甲方出具书面建筑起重机械停用通知单确定的停用时间次日起，乙方停止计算和收取建筑起重机械租赁费用。

（3）每月____日至____日内乙方向甲方提交上月租赁费用结算单，甲方应核对后签字确认。

甲方自收到乙方提供的结算单之日起 5 日内未签字确认且未提出异议的，视为甲方对乙方提供的结算单予以认可。

（4）租赁费用单价按月计算时，不足月的尾数日租金按月租金除以 30 天乘以实际使用天数计算。

（5）甲乙双方分别指定授权代表，负责结算单的签字确认；如授权代表发生变更，应当向对方出具授权代表变更通知单。

甲方代表：_______；身份证号：___________；联系电话：_________；地址：___________。

乙方代表：_______；身份证号：___________；联系电话：_________；地址：___________。

6. 预计租赁费总额：_______元，大写：_________（以双方实际结算金额为准）。

7. 费用支付方式：____________________________________________。

8. 甲方向乙方付款前，乙方应在甲方要求的时间内提供符合甲方要求的正式发票。

第六条　双方关于保证金的约定

______________________________________________________________。

第七条　建筑起重机械作业人员管理

1. 建筑起重机械操作人员和信号指挥人员必须持证上岗，不得疲劳作业。

2. 甲方应将施工现场建筑起重机械操作人员、信号指挥人员视为自有人员，负责日常管理，配备必要的安全防护装置，并开展安全教育及安全技术交底。

3. 建筑起重机械作业人员应当具有相应行业工种的特种作业操作资格证书，且无器质性心脏病、高血压、贫血、精神病、眩晕症、恐高症、美尼尔氏症、癫痫、重症神经官能症、脑外伤后遗症、慢性骨髓炎、传染性疾病、突发性晕厥、肢体残疾、功能受限者等妨碍从事该工种特种作业的疾病和生理缺陷。

第八条　建筑起重机械的维修与保养

1. □甲方　□乙方负责建筑起重机械的日常保养，□甲方　□乙方负责对建筑起重机械的定期保养工作，保养内容应符合相关管理规定的内容。

建筑起重机械零部件由于磨损、老化需要维修更换的，费用由乙方承担。由于甲方操作失误或其他非正常原因造成零部件损坏需要维修更换的，更换零部件费用由甲方承担。

2. 乙方负责对建筑起重机械进行维修和定期检查，并做好记录供甲方检查。乙方对于一般故障应在限定____小时内维修完毕，较大故障（主要部件或电机损坏）应在____小时内维修完毕，如果规定时限内不能修好，除扣减停机时间相应的租金外，每天还应承担____元的罚款。

因使用方原因造成的建筑起重机械损坏，维修时间不在本条规定范围内，甲方应承担相应的维修成本费用，乙方应尽快维修。

第九条　双方的权利与义务

1. 甲方的权利与义务：

（1）甲方有权要求乙方按照合同约定提供符合国家、行业和本市相关规定的建筑起重机械及附属零部件。

（2）甲方有权指定人员对建筑起重机械进行安全检查，发现建筑起重机械存在安全隐患的，有权要求乙方整改；经整改仍达不到安全生产要求的，有权解除合同并要求建筑起重机械拆离施工现场。

（3）甲方应当根据所使用建筑起重机械的型号、说明书上标注的基础载荷数据和乙方提供的基础图，编制基础施工方案并进行基础施工和验收，承担基础施工使用的材料（预埋支腿、预埋节、地脚螺栓等建筑起重机械基础预埋件除外）、机械、人工费用。

（4）甲方应为乙方提供合理的时间、场地和道路，用于乙方对建筑起重机械的进出场、安拆、升降、检查、维修等作业，提供符合要求的专用配电箱和所需的动力等必要条件，并承担费用。

（5）甲方应当按照国家、行业和地方的有关规定要求规范的使用设备，并按照规定办理使用登记。

（6）甲方应当为建筑起重机械提供安全作业环境，设置符合规范要求的安全防护设施，负责对现场建筑起重机械及附属零部件进行看护，防止其损坏、丢失。因甲方原因导致现场建筑起重机械及附属零部件损坏、丢失的，或者非施工活动造成建筑起重机械损坏的，甲方应当承担相应的赔偿责任。

（7）甲方未经乙方书面同意，不得私自对建筑起重机械进行改装、增减零部件或用于其他用途。

（8）建筑起重机械附着锚固时，甲方应当确保锚固点的建筑结构安全。

（9）甲方现场非建筑起重机械指定作业人员严禁擅自操作或使用建筑起重机械。

（10）甲方应当按照合同约定的时间、方式和金额支付租赁费用。

（11）甲方应当建立建筑起重机械使用管理台账，做好建筑起重机械使用管理。

（12）甲方应当做好停工期间建筑起重机械的管理工作。

（13）其他：________________________________________。

2. 乙方的权利与义务：

（1）乙方应当按照合同约定和国家、行业及地方的相关规定对建筑起重机械及附属零部件进行维修保养，乙方在进场安装前应全面对建筑起重机械进行维修保养，建筑起重机械应自检合格。

（2）乙方应当符合建设行政主管部门对于建筑起重机械租赁企业的要求。

（3）乙方应当按要求提供建筑起重机械生产厂家生产许可证、产品合格证等文件，需要到相关部门备案的，乙方还应当提供办理备案手续所需的资料，乙方应对其所提供资料的真实性负责。

（4）甲方进行基础施工时，乙方负责提供合格的建筑起重机械基础预埋件并提供技术指导。

（5）乙方应当向甲方提供书面的建筑起重机械安全使用要求、注意事项等必要的技术资料或技术说明。

（6）乙方应当按照双方合同约定提供建筑起重机械的维修服务，并确保提供的维修配件是合格产品。

（7）乙方应服从甲方安全文明施工及标准化管理要求，遵守甲方规章制度；乙方有权拒绝违章指挥和强令冒险作业，并有权向有关部门投诉。

（8）乙方应当组织专业技术人员按照安全技术标准及有关要求，每月至少对建筑起重机械安全限位装置以及设备完好状况进行一次全面检查，检查记录乙方要签字（盖章）并报甲方备案。

（9）乙方应当按照要求建立、健全建筑起重机械维修记录、建筑起重机械定期检查记录等安全技术档案。

（10）乙方有权按照合同约定的时间、方式和金额向甲方收取建筑起重机械租赁费用。

（11）其他：________________________________________。

3. 除合同约定外，甲乙双方还应当遵守国家、行业和本市关于建筑施工机械管理的法律、法规、规章、标准、规范、规程和文件等有关规定。

第十条　违约责任

1. 甲乙双方应当按照约定履行合同。如一方的违约行为给对方造成损失的，除合同另有约定外，应当兼顾公平原则和诚实守信原则向对方承担赔偿责任；如双方均有违约行为的，按照各自过错程度承担相应责任。

2. 甲方违约责任

（1）甲方未按合同约定支付租赁费的，每逾期一日应按照逾期支付款____%的标准向乙方支付违约金。凡逾期满____日的，乙方有权停机并要求甲方支付违约金。

（2）甲方未按约定日期安排乙方建筑起重机械进场，或建筑起重机械进场安装完毕因甲方原因不能检测、使用，每逾期一日应向乙方支付____元/日的违约金。凡逾期满____日的，乙方有权单方解除合同并要求甲方支付违约金元。

（3）甲方未按有关法律法规规定违章使用建筑起重机械，致使建筑起重机械受到损失的，乙方有权解除合同并要求甲方赔偿损失；由此造成的停工，甲方应正常支付该建筑起重机械停工期间的租赁费。

（4）甲方未经乙方书面许可擅自将建筑起重机械用于其他用途的或未经乙方书面许可擅自改变或增减零部件的、擅自增设他物的，乙方有权要求甲方整改甚至有权解除合同，并有权要求甲方赔偿相关损失。

（5）其他：____________________________________________。

3. 乙方违约责任

（1）乙方在约定时间内无法提供合同约定合格的建筑起重机械，经甲方书面催告仍不能按时履行或提供的替代建筑起重机械达不到合同要求，导致合同无法履行的，逾期满____日的，甲方有权解除合同并要求乙方支付违约金____元。

（2）乙方未按合同约定日期提供建筑起重机械的，每逾期一日应按照____元/日的标准向甲方支付逾期交付违约金。

（3）在合同期间因乙方原因（乙方按照合同约定对建筑起重机械进行安全检查、维修或保养的时间除外）导致建筑起重机械停工的，每台建筑起重机械每月累计维修时间超出____小时的，超出部分甲方按照如下方式扣除建筑起重机械租金：____________________。

（4）乙方每月未安排专业技术人员对建筑起重机械安全技术状况进行全面检查的，每次扣除____%的月租赁费（以30天为计算期）。

（5）其他：____________________________________________。

第十一条　不可抗力

一方当事人因不可抗力不能按照约定履行本合同的，根据不可抗力的影响，可部分或全部免除责任，但应当以书面形式及时告知对方，并自不可抗力结束之日起____日内向对方当事人提供证明。

第十二条　争议解决

本合同双方发生争议，由双方协商解决，也可由相关部门调解，协商或者调解不成的，按下列第____种方式解决（只能选择一种）。因一方违约导致仲裁、诉讼的，另一方由此产生的差旅费、律师费等实际损失，由违约方承担。

1. 向人民法院提起诉讼。

2. 向仲裁委员会申请裁决。

第十三条　其他条款

1. 本合同自双方签字盖章之日起生效。本合同及附件共____页，一式____份，具有同等法律效力，其中甲方____份，乙方____份。

2. 本合同附件以及合同履行过程中形成的各种书面文件，经双方签署确认后为本合同的组成部分，与本合同具有同等法律效力，解释的顺序除有特别说明外，以文件生成时间的先后为准。

3. 本合同未尽事宜，双方可协商签订补充协议，补充协议与本合同具有同等法律效力。

4. 本合同中的建筑起重机械是指塔式起重机、施工升降机，物料提升机、高处作业吊篮可以参照执行。

5. 合同签订地：________________________________。

6. 其他约定：________________________________。

| 承租单位：（甲方签章） | 出租单位：（乙方签章） |
|---|---|
| 住　　所： | 住　　所： |
| 法定代表人： | 法定代表人： |
| 委托代理人： | 委托代理人： |
| 电　　话： | 电　　话： |
| 传　　真： | 传　　真： |
| 开户银行： | 开户银行： |
| 账　　号： | 账　　号： |
| 邮政编码： | 邮政编码： |
| 年　月　日 | 年　月　日 |

# 第十二章　建筑机械资料管理

建筑机械是企业的重要的生产资源，按国家法规、标准等规定，企业应建立大型建筑机械设备档案管理办法和施工项目设备内业资料管理制度，建立、收集、整理相关建筑机械安全技术档案，无论是企业自身管理，还是国家监管部门均需要查验相应设备的档案资料。通常建筑机械档案包括出厂原始资料、资产资料、技术经济资料、安全运行保障资料等。

## 第一节　建筑机械资料分类及收集整理方法

### 一、建筑机械资料分类

**1. 原始资料**

机械设备的原始资料是指机械设备在出厂时厂家按照国家法律法规随机配发的系列文件资料，是机械设备运行控制的重要依据性文件。主要有四类：

（1）生产合法证明类：企业营业执照、特种设备制造许可证、鉴定证书等。

（2）产品定型证明类：产品定型试验报告、相关政府部门机构型号认定书（或批文）。

（3）责任承担证明类：产品合格证（含直接使用非本企业产品）、合同、发票等相关法律责任承诺书等。

（4）使用指导类：安装拆卸说明书、使用说明书、零部件手册、维修手册等。

**2. 现场建筑机械安全运行保障资料**

现场建筑机械安全运行保障资料为现场实施有序管理，方便于现场使用及安全监管核查，有利于专项费用核算。保证建筑机械的全寿命受控，施工现场的建筑机械资料管理至关重要。应注意部分关键资料是唯一性的，存贮在设备产权单位，现场可收集复印件加盖原件保存部门印章，现场形成的资料必须保存原件。

（1）现场建筑机械管理基本资料。

1）现场建筑机械台账表（册）：按建筑机械分类，主要登记建筑机械名称、型号、规格、出厂时间、进场日期、制造厂、出场时间、启用时间等情况。在建筑机械增减时填写，是相关管理人员（部门）掌握建筑机械基本情况的依据。

2）租赁建筑机械台账：登记租赁单位、建筑机械名称、型号、规格、厂家、进场时间、计租时间、退场时间等。

3）设备分布及责任人登记表（册）：略。

4）现场设备需用计划表（含总、季、月计划）：略。

**3. 建筑机械安装资料**

（1）进场验收资料；

（2）安装单位资质证书及安全生产许可证；

（3）安装（顶升、附着）及拆卸（降节）专项方案；

（4）建筑起重机械安装施工应急预案；

（5）安装拆卸作业安全技术交底；

（6）安装施工特种作业人员证书；

（7）安装验收资料；

（8）安装及定期检验资料；

（9）顶升、附着验收资料；

（10）安装告知及使用登记资料；

（11）安装合同及安全协议。

**4. 建筑机械使用资料**

（1）建筑机械租赁合同及安全使用协议；

（2）操作人员及特种作业人员证书；

（3）设备运转记录；

（4）多班作业司机交接班记录；

（5）建筑机械维修保养记录；

（6）建筑机械使用检查记录；

（7）相关人员资格证书；

（8）人员教育培训资料；

（9）操作使用安全技术交底；

（10）生产安全事故应急预案。

**5. 建筑机械经济核算资料**

1）建筑机械租赁费用统计资料，主要包括租赁费核算单、租赁费统计台账等；

2）自有建筑机械费用核算资料，主要包括建筑机械购置登记表、耗材表、维修费用统计表、人员工资费用表、油料消耗统计表、项目建筑机械费用阶段分析对比等资料。

## 二、建筑机械资料收集整理方法

**1. 企业建筑机械分类编号管理**

（1）建筑机械的分类。

建筑机械类型品种繁多，为了便于管理，各部门对施工机械的分类都作了不同的规定。

建设部制定的《建筑机械与设备　产品分类及型号》（JG/T 5093—1997），将建筑机械与设备划分 19 类、183 组、451 型、633 种产品。有些主要施工机械由于生产归口管理等原因，未能列入此标准当中。

（2）建筑机械的编号。

按照现行财务制度的规定，施工企业生产用固定资产分为六大类：房屋、建筑物；仪器及试验设备；施工机械；运输设备；加工与维修设备；其他生产用固定资产。通常建筑机械管理部门负责施工机械、运输设备、生产设备三大类的管理。

根据固定资产的性能和用途，每一大类中又分若干小类，如第三大类“施工机械”中各小类包括：起重机械、土方机械、铲运机械、凿岩机械、桩工机械、钢筋机械、混凝土机械、筑路机械等。每一小类中又分若干组型，如“起重机械”又分塔式起重机、汽车起重机等。

建筑机械类型复杂、品种多，为了识别容易。避免混淆，便于单机管理，对构成固定资产的建筑机械应逐台统一编号，为固定资产的计算机管理创造条件。

国家有关部门曾颁发有关固定资产分类编号的规定，规定统一编号由两组号码组成，第一组以四位数字代表类别编号。其中第一位数字代表固定资产大类；第二位数字代表一个大类中的小类；第三、第四位数字代表名称或组型。第二组以五位数字代表，前两位数字为单位代号。后三位数字为实物的顺序号。

执行统一编号应注意以下几点：

建筑机械统一编号应由企业建筑机械管理部门在建筑机械验收转入固定资产时统一编排。编号一经确定，不得任意改变。

报废或调出本系统的建筑机械，其编号应立即作废，不得继续使用。

建筑机械的主机和附机、附件均应用同一编号。

编号标志的位置。大型建筑机械可在主机机体指定的明显位置喷涂单位名单及统一编号，其所用字体及格式应统一。小型和固定安装机械可用统一式样的金属标牌固定于机体上。

**2. 建筑机械资产管理的基本资料**

建筑机械资产管理的基础资料包括：登记卡片、台账、清查盘点登记表、档案等。

（1）登记卡片、台账。

1）登记卡片是反映建筑机械主要情况的基础资料，机械登记卡片由产权单位机械管理部门建立，一机一卡。按机械分类顺序排列，由专人负责管理，及时填写和登记，卡片应随机转移，报废时随报废申请表送审。

目前，建筑施工企业已较少采用登记卡片，企业管理部门应充分利用信息化手段加强建筑机械设备管理，如对每台建筑施工机械建立二维码，通过新技术新手段解决管理的需要。

2）台账是掌握企业建筑机械资产状况，反映企业建筑机械的拥有量、分布及其变动情况的主要依据，它以《机械分类及编号目录》为依据按类组代号分页，按机械编号顺序排列，其内容主要是建筑机械的静态情况；由企业建筑机械管理部门建立和管理，作为掌握建筑机械基本情况的基础资料。台账分为总账和分布账，还应有报废台账、维修台账、封存停用台账、完好利用率统计台账等，企业可根据情况设立。

（2）清查盘点登记报表。

按照国家对企业固定资产进行清查盘点的规定，每年终了时，由企业财务部门会同机械管理部门和使用保管单位组成机械清查小组对固定资产进行一次现场清点。清点中查对实物，核实分布情况及价值，做到台账、卡片、实物三相符，并填写建筑机械清查盘点登记表。

清点工作必须做到及时、深入、全面、彻底，在清查中发现的问题要认真解决。如发现盘赢、盘亏，应查明原因，按有关规定进行财务处理。清点应填写建筑机械资产清点表（见表 12-1），留存并上报。

**表 12-1　建筑机械设备固定资产盘点表**

机械设备固定资产____年盘点表

编制单位：　　　　截至时间：　　年　　月　　日　　　　单位：元

| 类别 | 编号 | 名称 | 型号 | 能力 | 功率/kW | 重量/t | 原值/元 | 净值 | 累计折旧 | 制造厂 | 备案日期 | 出厂日期 | 启用期 | 使用单位 | 使用地点 | 资金来源 | 折旧年限 | 月折旧额 | 牌照编号 |
|---|---|---|---|---|---|---|---|---|---|---|---|---|---|---|---|---|---|---|---|
| | | | | | | | | | | | | | | | | | | | |
| | | | | | | | | | | | | | | | | | | | |
| | | | | | | | | | | | | | | | | | | | |
| | | | | | | | | | | | | | | | | | | | |
| 合　计 | | | | | | | | | | | | | | | | | | | |

负责人：　　　　审核人：　　　　填表人：

为了监督建筑机械的合理使用，清点中出现以下情况应予处理：

1）如发现保管不善、使用不当、维修不良的建筑机械，应向有关单位提出意见，帮助并督促其改进。

2）对于实际磨损程度与账面净值相差悬殊的机械，应查明造成原因，如由于少提折旧而造成，应督促补提；如由于使用维护不当，造成早期磨损者，应查明原因，作出处理。

3）清查中发现长期闲置不用的建筑机械，应先在企业内部调剂；属于不需用的机械，应积极组织向外处理，在调出前要妥善保管。

4）针对清查中发现的问题，要及时修改补充有关管理制度，防止前清后乱。

**3. 建筑机械技术档案作用及内容**

（1）建筑机械技术档案的作用。

建筑机械技术档案是指机械自购入（或自制）开始直到报废为止整个过程中的历史技术资料。能系统地反映建筑机械运行状态的变化情况，是机械管理不可缺少的基础工作和科学依据，其作用主要在于：

1）掌握建筑机械使用性能的变化情况，以便在最有利的使用条件下，充分发挥其效能。

2）掌握建筑机械运行时间的累计和技术状况变化的规律，以便更好地安排建筑机械的使用、保养和修理，为编制使用、维修计划提供依据。

3）为建筑机械备品配件供应计划的编制和建筑机械修理的技术鉴定，提供科学依据。

4）为改进建筑机械的结构、性能，生产备品配件进行技术经济论证等工作提供技术资料。

5）为分析建筑机械及安全事故原因，申请建筑机械报废等应提供有关技术资料和依据。

（2）建筑机械技术档案的内容。

建筑机械档案由企业机械管理部门建立和管理，其主要内容有：

1）建筑机械随机技术文件。包括使用保养维修说明书、出厂合格证、零件装配图册、随机附属装置资料、工具和备品明细表，配件目录等。

2）新增（自制）或调入的批准文件。

3）安装验收和技术试验记录。

4）改装、改造的批准文件和图纸资料。

5）送修前的检测鉴定、大修进厂技术鉴定、出厂检验记录及修理内容等有关技术资料。

6）事故报告单、事故分析及处理等有关记录。

7）建筑机械报废技术鉴定记录。

8）建筑机械交接清单。

9）其他属于本机的有关技术资料。

（3）建筑机械履历书。

建筑机械履历书是一种单机档案形式。由建筑机械使用单位建立和管理，作为掌握建筑机械使用情况、进行科学管理的依据。其主要内容有：

1）试运转及走合期记录。

2）运转台时、产量和消耗记录。

3）保养、修理记录。

4）主要机件及轮胎更换记录。

5）机长更换交接记录。

6）检查、评比及奖惩记录。

7）事故记录。

**4. 建筑机械技术档案收集注意事项**

（1）原始资料一次填写入档；运行、消耗、保养等记录按月填写入档；修理、奖惩、事故、交接、改装、改造等及时填写入档。列入档案的文件、数据应准确可靠。

（2）国外引进建筑机械的技术资料和该机械有关的国际技术交流资料。应及早归档，不得留存在个人手中。

（3）机械调动时，技术档案随机移交。报废时，技术档案随报废申请单送批。

（4）借阅技术档案应办理审批和登记手续，借阅单位和个人不得在档案材料上涂改、抽换和损坏。

（5）建立技术档案检查和分析制度、以保障档案内容充实、可靠。主管机械的领导要定期检查档案的完整性，分析机械使用、维修和技术状况的变化等情况，以便掌握规律，改进机械管理工作。

**5. 企业建筑机械资料收集归档方法**

为了建立健全的建筑机械安全技术档案管理工作，加强建筑机械安全技术档案的科学管理。有效地保护和利用档案，结合单位实际情况，应制订以下办法：

（1）档案管理体制。

1）档案管理机构应指定有关部门统一管理本单位的建筑机械技术档案。

2）指定专人管理建筑机械技术档案工作，保管人必须维护档案的完整与安全，并接受必要的培训。

（2）立卷归档制度。

1）档案的收集：建筑机械管理部门应对建筑机械资料进行收集整理，经过挑选，立卷，定期移交至档案室集中保存。

2）归档范围：包括建筑机械登记表、备案证明、使用证复印件、设计文件、制造单位的产品质量合格证明、使用维护说明等文件以及安装技术文件和资料；定期检验和定期自行检查的记录：日常使用状况记录；及其安全附件、安全保护装置、测量调控装置及有关附属仪器仪表的日常维护保养记录；运行故障和事故及处理记录；重大修理改造竣工档案；停用、缓检的相关申请资料等，以及有关往来函件（含传真、电子邮件等）、照片等各种形式、载体的文件。

3）归档要求及注意事项：

资料应完整齐全，按工作阶段性进行归档。系统、条理，保持有机联系。凡是归档文件材料，均要按其不同特征组卷，尽量保持它的内在联系，区分它们不同的保存价值。文件分类准确、立卷合理。立卷时，要求将文件的正件与附件，印件与定稿，请示与批复等统一立卷，不得分散。在进行卷内文件排列时，要合理安排文件的先后次序，按时间先后排列。对于同一事情的同一文件，应统一规定进行。由档案部门对机械管理部门加以指导，协助机械管理部门共同做好旧档的整理工作。办理移交手续，双方在移交清册签字。

（3）单机归档、卷内目录。

1）应设专人负责对建筑机械（塔式起重机、施工升降机、物料提升机、厂（场）内机动车辆等建主单机档案，独立成卷（盒），至少应包括购置的合同和发票（复印件）；随机各项文件和技术资料；历次安装、拆除和检验资料；历次的二级保养和维修资料；设备的运转记录；在主管部门办理的备案登记相关证件。

2）设备管理部门应建立设备档案资料借阅登记表。严格借阅手续，防止丢失；建筑机械的技术资料及档案保管期限等同该设备的实际使用年限。工程档案封面、卷内目录、备考表、设备档案管理表格见表 12-2。

表 12-2　建筑机械档案管理表格

| 序号 | 类别 | 卷内文件排列 |
|---|---|---|
| 一 | 依据性文件 | 设备购置计划、重要设备购置论证报告及批复文件 |
| 二 | 开箱验收与随机文件 | 建筑机械设备开箱检验记录；<br>产品说明书；<br>图纸；<br>产品合格证和出厂检验文件；<br>设备装箱单；<br>随机附件、备件、工具清单；<br>其他随机文件 |
| 三 | 安装调试文件 | 设备安装工艺规程；<br>设备安装基础图、平面布置图、电器接线图；<br>设备安装隐蔽工程检查记录；<br>试车、调试记录；<br>精度检查记录、性能鉴定文件；<br>安装验收文件 |
| 四 | 使用维修文件 | 固定资产卡片；<br>向使用单位办理随机附件、备件、工具移交清单；<br>设备维护保养、安全操作规程（说明书包括的不再单列）：<br>设备运转记录；<br>大、中修理记录及重点部位修理记录，包括修理过程记录现场测绘的图纸、使用材料、易损件更换明细表及修理尺寸、结算单等；<br>大修精度检验记录及验收单 |
| 五 | 技术改造文件 | 申请报告与审批文件；<br>修改部分的图纸、计算书；<br>设备改造后的检测记录；<br>鉴定验收文件 |
| 六 | 事故处理文件 | 建筑机械事故调查、处理材料与批复文件 |
| 七 | 商检与索赔文件 | 引进国外设备的进口商检、索赔及谈判文件 |
| 八 | 报废文件 | 建筑机械报废申请报告与审批文件 |

注：凡机械设备为主、副机配套的，其文件材料均按主机在前、副机在后的顺序排列。

3）建筑机械建档目录。施工企业施工专业不同，所拥有的建筑机械种类也不尽相同，目前建筑机械种类建档没有统一的规定，企业可根据自身情况，对价值较高、危险性较大、企业生产的关键和重要的建筑机械建立档案。常用的建筑机械建档目录可参考表 12-3。

表 12-3　建筑机械建档目录

| 序号 | 名称 | 说明 | 序号 | 名称 | 说明 |
|---|---|---|---|---|---|
| 1 | 挖掘机 | $0.5m^3$ 以上 | 6 | 轮胎式起重机 | 各种型号 |
| 2 | 推土机 | 各种型号 | 7 | 汽车式起重机 | 各种型号 |
| 3 | 铲运机 | $4.5m^3$ 以上 | 8 | 塔式起重机 | 各种型号 |
| 4 | 压路机 | 各种型号 | 9 | 桥式起重机 | 各种型号 |
| 5 | 履带起重机 | 各种型号 | 10 | 施工升降机 | 各种型号 |

续表

| 序号 | 名称 | 说明 | 序号 | 名称 | 说明 |
|---|---|---|---|---|---|
| 11 | 自卸汽车 | 各种型号 | 15 | 混凝土输送泵 | 各种型号 |
| 12 | 载重汽车 | 各种型号 | 16 | 混凝土搅拌运输车 | 各种型号 |
| 13 | 空压机 | $6m^3$ 以上 | 17 | 混凝土运输泵车 | 各种型号 |
| 14 | 打桩机 | 各种型号 | 18 | 发电机组 | 50kW 以上 |

## 第二节　特种设备安全技术档案资料分类及收集整理方法

### 一、属于特种设备的建筑机械

根据《质检总局关于修订〈特种设备目录〉的公告》（2014 年公告第 114 号），经修订后的特种设备目录中，属于特种设备的建筑施工机械主要是指建筑起重机械（见表 12-4）。

**表 12-4　类别特种设备部分目录**

| 代码 | 种类 | 类别 | 品种 |
|---|---|---|---|
| 4000 | 起重机械 | 起重机械，是指用于垂直升降或者垂直升降并水平移动重物的机电设备，其范围规定为额定起重量大于或者等于 0.5 t 的升降机；额定起重量大于或者等于 3 t（或额定起重力矩大于或者等于 40 t·m 的塔式起重机，或生产率大于或者等于 300 t/h 的装卸桥），且提升高度大于或者等于 2 m 的起重机；层数大于或者等于 2 层的机械式停车设备 | |
| 4100 | | 桥式起重机 | |
| 4110 | | | 通用桥式起重机 |
| 4130 | | | 防爆桥式起重机 |
| 4140 | | | 绝缘桥式起重机 |
| 4150 | | | 冶金桥式起重机 |
| 4170 | | | 电动单梁起重机 |
| 4190 | | | 电动葫芦桥式起重机 |
| 4200 | | 门式起重机 | |
| 4210 | | | 通用门式起重机 |
| 4220 | | | 防爆门式起重机 |
| 4230 | | | 轨道式集装箱门式起重机 |
| 4240 | | | 轮胎式集装箱门式起重机 |
| 4250 | | | 岸边集装箱起重机 |
| 4260 | | | 造船门式起重机 |

续表

| 代码 | 种类 | 类别 | 品种 |
|---|---|---|---|
| 4270 | | | 电动葫芦门式起重机 |
| 4280 | | | 装卸桥 |
| 4290 | | | 架桥机 |
| 4300 | | 塔式起重机 | |
| 4310 | | | 普通塔式起重机 |
| 4320 | | | 电站塔式起重机 |
| 4400 | | 流动式起重机 | |
| 4410 | | | 轮胎起重机 |
| 4420 | | | 履带起重机 |
| 4440 | | | 集装箱正面吊运起重机 |
| 4450 | | | 铁路起重机 |
| 4700 | | 门座式起重机 | |
| 4710 | | | 门座起重机 |
| 4760 | | | 固定式起重机 |
| 4800 | | 升降机 | |
| 4860 | | | 施工升降机 |
| 4870 | | | 简易升降机 |
| 4900 | | 缆索式起重机 | |
| 4A00 | | 桅杆式起重机 | |

## 二、特种设备安全技术档案

### 1. 法律法规规定

（1）《特种设备安全法》规定，特种设备使用单位应当建立特种设备安全技术档案。安全技术档案应当包括以下内容：

1）特种设备的设计文件、产品质量合格证明、安装及使用维护保养说明、监督检验证明等相关技术资料和文件；

2）特种设备的定期检验和定期自行检查记录；

3）特种设备的日常使用状况记录；

4）特种设备及其附属仪器仪表的维护保养记录；

5）特种设备的运行故障和事故记录。

（2）《特种设备安全监察条例》规定，特种设备使用单位应当建立特种设备安全技术档案。安全技术档案应当包括以下内容：

1）特种设备的设计文件、制造单位产品质量合格证明、使用维护说明等文件以及安装技术文件和资料；

2）特种设备的定期检验和定期自行检查的记录；

3）特种设备的日常使用状况记录；

4）特种设备及其安全附件、安全保护装置、测量调控装置及有关附属仪器仪表的日常维护保养记录；

5）特种设备运行故障和事故记录；

6）高耗能特种设备的能效测试报告、能耗状况记录以及节能改造技术资料。

（3）《建筑起重机械监督管理规定》要求，安装单位应当建立建筑起重机械安装、拆卸工程档案。建筑起重机械安装、拆卸工程档案应当包括以下内容：

1）安装、拆卸合同及安全协议书；

2）安装、拆卸工程专项施工方案；

3）安全施工技术交底的有关资料；

4）安装工程验收资料；

5）安装、拆卸工程生产安全事故应急救援预案。

**2.《重庆市建筑起重机械安全监督管理实施细则》有关规定**

（1）建筑起重机械办理备案登记申请时应提供以下资料：

1）建筑起重机械备案申请表；

2）产权单位的企业法人营业执照副本；

3）建筑起重机械购销合同、发票或相关有效凭证；

4）特种设备制造许可证；

5）产品合格证。

产权单位须提交以上资料电子文档和书面材料，提供原件备查（特种设备制造许可证除外），并对所提供资料的真实性负责。

（2）建筑起重机械产权单位，应当建立建筑起重机械安全技术档案，建筑起重机械安全技术档案应当具备以下资料：

1）设备原始资料。包括购销合同、制造许可证、产品合格证、制造监督检验证明、安装使用说明书、备案证等；

2）设备履历资料。包括定期检验报告、施工升降机防坠装置检测证明、定期自行检查记录、定期维护保养记录、安全保护装置检测记录、维修和技术改造记录、运行故障和生产安全事故记录、累计运转记录等运行资料；

3）历次安装验收资料。

（3）安装单位办理安装（拆卸）告知后，按安装（拆卸）方案并由已申报的持证人员进行安装（拆卸）作业。并建立建筑起重机械安装、拆卸工程档案。

建筑起重机械安装（拆卸）工程档案应当包括以下资料：

1）安装（拆卸）合同及安全协议书；

2）经审批的安装（拆卸）工程专项施工方案；

3）安全施工技术交底的有关资料；

4）安装工程验收资料；

5）起重机械安装辅助资料及其特种作业人员证书；

6）安装（拆卸）工程生产安全事故应急救援预案。

（4）办理建筑起重机械安装、拆卸告知手续前，应当将以下资料报送施工总承包单位、监理单位审核：

1）使用年限在施工工期内的建筑起重机械的备案证明；

2）安装单位资质证书、安全生产许可证副本；

3）建筑起重机械安装（拆卸）工程专项施工方案；

4）安装单位与使用单位签订的安装（拆卸）合同及安装单位与施工总承包单位签订的安全协议书；

5）安装单位特种作业人员的特种作业资格证书；

6）建筑起重机械安装（拆卸）工程专职安全生产管理人员的安全生产考核合格证书；

7）建筑起重机械安装（拆卸）工程专业技术人员名单；

8）建筑起重机械安装（拆卸）工程生产安全事故应急救援预案。

从事建筑起重机械安装、拆卸作业的特种作业人员必须是本单位的持证人员。

建筑起重机械安装、拆卸专项施工方案应根据建筑起重机械说明书和作业地的实际情况编制，并满足相关法律、法规和规范标准的规定。

（5）使用单位应当自建筑起重机械安装验收合格之日起30日内，向工程所在地建筑起重机械使用登记部门办理建筑起重机械使用登记。

办理建筑起重机械使用登记时，应提交以下资料：

1）建筑起重机械使用登记申报表；

2）建筑起重机械安装告知表原件；

3）建筑起重机械监督检验合格报告；

4）建筑起重机械安装验收资料；

5）特种作业人员名单及资格证；

6）建筑起重机械安全管理制度；

7）建筑起重机械地基基础资料。

**3. 特种设备使用过程中应收集的资料**

《特种设备使用管理规则》（TSG 08—2017）规定，使用单位应当逐台建立特种设备安全与节能技术档案。

安全技术档案至少应包括以下内容：

（1）使用登记证；

（2）《特种设备使用登记表》；

（3）特种设备设计、制造技术资料和文件，包括设计文件、产品质量合格证明（含合格证及其数据表、质量证明书）、安装及使用维护保养说明、监督检验证书、型式试验证书等；

（4）特种设备安装、改造和修理的方案、图样、材料质量证明书和施工质量证明文件、安装改造修理监督检验报告、验收报告等技术资料；

（5）特种设备定期自行检查记录（报告）和定期检验报告；

（6）特种设备日常使用状况记录；

（7）特种设备及其附属仪器、仪表维护保养记录；

（8）特种设备安全附件和安全保护装置校验、检修、更换记录和有关报告；

（9）特种设备运行故障和事故记录及事故处理报告。

特种设备节能技术档案包括锅炉能效测试报告、高耗能特种设备节能改造技术资料等。

使用单位应当在设备使用地保存（1）、（2）、（5）、（6）、（7）、（8）、（9）规定的资料和特种设备节能技术档案的原件或者复印件，以便备查。

特种设备的安全技术档案管理还应遵守当地有关主管部门的规定。

## 三、特种设备资料符合性审查

对于特种设备使用管理，查验设备资料是必须掌握的内容。主要查验生产、安拆、监管等各相关单位依法出具的资料，如制造许可证、产品合格证、定型试验报告、产品使用说明书等；查验的目的是保证特种设备使用的合法性，做到依法明确各相关单位责任。主要核验内容有以下几点。

（1）资料与设备的对应性查验。

查设备资料与进场设备是否对应，查设备标识的名称、型号、出厂编号、生产厂家等与资料是否一致。

（2）资料的真实有效性查验。

查资料的公章、签字、时间等内容，与相关单位行政许可及设备标识是否一致，必要时通过网络、电话等手段核查。

（3）生产单位、生产活动的合法性、生产能力对应性查验。

查相关单位的制造许可证与设备相关要求是否一致。

（4）特种作业人员查验。

对设备安装人员、操作人员、信号司索工等特种作业人员，查验的内容是资格证书符合性：作业类别、证书有效期、复审情况、照片与人员等。

（5）安装单位资质查验。

对资质有效性、施工允许范围、有效期、安全生产许可证有效性等进行审核验证。

# 主要参考文献


[1] 阚珂，蒲长城，刘平均. 特种设备安全法释义［M］. 北京：中国法制出版社，2014.

[2] 胡兴福，陈再捷. 机械员通用与基础知识（第二版）［M］. 北京：中国建筑工业出版社，2017.

[3] 张燕娜，陈再捷. 机械员岗位知识与专业技能（第二版）［M］. 北京：中国建筑工业出版社，2017.

[4] 线登州，刘承华. 建筑施工常用机械设备管理及使用［M］. 北京：中国建筑工业出版社，2008.

[5] 潘家山，潘家生，潘庆元. 建筑工程起重安装操作知识［M］. 北京：中国建筑工业出版社，2013.

[6] 管会生. 土木工程机械［M］. 成都：西南交通大学出版社，2018.

[7] 陈裕成. 建筑机械与设备［M］. 北京：北京理工大学出版社，2009.

[8] 高忠民. 建筑施工企业机械员读本［M］. 北京：金盾出版社，2014.

[9] 尤金. 电力建设起重机械培训系列教材［M］. 北京：中国电力出版社，2013.

[10] 王也，王文利. 起重机安全操作技术［M］. 北京：中国质检出版社，2011.

[11] 闻邦椿. 机械设计手册（第 3 卷）［M］. 北京：机械工业出版社，2010.

[12] 韩实彬，曹丽娟. 机械员［M］. 北京：机械工业出版社，2010.

[13] 王春琢. 施工机械基础知识［M］. 北京：中国建筑工业出版社，2016.

[14] 李世华. 施工机械使用手册［M］. 北京：中国建筑工业出版社，2013.

[15] 龙国健. 工程机械手册：混凝土机械与砂浆机械［M］. 北京：清华大学出版社，2017.

# 附录 1　机械员专业知识模拟试卷

## 试卷一

**一、单选题（每题 1 分，共 50 分）**

1. 特种设备特检合格后，在投入使用前或者投入使用后（　　）日内，项目部机械员应负责向直辖市或者设区地市的特种设备安全监督管理部门办理使用登记。

A. 15　　B. 30　　C. 60　　D. 90

2. 建筑起重机械安装、拆卸工程施工前应编制专项施工方案，（　　）应当按照专项施工方案及安全操作规程组织安装、拆卸作业。

A. 监理单位　　B. 使用单位　　C. 建设单位　　D. 安装单位

3. 下列属于较大特种设备事故的有（　　）。

A. 塔机安拆作业中造成 8 人重伤

B. 履带起重机整体倾覆

C. 新安电梯因不能开门，导致 3 名工人困在轿厢内 4 h

D. 施工升降机坠落，导致 10 人死亡

4. 独立式塔式起重机安装后，检测其塔身垂直度应不得大于其安装高度的（　　）。

A. 1%　　B. 2‰　　C. 4%　　D. 4‰

5. 防坠安全器的使用寿命为防坠安全器出厂之日起（　　）。

A. 5 年　　B. 3 年　　C. 4 年　　D. 1 年

6. 塔机的主要部件和安全装置应进行经常性检查，每月不得少于（　　），并有记录；发现安全隐患时，应及时进行整改。

A. 一次　　B. 二次　　C. 三次　　D. 四次

7. 对于塔式起重机，我国是以（　　）工作幅度与相应的额定起重量的乘积为起重力矩的标定值。

A. 最大　　B. 最小　　C. 额定　　D. 任意

8. 履带式起重机应在平坦坚实的地面上作业、行走和停放。在正常作业时，坡度不得大于 3°，并应与沟渠、基坑保持（　　）。

A. 1 m 的距离　　B. 0.5 m 的距离　　C. 安全距离　　D. 零距离

9. 单斗反铲挖掘机的构造中，由动臂、斗杆、铲斗组成的是（　　）。

A. 发动机　　B. 回转装置　　C. 行走装置　　D. 工作装置

10. 压实机械的分类中，适用于大型建筑和筑路工程的是（　　）压实机械。

A. 静力式　　B. 轮胎式　　C. 冲击式　　D. 振动式

11. 根据工作原理分，机械式盾构机不包括（　　）。

A. 气压式盾构机　　B. 土压平衡盾构机　　C. 水压式盾构机　　D. 开胸式切削盾构机

12. 不属于机械自然磨损的方式是（　　）。

A. 摩擦磨损　　B. 事故磨损　　C. 黏附磨损　　D. 疲劳点蚀

13. 机械故障导致的后果主要包括（　　）。

A. 事故　　B. 修理　　C. 磨损　　D. 破坏

14. 不适合对腐蚀磨损采用的维修方法是（　　）。

A. 焊修　　B. 电镀　　C. 喷涂　　D. 机械加工

15. 大修后机械应进行的保养是（　　）。

A. 日常保养　　B. 停放保养　　C. 三级保养　　D. 走合保养

16. 混凝土振动器日常作业中的检查维护保养是（　　）。

A. 清除外壳异物　　B. 保养轴承　　C. 对软管涂加润滑脂　　D. 清洁油封

17. 钢丝绳 95 6×36WS-IWRC 1770B SZ，其中“SZ”指的是（　　）。

A. 芯结构　　B. 钢丝绳级别　　C. 钢丝绳表面状态　　D. 捻制类型及方向

18. 在腐蚀性环境中或需要在有耐酸要求的场合工作时，应选用（　　）。

A. 钢芯钢丝绳　　B. 镀锌钢丝绳　　C. 石棉芯钢丝绳　　D. 阻旋钢丝绳

19. 起重设备的起重量通常大于 80 t 的起重设备都采用（　　）。

A. 铸造钩　　B. 挂钩　　C. 单钩　　D. 双钩

20. 卷筒的取物位置在上极限位置时，钢丝绳全卷在螺旋槽中；取物装置在下极限位置时，每端固定处都应有 1.5～2 圈固定钢丝绳用槽和 2 圈以上的（　　）。

A. 固定槽　　B. 安全槽　　C. 加深槽　　D. 磨平槽

21. 制动装置是通过（　　）原理来实现机构制动的。

A. 力矩平衡　　B. 摩擦　　C. 胡可定律　　D. 浮力

22. 表示油料稀稠度的主要指标是（　　）。

A. 黏度　　B. 黏温性能　　C. 凝固点　　D. 酸值

23. 以下属于重负荷工业闭式齿轮油的是（　　）。

A. L-CKB100　　B. L-CKC150　　C. L-CKE220　　D. L-CKD320

24. 液压油的性能中，能使混入油中的水分迅速分离，防止形成乳化液的是（　　）。

A. 极压抗磨性　　B. 抗泡沫性和析气性

C. 黏度和黏温性能　　D. 抗乳化性

25. 在不增加人员的情况下，解决施工项目机械需求计划的方式是（　　）。

A. 自购　　B. 租赁　　C. 调拨　　D. 撤销计划

26. 对机械设备租赁公司进行选择的基本条件中不包括（　　）。

A. 设备好　　B. 服务好　　C. 管理好　　D. 租金低

27. 建筑机械维修完毕后，鉴定验收内容不包括（　　）。

A. 维修记录资料验收　　B. 空负荷运转试验

C. 负荷试验　　D. 外部检查

28. 不属于机械设备安全检查的三大类是（　　）。

A. 日常巡查　　B. 不定期检查　　C. 定期检查　　D. 年度检查

29. 不属于机械设备安全检查计划的主要内容是（　　）。

A. 检查时间　　B. 检查地点　　C. 检查人员　　D. 检查工具

30. 下列不属于评定机械化施工管理水平“三率”的是（　　）。

A. 完好率　　B. 低故障率　　C. 利用率　　D. 生产效率

31. 论证专家应当从地方人民政府住房和城乡建设主管部门建立的专家库中选取，符合专业要求且人数不得少于（　　）。

A. 3 人　　B. 4 人　　C. 5 人　　D. 6 人

32. 牵引式铲运机的经济运距一般为（　　）。

A. 150 m　　B. 200 m　　C. 250 m　　D. 300 m

33. 起重设备安装工程专业承包一级资质，持有岗位证书的施工现场管理人员应不少于 15 人，且（　　）等人员齐全。

A. 安全员、技术员　　B. 机械员、质量员　　C. 技术员、施工员　　D. 安全员、机械员

34. 不属于超过一定规模的危大工程范围的起重吊装及起重机械安装拆卸工程有（　　）。

A. 采用非常规起重设备、方法，且单件起吊重量在 100 kN 及以上的起重吊装工程

B. 起重量在 300 kN 及以上，或搭设总高度在 200 m 及以上的起重机械安装和拆卸工程

C. 搭设基础标高在 200 m 及以上的起重机械安装和拆卸工程

D. 采用非常规起重设备、方法，且单件起吊重量在 10kN 及以上的起重吊装工程

35. 使用登记证由（　　）负责办理。

A. 安装单位　　B. 监理单位　　C. 业主单位　　D. 使用单位

36. 用人单位对于首次取得《特种设备作业人员证》的人员，应当在其正式上岗前安排不少于（　　）的实习操作。

A. 一个月　　B. 三个月　　C. 六个月　　D. 一年

37. 现场起重机的任何部位或被吊物边缘与 10 kV 以下的架空线路边缘最小水平距离不得小于 2 m。在有静电的施工现场内，集聚在机械设备上的静电，应采取有效的（　　）。

A. 接零放电措施　　B. 接地放电措施　　C. 防雷措施　　D. 防振措施

38. 所有接地、接零处必须保证可靠的电气连接，保护零线 PE 必须采用（　　），严格与相线、工作零线相区别，杜绝混用，保护零线应单独敷设不作他用。

A. 红色线　　B. 蓝色线　　C. 绿/黄双色线　　D. 黄色线

39.《重庆市建筑安全管理规定》要求，施工升降机吊笼每次载人（含操作员）不得超过（　　）人。

A. 8　　B. 9　　C. 10　　D. 11

40. 塔式起重机的起重臂根部铰点高度超过 50 m 时应安装（　　）。

A. 风速报警仪　　B. 水平仪　　C. 高度仪　　D. 工作幅度指示器

41. 塔式起重机和施工升降机四周应搭设安全防护围栏，围栏高度不应低于（　　）m。

A. 1　　B. 1.2　　C. 1.8　　D. 2

42. 施工升降机基础应符合使用说明书的要求，当使用说明书无要求时，应经专项设计计算，地基上表面（　　）允许偏差为 10 mm，场地应排水通畅。

A. 平整度　　B. 平行度　　C. 垂直度　　D. 平面度

43. 轮胎式起重机械带载行走时，道路应平坦坚实，载荷应符合使用说明书的规定，重物离地面不得超过（　　）mm，并应拴好拉绳，缓慢行驶。

A. 200　　B. 300　　C. 400　　D. 500

44. 拖式铲运机行驶道路应平整坚实，路面宽度应大于铲运机宽度（　　）m。

A. 1　　B. 2　　C. 3　　D. 4

45. 生产经营单位使用被派遣劳动者的，应当将被派遣劳动者纳入本单位从业人员统一管理，对被派遣劳动者进行岗位安全操作规程和安全操作技能的教育和培训。（　　）应当对被派遣劳动者进行必要的安全生产教育和培训。

A. 生产经营单位　　B. 安全部门　　C. 监理单位　　D. 劳务派遣单位

46. 定额的编制依据不包括（　　）。

A. 现行定额　　B. 有关实验　　C. 企业决策　　D. 经验资料

47. 建筑机械维修保养费不包括（　　）。

A. 大修费用　　B. 经常修理费用　　C. 维护保养费用　　D. 停滞费

48. 台班定额计算里的施工机械原值采用（　　）。

A. 含税价格　　B. 含增值税价格　　C. 不含税价格　　D. 含所得税价格

49. 建筑机械资产管理的基础资料中，掌握企业建筑机械资产状况，反映企业各类建筑机械的拥有量、分布及其变动情况的主要依据是（　　）。

A. 登记卡片　　B. 台账　　C. 清查盘登记表点　　D. 档案

50. 不属于特种设备的建筑机械是（　　）。

A. 通用桥式起重机　　B. 普通塔式起重机

C. 汽车起重机　　D. 轮胎起重机

**二、多选题（每题至少有 2 个及以上正确答案。每题 2 分，共 20 分）**

1. 机械员应协助工程项目施工技术人员根据（　　）以及施工机械设备技术性能等各方面综合因素考虑合理选择、布置施工机械设备，以满足工程项目对施工安全、质量、进度目标的管控要求。

A. 工程项目特点　　B. 周边作业环境

C. 施工方法　　D. 工期要求

E. 劳务人员要求

2. 在下列情形中，为特种设备一般事故的有（　　）。

A. 设备事故造成 2 人以下死亡和 1 人重伤　　B. 起重机械主要受力结构件折断

C. 起升机构坠落　　D. 回转机构损坏

E. 直接经济损失 1 300 万元

3. 桩工机械按动作原理可分为（　　）。

A. 冲击式　　B. 振动式

C. 静压式　　D. 成孔灌注式

E. 手扶式

4. 焊修的严重缺点包括（　　）。

A. 变形　　B. 裂纹

C. 焊瘤　　D. 气孔

E. 焊接应力

5. 滑轮组穿绕跑绳的方法有（　　）。

A. 交叉　　B. 顺穿

C. 逆穿　　D. 花穿

E. 双跑头穿法

6. 机械设备的计划性修理，按修理类别的不同一般可分为（　　）。

A. 大修　　B. 中修

C. 小修　　D. 项修

E. 改造

7. 机械设备安全检查计划的主要内容有（　　）。

A. 检查人员　　B. 检查时间

C. 检查地点　　D. 检查事项

E. 检查工具

8. 建筑机械选配的总原则是（　　）。

A. 技术先进　　B. 安全可靠

C. 经济合理　　D. 生产效率高

E. 成本低

9. 在保护接零系统中重复接地的作用是（　　）。

A. 降低漏电设备对地的电压

B. 减轻零线断线时的触电危险和三相负荷不对称时对地电压的危险

C. 增加碰壳或接地短路持续时间

D. 缩短碰壳或接地短路持续时间

E. 改善架空线路的防雷性能

10. 建筑机械台班单价由（　　）燃料动力费和其他费用组成。

A. 折旧费　　B. 检修费

C. 维护费　　D. 安拆费及场外运费

E. 人工费

**三、判断题（每题1分，共20分）**

1. 塔式起重机、施工升降机等建筑起重机械特种设备应在安装、附着顶升和拆卸易发生生产安全事故的关键过程中，由项目经理对安拆单位的作业过程实施有效的旁站监管，制止违章行为。（　　）

A. 正确　　B. 错误

2. 没有齐全有效的安全保护装置的塔式起重机禁止出租。（　　）

A. 正确　　B. 错误

3. 塔机拆卸应先拆除附着装置、后降节。（　　）

A. 正确　　B. 错误

4. 使用单位应当自建筑起重机械安装验收合格之日起15日内，将建筑起重机械安装验收资料、建筑起重机械安全管理制度、特种作业人员名单等，报工程所在地县级以上地方人民政府建设主管部门办理建筑起重机械使用登记。（　　）

A. 正确　　B. 错误

5. 建筑施工项目机械设备的获取方式有两种，一是自购，二是租赁。（　　）

A. 正确　　B. 错误

6. 机械设备的安全检查主要是检查设备本身、操作人员、维修人员和管理人员。（　　）

A. 正确　　B. 错误

7. 柴油锤的振动和噪声比较大，排出的废气污染严重。（　　）

A. 正确　　B. 错误

8. 吊篮主要是由悬挂机构、悬吊平台、提升机、电气控制系统、安全保护装置、工作钢丝绳和安全钢丝绳组成。（　　）

A. 正确　　B. 错误

9. 柴油分为轻柴油和重柴油。（　　）

A. 正确　　B. 错误

10. 牌号为CI-4 SAE15/40的内燃机润滑油是汽油机机油。（　　）

A. 正确　　B. 错误

11. 过盈配合的机件由于过盈量减少或变为间隙配合，会使零件发生故障。（　　）

A. 正确　　B. 错误

12. 建筑机械按维护作业组合的深度和广度可分为一级维护、二级维护、三级维护。（　　）

A. 正确　　B. 错误

13. 在任何情况下，漏电保护器只能通过工作接零线，而不能通过保护接零线。（　　）

A. 正确　　B. 错误

14. 在所有通电的电气设备上，外壳无绝缘隔离措施，或当绝缘已经损坏的情况下，人体不要直接与通电设备接触，但可以安装有绝缘柄的工具去带电操作。（　　）

A. 正确　　B. 错误

15. 未经安全生产教育和培训合格的从业人员，不得上岗作业。（　　）

A. 正确　　B. 错误

16. 建筑施工特种作业人员变动工作单位，使用单位可扣押其资格证书。（　　）

A. 正确　　B. 错误

17. 专项施工方案应由本单位技术、安全、设备等部门审核、技术负责人审核签字、加盖单位公章，并由总监理工程师审查签字、加盖执业印章后方可实施。（　　）

A. 正确　　B. 错误

18. 安装（拆卸）人员首次进入施工现场作业前，还应提请现场管理单位（总承包单位）的安全部门对有关人员进行入场教育；总承包单位也应该派人监督安全技术交底的过程并做好记录。（　　）

A. 正确　　B. 错误

19. 属于危大工程范围的起重吊装及起重机械安装拆卸工程有采用非常规起重设备、方法，且单件起吊重量在 100 kN 及以上的起重吊装工程；采用起重机械进行安装的工程；起重机械安装和拆卸工程。（　　）

A. 正确　　B. 错误

20. 机械施工费是指施工过程中，所有投入的机械本身、进出场安拆及保证机械正常安全生产所发生的所有费用。（　　）

A. 正确　　B. 错误

**四、综合题（每题含单选题 2 题、多选题 1 题，判断题 1 题，共 10 分）**

1. ［背景资料］A 施工企业根据现场施工需求，准备采用垂直运输机械组合体系来满足施工需要（且需要的塔式起重机最大型号为 QTZ250）。该施工企业向拥有设备和符合资质要求的 C 公司租赁了相关型号的机械设备，C 公司根据安装计划及时进场安装了所有设备。请依据背景资料完成下列问题。

（1）C 公司必须具备起重设备安装专业承包（　　）资质。

A. 不分等级资质　　B. 一级

C. 二级　　D. 三级

（2）C 公司除了具有符合要求的安装资质等级，还应该具有（　　）。

A. 租赁许可证　　B. 建筑机械租赁协会会员证

C. 有效的安全生产许可证　　D. 中建协荣誉证

（3）现场选择垂直运输机械组合时，A 公司应考虑哪几方面因素（　　）。

A. 运输能力要能满足规定工期要求　　B. 机械费用低

C. 综合经济性好　　D. 操作简便

E. 名牌厂家产品

（4）C 公司塔机作业人员、安装拆卸工必须按照国家有关规定经过专门的安全作业培训，并取得特种作业操作资格证书后，方可上岗作业。（　　）

A. 正确　　B. 错误

2. ［背景资料］某区住房和城乡建委安监站人员在 2018 年 11 月对某工地进行“四不两直”随机执法检查中发现，该工地 63 台塔机存在附着安装不规范，高度限位器失灵；施工升降机防坠安全器是 2015 年 1 月出厂，于 2016 年 1 月检测标定等情况，对该工地塔机、施工升降机下达了停止使用指令，并下发整改通知书要求立即整改。依据背景资料完成下列问题。

（1）关于塔机高度限位器，说法正确的是（　　）。

A. 塔机不用安装吊钩上极限位置的起升高度限位器

B. 塔机高度限位器可以作为起升到位的停止操纵机构

C. 塔机高度限位器必须按照厂家说明书要求调定

D. 塔机在现场使用时，因起升高度不够，操作员可以临时拆除

（2）施工升降机的防坠安全器，下列说法错误的是（　　）。

A. 施工升降机的防坠安全器使用期限为5年

B. 施工升降机在使用中，其防坠安全器应每两年送检验检测机构进行标定一次

C. 施工升降机防坠器在使用中，其铅封不得打开

D. 防坠安全器的限位开关及指示销位置用户不得自行调整，防坠安全器动作后应查明动作原因，排除故障并使防坠安全器复原后方能继续运行，严禁防坠安全器在未复原的状态下继续工作

（3）主管部门履行安全监督检查职责时，有权采取（　　）的措施。

A. 要求被检查的单位提供有关建筑起重机械的文件和资料

B. 强制带离违章作业人员和项目经理

C. 进入被检查单位和被检查单位的施工现场进行检查

D. 对检查中发现的建筑起重机械生产安全事故隐患，责令立即排除

E. 重大生产安全事故隐患排除前或者排除过程中无法保证安全的，责令从危险区域撤出作业人员或者暂时停止施工

（4）当塔机附着使用时，附着装置的设置和自由端高度等应符合使用说明书的规定。（　　）

A. 正确　　B. 错误

# 试卷二

## 一、单选题（每题1分，共50分）

1. 机械员在检查中发现设备存在故障和隐患时，应及时向分包单位或设备租赁单位下发（　　），督促其及时整改，排除设备故障和隐患。

A. 停工整改令　　B. 隐患整改通知书

C. 处罚通知书　　D. 维修责任书

2. 下列属于起重机械的是（　　）。

A. 0.5 t的电动葫芦　　B. 5 t的手拉葫芦

C. 5 t电动卷扬机　　D. 300 kg的液压升降台车

3. 首次取得《塔机操作证书》的人员，用人单位应在其正式上岗前安排不少于（　　）的实习操作。

A. 2个月　　B. 3个月　　C. 6个月　　D. 1年

4. 塔机的尾部与周围建筑物及其外围施工设施之间的安全距离不小于（　　）。

A. 0.5 m　　B. 0.8 m　　C. 0.6 m　　D. 2 m

5. 当塔机使用高度超过30 m时，应配置（　　）。

A. 指示灯　B. 照明灯　C. 探照灯　D. 障碍灯

6. 当两台及以上发电机组并列运行时，必须装设（　），且应在机组同步后再向负载供电。

A. 安全装置　B. 限速装置　C. 限制器　D. 同步装置

7. 施工升降机的组成结构中，由防坠安全器及各安全限位开关组成的是（　）。

A. 钢结构件　B. 传动机构　C. 安全装置　D. 控制系统

8. 起重机采用双机抬吊作业时，单机的起吊载荷不得超过允许载荷的（　）。

A. 70%　B. 75%　C. 80%　D. 85%

9. 下列桩架中，可不用铺设轨道，在地面上自行运行的是（　）桩架。

A. 轨道式　B. 履带式　C. 步履式　D. 走管式

10. 以下设备中为自落式混凝土搅拌机的是（　）

A. 锥形反转出料式　B. 双卧轴式　C. 立轴行星式　D. 立轴涡桨式

11. 钢筋对焊机操作人员作业时，气路、（　）系统应畅通，气体应保持干燥，排水温度不得超过 40℃，排水量可根据气温调节。

A. 润滑　B. 电路　C. 水冷却　D. 油路

12. 产生机械故障的原因不包括（　）。

A. 磨损　B. 老化　C. 腐蚀　D. 润滑

13. 下面故障现象中（　）属于老化。

A. 开裂　B. 变质　C. 变形　D. 变脆

14. 塔式起重机空调的压缩机发生渗漏，现场无配件，此时可采用（　）。

A. 替代法　B. 换件法　C. 弃置法　D. 胶接法

15. 不属于塔式起重机操作人员进行的保养内容是（　）。

A. 日常作业保养　B. 转场保养　C. 交接班维护　D. 下班前保养

16. 塔式起重机润滑工作的主要内容是（　）。

A. 减速箱齿轮抹润滑脂　B. 钢丝绳抹润滑脂

C. 回转齿轮加注齿轮油　D. 轴承加注机油

17. 钢丝绳的重要组成部分之一是（　）。

A. 捆扎丝　B. 绳芯　C. 润滑脂　D. 麻绳

18. 钢丝绳吊索与所吊构件间的水平夹角应不小于（　）。

A. 30°　B. 60°　C. 45°　D. 15°

19. 滑轮 A25×630-90 JB/T9005.3，其中“90”表示（　）。

A. 钢丝绳直径　B. 滑轮直径　C. 滑轮轴直径　D. 滑轮类型

20. 新投入使用的吊钩要认明构件上的标记、制造单位的技术文件和出厂合格证。投入正式使用前应根据（　）进行负荷试验，确认合格后才允许使用。

A. 经验　B. 技术文件　C. 出厂合格证　D. 标记

21. 钢丝绳尾端的固定应可靠，固定装置应有防松或自紧性能；钢丝绳在放出最大工作长度后，卷筒上的钢丝绳至少应保留（　）。

A. 1 圈　　B. 3 圈　　C. 4 圈　　D. 5 圈

22. 施工机械上使用的工作油不包括（　　）。

A. 液压油　　B. 液力传动油　　C. 冷却液　　D. 制动液

23. 我国常采用的润滑脂是（　　）。

A. 皂基脂　　B. 烃基脂　　C. 无机脂　　D. 有机脂

24. 以合成油基础，加入润滑剂和抗氧、防腐和防锈等添加剂制成的制动液是（　　）。

A. 醇型制动液　　B. 复合型制动液　　C. 合成型制动液　　D. 矿油型制动液

25. 表示汽油在发动机内正常燃烧而不发生爆震的性能是（　　）。

A. 抗爆性　　B. 蒸发性　　C. 安定性　　D. 腐蚀性

26. 为赶工期，项目部于一月初向公司提交了机械（　　）计划。

A. 月需求　　B. 期间需求　　C. 应急购置　　D. 年度购置

27. 不属于《建筑机械维修保养记录表》中的人员是（　　）。

A. 填表人员　　B. 维修人员　　C. 检验人员　　D. 送修人员

28. 不需要编制机械维修计划的情况是（　　）。

A. 小修　　B. 项修　　C. 应急维修　　D. 改造

29. 不属于机械设备安全检查事项的内容是（　　）。

A. 管理制度　　B. 设备状况　　C. 维修人员培训　　D. 设备竞赛

30. 大型推土机的推运距离不宜超过（　　）。

A. 100 m　　B. 80 m　　C. 50 m　　D. 150m

31. 建筑起重机械每台设备安装（拆除）前必须编制安装（拆除）安全专项施工方案，方案由（　　）负责编制，编制内容应符合相关规范的规定。

A. 施工单位技术员　　B. 安装单位技术人员

C. 总承包单位技术人员　　D. 监理单位技术人员

32. 专家论证前专项施工方案应当通过施工单位审核和（　　）审查。

A. 技术员　　B. 项目总工　　C. 总监理工程师　　D. 项目经理

33. 下列不属于土石方开挖的工程机械是（　　）。

A. 挖掘机　　B. 推土机　　C. 移动式空气压缩机　　D. 装载机

34. 起重设备安装工程专业承包二级资质要求（　　）具有 8 年以上从事工程施工技术管理的工作经历，且具有工程序列中级以上职称；电气、机械等专业中级以上职称人员不少于 4 人，且专业知识齐全。

A. 机械员　　B. 技术负责人　　C. 安全员　　D. 电气负责人

35. 某项目现需要安装一台 TC7035 塔式起重机，需要由有起重设备安装工程（　　）的进行安装。

A. 总承包资质　　B. 专业承包一级资质

C. 专业承包二级资质　　D. 专业承包三级资质

36. 施工现场用电设备在（　　）台以上或设备总容量在 50 kW 以上时，必须编制施工用电组织设计方案，并按审批程序审批合格。

A. 2　　B. 3　　C. 4　　D. 5

37. 现场起重机的任何部位或被吊物（　　）与 10 kV 以下的架空线路边缘最小水平距离不得小于 2 m。

A. 顶面　　B. 中心　　C. 边缘　　D. 底面

38. 在变压器中性点直接接地的系统中，除在中性点直接接地以外，为保证接地的作用和效果，还需在保护零线上的一处或多处再做接地，称为（　　）。其电阻应小于 10 Ω。

A. 保护接地　　B. 重复接地　　C. 多处接地　　D. 保证接地

39. 两台以上推土机在同一地区作业时，前后距离应（　　）8 m。

A. 保持　　B. 等于　　C. 小于　　D. 大于

40. 焊接（切割）前，应先进行（　　），确认焊接（切割）现场防火措施符合要求。

A. 编制专项施工方案　　B. 动火审查

C. 设备检查　　D. 器具清洁

41. 塔式起重机塔身与主体结构之间搭设的安全通道应安全可靠，通道与塔式起重机塔身的连接应为（　　），栏杆高度不得小于 1.2 m，用密目安全网封闭。

A. 焊接连接　　B. 刚性连接　　C. 柔性连接　　D. 高强螺栓连接

42. 履带起重机在当风力大于（　　）或遇雷雨、大雾时，禁止组装（拆卸）作业。

A. 3 级　　B. 6 级　　C. 8 级　　D. 4 级

43. 使用的龙门架、井架应符合《龙门架及井架物料提升机安全技术规范》的有关要求，支搭应符合相关规程的要求。缆风绳的固定应不少于 3 个卡扣，并且卡扣的弯曲部分一律卡在钢丝绳的（　　）部分。

A. 短头　　B. 长头　　C. 受力　　D. 断丝

44. 混凝土输送泵敷设向下倾斜的管道时，应在泵与斜管之间敷设长度不小于 5 倍落差的（　　）。

A. 垂直管　　B. 倾斜管　　C. 水平管　　D. 竖直管

45. 混凝土输送泵敷设向下倾斜的管道时，当倾斜度大于 7°时，应加装（　　）。

A. 逆止阀　　B. 排气阀　　C. 截止阀　　D. 排水阀

46. 机械设备台班费用定额是施工企业实行（　　）核算、单机或班组核算的依据。

A. 经济　　B. 人工费　　C. 机械费　　D. 材料费

47. 进口机械定额要求类别性能和规格与国产施工机械相同的进口机械，按（　　）进行项目设置。

A. 进口施工机械　　B. 国产施工机械　　C. 出口施工机械　　D. 合资施工机械

48. 维修配件储备率是指配件流动资金占有率，用来考核是否超过标准指标，衡量配件（　　）的综合水平。

A. 使用　　B. 管理　　C. 消耗　　D. 维修

49. 建筑机械随机技术文件不包括（　　）。

A. 使用说明书　　B. 出厂合格证

C. 零件装配图册　　D. 安装验收和技术试验记录

50. 建筑起重机械安装、拆卸工程档案中不包括的资料是（　　）。

A. 安装、拆卸合同及安全协议书　　B. 安装、拆卸工程专项施工方案

C. 特种设备制造许可证　　D. 安装工程验收资料

**二、多选题（至少有 2 个及以上正确答案。每题 2 分，共 20 分）**

1.《特种设备安全法》中规定，特种设备生产、经营、使用单位应当按照国家有关规定配备特种设备（　　），并对其进行必要的安全教育和技能培训。

A. 安全管理人员　　B. 技术人员

C. 作业人员　　D. 库管人员

E. 检测人员

2. 按变幅方式分，塔式起重机可以分为（　　）塔式起重机。

A. 小车变幅　　B. 动臂变幅

C. 折臂变幅　　D. 自行架设

E. 大车变幅

3. 属于日常维护“十字作业”内容的有（　　）。

A. 焊接　　B. 润滑

C. 紧固　　D. 调整

E. 防腐

4. 纤维芯的作用（　　）。

A. 增加挠性　　B. 便于润滑

C. 增加弹性　　D. 增加摩擦

E. 增加强度

5. 润滑油在机械运行中起到的作用包括（　　）。

A. 润滑　　B. 冷却

C. 清洁　　D. 密封

E. 防腐

6. 机械设备需求计划编制的程序分为（　　）。

A. 准备阶段　　B. 选择论证阶段

C. 平衡阶段　　D. 编制草案阶段

E. 确定阶段

7. 对机械设备租赁公司进行选择的基本条件是（　　）。

A. 设备好　　B. 服务好

C. 管理好　　D. 租金低

E. 信誉好

8. 施工现场的用电设备必须实行（　　）制。即每台用电设备必须有专用的开关箱，专用开关箱必须设置独立的隔离开关和漏电保护器。

A. 一机一闸　　B. 一机双闸

C. 一箱一漏　　D. 零线接地

E. 一电

9. 施工现场建筑机械的使用应该建立和完善设备管理制度，按照“三定”制度执行，即按照（　　）的要求，规范使用。

A. 定设备　　B. 定制度

C. 定岗位责任　　D. 定人

E. 定方案

10.《重庆市建筑起重机械安全监督管理实施细则》中规定建筑起重机械办理备案登记申请时应提供（　　）等资料。

A. 建筑起重机械备案申请表　　B. 建筑起重机械购销合同、发票或相关有效凭证

C. 产品合格证　　D. 定期检验报告

E. 定期自行检查记录

**三、判断题（每题 1 分，共 20 分）**

1. 使用单位应根据不同施工阶段、周围环境以及季节、气候的变化，对建筑起重机械采取相应的安全防护措施。（　　）

A. 正确　　B. 错误

2. 安装单位应当按照建筑起重机械使用规定，制订群塔施工方案。（　　）

A. 正确　　B. 错误

3. 建筑机械资产管理的基础资料包括登记卡片、台账、清查盘登记表点、档案等。（　　）

A. 正确　　B. 错误

4. 机械需求计划内容主要包括机械设备的名称、规格型号、单位、需要的数量、采购方式、采购价格、需用理由和用途说明等。（　　）

A. 正确　　B. 错误

5. 因工程施工忙，机械设备的大修计划可以不执行，但应对机械设备进行检查，确认设备无安全隐患，可以使用时方可继续使用。（　　）

A. 正确　　B. 错误

6. 每年春节后都要对机械设备进行检查，这属于不定期检查。（　　）

A. 正确　　B. 错误

7. 单斗挖掘机按铲斗类型分为正铲、反铲、拉铲、抓铲四种。（　　）

A. 正确　　B. 错误

8. 旋挖钻机装机功率大、输出扭矩大、轴向压力大、机动灵活，但施工效率较低。（　　）

A. 正确　　B. 错误

9. 塔式起重机的齿轮箱使用的齿轮油是车辆齿轮油。（　　）

A. 正确　　B. 错误

10. 影响机械设备故障发生最大的因素是管理。（　　）

A. 正确　　B. 错误

11. 胶接工艺包括表面处理—配胶—涂胶—凉置—合拢—固化—检查—加工。（　　）

A. 正确　　B. 错误

12. 安装、维修或拆除施工用电工程时，必须由电工进行。电工属于特种作业人员范围，必须经过专业

培训考试合格，持有效证书上岗。（　　）

A. 正确　　B. 错误

13. 在施工现场专用变压器供电的 TN-S 接零保护系统中，电气设备的金属外壳必须与保护零线（PE 线）连接。（　　）

A. 正确　　B. 错误

14. 根据塔机的租赁方式，可以将塔吊安装、维修、拆卸作业委托给没有取得省市级安全认可证书的作业队承担。（　　）

A. 正确　　B. 错误

15. 装拆人员应熟悉装拆工艺，遵守操作规程，当发现异常情况或疑难问题时，应及时向技术负责人汇报，并自行处理。（　　）

A. 正确　　B. 错误

16.《建筑施工企业安全生产许可证管理规定》中规定，建筑施工企业未取得安全生产许可证的，不得从事建筑施工活动。（　　）

A. 正确　　B. 错误

17.《建筑起重机械安全监督管理规定》中规定，建筑起重机械在使用过程中需要附着的，使用单位应当委托原安装单位或者具有相应资质的安装单位按照专项施工方案实施，施工后即可投入使用。（　　）

A. 正确　　B. 错误

18. 出租单位出租的建筑起重机械应当具有特种设备制造许可证、产品合格证、制造监督检验证明。（　　）

A. 正确　　B. 错误

19. 机械员应该对进入工程项目现场的主要施工机械建立完善的“施工机械设备动态管理台账”，并根据台账完善和落实相关管理的要求。（　　）

A. 正确　　B. 错误

20. 类别性能和规格与国产施工机械相同的进口机械，项目部应自行进行定额项设置。（　　）

A. 正确　　B. 错误

**四、综合题（每题含单选题 2 题、多选题 1 题、判断题 1 题，共 10 分）**

1. ［背景资料］某建筑工地一焊工在使用电焊机作业时，发生漏电现象，导致配电箱引燃，发生火灾。施工员 A 在第一时间发现此状况，立即安排身边人员转移配电箱附近的易燃物品，并及时选用了正确的灭火器材对火势进行了控制，成功的扑灭大火，避免了重大火灾和人员伤亡事故。请依据背景资料完成下列问题。

（1）一般相线（火线）分为 A、B、C 三相，分别为黄色、绿色、红色，工作零线为黑色，专用保护零线为（　　）。

A. 白色　　B. 红绿双色线　　C. 黄绿双色线　　D. 红黄双色线

（2）停电操作顺序应为（　　）。

A. 总配电箱—分配电箱—开关箱　　B. 开关箱—分配电箱—总配电箱

C. 分配电箱—开关箱—总配电箱　　D. 分配电箱—总配电箱—开关箱

（3）万一发生电气故障而造成漏电、短路，引起燃烧时，应立即断开电源，可用（　　）灭火。

A. 砂　　B. 四氯化碳灭火器

C. 水　　D. 二氧化碳灭火器

E. 酸碱泡沫灭火机

（4）焊割现场及高空焊割作业下方，严禁堆放油类、木材、氧气瓶、乙炔瓶、保温材料等易燃、易爆物品。（　　）

A. 正确　　B. 错误

2. ［背景资料］某项目的装载机在使用中发现变矩器油温过高，就对变矩器进行了维修。根据背景资料完成下列问题。

（1）该台装载机的故障属于什么类型（　　）。

A. 损坏型　　B. 退化型　　C. 失效型　　D. 过热型

（2）该台装载机维修变矩器后需要添加什么油液（　　）。

A. 机油　　B. 齿轮油　　C. 液压油　　D. 液力传动油

（3）该台装载机维修产生的费用有哪些（　　）。

A. 配件费　　B. 人工费　　C. 辅助材料费　　D. 燃油费

E. 维修检验费

（4）该项目维修装载机应先提维修计划再进行维修（　　）。

A. 正确　　B. 错误

# 附录2　机械员专业知识模拟试卷参考答案

## 试卷一

一、单选题

1. B　2. D　3. B　4. D　5. A　6. A　7. A　8. C　9. D　10. A

11. D　12. B　13. A　14. A　15. D　16. A　17. D　18. B　19. D　20. B

21. B　22. A　23. D　24. D　25. B　26. D　27. A　28. D　29. B　30. B

31. C　32. D　33. D　34. D　35. D　36. B　37.B　38. C　39. B　40. A

41. C　42. A　43. D　44. B　45. D　46. C　47. D　48. C　49. A　50. C

二、多选题

1. ABCD　2. ABC　3. ABCD　4. ABD　5. BDE

6. ABC　7. ABDE　8. ABC　9. ABDE　10. ABCDE

三、判断题

1. B　2. A　3. B　4. B　5. B　6. A　7. A　8. A　9. A　10. B

11. A　12. B　13. A　14. A　15. A　16. B　17. A　18. A　19. B　20. A

四、综合题

1.（1）B　（2）C　（3）ABC　（4）A

2.（1）C　（2）D　（3）ACDE　（4）A

## 试卷二

一、单选题

1. B　2. C　3. B　4. C　5. D　6. D　7. C　8. C　9. B　10. A

11. C　12. D　13. D　14. C　15. B　16. B　17. B　18. C　19.C　20. D

21. B　22. C　23. A　24. C　25. A　26. C　27. D　28. C　29. A　30. A

31. B　32. C　33. D　34. B　35. B　36. D　37. C　38. B　39. D　40. B

41. C　42. D　43. A　44. C　45. B　46. A　47. B　48. B　49. D　50. C

## 二、多选题

1. ACE　2. AB　3. BCDE　4. ABC　5. ABCDE
6. ABCE　7.ABCE　8.AC　9.ABD　10.ABC

## 三、判断题

1. A　2. B　3. A　4. B　5. B　6. A　7. A　8. B　9. B　10. B
11. A　12. A　13. A　14. B　15. B　16. A　17. B　18. A　19.A　20. B

## 四、综合题

1.（1）C　（2）B　（3）ABD　（4）A
2.（1）C　（2）D　（3）ABC　（4）B